JN493115

기초 미분적분학 3판

함남우 지음

지은이 함남우 nhahm@inu.ac.kr

서강대학교 수학과를 졸업하였고, 동 대학원에서 이학석사 학위를 취득한 다음, 미국 텍사스대학교 오스틴 캠퍼스에서 신경망의 접근성에 관한 연구(Degree of Approximation by Neural Networks)로 이학박사 학위를 취득하였다. 2000년 이후부터 인천대학교 수학과 교수로 재직 중이다. 저서로는 『해석개론(제2판)』(경문사, 2017), 『해석학의 반례』(경문사, 2017), 『공학 핵심수학(2판)』(한빛아카데미, 2020), 『공학 기초수학(2판)』(한빛아카데미, 2022) 등이 있다.

기초 미분적분학 3판

초판발행 2023년 12월 18일
2쇄발행 2025년 9월 12일

지은이 함남우 / **펴낸이** 전태호
펴낸곳 한빛아카데미(주) / **주소** 서울시 서대문구 연희로2길 62 한빛아카데미(주) 2층
전화 02-336-7112 / **팩스** 02-336-7199
등록 2013년 1월 14일 제2017-000063호 / **ISBN** 979-11-5664-008-0 93410

총괄 · 책임편집 김은정 / **기획** 조우리 / **편집** 임선진, 윤세은 / **교정** 정준영
디자인 표지 윤혜원 / **전산편집** 백지선 / **제작** 박성우, 김정우
영업 김호철, 김태진, 김성삼, 이정훈, 임현기, 이성훈, 김주성, 심지연

이 책에 대한 의견이나 오탈자 및 잘못된 내용은 출판사 홈페이지나 아래 이메일로 알려주십시오.
파본은 구매처에서 교환하실 수 있습니다. 책값은 뒤표지에 표시되어 있습니다.
홈페이지 www.hanbit.co.kr / 이메일 question@hanbit.co.kr

STEM@COOKBOOK

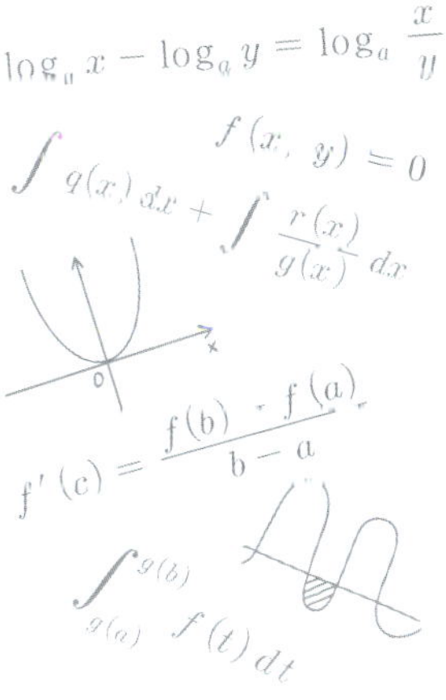

기초 미분적분학

PRE CALCULUS 3판

함남우 지음

한빛아카데미
Hanbit Academy, Inc.

지은이 머리말

전공을 제대로 이해하려면 미분적분학을 먼저 알아야 한다

미분적분학은 지난 수십 년간 자연과학, 공학뿐만 아니라 의학, 경제학 등 다양한 분야에서 이론적 기반을 제공하는 핵심 교과목으로 자리 잡아 왔다.

하지만 입시정책에 따라 문과 학생이 이공계열 학과로 진학하기도 하고, 이과 학생도 대학수학능력 시험에서 미분적분학을 선택하지 않아도 이공계열 학과에 진학할 수 있다. 이런 상황이 계속되면서 대학 신입생들이 전공을 이해하는 데 필요한 미분적분학 지식과 문제해결능력은 해가 갈수록 부족해지고 있다.

대학에서 전공 또는 교양 과목으로 개설되는 미분적분학 수업은 고등학교 교육과정에서 기본적인 함수의 극한, 연속, 미분과 적분을 이해했다는 가정하에 심화된 내용을 다룬다. 이 외에도 다양한 이유로 고등학교 교육과정에서 미분적분학을 배우지 않은 학생들이 대학의 미분적분학 수업을 이해하기란 쉽지 않다.

이러한 문제를 해결하기 위해 많은 대학에서 기초 미분적분학 또는 기초수학 강의를 개설하고 있다. 그러나 기초 미분적분학 강의에서 사용하는 교재들이 기존의 미분적분학 교재와 별반 차이가 없거나 단편적인 공식만으로 구성된 경우가 많아서 기초가 약한 학생들의 수학 능력을 향상시키는 데 많은 어려움이 있다. 이런 문제를 해결해 보고자 이 책『기초 미분적분학』을 집필하게 되었다.

이번 〈3판〉에서는 2017년에 출간한 〈개정판〉의 설명을 좀 더 명료하게 보완하였고, 거의 모든 예제와 연습문제를 새롭게 구성하였다. 또한, 인공지능 학습의 기초가 되는 행렬을 새롭게 추가하였다.

〈3판〉의 특징

〈3판〉은 〈개정판〉의 기존 설명 방식을 개선하고, 학습에 대한 흥미를 이끌어 내는 것을 목표로 하였다. 또한 〈개정판〉과 마찬가지로 엄밀한 증명 또는 복잡한 계산은 되도록 생략하고, 어떻게 하면 미분적분학의 계산 능력을 높일 수 있는가를 최우선으로 고려하였다. 이를 위해 다음과 같은 원칙으로 교재를 집필했다.

- 내용을 쉽게 이해할 수 있도록 설명은 간단하고 명료하게 한다.
- 이론적으로 설명한 부분을 확실하게 이해할 수 있는 예제를 제시한다.
- 문제해결과정을 쉽게 이해하도록 예제의 풀이는 최대한 자세하게 담는다.
- 정의와 정리만으로 문제를 해결하는 데 한계가 있으므로 별도의 풀이법을 제시한다.
- 연습문제는 본문의 내용과 예제를 확인할 수 있도록 유형별로 분류하고, 충분한 연습이 되도록 풍부하게 제시한다.
- 각 장마다 수록되어 있는 수학 이론을 실생활에 적용할 수 있도록 실제 사례를 소개하거나 연관된 이론 등을 제시한다.

수학의 기초를 다지기 위한 교재이므로 미분적분학에서 다루는 엄밀한 문제나 복잡한 역함수에 관한 내용 등을 의도적으로 생략했다. 그러므로 이 책이 수학적 엄밀성을 배우고자 하는 학생에게는 다소 부족할 수 있지만, 전공 공부를 제대로 하고자 하는 이공계열 학과 학생에게는 단기간에 미분적분학의 계산 능력을 높일 수 있는 기회를 제공할 것이다.

감사의 글

어려운 여건 속에서 이 책을 출판하여 주신 한빛아카데미(주) 선태호 대표님께 감사드린다. 〈3판〉을 준비하느라 오랜 시간 주말을 함께 하지 못했음에도 성원과 지지를 해준 가족에게 감사의 마음을 전한다.

함남우

미리보기

누구를 위한 책인가

이공계열 학생들이 전공을 학습하는 과정에서 자주 접하는 미분적분학의 기본 이론과 계산 방법을 설명하는 책으로, 고등학교에서 배운 수학 지식을 바탕으로 쉽게 이해할 수 있도록 구성했다. 부족한 부분을 혼자서도 보완할 수 있도록 자세한 예제 풀이와 단계별 연습문제를 제시하였으므로 미분적분학의 계산 능력을 향상시키고자 하는 학생들에게 도움이 될 것이다.

이 책을 시작하려면

먼저 미분적분과 관련한 다양한 계산 공식을 살펴본 후 **[How to]**를 통해 공식을 활용하는 방법을 숙지하기 바란다. 그런 다음 유형별 예제와 절별 연습문제를 풀어본다면 미분적분 공식을 내 것으로 만들 수 있을 것이다.

이 책의 구성요소

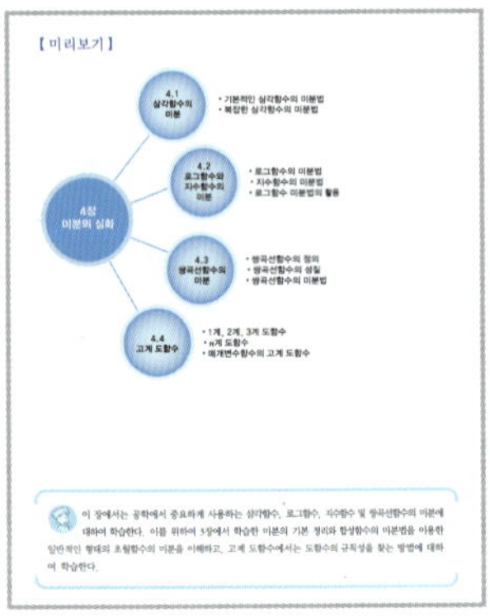

미리보기

해당 장에서 다루는 내용을 도식화하여 내용의 흐름을 파악할 수 있게 해준다. 해당 내용을 왜 배워야 하는지, 다른 장과 어떤 관계가 있는지 보여준다.

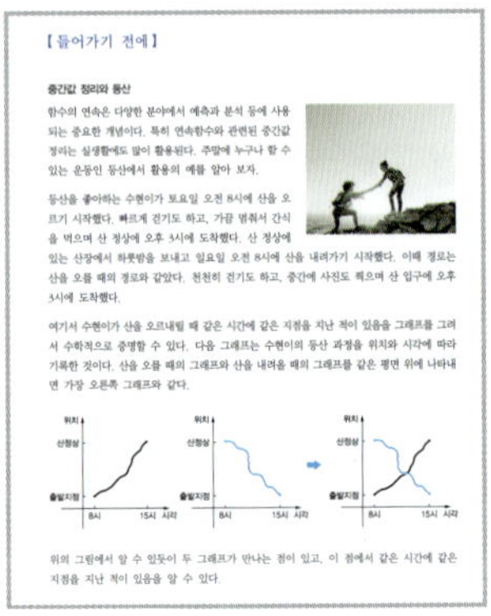

들어가기 전에

실제 사례를 통해 해당 장의 수학 개념이 실생활 및 다른 이론에 어떻게 연계되는지 설명한다.

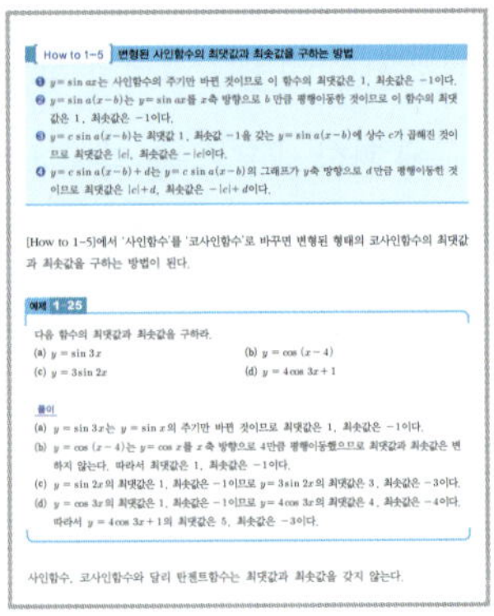

How to 및 예제

[How to]로 미분적분학에서 자주 접하는 문제 유형에 대해 어떤 공식을 어떻게 활용하는지 알려준다. 그 다음 본문에서 다룬 개념이 적용된 유형별 예제를 상세한 풀이와 함께 보여준다.

이 책의 구성

❶ 집합과 함수(1장)

수학의 가장 기본이 되는 집합을 정의하고, 집합들 사이의 관계를 설명하는 함수에 대해 설명한다.

❷ 함수의 극한과 연속(2장)

극한의 존재를 확인하는 방법, 극한과 연속의 관계를 알아보고, 중간값 정리를 활용할 수 있는 방안에 대해 설명한다.

❸ 미분(3장~5장)

미분의 정의와 다양한 함수의 미분법을 체계적으로 익힐 수 있는 방법을 알아보고, 미분을 활용하여 다양한 문제를 푸는 방법에 대해 설명한다.

❹ 적분(6장~8장)

부정적분과 정적분의 정의와 정적분의 계산법을 익힌 후, 치환적분, 부분적분 등 이를 활용하는 방법에 대해 설명한다.

❺ 극좌표와 곡률(9장)

직교좌표와 전혀 다른 개념인 극좌표를 도입하고, 이를 이용하여 곡선의 휜 정도를 나타내는 방법인 곡률에 대해 설명한다.

❻ 벡터(10장)

공학문제에 자주 활용되는 3차원 벡터공간을 설명하고, 내적과 외적의 의미와 계산법에 대해 설명한다.

❼ 행렬(11장)

행렬의 정의와 행렬의 곱을 계산하는 방법을 이해한다. 행렬식과 역행렬을 구하는 방법과 연립 선형방정식을 행렬을 이용하여 표현하는 방법에 대해 설명한다.

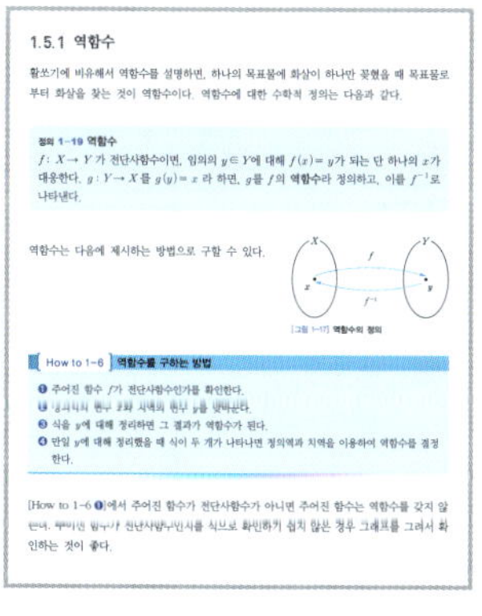

1.5.1 역함수

정의

본문에서 기억해 두어야 할 용어와 그 의미를 정의로 소개한다.

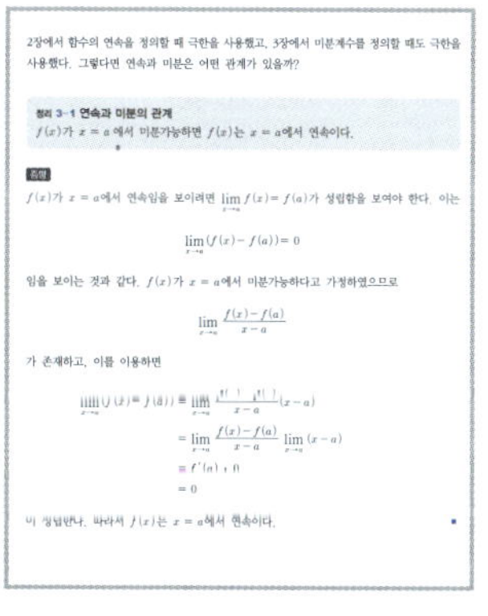

정리 및 증명

해당 주제에서 기억해 두어야 할 공식과 증명 과정을 간단히 보여준다.

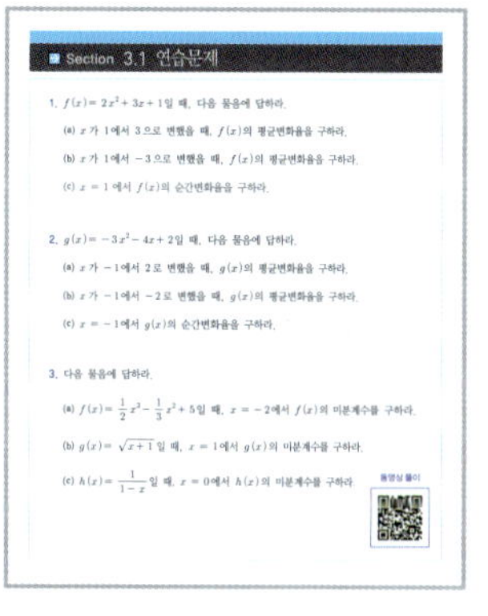

Section 3.1 연습문제

연습문제 및 동영상 풀이

해당 절이 끝날 때마다 연습문제를 제시하여 본문에서 익힌 내용을 정리할 수 있도록 한다. 동영상 풀이 QR 코드에는 각 문제의 (b)번에 대한 풀이 동영상을 담았다.

학습 로드맵

한 학기 동안 이 책의 1장에서 8장까지 순차적으로 학습하기를 권한다. 학과의 특성에 따라 5장(미분의 활용)과 8장(정적분의 활용)을 생략하고, 9장, 10장, 11장을 선택적으로 학습할 수 있다.

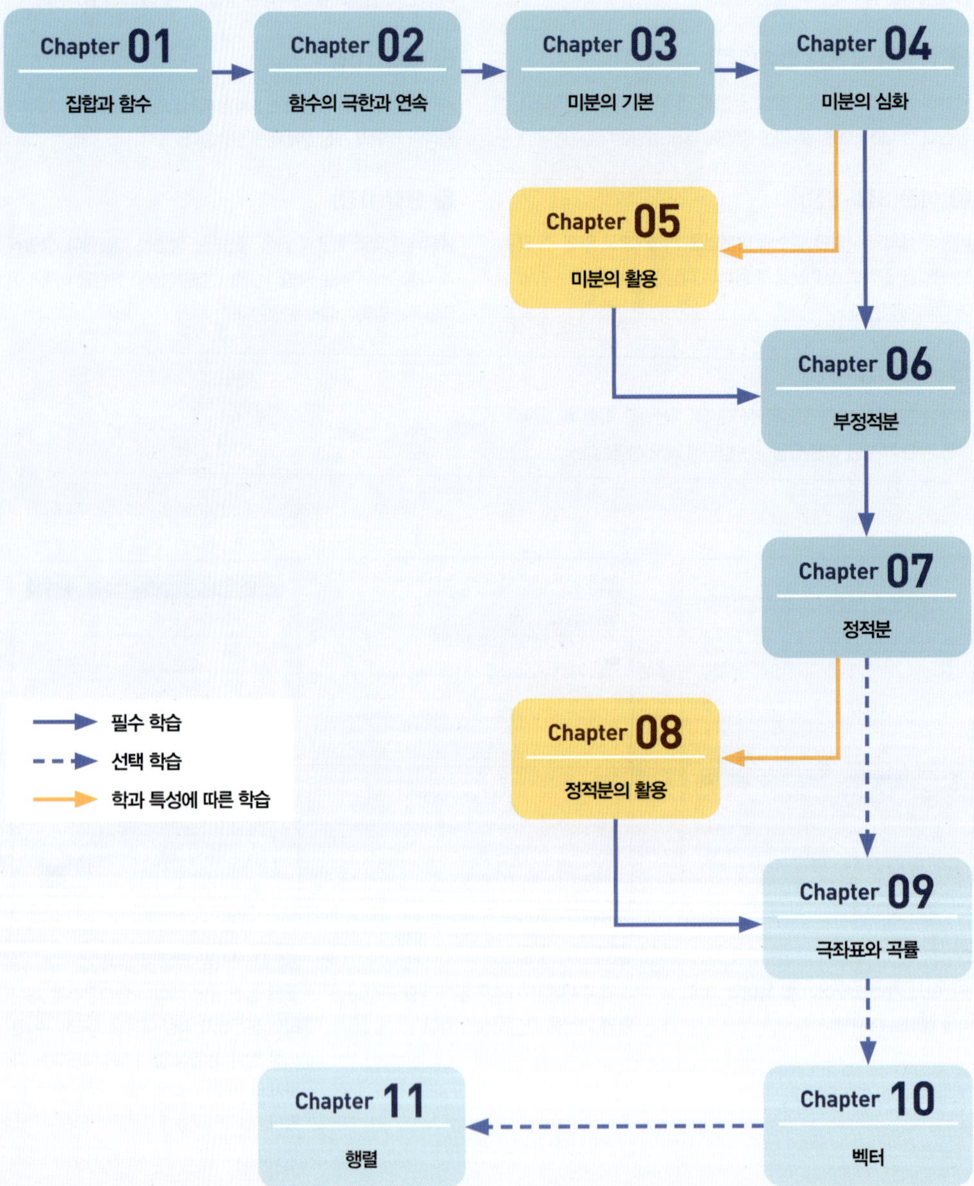

강의 계획

표준 스케줄 표(한 학기 강의)

주	해당 장	주제
1	1장	집합, 함수, 지수함수와 로그함수, 삼각함수
2	1장, 2장	역삼각함수, 함수의 극한
3	2장	함수의 극한 계산, 연속함수, 중간값 정리
4	3장	미분의 정의, 미분의 기본 정리
5	3장	합성함수의 미분, 음함수와 매개변수함수의 미분
6	4장	삼각함수의 미분, 로그함수와 지수함수의 미분
7	4장	쌍곡선함수의 미분, 고계 도함수
8		중간고사
9	5장	1계 도함수의 활용, 평균값 정리, 로피탈의 법칙
10	5장	2계 도함수의 활용, 극댓값과 극솟값의 활용
11	6장	부정적분의 정의와 기본 정리, 치환적분, 부분적분, 삼각함수의 적분, 부분분수적분
12	7장	정적분의 정의와 기본 정리, 미분적분학의 기본 정리, 이상적분
13	8장	영역의 넓이, 입체도형의 부피, 곡선의 길이
14	9장	극좌표, 극좌표함수의 그래프, 곡률
15	10장, 11장	벡터의 정의, 벡터의 내적 · 외적, 행렬의 정의와 성질, 행렬의 곱과 연립 선형방정식, 행렬식과 역행렬
16		기말고사

보조자료 및 참고문헌

강의 및 학습 보조자료

- **강의자용** : **강의보조자료 다운로드**
  한빛출판네트워크(http://www.hanbit.co.kr) 접속 → [교수전용] 클릭 → [강의자료] 클릭 → 도서명 검색

- **학습자용** : **공개용 정답 다운로드**
  한빛출판네트워크(http://www.hanbit.co.kr) 접속 → [SUPPORT] 클릭 → [자료실] 클릭 → 도서명 검색

참고문헌

- H. McCallum, et al(1998). 『Calculus : Single and Multivarible』. Wiley.
- James Stewart(2003). 『Calculus : Early Transcendentals』. Brooks/Cole.
- James Stewart(2009). 『Calculus』. Brooks/Cole.
- 함남우(2020). 『공학 핵심수학(2판)』. 한빛아카데미.
- 함남우(2022). 『공학 기초수학(2판)』. 한빛아카데미.

목차

Chapter 04 미분의 심화

Chapter 05 미분의 활용

Chapter 06 부정적분

Chapter 07 정적분

Chapter 08 정적분의 활용

Chapter 09 극좌표와 곡률

Chapter 10 벡터

Chapter 11 행렬

Chapter

01

집합과 함수

Sets and Functions

학습목표

- 수학의 기초가 되는 집합을 정의하고 집합들 사이의 관계를 이해한다.
- 대수함수와 초월함수의 엄밀한 정의와 기본적인 성질을 이해한다.
- 역함수를 정의하고 역삼각함수의 성질 및 역함수를 구하는 방법을 학습한다.

【미리보기】

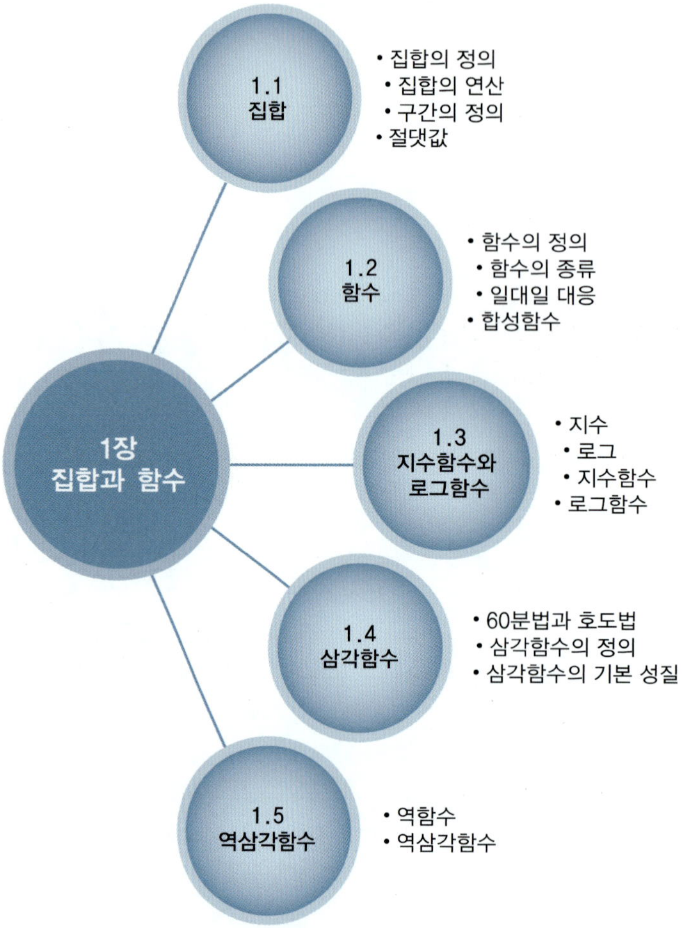

이 장에서는 수학의 기초가 되는 집합과 함수에 대해 알아본다. 집합에 대한 수학적 정의를 알아보고 합집합, 교집합, 차집합을 구하는 방법을 학습한다. 또한 함수에 대한 수학적 정의를 도입하고, 대수함수와 초월함수의 정의와 기본 성질을 알아본다. 그리고 삼각함수의 정의역을 제한하여 역삼각함수를 정의하는 방법을 학습한다.

【들어가기 전에】

무선 이어폰과 삼각함수

집합과 함수는 수학을 학습하는 데 가장 기본이 될 뿐만 아니라 실생활에서 많이 쓰이는 개념이다. 특히 여러 함수 중 삼각함수는 활용도가 높다. 삼각함수는 실생활에서 어떻게 활용되고 있을까?

삼각함수 활용의 가장 대표적인 예로 파동을 들 수 있으며, 파동을 이용한 제품으로는 무선 이어폰이 있다. 무선 이어폰과 삼각함수는 어떤 관계가 있는지 알아 보자.

몇 년 전만 해도 휴대전화에 이어폰을 연결하고 시끄러운 곳에 있으면 손으로 귀 주변을 막아야 음악이 제대로 들리는 문제가 있었다. 하지만 요즘에는 귀를 막지 않고도 소음을 줄이거나 없앨 수 있는 노이즈 캔슬링(noise cancelling)을 적용한 무선 이어폰이 나오면서 이 문제가 해결되었다.

소음 파동은 삼각함수의 특징인 주기와 위상[1]을 이용하여 설명된다. 주기와 위상이 같은 소음 파동이 만나면 소음은 강해지지만, 주기는 같고 위상이 정반대인 두 소음 파동이 만나면 소음 파동이 사라진다. 노이즈 캔슬링은 이 원리를 기초로 한다.

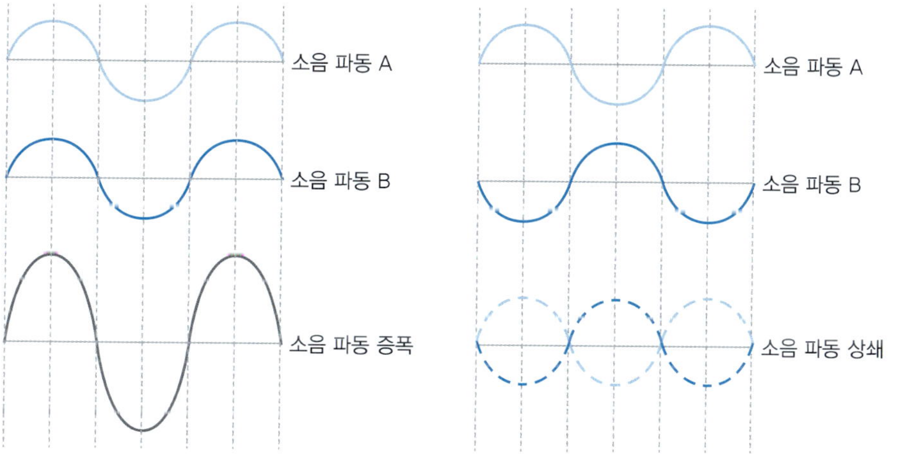

1 위상(phase)은 반복되는 파형에서 어느 시간에서의 위치를 말한다.

1.1 집합

수학을 학습할 때 가장 기초가 되는 것이 집합이다. 집합에 대한 현대적 정의는 19세기 말 칸토어(Cantor)에 의하여 제시되었다. 이 절에서는 집합의 정의와 다양한 집합들의 관계, 구간의 정의와 절댓값에 대해 알아보고자 한다.

1.1.1 집합의 정의

수학에서는 **집합**(set)을 '속하는지 또는 속하지 않는지가 분명하게 구별되는 것들의 모임'으로 정의한다. 이때 집합을 구성하는 대상들을 그 집합의 **원소**(element)라 한다.

집합과 원소와의 관계는 다음과 같이 설명한다.

❶ A가 집합일 때 x가 A의 원소이면, $x \in A$로 나타낸다.
❷ A가 집합일 때 x가 A의 원소가 아니면, $x \notin A$로 나타낸다.

예를 들어, $A = \{1, 2, 3, 4, 5\}$일 때 $2 \in A$이지만 $7 \notin A$이다.

일반적으로 사람들이 모임이라고 말하는 것 중에는 수학적으로 집합인 것과 집합이 아닌 것이 있다.

예제 1-1

다음 모임이 수학적으로 집합인지 또는 집합이 아닌지를 판정하라.
(a) 키가 175cm 이하인 사람들의 모임
(b) 춤을 잘 추는 사람들의 모임

풀이

(a) 키가 175cm 이하인 사람들의 모임은 속하는 사람과 속하지 않는 사람을 분명하게 판정할 수 있으므로 집합이다.

(b) 춤을 잘 추는 사람들의 모임은 속하는 사람과 속하지 않는 사람을 분명하게 판정할 수 없으므로 집합이 아니다.

다음은 수학을 학습할 때 중요하게 사용되는 대표적인 집합이다.

❶ 자연수 집합 : $\mathbb{N}$ 으로 나타내며 $\mathbb{N} = \{1, 2, 3, \cdots\}$이다.
❷ 정수 집합 : $\mathbb{Z}$ 로 나타내며 $\mathbb{Z} = \{\cdots, -2, -1, 0, 1, 2, \cdots\}$이다.
❸ 유리수 집합 : $\mathbb{Q}$ 로 나타내며 $\mathbb{Q} = \left\{\frac{n}{m} : m, n \in \mathbb{Z}, m \neq 0\right\}$이다.
❹ 무리수 집합 : $\mathbb{Q}^c$로 나타내며 $\mathbb{Q}^c = \{x : x$는 유리수가 아닌 실수$\}$이다.
❺ 실수 집합 : $\mathbb{R}$ 로 나타내며 $\mathbb{R} = \mathbb{Q} \cup \mathbb{Q}^c$ 이다.

대표적인 집합들 사이의 포함 관계는 다음과 같다.

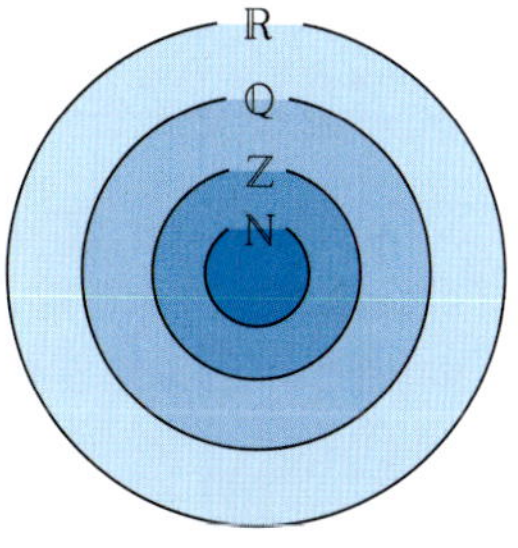

$\mathbb{N} \subset \mathbb{Z} \subset \mathbb{Q} \subset \mathbb{R}$

[그림 1-1] **집합의 포함 관계**

1.1.2 집합의 연산

집합들 사이의 관계를 설명하기 위해 우선 몇 가지 집합과 관련된 정의를 알아 보자.

정의 1-1 부분집합과 공집합
A와 B가 집합이라 하자.
(1) B의 모든 원소가 A의 원소일 때, B를 A의 **부분집합**이라 하고, $B \subset A$로 나타낸다.
(2) $A \subset B$이고 $B \subset A$이면 A와 B는 같다고 하고, $A = B$로 나타낸다.
(3) 원소를 하나도 갖고 있지 않은 집합을 **공집합**이라 하고, $\varnothing$로 나타낸다.

부분집합의 정의에 의해 공집합은 모든 집합의 부분집합이다.

정의 1-2 합집합, 교집합, 차집합, 여집합

A와 B가 집합이라 하자.

(1) A와 B의 **합집합**은 $A \cup B = \{x : x \in A \text{ 또는 } x \in B\}$로 정의한다.

(2) A와 B의 **교집합**은 $A \cap B = \{x : x \in A \text{이고 } x \in B\}$로 정의한다.

(3) A와 B의 **차집합**은 $A - B = \{x : x \in A \text{이고 } x \notin B\}$로 정의한다.

(4) X가 전체집합일 때 A의 **여집합**은 $A^c = X - A = \{x : x \notin A\}$로 정의한다.

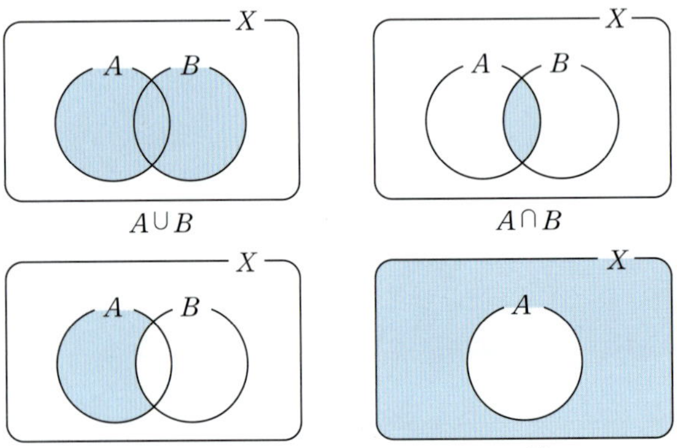

[그림 1-2] 두 집합 사이의 관계

예제 1-2

$A = \{2, 3, 7, 9, 11\}$, $B = \{3, 6, 11\}$일 때, 다음을 구하라.

(a) $A \cup B$ (b) $A \cap B$

(c) $A - B$ (d) $B - A$

풀이

(a) $A \cup B = \{2, 3, 6, 7, 9, 11\}$ (b) $A \cap B = \{3, 11\}$

(c) $A - B = \{2, 7, 9\}$ (d) $B - A = \{6\}$

집합들 사이의 관계를 설명하는 중요한 법칙 중 하나가 **드 모르간의 법칙**이다. 드 모르간의 법칙은 A와 B가 전체집합 X의 부분집합일 때, 다음이 성립하는 것을 설명한다.

❶ $(A \cup B)^c = A^c \cap B^c$

❷ $(A \cap B)^c = A^c \cup B^c$

드 모르간의 법칙은 [그림 1-3]의 벤 다이어그램을 이용하여 증명할 수 있다.

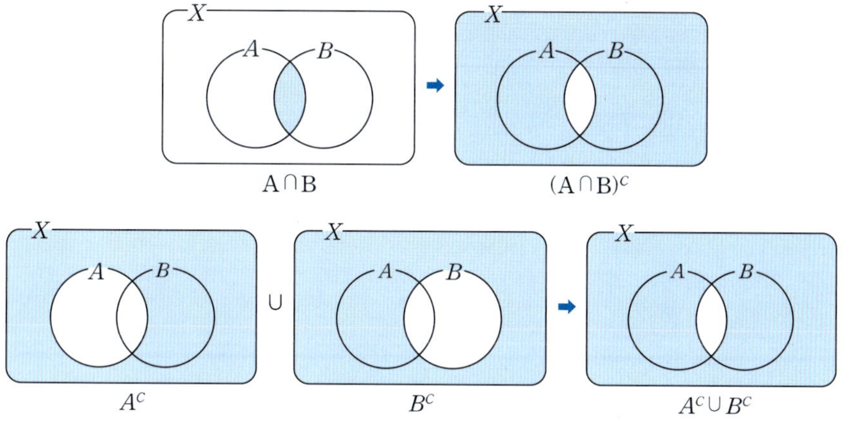

[그림 1-3] 벤 다이어그램을 이용한 드 모르간의 법칙 증명

1.1.3 구간의 정의

구간은 실수 집합의 부분집합으로, 기본적으로 유한구간과 무한구간으로 나누어 정의한다.

정의 1-3 유한구간

a와 b가 실수라 하자.

(1) $[a, b]=\{x : a \le x \le b\}$를 **닫힌구간** 또는 **폐구간**이라 한다.

(2) $(a, b)=\{x : a < x < b\}$를 **열린구간** 또는 **개구간**이라 한다.

(3) $(a, b]=\{x : a < x \le b\}$와 $[a, b)=\{x : a \le x < b\}$를 **반닫힌구간** 또는 **반열린구간**이라 한다.

예제 1-3

$A=(1, 5)$, $B=[2, 7]$일 때, 다음을 구하라.

(a) $A \cup B$ (b) $A \cap B$

(c) $A - B$ (d) $B - A$

풀이

(a) $A \cup B = (1, 7]$ (b) $A \cap B = [2, 5)$

(c) $A - B = (1, 2)$ (d) $B - A = [5, 7]$

정의 1-4 무한구간

a와 b가 실수라 하자.

(1) $[a, \infty) = \{x : a \le x\}$와 $(-\infty, b] = \{x : x \le b\}$를 **닫힌반직선**이라 한다.

(2) $(a, \infty) = \{x : a < x\}$와 $(-\infty, b) = \{x : x < b\}$를 **열린반직선**이라 한다.

(3) 실수 집합을 구간으로 나타내면 $\mathbb{R} = (-\infty, \infty)$이며 $(-\infty, \infty)$를 **직선**이라 한다.

예제 1-4

$C = (-3, \infty)$, $D = (-\infty, 7]$일 때, 다음을 구하라.

(a) $C \cup D$　　(b) $C \cap D$

(c) $C - D$　　(d) $D - C$

풀이

(a) $C \cup D = (-\infty, \infty)$　　(b) $C \cap D = (-3, 7]$

(c) $C - D = (7, \infty)$　　(d) $D - C = (-\infty, -3]$

무한대(∞)는 실수가 아니며, ∞와 관련된 덧셈과 곱셈의 연산은 다음과 같다.

❶ $\infty + \infty = \infty$　　❷ $\infty \cdot \infty = \infty$

무한대의 덧셈, 곱셈과 달리 $\infty - \infty$와 $\dfrac{\infty}{\infty}$는 값을 알 수 없다.[2]

두 집합의 곱은 다음과 같이 정의한다.

정의 1-5 카테시안 곱

두 집합 A와 B에 대해 $A \times B = \{(a, b) : a \in A, b \in B\}$를 A와 B의 **카테시안 곱**(Cartesian product)이라 한다.

예제 1-5

카테시안 곱의 정의를 이용하여 다음 물음에 답하라.

(a) $A = \{1, 3, 6\}$, $B = \{2, 3\}$일 때, $A \times B$를 구하라.

(b) $C = [1, 3]$, $D = [1, 2]$일 때, $C \times D$를 좌표평면에 나타내라.

2 이 내용은 5장의 5.3.1절과 5.3.2절에서 자세히 다룬다.

풀이

(a) $A \times B = \{(1, 2), (1, 3), (3, 2), (3, 3), (6, 2), (6, 3)\}$

(b) $C \times D$를 좌표평면에 나타내면 그 결과는 다음과 같다(단, 경계 포함).

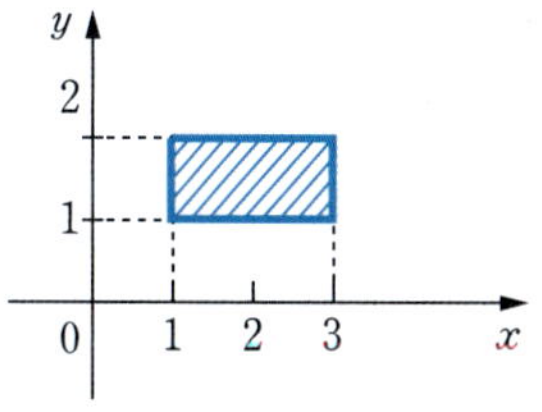

1.1.4 절댓값

실수 집합에서 어떤 수에 대한 절댓값은 그 수가 원점에서부터 얼마나 떨어져 있는가를 설명한다. 절댓값에 대한 수학적 정의는 다음과 같다.

정의 1-6 절댓값

실수 x의 **절댓값**은 다음과 같이 정의한다.

$$|x| = \begin{cases} x, & x \geq 0 \\ -x, & x < 0 \end{cases}$$

복잡한 식을 포함하고 있는 절댓값은 다음 방법을 이용하여 쉽게 풀어쓸 수 있다.

How to 1-1 절댓값을 풀어쓰는 방법

❶ **단계 1** : 절댓값 안의 모든 식을 □에 담는다.

❷ **단계 2** : $y = |\square|$일 때

$$y = \begin{cases} \square, & \square \geq 0 \\ -\square, & \square < 0 \end{cases}$$

로 풀어쓴 후, $\square \geq 0$과 $\square < 0$을 정리한다.

예제 1-6

다음 식을 절댓값 기호 없이 나타내라.

(a) $y = |2x-4|$ (b) $y = |x^2-1|$

풀이

(a) $y = |2x-4|$이면 □ $= 2x-4$이다. 따라서

$$y = \begin{cases} 2x-4, & 2x-4 \geq 0 \\ -(2x-4), & 2x-4 < 0 \end{cases} = \begin{cases} 2x-4, & x \geq 2 \\ -2x+4, & x < 2 \end{cases}$$

이다.

(b) $y = |x^2-1|$이면 □ $= x^2-1$이다. 따라서

$$y = \begin{cases} x^2-1, & x^2-1 \geq 0 \\ -(x^2-1), & x^2-1 < 0 \end{cases} = \begin{cases} x^2-1, & x \leq -1 \text{ 또는 } x \geq 1 \\ -x^2+1, & -1 < x < 1 \end{cases}$$

이다.

다음 정리는 절댓값의 기본 성질들을 설명하고 있으며 절댓값을 포함한 부등식에서 자주 사용된다.

정리 1-1 절댓값의 기본 성질

a와 b가 실수일 때, 다음이 성립한다.

(1) $|a| = |-a|$

(2) $|ab| = |a||b|$

(3) $|a+b| \leq |a|+|b|$: 삼각 부등식

(4) $r > 0$일 때 $|x| < r \Leftrightarrow -r < x < r$

(5) $r > 0$일 때 $|x| > r \Leftrightarrow x < -r$ 또는 $x > r$

예제 1-7

다음 부등식을 풀어라.

(a) $|x-1| < 3$ (b) $|2x+1| \ge 5$

풀이

(a) [정리 1-1(4)]를 이용한다.

$$|x-1| < 3 \quad \Leftrightarrow \quad -3 < x-1 < 3$$

따라서 부등식의 해는 $-2 < x < 4$이다. 부등식의 해를 구간기호로 나타내면 $(-2, 4)$이다.

(b) [정리 1-1(5)]를 이용한다.

$$|2x+1| \ge 5 \quad \Leftrightarrow \quad 2x+1 \le -5 \text{ 또는 } 2x+1 \ge 5$$

$2x+1 \le -5$를 간단히 하면 $2x \le -6$이고, 이를 정리하면 $x \le -3$이다. $2x+1 \ge 5$를 간단히 하면 $2x \ge 4$이고, 이를 정리하면 $x \ge 2$이다. 따라서 부등식의 해는 $x \le -3$ 또는 $x \ge 2$이다. 부등식의 해를 구간기호로 나타내면 $(-\infty, -3] \cup [2, \infty)$이다.

부등호가 2개인 식은 다음과 같이 이해한다.

❶ '$a < x < b$'는 '$a < x$이고 $x < b$'임을 의미한다.

❷ 역으로 '$a < x$이고 $x < b$'는 '$a < x < b$'임을 의미한다.

예제 1-8

다음 부등식을 풀어라.

(a) $|x^2-4| \le 3$ (b) $|x^2-3x-2| > 2$

풀이

(a) [정리 1-1(4)]를 이용한다.

$$|x^2-4| \le 3 \quad \Leftrightarrow \quad -3 \le x^2-4 \le 3$$

$-3 \le x^2-4 \le 3$이면 $-3 \le x^2-4$이고 $x^2-4 \le 3$이다. $-3 \le x^2-4$를 정리하면 $1 \le x^2$이고, 이 부등식을 풀면

$$x \le \quad 1 \text{ 또는 } x \ge 1 \quad \cdots\cdots \text{①}$$

이다. $x^2-4 \le 3$을 정리하면 $x^2 \le 7$이고, 이 부등식을 풀면

$$-\sqrt{7} \le x \le \sqrt{7} \quad \cdots\cdots \text{②}$$

이다. ①과 ②의 교집합을 그림으로 나타내면 다음과 같다.

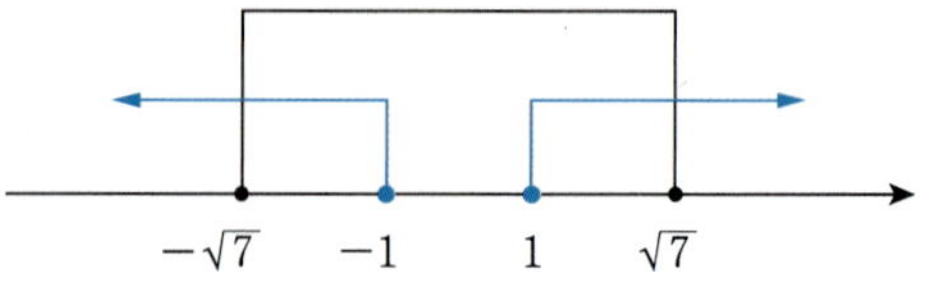

따라서 부등식의 해는 $-\sqrt{7} \le x \le -1$ 또는 $1 \le x \le \sqrt{7}$이다. 부등식의 해를 구간기호로 나타내면 $[-\sqrt{7}, -1] \cup [1, \sqrt{7}]$이다.

(b) [정리 1-1(5)]를 이용한다.

$$|x^2 - 3x - 2| > 2 \iff x^2 - 3x - 2 < -2 \text{ 또는 } x^2 - 3x - 2 > 2$$

$x^2 - 3x - 2 < -2$를 정리하면 $x^2 - 3x = x(x-3) < 0$이므로

$$0 < x < 3 \quad \cdots\cdots \text{ ③}$$

이다. $x^2 - 3x - 2 > 2$를 정리하면 $x^2 - 3x - 4 = (x-4)(x+1) > 0$이므로

$$x < -1 \text{ 또는 } x > 4 \quad \cdots\cdots \text{ ④}$$

이다. ③과 ④의 합집합을 그림으로 나타내면 다음과 같다.

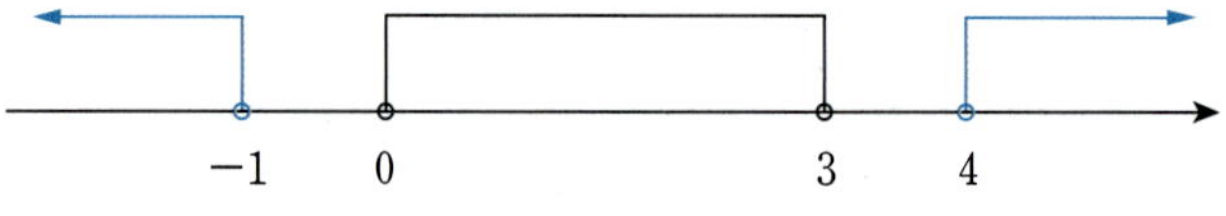

따라서 부등식의 해는 $x < -1$ 또는 $0 < x < 3$ 또는 $4 < x$이다. 부등식의 해를 구간기호로 나타내면 $(-\infty, -1) \cup (0, 3) \cup (4, \infty)$이다.

이 절에서는 수학의 기초가 되는 집합의 정의와 성질에 대해 살펴보았다. 또한 절댓값을 정의하고 절댓값 기호를 풀어서 식을 표현하는 방법과 절댓값이 있는 부등식을 푸는 방법에 대해 알아보았다.

Section 1.1 연습문제

1. 다음 모임이 수학적으로 집합인지 또는 집합이 아닌지를 판정하라.

(a) 유튜브를 자주 시청하는 사람들의 모임

(b) 하루에 1시간 이상 인터넷을 하는 사람들의 모임

(c) 일주일에 35,000걸음 이상을 걷는 사람들의 모임

(d) 몸무게가 많이 나가는 사람들의 모임

(e) 일주일에 커피를 7잔 이하로 마시는 사람들의 모임

(f) 등산을 자주 가는 사람들의 모임

2. $A = \{-1, 0, 2, 3, 7\}$, $B = \{-3, 1, 3, 6\}$일 때, 다음을 구하라.

(a) $A \cup B$ (b) $A \cap B$ (c) $A - B$ (d) $B - A$

3. $C = [0, 4)$, $D = (2, 7]$일 때, 다음을 구하라.

(a) $C \cup D$ (b) $C \cap D$ (c) $C - D$ (d) $D - C$

4. $X = [-5, 5]$가 전체집합이고 $E = (-1, 3)$, $F = [1, 4]$일 때, 다음을 구하라.

(a) $E - F$ (b) $F - E$ (c) E^c (d) F^c

(e) $(E \cup F)^c$ (f) $(E \cap F)^c$ (g) $(E - F)^c$ (h) $(F - E)^c$

5. 다음 물음에 답하라.

(a) $A = \{1, 3, 5\}$, $B = \{0, 2\}$일 때, $A \times B$와 $B \times A$를 구하라.

(b) $C = [-1, 3]$, $D = [1, 3]$일 때, $C \times D$와 $D \times C$를 좌표평면에 나타내라.

6. 다음 식을 절댓값 기호 없이 나타내라.

(a) $y = |x+7|$

(b) $y = |2x-9|$

(c) $y = |-3x+5|$

(d) $y = |-4x-1|$

(e) $y = |x^2+3|$

(f) $y = |-x^2+16|$

(g) $y = |x^2+3x-10|$

(h) $y = |-2x^2+3x-1|$

7. 다음 부등식을 풀어라.

(a) $|x+2| < 3$

(b) $|x+3| > 2$

(c) $|-x+3| \leq 4$

(d) $|-x-4| \geq 3$

(e) $|2x+3| \leq 5$

(f) $|3x-1| \geq 8$

(g) $|-4x+3| < 7$

(h) $|-5x-1| > 5$

8. 다음 부등식을 풀어라.

(a) $1 < |x+1| < 2$

(b) $3 \leq |x-2| \leq 5$

(c) $4 \leq |2x+1| < 7$

(d) $3 < |3x-1| \leq 6$

9. 다음 부등식을 풀어라.

(a) $|x^2+1| < 3$

(b) $|x^2-2| > 3$

(c) $|-x^2+3| \leq 4$

(d) $|-x^2-2| \geq 5$

동영상 풀이

1.2 함수

사람들은 변화하는 현상을 설명하고자 할 때 함수를 사용한다. 함수는 기본적으로 하나의 변수 값이 변할 때 관련된 다른 변수 값이 어떻게 변하는지 설명하는 중요한 도구이다. 이 절에서는 함수의 정의와 종류, 그리고 합성함수에 대해 알아보고자 한다.

1.2.1 함수의 정의

공집합이 아닌 두 집합 사이의 원소들 사이에 특별한 관계가 있을 때, 그 원소들을 연결하는 관계를 함수라 한다. 함수를 엄밀하게 정의하면 다음과 같다.

정의 1-7 함수, 정의역, 공변역, 치역

X와 Y가 공집합이 아닌 집합이라고 하자.

(1) X의 각 원소 x에 대해 Y의 단 하나의 원소 y가 대응하면, 이 대응관계 f를 X에서 Y로의 **함수**(function)라 하고, $f: X \rightarrow Y$로 나타낸다.

(2) $f: X \rightarrow Y$가 함수일 때, X를 **정의역**, Y를 **공변역**, $f(X)$를 **치역**이라 한다.

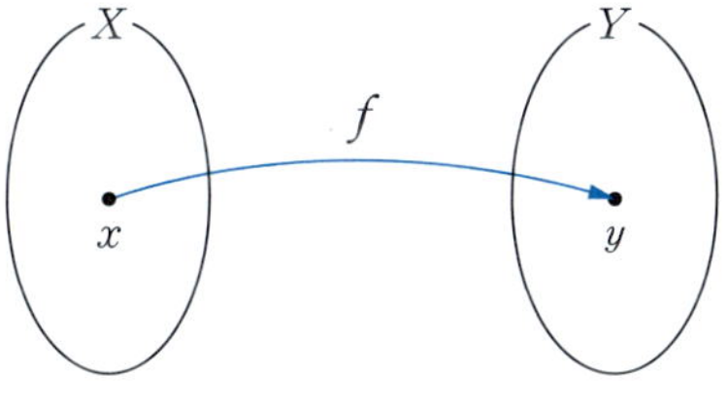

[그림 1-4] 함수의 정의

함수를 활쏘기에 비유하면 쉽게 이해할 수 있다

활을 f라 할 때, 화살을 모아놓은 집합 X는 정의역, 모든 목표물을 모아놓은 집합 Y는 공변역, 화살이 하나 이상 꽂힌 목표물을 모아놓은 집합 $f(X)$는 치역이 된다. 활을 쏜 결과가 함수가 되려면 다음 두 조건을 만족해야 하며, 만일 어느 하나라도 만족하지 못하면 활을 쏜 결과는 함수가 되지 않는다.

- 화살은 반드시 다 쏴야 한다.
- 각 화살은 반드시 하나의 목표물에 맞아야 한다.

예제 1-9

다음 중 대응관계가 함수인 것을 찾아라. 대응관계가 함수일 때, 정의역, 치역, 공변역을 구하라.

(a)

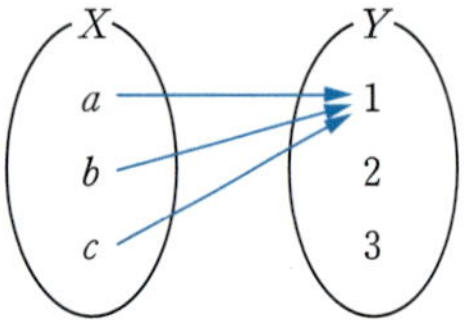

(b)

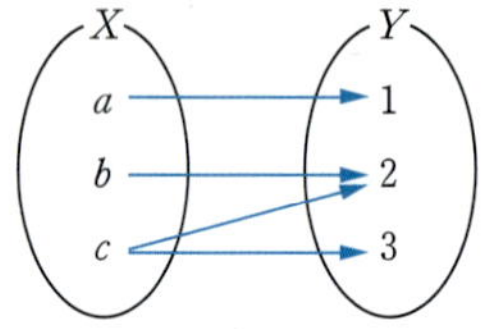

(c)

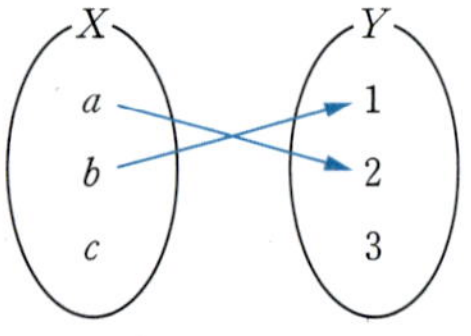

(d)

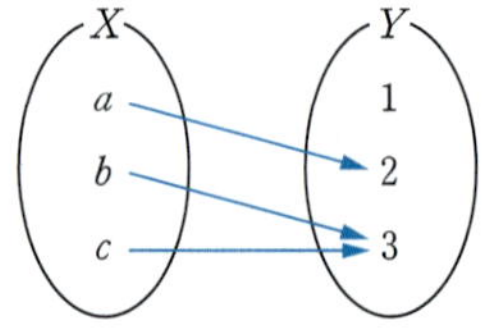

풀이

(a) 이 대응관계는 함수이다. 정의역은 $\{a, b, c\}$, 공변역은 $\{1, 2, 3\}$, 치역은 $\{1\}$ 이다.
(b) X 의 원소 c 가 2 와 3 에 대응하므로 이 대응관계는 함수가 아니다.
(c) X 의 원소 c 에 대응하는 원소가 없으므로 이 대응관계는 함수가 아니다.
(d) 이 대응관계는 함수이다. 정의역은 $\{a, b, c\}$, 공변역은 $\{1, 2, 3\}$, 치역은 $\{2, 3\}$ 이다.

1.2.2 함수의 종류

미분적분학에서 다루는 함수를 분류하는 방법은 여러 가지가 있는데 가장 대표적인 분류 방법이 함수 전체를 대수함수와 초월함수로 나누는 것이다. 이 절에서는 다항함수, 유리함수, 무리함수로 분류되는 대수함수에 대해 다루고, 지수함수, 로그함수, 삼각함수로 분류되는 초월함수에 대해서는 1.3절에서 다룬다.

- 함수
  - 대수함수
    - 다항함수
    - 유리함수
    - 무리함수
  - 초월함수
    - 지수함수
    - 로그함수
    - 삼각함수

정의 1-8 다항함수, 유리함수, 무리함수

$a_0, a_1, \cdots, a_n, b_0, b_1, \cdots, b_m$이 실수이고, p가 2 이상의 자연수라 하자.

(1) $f(x) = a_n x^n + a_{n-1}x^{n-1} + \cdots + a_1 x + a_0$ 형태의 함수를 **다항함수**라 하고, $a_n \neq 0$이면 $f(x)$를 n차 다항함수라 한다.

(2) $g(x) = \dfrac{a_n x^n + a_{n-1}x^{n-1} + \cdots + a_1 x + a_0}{b_m x^m + b_{m-1}x^{m-1} + \cdots + b_1 x + b_0}$ 형태의 함수를 **유리함수**라 한다.

(3) $h(x) = \sqrt[p]{a_n x^n + \cdots + a_1 x + a_0}$ 또는 $h(x) = \sqrt[p]{\dfrac{a_n x^n + \cdots + a_1 x + a_0}{b_m x^m + \cdots + b_1 x + b_0}}$ 형태의 함수를 **무리함수**라 한다.

대수함수의 정의에 의하여 $y = x^3 - 3x + 1$은 다항함수이다. 또한 $y = \dfrac{2x-1}{3x+4}$은 유리함수이며 $y = \sqrt{x^2 - 1}$과 $y = \sqrt[3]{\dfrac{3}{x+2}}$은 무리함수이다. 주어진 대수함수의 정의역을 구하려면 우선 주어진 함수가 다항함수인지, 유리함수인지 또는 무리함수인지를 확인하고 [How to 1-2]를 적용한다.

How to 1-2 대수함수의 정의역을 구하는 방법

❶ 주어진 함수가 다항함수이면, 정의역은 $\mathbb{R}$이다.

❷ 주어진 함수가 유리함수이면, 정의역은 $\mathbb{R} - \{x : x$에서 유리함수의 분모가 0이다.$\}$이다.

❸ 주어진 함수가 무리함수이면, 정의역은 p에 따라 달라진다.

- p가 홀수이면, 근호 안에 있는 함수의 정의역이 무리함수의 정의역이 된다.
- p가 짝수이면, 무리함수의 정의역은 $\{x : x$에서 근호 안의 함숫값이 0보다 크거나 같다.$\}$이다.

예제 1-10

다음 함수의 정의역을 구하라.

(a) $y = 4x + 3$

(b) $y = -x^2 + 4x - 7$

(c) $y = \dfrac{1}{2x+4}$

(d) $y = \dfrac{x+1}{x^2 - 3x + 2}$

(e) $y = \sqrt{x+3}$

(f) $y = \sqrt[3]{x-2}$

풀이

(a) $y = 4x + 3$은 1차 다항함수이므로 정의역은 $\mathbb{R}$이다.

(b) $y = -x^2 + 4x - 7$은 2차 다항함수이므로 정의역은 $\mathbb{R}$이다.

(c) $y = \dfrac{1}{2x+4}$은 유리함수이고 $x = -2$에서 분모가 0이므로 정의역은 $\mathbb{R} - \{-2\}$이다.

(d) $y=\dfrac{x+1}{x^2-3x+2}$ 은 유리함수이고 $x=1$과 $x=2$에서 분모가 0이므로 정의역은 $\mathbb{R}-\{1, 2\}$ 이다.

(e) $y=\sqrt{x+3}$ 은 무리함수이고 무리함수의 정의에서 $p=2$인 경우에 해당한다. 따라서 근호 안의 함수인 $x+3$ 이 0보다 크거나 같게 하는 x들의 집합이 정의역이므로 정의역은 $\{x : x+3 \geq 0\} = \{x : x \geq -3\}$ 이다.

(f) $y=\sqrt[3]{x-2}$ 는 무리함수이고 무리함수의 정의에서 $p=3$인 경우에 해당한다. 따라서 무리함수의 정의역은 근호 안의 함수의 정의역과 같고, 근호 안의 함수가 다항함수이므로 정의역은 $\mathbb{R}$ 이다.

유리함수의 정의역을 구할 때는 식을 변형하지 않은 상태에서 정의역을 구해야 한다.

예제 1-11

$y=\dfrac{x+1}{x+1}$ 의 정의역을 구하라.

풀이

$y=\dfrac{x+1}{x+1}$ 은 유리함수이고 $x=-1$에서 분모가 0이 되므로 정의역은 $\mathbb{R}-\{-1\}$이다.

실제로 $y=\dfrac{x+1}{x+1}$ 은 $x=-1$에서 정의되지 않고, $x \neq -1$일 때 $y=1$이다.

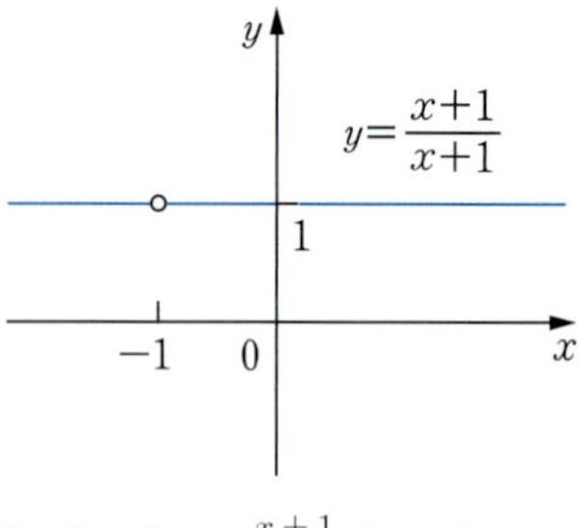

[그림 1-5] $y=\frac{x+1}{x+1}$ 의 그래프

1.2.3 일대일 대응

공집합이 아닌 두 집합이 주어졌을 때, 두 집합에 있는 원소들 사이에는 다양한 함수관계가 존재한다. 그중 다음에 정의하는 세 가지 형태의 함수가 가장 중요하다.

정의 1-9 단사함수, 전사함수, 전단사함수

$f: X \to Y$ 라 하자.

(1) $x_1 \neq x_2$ 인 모든 x_1, x_2에 대해 $f(x_1) \neq f(x_2)$이면, f를 **일대일 함수** 또는 **단사함수**라 한다.

(2) $f(X) = Y$ 이면, f를 **위로의 함수** 또는 **전사함수**라 한다.

(3) f가 단사함수이면서 전사함수이면, f를 **일대일 대응** 또는 **전단사함수**라 한다.

활쏘기로 단사함수와 전사함수를 설명하면 다음과 같다.

- 단사함수 : 각각의 화살이 서로 다른 목표물에 꽂힌 경우
- 전사함수 : 화살을 모두 쏘았을 때 모든 목표물에 적어도 하나의 화살이 꽂힌 경우

예제 1-12

다음 표와 같은 대응관계를 f라 할 때, f가 단사함수인지 또는 단사함수가 아닌지를 판정하라.

x	-2	-1	0	1	2	3	4
$f(x)$	4	0	3	-1	3	4	7

풀이

$f(0) = 3$이고 $f(2) = 3$이므로 서로 다른 x 값인 $x = 0$과 $x = 2$에 대해 같은 값인 $y = 3$이 대응하였다. 따라서 f는 단사함수가 아니다.

단사함수인지 또는 단사함수가 아닌지를 식으로만 확인하기는 다소 어렵다. 하지만, 함수의 그래프를 알고 있는 경우에는 다음 방법으로 단사함수인지 또는 단사함수가 아닌지를 쉽게 판정할 수 있다.

How to 1-3 단사함수 판정 방법 : 수평선 검사

❶ 정의역 위에 $y = f(x)$의 그래프를 그린다.

❷ x축에 평행하게 수평선을 그었을 때 모든 수평선이 그래프와 한 번 이하로 만나면, 주어진 함수는 정의역에서 단사함수라 판정한다. x축에 평행하게 수평선을 그었을 때 어느 한 수평선이라도 그래프와 두 번 이상 만나면, 주어진 함수는 정의역에서 단사함수가 아니라고 판정한다.

예제 1-13

다음 함수가 단사함수인지 또는 단사함수가 아닌지를 판정하라.

(a) $y = x^2$, 정의역 $(-\infty, 0]$　　　　(b) $y = -x^2$, 정의역 $\mathbb{R}$

풀이

(a) 정의역 $(-\infty, 0]$에서 $y = x^2$에 임의의 수평선을 그었을 때, 이 수평선은 그래프와 한 번 만나거나 만나지 않는다. 따라서 수평선 검사에 의하여 정의역 $(-\infty, 0]$에서 $y = x^2$은 단사함수이다.

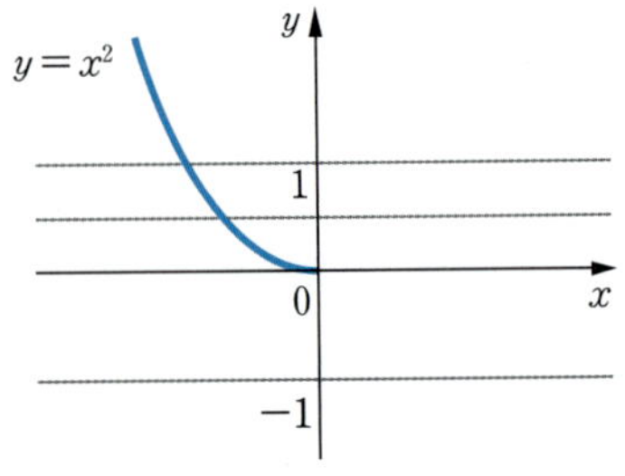

(b) $y = -x^2$에 $y = -1$인 수평선을 그었을 때, 이 수평선은 그래프와 두 번 만난다. 따라서 수평선 검사에 의하여 정의역 $\mathbb{R}$에서 $y = -x^2$은 단사함수가 아니다.

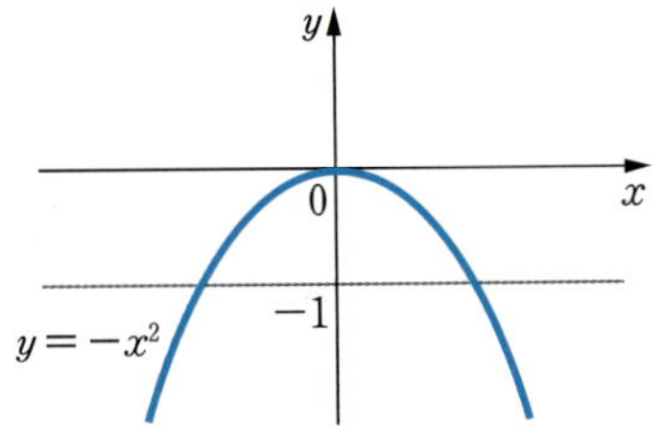

주어진 함수의 치역은 함수의 그래프를 그려서 확인한다.

예제 1-14

다음 함수의 정의역과 치역을 구하라.

(a) $y = 2x + 1$　　　　(b) $y = x^2 + 2x - 1$

(c) $y = \dfrac{1}{x-2}$　　　　(d) $y = \sqrt{x+1} - 1$

풀이

(a) $y = 2x + 1$은 다항함수이므로 정의역은 $\mathbb{R}$이고, 그래프로부터 치역도 $\mathbb{R}$이다.

(b) $y = x^2 + 2x - 1$은 다항함수이므로 정의역은 $\mathbb{R}$이고, 그래프로부터 치역은 $\{y : y \geq -2\}$이다.

(c) $y = \dfrac{1}{x-2}$은 유리함수이므로 정의역은 $\{x : x < 2\} \cup \{x : x > 2\}$이고, 그래프로부터 치역은 $\{y : y < 0\} \cup \{y : y > 0\}$이다.

(d) $y = \sqrt{x+1} - 1$은 무리함수이므로 정의역은 $\{x : x \geq -1\}$이고, 그래프로부터 치역은 $\{y : y \geq -1\}$이다.

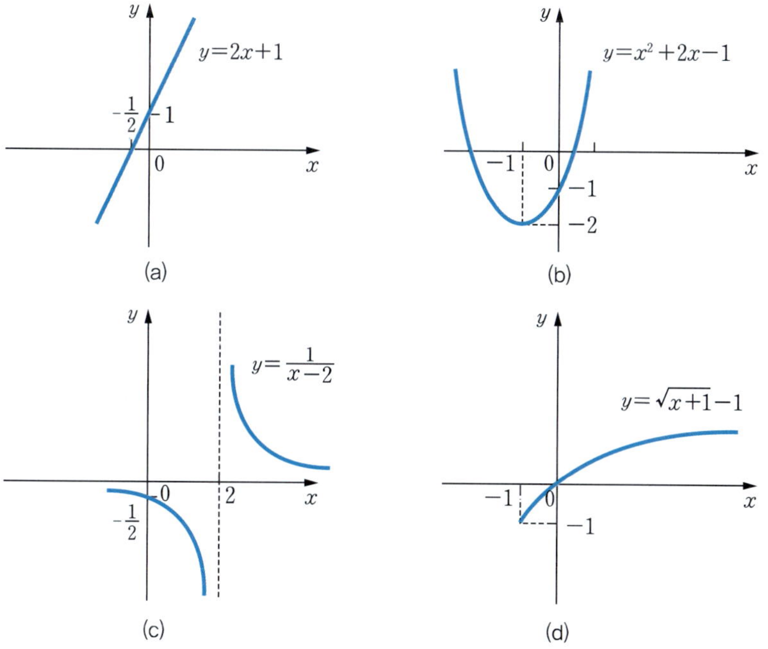

1.2.4 합성함수

신입생들이 서울에서 대전까지 버스를 타고 가서 대전에서 부산까지 기차를 타고 갔다면, 신입생들은 서울에서 부산까지 이동한 것이다. 이와 같이 두 개 이상의 함수가 주어졌을 때, 이 함수들을 연결하여 새로운 함수를 만들 수 있다.

정의 1-10 합성함수

두 함수 $f: X \to Y$, $g: Y \to Z$에 대해 $h: X \to Z$를

$$h(x) = (g \circ f)(x) = g(f(x))$$

라 할 때, h를 f와 g의 **합성함수**라 한다.

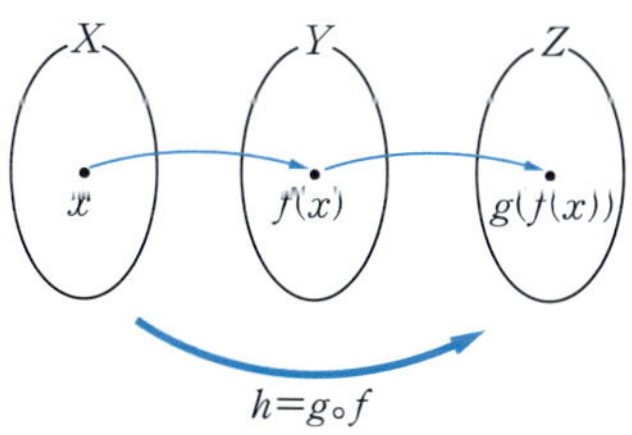

[그림 1-6] 합성함수의 그래프

합성함수를 구하려면 우선 주어진 식에 값을 대입하는 방법을 알아야 한다.

예제 1-15

$f(x)=x^2-2x+4$일 때, 다음을 구하라.

(a) $f(1)$ (b) $f(h)$ (c) $f(1+h)$ (d) $f(x^2)$

풀이

$f(x)=x^2-2x+4$이므로 $f(\square)=\square^2-2\square+4$이다. $\square$에 차례로 $1, h, 1+h$, x^2을 대입하여 결과를 얻는다.

(a) $f(1)=1^2-2\cdot 1+4=3$

(b) $f(h)=(h)^2-2(h)+4=h^2-2h+4$

(c) $f(1+h)=(1+h)^2-2(1+h)+4=h^2+3$

(d) $f(x^2)=(x^2)^2-2(x^2)+4=x^4-2x^2+4$

[예제 1-15]의 풀이에서 $\square$에 $g(x)$를 대입하면 $f(g(x))$가 된다.

두 함수 f와 g가 주어졌을 때, 합성함수 $f\circ g$와 $g\circ f$의 정의는 다음과 같다.

$$(f\circ g)(x)=f(g(x)),\ (g\circ f)(x)=g(f(x))$$

How to 1-4 합성함수를 구하는 방법

❶ $f(x)$와 $g(x)$에 대해 $(f\circ g)(x)=f(g(x))$를 구하는 방법

① $f(x)$의 x에 $\square$를 대입하여 $f(\square)$를 구한다.

② $f(\square)$의 식에 있는 $\square$의 자리에 $g(x)$를 대입하면 그 결과가 합성함수가 된다.

❷ $f(x)$와 $g(x)$에 대해 $(g\circ f)(x)=g(f(x))$를 구하는 방법

① $g(x)$의 x에 $\square$를 대입하여 $g(\square)$를 구한다.

② $g(\square)$의 식에 있는 $\square$의 자리에 $f(x)$를 대입하면 그 결과가 합성함수가 된다.

다음 예제에서 주어진 두 함수를 서로 다른 방법으로 합성하였을 때 어떤 결과가 얻어지는지를 알아 보자.

예제 1-16

다음 함수에 대해 $f \circ g$와 $g \circ f$를 구하라.

(a) $f(x) = x^2, \quad g(x) = 2x - 1$

(b) $f(x) = \sqrt{x-2}, \quad g(x) = x^3 + 5$

풀이

(a) $(f \circ g)(x) = f(g(x))$이다. $f(x) = x^2$이므로 $f(\square) = \square^2$이다.

$\square$에 $g(x) = 2x - 1$을 대입하면

$$f(g(x)) = (2x - 1)^2$$

이다.

$(g \circ f)(x) = g(f(x))$이다. $g(x) = 2x - 1$이므로 $g(\square) = 2\square - 1$이다.

$\square$에 $f(x) = x^2$을 대입하면

$$g(f(x)) = 2x^2 - 1$$

이다.

(b) $(f \circ g)(x) = f(g(x))$이다. $f(x) = \sqrt{x-2}$이므로 $f(\square) = \sqrt{\square - 2}$이다.

$\square$에 $g(x) = x^3 + 5$를 대입하면

$$f(g(x)) = \sqrt{(x^3+5) - 2} = \sqrt{x^3 + 3}$$

이다.

$(g \circ f)(x) = g(f(x))$이다. $g(x) = x^3 + 5$이므로 $g(\square) = \square^3 + 5$이다.

$\square$에 $f(x) = \sqrt{x-2}$를 대입하면

$$g(f(x)) = (\sqrt{x-2})^3 + 5 = (x-2)\sqrt{x-2} + 5$$

이다.

[예제 1-16]에서 알 수 있듯이 일반적으로 $(f \circ g)(x) \neq (g \circ f)(x)$이다.

이 절에서는 함수의 수학적 정의를 알아보고 단사함수, 전사함수, 전단사함수를 살펴보았다. 그리고 대수함수의 정의역과 치역을 구하는 방법을 알아보았다. 또한, 두 개 이상의 함수를 연결하는 방법으로 합성함수를 정의하고 합성함수를 구하는 방법에 대해 학습하였다.

Section 1.2 연습문제

1. 다음 대응관계 중 함수인 것과 아닌 것을 판정하고, 함수가 아닌 경우 그 이유를 설명하라.

(a)

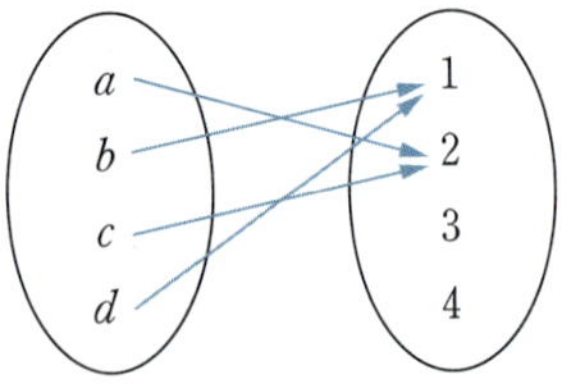

(b)

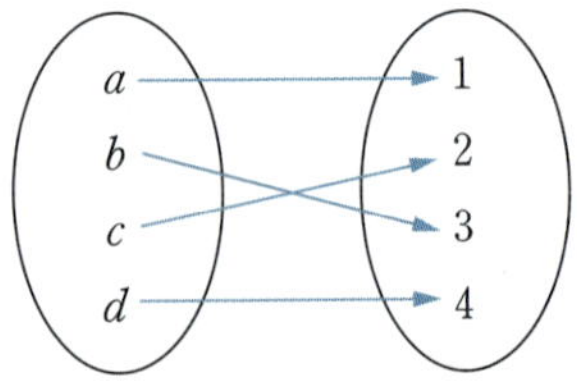

(c)

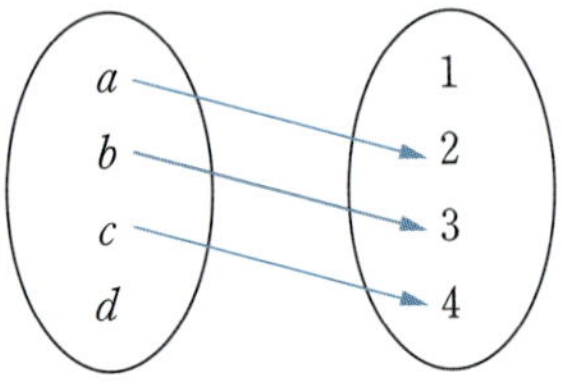

(d)

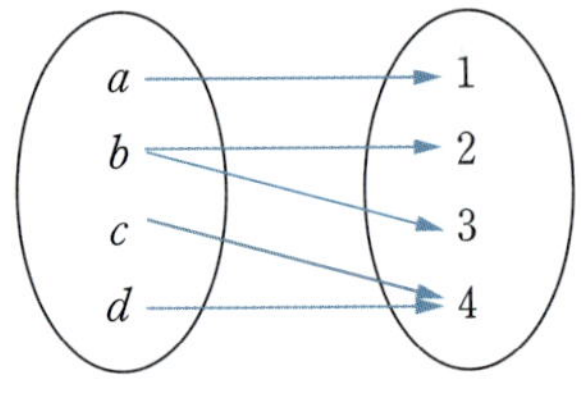

2. 다음 함수의 정의역을 구하라.

(a) $y = x^3 + \frac{1}{2}x^2$

(b) $y = -x^3 + 3x + \frac{1}{4}$

(c) $y = \frac{x-2}{x+2}$

(d) $y = \frac{4}{x^2 - 9}$

(e) $y = \sqrt{x+5}$

(f) $y = \sqrt[3]{x+5}$

(g) $y = \frac{1}{\sqrt{-x+7}}$

(h) $y = \frac{1}{\sqrt[5]{-x+7}}$

3. 다음 함수의 치역을 구하라.

(a) $y = x^2 - 4$

(b) $y = -x^2 - 4$

(c) $y = \frac{x+2}{x-2}$

(d) $y = \frac{x-5}{x-5}$

(e) $y = \sqrt{-x+9}$

(f) $y = \sqrt{-x-9}$

(g) $y = -\sqrt{-x+3} + 1$

(h) $y = -\sqrt{x-3} - 1$

4. 다음 함수가 단사함수인지 또는 단사함수가 아닌지를 판정하라.

(a) $y = 3x - 2$

(b) $y = \frac{1}{2} + 2x$

(c) $y = x^2 + x$

(d) $y = x^3 - 5$

(e) $y = \frac{1}{x}$

(f) $y = \frac{2}{-x+3}$

(g) $y = \sqrt{x+4}$

(h) $y = -\sqrt{3-x}$

5. 다음 함수가 전단사함수인지 또는 전단사함수가 아닌지를 판정하라.

(a) $f_1 : [0, 2] \to [0, 5], \quad f_1(x) = x + 2$

(b) $f_2 : [-2, 2] \to [-3, 5], \quad f_2(x) = -2x + 1$

(c) $f_3 : [0, 1] \to [2, 3], \quad f_3(x) = x^2 + 2$

(d) $f_4 : [-1, 1] \to [0, 1], \quad f_4(x) = -x^2$

(e) $f_5 : [2, 5] \to \left[\frac{1}{8}, \frac{1}{5}\right], \quad f_5(x) = \frac{1}{x+3}$

(f) $f_6 : [1, 6] \to [2, 3], \quad f_6(x) = \sqrt{x+3}$

6. $f(x) = -x^2 + 3x - 3$일 때, 다음을 구하라.

(a) $f(0)$

(b) $f(-1)$

(c) $f(h)$

(d) $f(h^2)$

(e) $f(x+1)$

(f) $f(x-1)$

(g) $f(x^2+2)$

(h) $f(2-x^2)$

7. 다음 함수에 대해 $f \circ g$와 $g \circ f$를 구하라.

(a) $f(x) = 2x + 3$, $g(x) = 3x - 2$

(b) $f(x) = -x + 2$, $g(x) = x^2$

(c) $f(x) = 3x - 4$, $g(x) = \dfrac{1}{x+1}$

(d) $f(x) = \dfrac{1}{x+2}$, $g(x) = \dfrac{1}{x-3}$

(e) $f(x) = 4x + 3$, $g(x) = \sqrt{2x-1}$

(f) $f(x) = \sqrt{3x+2}$, $g(x) = \sqrt{4-x^2}$

8. 다음 함수에 대해 $f \circ f$를 구하라.

(a) $f(x) = x + 2$

(b) $f(x) = 3 - 2x$

(c) $f(x) = \dfrac{1}{x-3}$

(d) $f(x) = \dfrac{1}{2x+5}$

(e) $f(x) = \sqrt{x+9}$

(f) $f(x) = \sqrt{2-x^2}$

9. a, b가 상수이고 $f(x) = ax + b$일 때, $f \circ f = f$가 성립하는 $f(x)$를 모두 구하라.

동영상 풀이

1.3 지수함수와 로그함수

초월함수인 지수함수와 로그함수는 인구의 증가나 세균의 번식, 복리로 계산하는 원리합계, 라듐 등 방사선 물질의 양의 감소 등 생활 속 현상을 설명하는 데 자주 사용된다. 이 절에서는 지수함수와 로그함수의 정의와 성질에 대해 알아보고자 한다.

1.3.1 지수

지수함수를 이해하려면 우선 n제곱에 대하여 알아야 한다.

정의 1-11 n제곱

n이 자연수일 때 어떤 수 a를 거듭하여 n번 곱한 것을 a의 **n제곱**이라 하고, a^n으로 나타낸다. 이때 a를 **밑수**, n을 **지수**라 한다.

지수 n은 자연수뿐만 아니라 실수까지 확장되며 지수의 성질은 다음과 같다.

정리 1-2 지수의 성질

$a > 0$, $b > 0$이고 m과 n이 실수일 때, 다음이 성립한다.

(1) $a^0 = 1$

(2) $a^m a^n = a^{m+n}$

(3) $(a^m)^n = a^{mn}$

(4) $(ab)^m = a^m b^m$

$a > 0$이고 m과 n이 2 이상의 자연수일 때 $\sqrt[n]{a} = a^{\frac{1}{n}}$, $\sqrt[n]{a^m} = a^{\frac{m}{n}}$이다.

예제 1-17

다음 식을 간단히 하라(단, $a > 0$).

(a) $\sqrt[3]{a^4} \times \sqrt{a^3}$

(b) $\sqrt[4]{4} \div \sqrt[3]{32}$

(c) $\sqrt[4]{a^5} \times a^{\frac{4}{3}} \div a^2$

(d) $\sqrt{27} \times \sqrt[3]{81} \div 3^{\frac{3}{4}}$

풀이

(a) $\sqrt[3]{a^4} \times \sqrt{a^3} = a^{\frac{4}{3}} \times a^{\frac{3}{2}} = a^{\frac{4}{3}+\frac{3}{2}} = a^{\frac{17}{6}}$

(b) $\sqrt[4]{4} \div \sqrt[3]{32} = (2^2)^{\frac{1}{4}} \div (2^5)^{\frac{1}{3}} = 2^{\frac{1}{2}} \div 2^{\frac{5}{3}} = 2^{\frac{1}{2}-\frac{5}{3}} = 2^{-\frac{7}{6}}$

(c) $\sqrt[4]{a^5} \times a^{\frac{4}{3}} \div a^2 = a^{\frac{5}{4}} \times a^{\frac{4}{3}} \div a^2 = a^{\frac{5}{4}+\frac{4}{3}-2} = a^{\frac{7}{12}}$

(d) $\sqrt{27} \times \sqrt[3]{81} \div 3^{\frac{3}{4}} = 3^{\frac{3}{2}} \times 3^{\frac{4}{3}} \div 3^{\frac{3}{4}} = 3^{\frac{3}{2}+\frac{4}{3}-\frac{3}{4}} = 3^{\frac{25}{12}}$

n제곱의 정의를 반대로 적용하여 n제곱근을 다음과 같이 정의한다.

정의 1-12 n제곱근

$a > 0$이고 n이 2 이상의 자연수일 때

$$x^n = a$$

를 만족하는 x를 a의 **n제곱근**이라 하고, x가 양의 실수일 때 $x = \sqrt[n]{a}$로 나타낸다.

1.3.2 로그

n제곱근의 개념을 이용하여 로그를 다음과 같이 정의한다.

정의 1-13 로그

$a > 0$, $a \neq 1$일 때 $x > 0$인 x에 대해 $a^p = x$이면

$$p = \log_a x$$

로 나타내고, p를 a를 밑수로 하는 **로그**라 한다. 이때 x를 **진수**라 한다.

다음 정리는 로그와 관련된 기본 성질을 설명한다.

정리 1-3 로그의 성질

$a > 0$, $a \neq 1$이고 $x > 0$, $y > 0$일 때, 다음이 성립한다.

(1) $\log_a 1 = 0$, $\log_a a = 1$

(2) $\log_a x + \log_a y = \log_a xy$

(3) $\log_a x - \log_a y = \log_a \frac{x}{y}$

(4) $\log_a x^r = r \log_a x$ (단, r은 실수)

예제 1-18

다음 식을 간단히 하라.

(a) $\log_2 1024$

(b) $\log_3 \frac{1}{243}$

(c) $\log_5 \frac{25}{2} + \log_5 \frac{2}{125}$

(d) $\log_7 \frac{343}{3} - \log_7 \frac{7}{3}$

풀이

(a) $\log_2 1024 = \log_2 2^{10} = 10\log_2 2 = 10$

(b) $\log_3 \frac{1}{243} = \log_3 \left(\frac{1}{3}\right)^5 = \log_3 3^{-5} = -5\log_3 3 = -5$

(c) $\log_5 \frac{25}{2} + \log_5 \frac{2}{125} = \log_5 \left(\frac{25}{2} \times \frac{2}{125}\right) = \log_5 \frac{1}{5} = \log_5 5^{-1} = -1$

(d) $\log_7 \frac{343}{3} - \log_7 \frac{7}{3} = \log_7 \left(\frac{343}{3} \times \frac{3}{7}\right) = \log_7 49 = \log_7 7^2 = 2$

로그 중 가장 대표적인 것은 상용로그와 자연로그이며, 다음과 같이 정의한다.

정의 1-14 상용로그와 자연로그

$x > 0$이라 하자.

(1) 밑수가 10인 로그를 **상용로그**라 하며, 이 경우

$$\log_{10} x = \log x$$

와 같이 밑수 10을 생략한다.

(2) $2.71828\cdots$인 무리수를 e로 나타내는데, 밑수가 e인 로그를 **자연로그**라 하며, 이 경우

$$\log_e x = \ln x$$

와 같이 간략하게 표기한다.

1.3.3 지수함수

제곱의 개념을 확대하여 지수함수를 다음과 같이 정의한다.

정의 1-15 지수함수

$a > 0$이고 $a \neq 1$이라 하자. x가 실수일 때

$$y = a^x$$

을 **지수함수**라 한다. 이때 a를 **밑수**, x를 **지수**라 한다.

지수함수의 정의역은 $\mathbb{R}$ 이고 치역은 $\{y : y > 0\}$이다. 지수함수의 그래프 모양은 밑수 a가 1보다 큰 경우와 0과 1 사이인 경우일 때 달라진다.

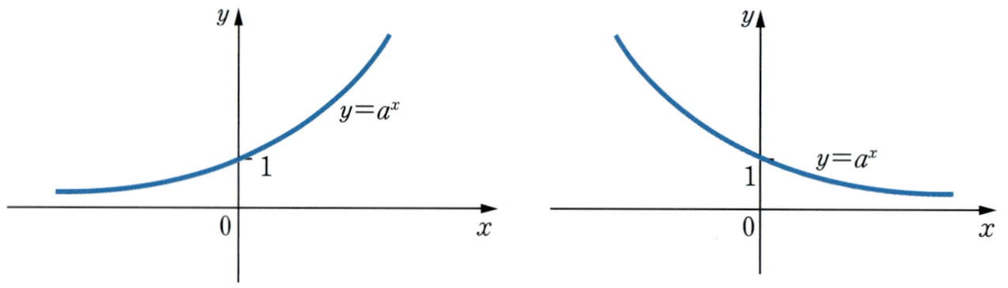

(a) $a > 1$일 때 (b) $0 < a < 1$일 때

[그림 1-7] $y = a^x$ 의 그래프

$y = 2^x$과 $y = 3^x$의 그래프를 같은 좌표평면에 그리면 [그림 1-8]과 같다.

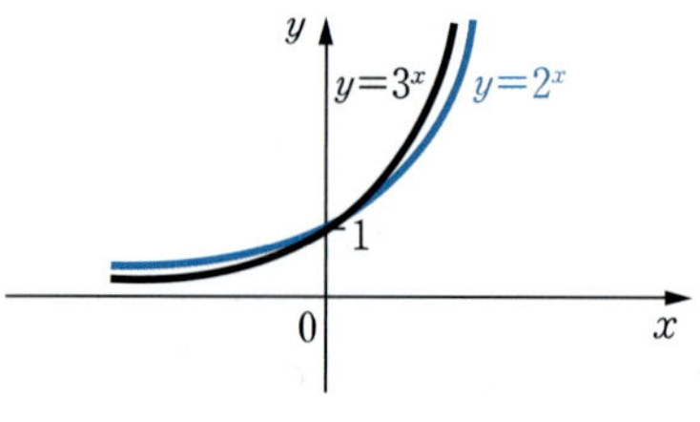

[그림 1-8] $y = 2^x$ 과 $y = 3^x$ 의 그래프

$y = \left(\frac{1}{2}\right)^x$과 $y = \left(\frac{1}{3}\right)^x$의 그래프를 같은 좌표평면에 그리면 [그림 1-9]와 같다.

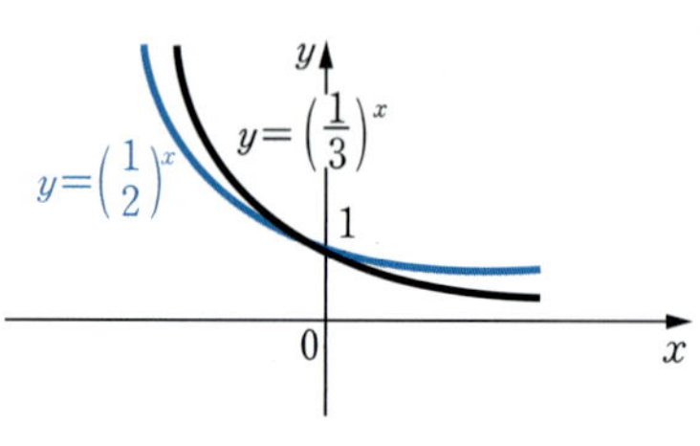

[그림 1-9] $y = \left(\frac{1}{2}\right)^x$ 과 $y = \left(\frac{1}{3}\right)^x$ 의 그래프

앞에서 언급한 바와 같이 지수함수는 생활 속 과학에서 활용되는 예를 쉽게 찾을 수 있다. 어떤 실험실에서 박테리아를 표본 추출했더니 매시간 박테리아의 개체수가 2배씩 늘어났다고 하자. 초기에 표본 추출한 박테리아의 개체수가 a일 때 t시간 후의 박테리아의 개체수는 어떻게 될까? t시간 후 박테리아의 개체수를 $f(t)$라 하면 $f(t)$는 다음과 같다.

$$
\begin{aligned}
&f(0)=a\\
&f(1)=2f(0)=2a\\
&f(2)=2f(1)=2(2a)=2^2a\\
&f(3)=2f(2)=2(2^2a)=2^3a\\
&\qquad\vdots
\end{aligned}
$$

따라서 t시간 후 박테리아의 개체수는 $f(t)=2^t a$이다.

1.3.4 로그함수

로그의 개념을 확대하여 다음과 같이 로그함수를 정의한다.

정의 1-16 로그함수

$a>0$이고 $a\neq 1$이라 하자. x가 양의 실수일 때

$$y=\log_a x$$

를 **로그함수**라 한다. 이때 a를 **밑수**, x를 **진수**라 한다.

로그함수의 정의역은 $\{x : x>0\}$이고 치역은 $\mathbb{R}$이다. 로그함수의 그래프 모양은 밑수 a가 1보다 큰 경우와 0과 1 사이인 경우일 때 달라진다.

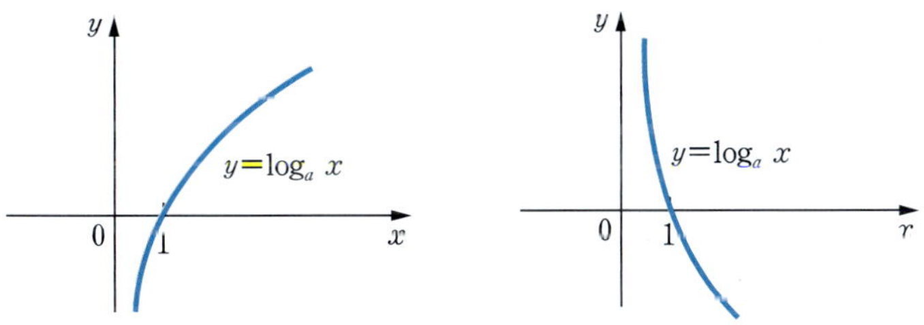

(a) $a>1$일 때 (b) $0<a<1$일 때

[그림 1-10] $y=\log_a x$ 의 그래프

$y=\log x$와 $y=\ln x$의 그래프를 같은 좌표평면에 그리면 [그림 1-11]과 같다.

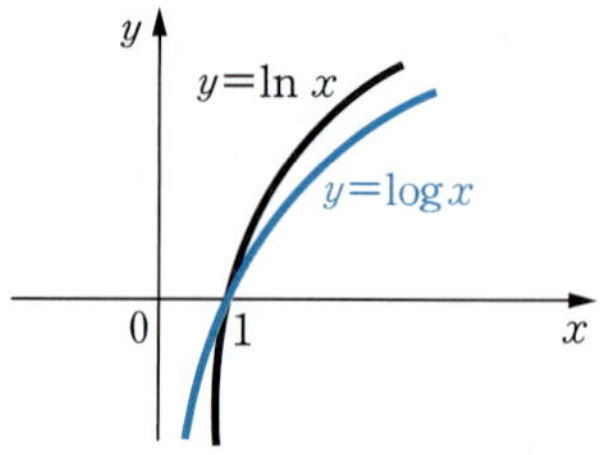

[그림 1-11] $y=\log x$와 $y=\ln x$의 그래프

$y=2^x$과 $y=\log_2 x$의 그래프를 같은 좌표평면에 그리면 [그림 1-12]와 같다. 두 함수의 그래프는 직선 $y=x$에 대해 대칭이다.

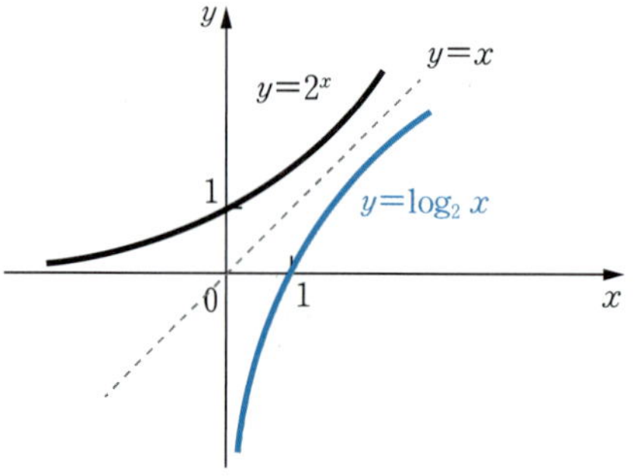

[그림 1-12] $y=2^x$과 $y=\log_2 x$의 그래프

지수함수와 로그함수는 다음의 관계가 있다.

$$\log_a x = y \Leftrightarrow x = a^y$$

따라서 로그함수의 문제는 지수함수를 이용하여 풀 수 있고, 지수함수의 문제는 로그함수를 이용하여 풀 수 있다.

예제 1-19

다음 물음에 답하라.

(a) $\log_3 x = 2$일 때, x의 값을 구하라. (b) $2^y = 7$일 때, y의 값을 구하라.

풀이

(a) $\log_3 x = 2$이므로 $x = 3^2 = 9$이다. (b) $2^y = 7$이므로 $y = \log_2 7$이다.

이 절에서는 제곱과 로그의 개념을 확대하여 지수함수와 로그함수를 정의하는 방법을 살펴보았고, 각 함수의 밑수가 1보다 큰지 또는 작은지에 따라서 그래프의 모양이 달라짐을 확인하였다. 지수함수와 로그함수의 관계를 이용하여 지수함수 및 로그함수에 관련된 문제를 해결할 수 있는 방법을 학습하였다.

Section 1.3 연습문제

1. 다음을 간단히 하라(단, $a>0$).

(a) $\sqrt[5]{8}\times\sqrt[3]{4}$

(b) $\sqrt[7]{a^5}\div\sqrt[5]{a^7}$

(c) $\sqrt{2}\div\sqrt[3]{4}\times\sqrt[4]{32}$

(d) $\sqrt{a^3}\times\sqrt[3]{a^2}\div\sqrt[5]{a^4}$

(e) $\sqrt{3}\div\sqrt[3]{9}\div\sqrt[4]{27}$

(f) $\sqrt[5]{a}\div\sqrt[4]{a}\div\sqrt[3]{a}$

2. 다음을 간단히 하라(단, $a, b, c>0$).

(a) $2\log_2 3+\frac{1}{3}\log_2 27$

(b) $2\log_3 a-3\log_3 b$

(c) $\frac{1}{4}\log_3 25+\frac{1}{2}\log_3 5$

(d) $\frac{1}{3}\log_5 4-\frac{1}{6}\log_5 64$

(e) $a\ln b+b\ln c$

(f) $2\ln a-\frac{1}{2}\ln b$

3. 다음을 간단히 하라.

(a) $\frac{1}{3}\log\sqrt{1000}+\frac{1}{2}\log(4-\sqrt{6})+\frac{1}{2}\log(4+\sqrt{6})$

(b) $\log\sqrt{30}+\log 20-\log\sqrt{1.2}$

4. 지수함수의 성질에 의하여 $0<a<1$이고 $x<y$이면 $a^x>a^y$이다. 이를 이용하여 $\sqrt{0.3}$, $\sqrt[3]{0.09}$, $\sqrt[4]{0.027}$의 대소 관계를 구하라.

5. 로그함수의 성질에 의하여 $0<b<1$이고 $0<x<y$이면 $\log_b x>\log_b y$이다. 이를 이용하여 $\log_{0.7}\frac{1}{2}$, $\log_{0.7}\frac{1}{4}$, $\log_{0.7}\frac{1}{8}$의 대소 관계를 구하라.

6. 다음 함수의 그래프를 그려라.

(a) $y = 3^{x} + 1$

(b) $y = 3^{-x} + 1$

(c) $y = -3^{x} + 1$

(d) $y = -3^{-x} - 1$

(e) $y = 3^{x} + 3^{-x}$

(f) $y = 3^{x} - 3^{-x}$

7. 다음 함수의 그래프를 그려라.

(a) $y = \log_3 x + 1$

(b) $y = -\log_3 x + 1$

(c) $y = \log_3 \dfrac{1}{x}$

(d) $y = -\log_3 \dfrac{1}{x} - 1$

(e) $y = \log_3 (-x) + 1$

(f) $y = -\log_3 (-x)$

8. 다음 물음에 답하라.

(a) $\log_2 x = 5$일 때, x의 값을 구하라.

(b) $\log_{\frac{1}{5}} y = 2$일 때, y의 값을 구하라.

(c) $\log_z 27 = 3$일 때, z의 값을 구하라.

(d) $\log_{w+1} 5 = 2$일 때, w의 값을 구하라.

(e) $6^{u} = 5$일 때, u의 값을 구하라.

(f) $7^{v} = \dfrac{1}{3}$일 때, v의 값을 구하라.

동영상 풀이

1.4 삼각함수

삼각함수는 역사적으로 고대 이집트에서는 피라미드 축조와 같은 토목공사에서부터 나일강의 범람을 막기 위한 제방의 축조, 그리고 천문학과 항해술 등 다양한 분야에서 사용되었다. 이 절에서는 삼각함수의 정의와 주기성을 포함한 삼각함수의 다양한 성질에 대해 알아보고자 한다.

1.4.1 60분법과 호도법

[그림 1-13]을 보자. 반직선 OX를 기준으로 반직선 OP까지의 각도를 어느 방향으로 측정하는가에 따라 양의 각도와 음의 각도가 결정된다. 시계 반대 방향으로 각도를 측정하면 그 각도를 **양의 각도**라 정의하고, 시계 방향으로 측정하면 그 각도를 **음의 각도**라 정의한다. 이때 반직선 OX를 **시초선**, 반직선 OP를 **동경**이라 한다.

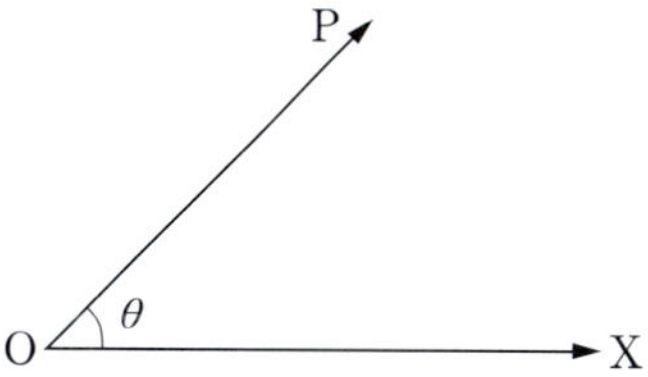

[그림 1-13] 시초선과 동경

각도를 측정하는 방향을 고려하여 양의 각도는 음의 각도로 설명할 수 있고, 음의 각도는 양의 각도로 설명할 수 있다.

예제 1-20

다음 물음에 답하라.

(a) 200°를 음의 각도로 표현하라.

(b) −35°를 양의 각도로 표현하라.

풀이

(a) −160°

(b) 325°

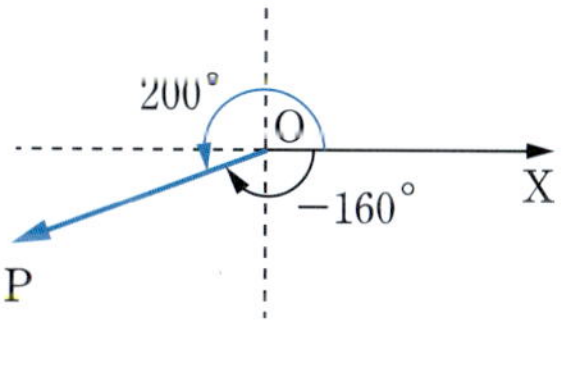

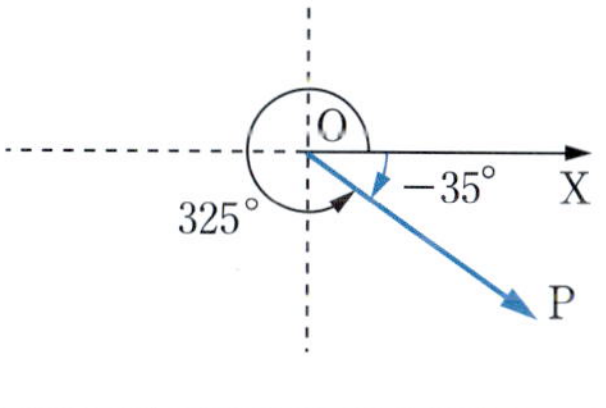

각도는 60분법과 호도법으로 나타낼 수 있으며, 대표적인 각들은 다음과 같다.

[표 1-1] 60분법과 호도법으로 표현한 각도

60분법	0°	30°	45°	60°	90°	120°	135°	150°	180°
호도법	0	$\frac{\pi}{6}$	$\frac{\pi}{4}$	$\frac{\pi}{3}$	$\frac{\pi}{2}$	$\frac{2}{3}\pi$	$\frac{3}{4}\pi$	$\frac{5}{6}\pi$	π
60분법	–	210°	225°	240°	270°	300°	315°	330°	360°
호도법	–	$\frac{7}{6}\pi$	$\frac{5}{4}\pi$	$\frac{4}{3}\pi$	$\frac{3}{2}\pi$	$\frac{5}{3}\pi$	$\frac{7}{4}\pi$	$\frac{11}{6}\pi$	2π

예제 1-21

다음 60분법으로 나타낸 각을 호도법으로 표현하라.

(a) 15°

(b) 75°

풀이

(a) $15° = 45° - 30° = \frac{\pi}{4} - \frac{\pi}{6} = \frac{\pi}{12}$

(b) $75° = 45° + 30° = \frac{\pi}{4} + \frac{\pi}{6} = \frac{5}{12}\pi$

1.4.2 삼각함수의 정의

[그림 1-14]와 같이 동경 OP 가 시초선 OX와 이루는 각이 θ 일 때, θ 에 대한 삼각함수를

$$\sin\theta = \frac{y}{r},\quad \cos\theta = \frac{x}{r},\quad \tan\theta = \frac{y}{x}$$

로 정의한다.

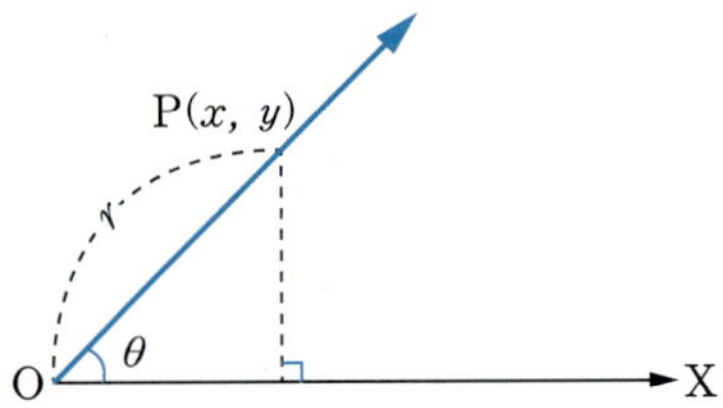

[그림 1-14] 각도와 삼각함수

평면은 [그림 1-15]와 같이 네 개의 영역으로 나뉜다. 각 영역에서의 삼각함수는 양의 값 또는 음의 값을 갖는다.

	$\sin\theta$	$\cos\theta$	$\tan\theta$
$\theta \in$ 제1사분면	+	+	+
$\theta \in$ 제2사분면	+	–	–
$\theta \in$ 제3사분면	–	–	+
$\theta \in$ 제4사분면	–	+	–

[그림 1-15] 평면의 영역 구분과 각 영역에서의 삼각함수 값

예제 1-22

다음 물음에 답하라.

(a) $\sin\theta = \frac{3}{5}$이고 θ가 제1사분면의 각일 때, $\cos\theta$와 $\tan\theta$의 값을 구하라.

(b) $\cos\theta = -\frac{12}{13}$이고 θ가 제2사분면의 각일 때, $\sin\theta$와 $\tan\theta$의 값을 구하라.

풀이

(a) θ가 제1사분면의 각이므로 $\cos\theta$와 $\tan\theta$는 모두 양의 값을 갖는다. 오른쪽 그림으로부터

$$\cos\theta = \frac{4}{5}, \quad \tan\theta = \frac{3}{4}$$

이다.

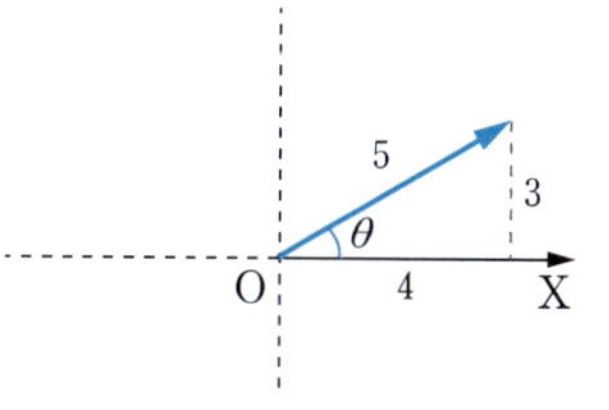

(b) θ가 제2사분면의 각이므로 $\sin\theta$는 양의 값을, $\tan\theta$는 음의 값을 갖는다. 오른쪽 그림으로부터

$$\sin\theta = \frac{5}{13}, \quad \tan\theta = -\frac{5}{12}$$

이다.

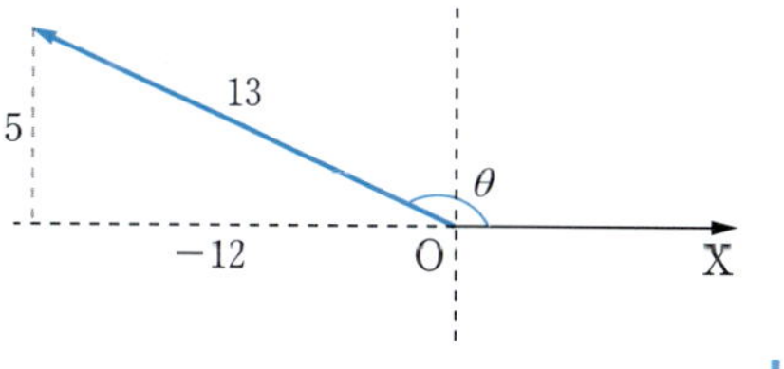

$\sin\theta$, $\cos\theta$, $\tan\theta$를 이용하여 $\csc\theta$, $\sec\theta$, $\cot\theta$는 다음과 같이 정의한다.

$$\csc\theta = \frac{1}{\sin\theta}, \quad \sec\theta = \frac{1}{\cos\theta}, \quad \cot\theta = \frac{1}{\tan\theta}$$

이때, $\csc\theta$는 '코시컨트 θ', $\sec\theta$ 는 '시컨트 θ', $\cot\theta$ 는 '코탄젠트 θ'라 읽는다.

제1사분면의 특수각에 대한 삼각함수의 값은 다음과 같다. 기존의 공식과 달라 보이지만, 일정한 규칙으로 삼각함수의 값이 나타나기 때문에 쉽게 이해하고 암기할 수 있다.

[표 1-7] 특수각에 대한 삼각함수의 값

삼각함수	특수각				
	0	$\frac{\pi}{6}$	$\frac{\pi}{4}$	$\frac{\pi}{3}$	$\frac{\pi}{2}$
$\sin\theta$	$\frac{\sqrt{0}}{2}$	$\frac{\sqrt{1}}{2}$	$\frac{\sqrt{2}}{2}$	$\frac{\sqrt{3}}{2}$	$\frac{\sqrt{4}}{2}$
$\cos\theta$	$\frac{\sqrt{4}}{2}$	$\frac{\sqrt{3}}{2}$	$\frac{\sqrt{2}}{2}$	$\frac{\sqrt{1}}{2}$	$\frac{\sqrt{0}}{2}$
$\tan\theta$	$\frac{\sqrt{0}}{\sqrt{4}}$	$\frac{\sqrt{1}}{\sqrt{3}}$	$\frac{\sqrt{2}}{\sqrt{2}}$	$\frac{\sqrt{3}}{\sqrt{1}}$	정의 안 됨

삼각함수의 값이 결정되는 과정은 다음과 같다.

❶ **sin** θ : 모두 분수 형태이고 분모는 2로 같다. 특수각에 따라 차례로 $\sqrt{0}$, $\sqrt{1}$, $\sqrt{2}$, $\sqrt{3}$, $\sqrt{4}$를 분자에 대입하여 최종적인 $\sin\theta$의 값을 얻는다.

❷ **cos** θ : 모두 분수 형태이고 분모는 2로 같다. 특수각에 따라 차례로 $\sqrt{4}$, $\sqrt{3}$, $\sqrt{2}$, $\sqrt{1}$, $\sqrt{0}$을 분자에 대입하여 최종적인 $\cos\theta$ 의 값을 얻는다.

❸ **tan** θ : $\dfrac{\sin\theta}{\cos\theta}$이므로 기존에 구한 $\sin\theta$의 값을 $\cos\theta$의 값으로 나누어 $\tan\theta$ 의 값을 얻는다.

예제 1-23

다음 값을 구하라.

(a) $\csc\dfrac{\pi}{6}$ (b) $\sec\dfrac{\pi}{3}$ (c) $\cot\dfrac{\pi}{6}$ (d) $\csc\dfrac{\pi}{4}$

풀이

(a) $\csc\dfrac{\pi}{6}=\dfrac{1}{\sin\dfrac{\pi}{6}}=\dfrac{1}{\dfrac{1}{2}}=2$

(b) $\sec\dfrac{\pi}{3}=\dfrac{1}{\cos\dfrac{\pi}{3}}=\dfrac{1}{\dfrac{1}{2}}=2$

(c) $\cot\dfrac{\pi}{6}=\dfrac{1}{\tan\dfrac{\pi}{6}}=\dfrac{1}{\dfrac{1}{\sqrt{3}}}=\sqrt{3}$

(d) $\csc\dfrac{\pi}{4}=\dfrac{1}{\sin\dfrac{\pi}{4}}=\dfrac{1}{\dfrac{1}{\sqrt{2}}}=\sqrt{2}$

1.4.3 삼각함수의 기본 성질

삼각함수의 주기는 바다의 높이 변화와 바이오리듬의 변화 등을 설명하는 데 사용되며, 삼각함수의 특징인 주기는 다음과 같이 정의한다.

정의 1-17 주기함수

p가 0이 아닌 상수라 하자.

(1) 정의역 내의 임의의 x에 대하여 $f(x)=f(x+p)$이면 $f(x)$를 **주기함수**라 한다.

(2) 정의역 내의 임의의 x에 대하여 $f(x)=f(x+p)$를 만족하는 $p>0$ 중에서 가장 작은 p의 값이 p_0일 때 p_0를 $f(x)$의 **주기**(period)라 한다.

■ 삼각함수의 주기

$y = \sin x$와 $y = \cos x$는 주기가 2π인 주기함수이고, $y = \tan x$는 주기가 π인 주기함수이다.

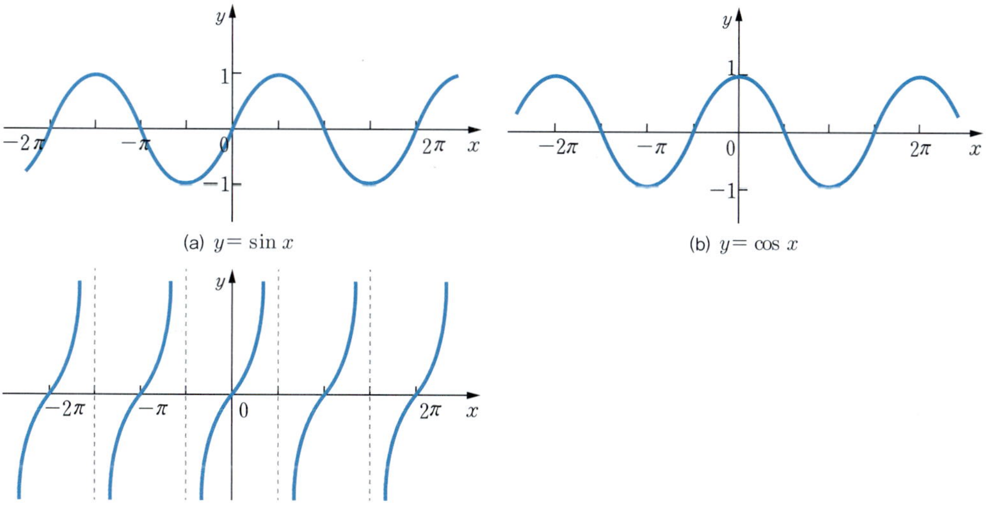

(a) $y = \sin x$

(b) $y = \cos x$

(c) $y = \tan x$

[그림 1-16] **주기성을 갖는 삼각함수**

삼각함수가 변형되면 주기는 바뀌어도 주기성은 유지된다. 변형된 삼각함수의 주기는 다음과 같다(단, $a, b, c \neq 0$).

- $y = \sin ax$이면, 이 함수의 주기는 $\dfrac{2\pi}{|a|}$이다.
- $y = \cos bx$이면, 이 함수의 주기는 $\dfrac{2\pi}{|b|}$이다.
- $y = \tan cx$이면, 이 함수의 주기는 $\dfrac{\pi}{|c|}$이다.

예제 1-24

다음 함수의 주기를 구하라.

(a) $y = \sin 5x$

(b) $y = \sin \dfrac{1}{7} x$

(c) $y = \cos \sqrt{2}\, x$

(d) $y = \tan \dfrac{1}{\sqrt{3}} x$

풀이

(a) $\dfrac{2\pi}{5} = \dfrac{2}{5}\pi$

(b) $\dfrac{2\pi}{\dfrac{1}{7}} = 14\pi$

(c) $\dfrac{2\pi}{\sqrt{2}} = \sqrt{2}\,\pi$

(d) $\dfrac{\pi}{\dfrac{1}{\sqrt{3}}} = \sqrt{3}\,\pi$

■ 삼각함수의 최댓값과 최솟값

$y = \sin x$와 $y = \cos x$는 모두 최댓값 1과 최솟값 -1을 갖는다. 변형된 사인함수의 최댓값과 최솟값은 다음과 같이 구한다.

How to 1-5 변형된 사인함수의 최댓값과 최솟값을 구하는 방법

❶ $y = \sin ax$는 사인함수의 주기만 바뀐 것이므로 이 함수의 최댓값은 1, 최솟값은 -1이다.
❷ $y = \sin a(x-b)$는 $y = \sin ax$를 x축 방향으로 b만큼 평행이동한 것이므로 이 함수의 최댓값은 1, 최솟값은 -1이다.
❸ $y = c \sin a(x-b)$는 최댓값 1, 최솟값 -1을 갖는 $y = \sin a(x-b)$에 상수 c가 곱해진 것이므로 최댓값은 $|c|$, 최솟값은 $-|c|$이다.
❹ $y = c \sin a(x-b) + d$는 $y = c \sin a(x-b)$의 그래프가 y축 방향으로 d만큼 평행이동한 것이므로 최댓값은 $|c|+d$, 최솟값은 $-|c|+d$이다.

[How to 1-5]에서 '사인함수'를 '코사인함수'로 바꾸면 변형된 형태의 코사인함수의 최댓값과 최솟값을 구하는 방법이 된다.

예제 1-25

다음 함수의 최댓값과 최솟값을 구하라.

(a) $y = \sin 3x$
(b) $y = \cos (x-4)$
(c) $y = 3\sin 2x$
(d) $y = 4\cos 3x + 1$

풀이

(a) $y = \sin 3x$는 $y = \sin x$의 주기만 바뀐 것이므로 최댓값은 1, 최솟값은 -1이다.
(b) $y = \cos (x-4)$는 $y = \cos x$를 x축 방향으로 4만큼 평행이동했으므로 최댓값과 최솟값은 변하지 않는다. 따라서 최댓값은 1, 최솟값은 -1이다.
(c) $y = \sin 2x$의 최댓값은 1, 최솟값은 -1이므로 $y = 3\sin 2x$의 최댓값은 3, 최솟값은 -3이다.
(d) $y = \cos 3x$의 최댓값은 1, 최솟값은 -1이므로 $y = 4\cos 3x$의 최댓값은 4, 최솟값은 -4이다. 따라서 $y = 4\cos 3x + 1$의 최댓값은 5, 최솟값은 -3이다.

사인함수, 코사인함수와 달리 탄젠트함수는 최댓값과 최솟값을 갖지 않는다.

■ 삼각함수의 대칭성

기함수와 우함수의 수학적 정의는 다음과 같다.

정의 1-18 기함수와 우함수

(1) $f(-x) = -f(x)$이면 $f(x)$를 **기함수**라 한다.

(2) $f(-x) = f(x)$이면 $f(x)$를 **우함수**라 한다.

주어진 함수의 그래프를 그릴 수 있을 때 그래프가 원점 대칭이면 그 함수는 기함수이고, 그래프가 y축 대칭이면 그 함수는 우함수이다. $\sin x$와 $\tan x$의 그래프를 그려보면 그래프가 원점 대칭이므로 $\sin x$와 $\tan x$는 기함수이고, $\cos x$의 그래프를 그려보면 그래프가 y축 대칭이므로 $\cos x$는 우함수이다.

예제 1-26

다음을 간단히 하라.

(a) $\sin(-x)$

(b) $\cos(-x)$

(c) $\tan(-x)$

(d) $\sec(-x)$

풀이

(a) 사인함수는 기함수이므로 $\sin(-x) = -\sin x$이다.

(b) 코사인함수는 우함수이므로 $\cos(-x) = \cos x$이다.

(c) 탄젠트함수는 기함수이므로 $\tan(-x) = -\tan x$이다.

(d) 코사인함수가 우함수이므로 시컨트함수도 우함수이다. 따라서 $\sec(-x) = \sec x$이다.

[예제 1-26]의 결과와 기함수와 우함수의 정의를 이용하면 복잡한 식이 우함수인지 또는 기함수인지를 쉽게 판정할 수 있다.

예제 1-27

다음 함수가 기함수인지 또는 우함수인지를 판정하라.

(a) $f(x) = x + \sin x$

(b) $g(x) = x^3 \cos x$

(c) $h(x) = x \tan x$

(d) $k(x) = \sin x \tan x$

풀이

(a) $f(-x)=(-x)+\sin(-x)=-x-\sin x=-f(x)$이므로 $f(x)$는 기함수이다.

(b) $g(-x)=(-x)^3\cos(-x)=-x^3\cos x=-g(x)$이므로 $g(x)$는 기함수이다.

(c) $h(-x)=(-x)\tan(-x)=x\tan x=h(x)$이므로 $h(x)$는 우함수이다.

(d) $k(-x)=\sin(-x)\tan(-x)=\sin x\tan x=k(x)$이므로 $k(x)$는 우함수이다.

[예제 1-27]에서 다룬 함수들은 기함수 또는 우함수였지만, 모든 함수가 반드시 기함수 또는 우함수가 되는 것은 아니다.

예제 1-28

다음 함수가 기함수인지 또는 우함수인지를 판정하라.

(a) $f(x)=x^2+3x$ (b) $g(x)=\sin x-\cos x$

풀이

(a) $f(-x)=(-x)^2+3(-x)=x^2-3x$이므로 $f(-x)\neq -f(x)$이고 $f(-x)\neq f(x)$이다. 따라서 $f(x)$는 기함수도 아니고 우함수도 아니다.

(b) $g(-x)=\sin(-x)-\cos(-x)=-\sin x-\cos x$이므로 $g(-x)\neq -g(x)$이고 $g(-x)\neq g(x)$이다. 따라서 $g(x)$는 기함수도 아니고 우함수도 아니다.

삼각함수에서 제곱이 어디에 위치하는가에 따라 의미가 달라진다.

❶ $y=\sin(x^2)$은 괄호를 없애고 $y=\sin x^2$으로 나타낸다.

❷ $y=(\sin x)^2$은 괄호를 없애고 $y=\sin^2 x$로 나타낸다.

다음에 제시하는 삼각함수 공식은 삼각함수와 관련된 문제를 풀 때 자주 사용하는 공식들이므로 반드시 암기해 두어야 한다.

❸ $\sin^2 x+\cos^2 x=1$

❹ $1+\tan^2 x=\sec^2 x$

❺ $1+\cot^2 x=\csc^2 x$

❹는 ❸의 양변을 $\cos^2 x$로 나누면 얻을 수 있고, ❺는 ❸의 양변을 $\sin^2 x$로 나누면 얻을 수 있다.

이 절에서는 삼각함수의 수학적 정의를 알아보았고, 삼각함수의 특징인 주기성을 학습하였다. 또한 특수각에 대한 삼각함수의 값을 쉽게 암기할 수 있는 방법과 함께 삼각함수의 최댓값과 최솟값을 구하는 방법, 그리고 기함수와 우함수를 판정하는 방법도 학습하였다.

Section 1.4 연습문제

1. 양의 각도는 음의 각도로, 음의 각도는 양의 각도로 표현하라.

(a) $48°$

(b) $215°$

(c) $-96°$

(d) $-313°$

(e) $\frac{8}{15}\pi$

(f) $\frac{16}{13}\pi$

(g) $-\frac{14}{9}\pi$

(h) $-\frac{1}{11}\pi$

2. 다음 60분법으로 나타낸 각을 호도법으로 표현하라.

(a) $70°$

(b) $125°$

(c) $265°$

(d) $310°$

3. 다음 물음에 답하라.

(a) $\sin\theta = -\frac{2}{7}$ 이고 θ 가 제3사분면의 각일 때, $\cos\theta$와 $\tan\theta$의 값을 구하라.

(b) $\cos\theta = \frac{5}{6}$ 이고 θ 가 제4사분면의 각일 때, $\sin\theta$와 $\tan\theta$의 값을 구하라.

(c) $\tan\theta = -\frac{11}{5}$ 이고 θ 가 제2사분면의 각일 때, $\sin\theta$와 $\cos\theta$의 값을 구하라.

4. 다음 값을 구하라.

(a) $\csc\frac{\pi}{3}$

(b) $\sec\frac{\pi}{6}$

(c) $\cot\frac{5}{4}\pi$

(d) $\cot\left(-\frac{\pi}{4}\right)$

5. 다음 함수의 주기를 구하라.

(a) $y = \sin \dfrac{2}{5}x$

(b) $y = \sin \dfrac{5}{2}x$

(c) $y = \cos 3(x-1)$

(d) $y = \cos \sqrt{2}(x+4)$

(e) $y = \tan \sqrt{3}x + 4$

(f) $y = 2\tan 4x + \sqrt{3}$

6. 다음 함수의 최댓값과 최솟값을 구하라.

(a) $y = 3\sin \dfrac{1}{2}x$

(b) $y = -\dfrac{1}{2}\sin 3x$

(c) $y = \cos 2x - 4$

(d) $y = -\cos 4x + 2$

(e) $y = \dfrac{1}{4}\sin(2x+3) + \dfrac{1}{3}$

(f) $y = -\dfrac{1}{4}\cos(4-3x) - \dfrac{1}{2}$

7. 다음 함수가 기함수인지 또는 우함수인지를 판정하라.

(a) $y = x^5 - 4x$

(b) $y = x^4 - x^3 - 5x$

(c) $y = \sin x \cos x$

(d) $y = x^2 \cos x$

(e) $y = \sin x^4$

(f) $y = x^2 \tan x$

8. 다음을 증명하라.

(a) $(\sin x + \cos x)^2 + (\sin x - \cos x)^2 = 2$

(b) $\sin^4 x - \cos^4 x = 2\sin^2 x - 1$

동영상 풀이

1.5 역삼각함수

$f: X \to Y$가 전단사함수이면 $x \in X$에 대해 단 하나의 $y \in Y$가 대응하고, 반대로 $y \in Y$에 대해 단 하나의 $x \in X$가 대응한다. 이 절에서는 $y \in Y$에 대해 단 하나의 $x \in X$가 대응하는 관계에 대해 알아보고, 이 개념을 삼각함수에 적용해 보고자 한다.

1.5.1 역함수

활쏘기에 비유해서 역함수를 설명하면, 하나의 목표물에 화살이 하나만 꽂혔을 때 목표물로부터 화살을 찾는 것이 역함수이다. 역함수에 대한 수학적 정의는 다음과 같다.

정의 1-19 역함수

$f: X \to Y$가 전단사함수이면, 임의의 $y \in Y$에 대해 $f(x) = y$가 되는 단 하나의 x가 대응한다. $g: Y \to X$를 $g(y) = x$라 하면, g를 f의 **역함수**라 정의하고 이를 f^{-1}로 나타낸다.

역함수는 다음에 제시하는 방법으로 구할 수 있다.

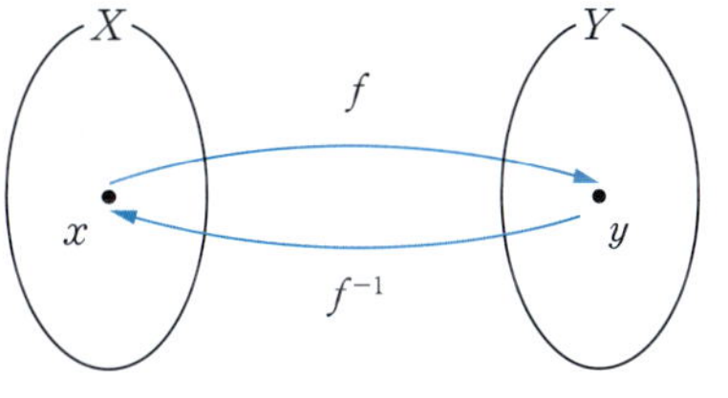

[그림 1-17] 역함수의 정의

How to 1-6 역함수를 구하는 방법

❶ 주어진 함수 f가 전단사함수인가를 확인한다.
❷ 정의역의 변수 x와 치역의 변수 y를 맞바꾼다.
❸ 식을 y에 대해 정리하면 그 결과가 역함수가 된다.
❹ 만일 y에 대해 정리했을 때 식이 두 개가 나타나면 정의역과 치역을 이용하여 역함수를 결정한다.

[How to 1-6 ❶]에서 주어진 함수가 전단사함수가 아니면 주어진 함수는 역함수를 갖지 않는다. 주어진 함수가 전단사함수인지를 식으로 확인하기 쉽지 않은 경우 그래프를 그려서 확인하는 것이 좋다.

예제 1-29

$y=x^3+1$이 전단사함수인지 또는 전단사함수가 아닌지를 판정하라.

풀이

$y=x^3+1$의 그래프는 오른쪽과 같다.

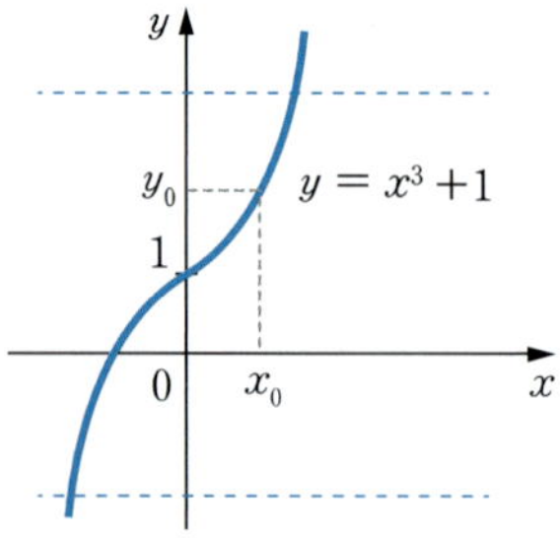

수평선 검사를 하면 $y=x^3+1$은 임의의 수평선 $y=c$와 단 한 번 만나므로 $y=x^3+1$은 $\mathbb{R}$에서 단사함수이다. 또한 임의의 y_0에 대하여 단 하나의 x_0가 대응하므로 $y=x^3+1$은 $\mathbb{R}$에서 전사함수이다. 따라서 $y=x^3+1$은 $\mathbb{R}$에서 전단사함수이다.

주어진 함수가 단사함수가 아니거나 전사함수가 아니면 그 함수는 전단사함수가 아니다.

예제 1-30

$y=x^2-3$이 전단사함수인지 또는 전단사함수가 아닌지를 판정하라.

풀이

$y=x^2-3$의 그래프는 오른쪽과 같다.

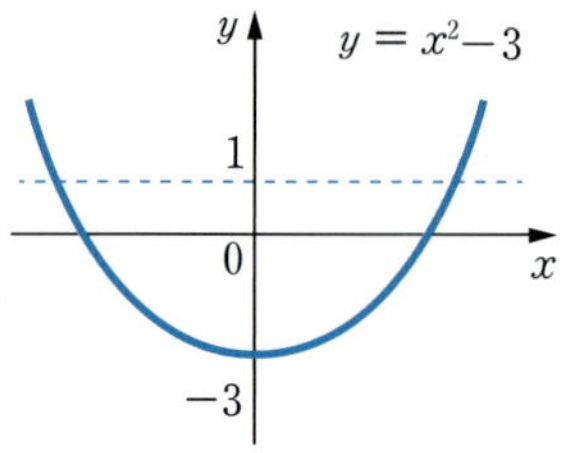

수평선 검사를 하면 $y=x^2-3$은 수평선 $y=1$과 두 번 만나므로 $\mathbb{R}$에서 단사함수가 아니다. 따라서 $y=x^2-3$은 $\mathbb{R}$에서 전단사함수가 아니다.

역함수가 존재할 때 역함수의 정의역과 치역은 주어진 함수의 치역과 정의역에 각각 대응한다는 점을 명심해야 한다.

정리 1-4 역함수의 정의역과 치역

$f: A \to B$가 전단사함수이면, f^{-1}가 존재하고 $f^{-1}: B \to A$이다.

역함수를 구할 때는 우선 주어진 함수가 전단사함수인지를 확인하고 [How to 1-6 ❷], [How to 1-6 ❸], [How to 1-6 ❹]를 차례로 적용한다.

예제 1-31

다음 물음에 답하라.

(a) 정의역이 $[0, \infty)$일 때, $f(x)=x^2$의 역함수를 구하라.

(b) 정의역이 $[0, \infty)$일 때, $f(x)=-x^2$의 역함수를 구하라.

풀이

(a) 정의역에서 $f(x)$의 그래프를 그려보면 $f:[0, \infty)\to[0, \infty)$가 전단사함수임을 알 수 있다.

$y=f(x)$에서 x와 y를 맞바꾸면 $x=y^2$ 이 된다.

이 식을 y에 대해 풀면 $y=\pm\sqrt{x}$ 이다.

$f:[0, \infty)\to[0, \infty)$이므로 f의 역함수를 g라 하면 $g:[0, \infty)\to[0, \infty)$이다. 따라서 $g(x)$에 양의 x 값을 대입하면 y가 양이 되어야 하는데, 그렇게 되려면 $y=\sqrt{x}$ 이어야 한다. 따라서 $f(x)$의 역함수는 $y=\sqrt{x}$ 이다.

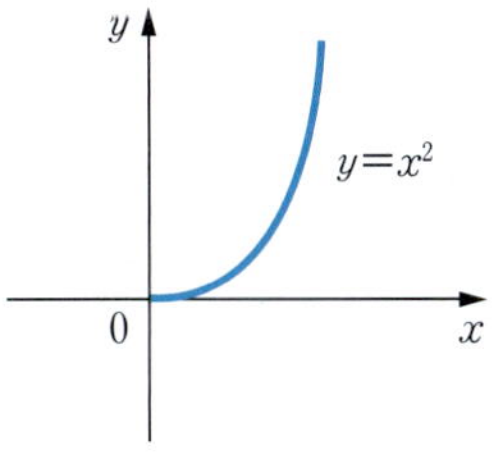

(b) 정의역에서 $f(x)$의 그래프를 그려보면 $f:[0, \infty)\to(-\infty, 0]$가 전단사함수임을 알 수 있다.

$y=f(x)$에서 x와 y를 맞바꾸면 $x=-y^2$이 된다.

이 식을 y에 대해 풀면 $y=\pm\sqrt{-x}$ 이다.

$f:[0, \infty)\to(-\infty, 0]$이므로 f의 역함수를 g라 하면 $g:$, $(-\infty, 0]\to[0, \infty)$이다. 따라서 $g(x)$에 음의 x 값을 대입하면 y가 양이 되어야 하는데, 그렇게 되려면 $y=\sqrt{-x}$ 이어야 한다. 따라서 $f(x)$의 역함수는 $y=\sqrt{-x}$ 이다.

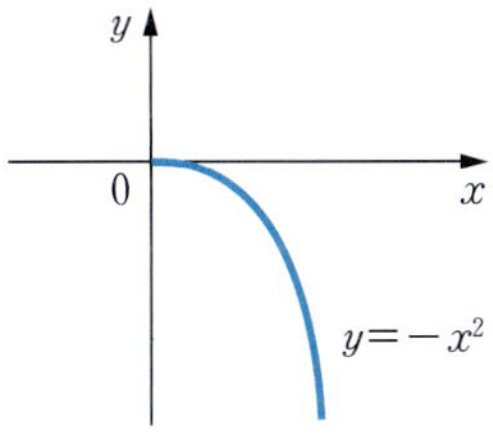

1.5.2 역삼각함수

$\sin x$, $\cos x$, $\tan x$는 $\mathbb{R}$ 에서 역함수를 갖지 않는다. 하지만 삼각함수의 정의역을 제한하면 삼각함수가 전단사함수가 될 수 있고, 이때 만들어지는 역함수를 **역삼각함수**라 한다.

■ 사인함수의 역함수

$y=\sin x$ 의 정의역을 $\left[-\frac{\pi}{2}, \frac{\pi}{2}\right]$로 제한하면

$$\sin x : \left[-\frac{\pi}{2}, \frac{\pi}{2}\right]\to[-1, 1]$$

은 전단사함수가 된다.

[How to 1-6]의 역함수를 구하는 방법에 따라 x와 y를 맞바꾸면 $x = \sin y$가 된다. 이 식을 $y = \sin^{-1} x$로 나타내며, '아크사인 x'라 읽는다. 이때

$$\sin^{-1} x : [-1,\ 1] \to \left[-\frac{\pi}{2},\ \frac{\pi}{2}\right]$$

이다. 사인함수의 역함수를 그래프로 나타내면 [그림 1-18]과 같다.

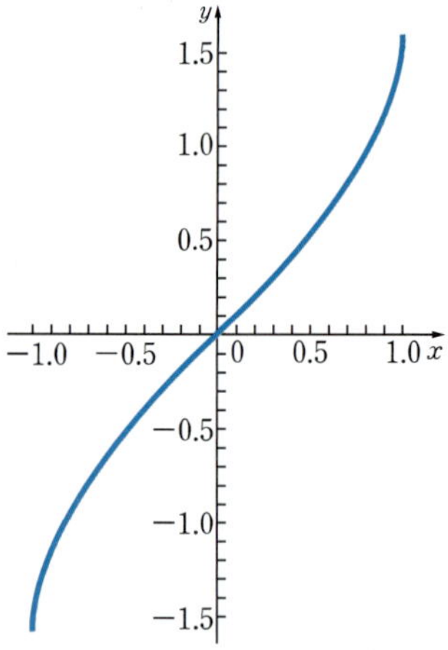

[그림 1-18] 사인함수의 역함수

예제 1-32

다음 값을 구하라.

(a) $\sin^{-1} \dfrac{\sqrt{3}}{2}$ (b) $\sin^{-1} \dfrac{\sqrt{2}}{2}$

풀이

(a) $\sin^{-1} \dfrac{\sqrt{3}}{2} = x$라 하면 $\dfrac{\sqrt{3}}{2} = \sin x$이고 $x \in \left[-\dfrac{\pi}{2}, \dfrac{\pi}{2}\right]$이므로 $x = \dfrac{\pi}{3}$이다.

(b) $\sin^{-1} \dfrac{\sqrt{2}}{2} = x$라 하면 $\dfrac{\sqrt{2}}{2} = \sin x$이고 $x \in \left[-\dfrac{\pi}{2}, \dfrac{\pi}{2}\right]$이므로 $x = \dfrac{\pi}{4}$이다.

■ 코사인함수의 역함수

$y = \cos x$의 정의역을 $[0,\ \pi]$로 제한하면

$$\cos x : [0,\ \pi] \to [-1,\ 1]$$

은 전단사함수가 된다.

[How to 1-6]의 역함수를 구하는 방법에 따라 x와 y를 맞바꾸면 $x = \cos y$가 되는데, 이 식을 $y = \cos^{-1} x$로 나타내며, '아크코사인 x'라 읽는다. 이때

$$\cos^{-1} x : [-1,\ 1] \to [0,\ \pi]$$

이다. 사인함수의 역함수를 그래프로 나타내면 [그림 1-19]와 같다.

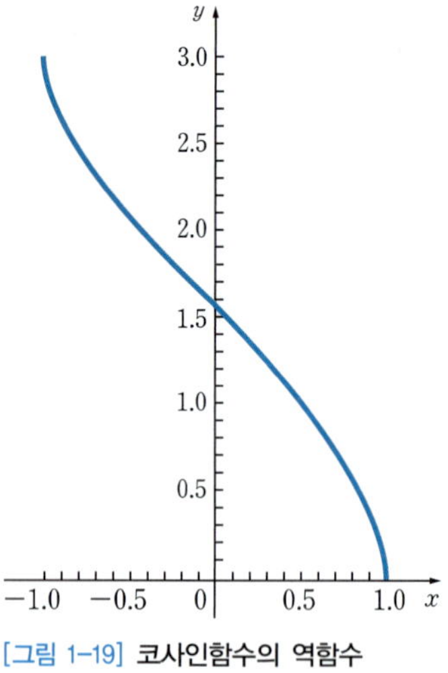

[그림 1-19] 코사인함수의 역함수

예제 1-33

다음 값을 구하라.

(a) $\cos^{-1}\dfrac{\sqrt{3}}{2}$ (b) $\cos^{-1}\dfrac{\sqrt{2}}{2}$

풀이

(a) $\cos^{-1}\dfrac{\sqrt{3}}{2}=x$라 하면 $\dfrac{\sqrt{3}}{2}=\cos x$이고 $x\in[0,\pi]$이므로 $x=\dfrac{\pi}{6}$이다.

(b) $\cos^{-1}\dfrac{\sqrt{2}}{2}=x$라 하면 $\dfrac{\sqrt{2}}{2}=\cos x$이고 $x\in[0,\pi]$이므로 $x=\dfrac{\pi}{4}$이다.

■ 탄젠트함수의 역함수

$y=\tan x$의 정의역을 $\left(-\dfrac{\pi}{2},\ \dfrac{\pi}{2}\right)$로 제한하면

$$\tan x:\left(-\frac{\pi}{2},\ \frac{\pi}{2}\right)\to(-\infty,\ \infty)$$

는 전단사함수가 된다.

[How to 1-6]의 역함수를 구하는 방법에 따라 x와 y를 맞바꾸면 $x=\tan y$가 되는데, 이 식을 $y=\tan^{-1}x$로 나타내며 '아크탄젠트 x'라 읽는다. 이때

$$\tan^{-1}x:(-\infty,\ \infty)\to\left(-\frac{\pi}{2},\ \frac{\pi}{2}\right)$$

이다. 사인함수의 역함수를 그래프로 나타내면 [그림 1-20]과 같다.

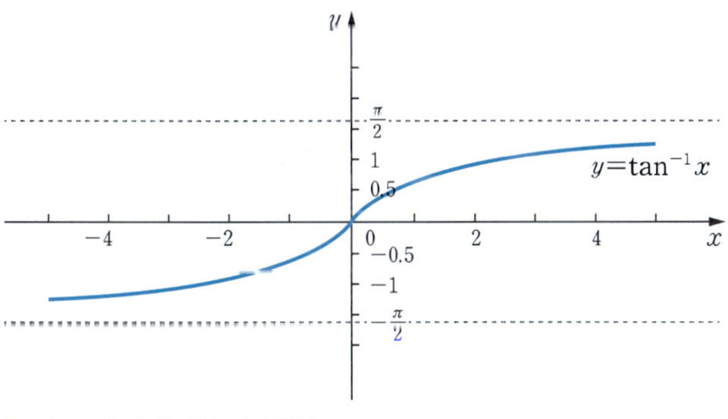

[그림 1-20] 탄젠트함수의 역함수

예제 1-34

다음 값을 구하라.

(a) $\tan^{-1}\dfrac{1}{\sqrt{3}}$ (b) $\tan^{-1}0$

풀이

(a) $\tan^{-1}\dfrac{1}{\sqrt{3}}=x$라 하면 $\dfrac{1}{\sqrt{3}}=\tan x$이고 $x\in\left(-\dfrac{\pi}{2},\ \dfrac{\pi}{2}\right)$이므로 $x=\dfrac{\pi}{6}$이다.

(b) $\tan^{-1}0=x$라 하면 $0=\tan x$이고 $x\in\left(-\dfrac{\pi}{2},\ \dfrac{\pi}{2}\right)$이므로 $x=0$이다.

삼각함수와 역삼각함수의 정의와 성질을 이용하면 복합적인 삼각함수의 값을 구할 수 있다.

예제 1-35

다음 값을 구하라.

(a) $\sin\left(\cos^{-1}\dfrac{4}{5}\right)$ (b) $\cos\left(\tan^{-1}\dfrac{4}{5}\right)$

풀이

(a) $\cos^{-1}\dfrac{4}{5}=x$라 하면 $x\in[0,\ \pi]$이므로

$$\sin\left(\cos^{-1}\frac{4}{5}\right)=\sin x\geq 0$$

이다. 따라서 $\dfrac{4}{5}=\cos x$이므로 $\sin x=\dfrac{3}{5}$이다.

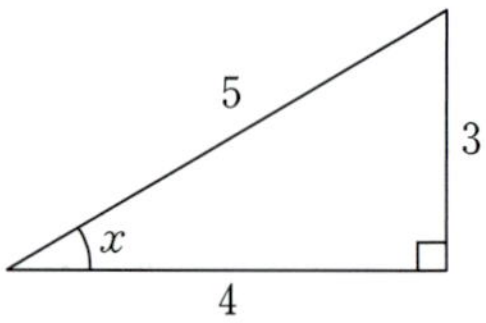

(b) $\tan^{-1}\dfrac{4}{5}=x$라 하면 $x\in\left(-\dfrac{\pi}{2},\ \dfrac{\pi}{2}\right)$이므로

$$\cos\left(\tan^{-1}\frac{4}{5}\right)=\cos x\geq 0$$

이다. 따라서 $\dfrac{4}{5}=\tan x$이므로 $\cos x=\dfrac{5}{\sqrt{41}}$이다.

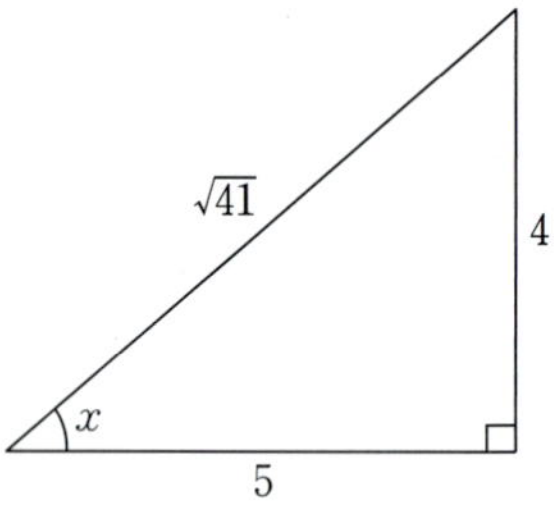

이 절에서는 역함수가 어떤 조건에서 존재하는지와 그에 따른 역함수를 구하는 방법을 학습하였다. 특히, 정의역을 제한하여 삼각함수의 역함수를 정의하고 정의된 역삼각함수를 이용하여 복합적인 삼각함수 문제를 해결하는 방법을 알아보았다.

Section 1.5 연습문제

1. 주어진 함수의 역함수가 존재하는지 또는 존재하지 않는지를 판정하라.

(a) $y = x^3 - 4$, 정의역 $\mathbb{R}$

(b) $y = x^2 - 3$, 정의역 $\mathbb{R}$

(c) $y = 3 - x$, 정의역 $\mathbb{R}$

(d) $y = 2$, 정의역 $\mathbb{R}$

(e) $y = \sqrt{-x}$, 정의역 $(-\infty, 0]$

(f) $y = \dfrac{1}{x}$, 정의역 $(0, \infty)$

2. 다음 함수의 역함수를 구하라.

(a) $y = 4x + 3$, 정의역 $\mathbb{R}$

(b) $y = \sqrt{x - 2}$, 정의역 $[2, \infty)$

(c) $y = \dfrac{1}{x + 4}$, 정의역 $(-4, \infty)$

(d) $y = x^3 + 7$, 정의역 $\mathbb{R}$

(e) $y = x^2$, 정의역 $(-\infty, 0]$

(f) $y = -x^2$, 정의역 $(-\infty, 0]$

3. 다음 함수의 역함수를 구하고, 역함수의 정의역과 치역을 구하라.

(a) $y = x^7 - 4$, 정의역 $\mathbb{R}$

(b) $y = \dfrac{1}{3x - 2}$, 정의역 $\left(\dfrac{2}{3}, \infty\right)$

(c) $y = \sqrt{3 - 4x}$, 정의역 $\left(-\infty, \dfrac{3}{4}\right]$

(d) $y = \sqrt[3]{x^3 + 2}$, 정의역 $\mathbb{R}$

4. 다음 값을 구하라.

(a) $\sin^{-1} 0$

(b) $\sin^{-1} \frac{1}{2}$

(c) $\cos^{-1} 0$

(d) $\cos^{-1} \frac{1}{2}$

(e) $\sin^{-1}\left(-\frac{\sqrt{3}}{2}\right)$

(f) $\cos^{-1}\left(-\frac{\sqrt{3}}{2}\right)$

(g) $\tan^{-1} 1$

(h) $\tan^{-1}\left(-\frac{1}{\sqrt{3}}\right)$

5. 다음 값을 구하라.

(a) $\sin\left(\sin^{-1}\frac{1}{3}\right)$

(b) $\cos\left(\cos^{-1}\frac{1}{4}\right)$

(c) $\sin\left(\cos^{-1}\frac{5}{6}\right)$

(d) $\cos\left(\sin^{-1}\frac{6}{7}\right)$

(e) $\tan\left(\sin^{-1}\frac{1}{2\sqrt{3}}\right)$

(f) $\tan\left(\cos^{-1}\frac{2}{\sqrt{5}}\right)$

(g) $\sin\left(\tan^{-1}\left(-\frac{7}{4}\right)\right)$

(h) $\cos\left(\tan^{-1}\left(-\frac{2}{5}\right)\right)$

6. 다음을 증명하라.

(a) $x \in [-1, 1]$일 때, $\cos(\sin^{-1} x) = \sqrt{1-x^2}$ 이다.

(b) $x \in [-1, 1]$일 때, $\sin(\cos^{-1} x) = \sqrt{1-x^2}$ 이다.

동영상 풀이

Chapter

02

함수의 극한과 연속

Limit and Continuity of Functions

학습목표

- 함수의 극한에 대한 정의와 우극한, 좌극한의 개념을 이해한다.
- 극한 계산법을 익혀 극한값을 구한다.
- 한 점에서 함수의 연속과 구간에서 함수의 연속을 이해한다.
- 중간값 정리를 이해하여 응용문제를 해결한다.

【미리보기】

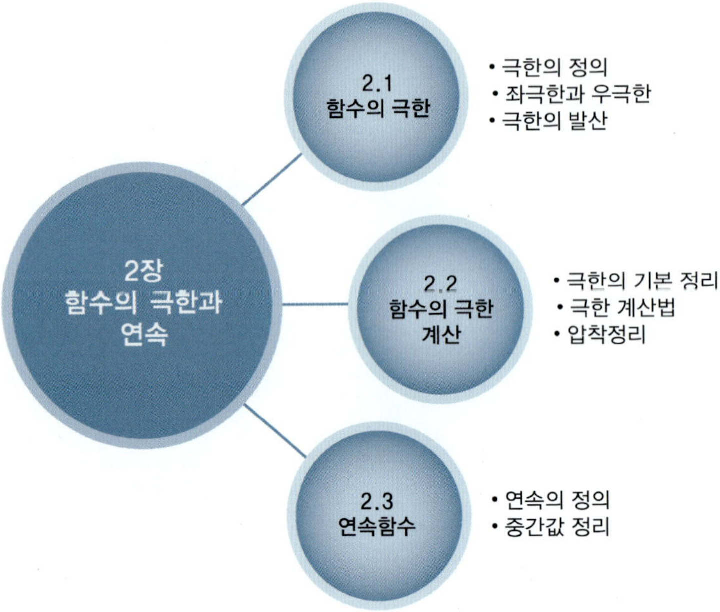

이 장에서는 좌극한과 우극한을 이용하여 함수의 극한을 정의하고, 극한의 존재성을 판정하는 방법을 학습한다. 또한 복잡한 함수의 극한을 구할 수 있도록 식을 변형하는 방법을 알아본다. 그리고 연속함수와 관련된 가장 중요한 정리인 중간값 정리를 살펴보고, 이를 활용하는 방안을 알아본다.

【들어가기 전에】

중간값 정리와 등산

함수의 연속은 다양한 분야에서 예측과 분석 등에 사용되는 중요한 개념이다. 특히 연속함수와 관련된 중간값 정리는 실생활에도 많이 활용된다. 주말에 누구나 할 수 있는 운동인 등산에서 활용의 예를 알아 보자.

등산을 좋아하는 수현이가 토요일 오전 8시에 산을 오르기 시작했다. 빠르게 걷기도 하고, 가끔 멈춰서 간식을 먹으며 산 정상에 오후 3시에 도착했다. 산 정상에 있는 산장에서 하룻밤을 보내고 일요일 오전 8시에 산을 내려가기 시작했다. 이때 경로는 산을 오를 때의 경로와 같았다. 천천히 걷기도 하고, 중간에 사진도 찍으며 산 입구에 오후 3시에 도착했다.

여기서 수현이가 산을 오르내릴 때 같은 시간에 같은 지점을 지난 적이 있음을 그래프를 그려서 수학적으로 증명할 수 있다. 다음 그래프는 수현이의 등산 과정을 위치와 시각에 따라 기록한 것이다. 산을 오를 때의 그래프와 산을 내려올 때의 그래프를 같은 평면 위에 나타내면 가장 오른쪽 그래프와 같다.

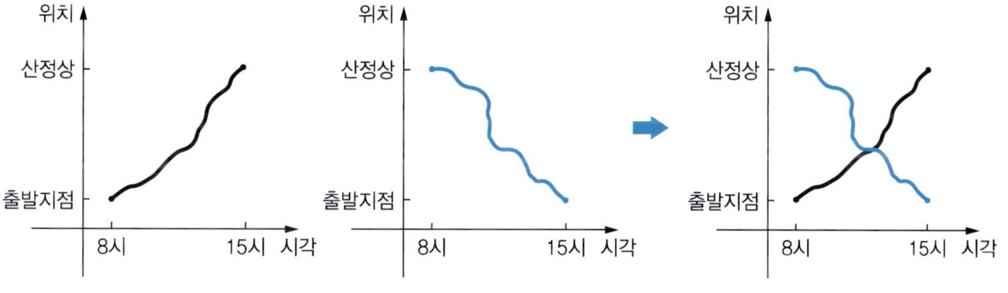

위의 그림에서 알 수 있듯이 두 그래프가 만나는 점이 있고, 이 점에서 같은 시간에 같은 지점을 지난 적이 있음을 알 수 있다.

2.1 함수의 극한

이 절에서는 x가 a에 가까이 갈 때 함수의 극한을 정의하는 방법을 학습하고, 좌극한과 우극한의 정의에 대하여 알아보고자 한다.

2.1.1 극한의 정의

정의역에서 x가 a에 가까이 갈 때 함수의 값이 어떤 값으로 접근한다면 이 값을 이용하여 함수의 극한을 다음과 같이 정의한다.

정의 2-1 함수의 극한

x가 a는 아니면서 a에 가까이 갈 때, $f(x)$가 실수 L로 접근하면, L을 $f(x)$의 **극한**이라 하고

$$\lim_{x \to a} f(x) = L$$

로 나타낸다.

[정의 2-1]에서 'x가 a는 아니면서'란 '$x \neq a$'라는 것을 의미한다.

극한의 정의와 개념을 이해하려면 그래프와 표를 이용하는 것이 좋다. 예를 들어, $f(x) = x + 3$일 때 x가 2에 가까이 간다면, $f(x)$의 값은 어떻게 될까?

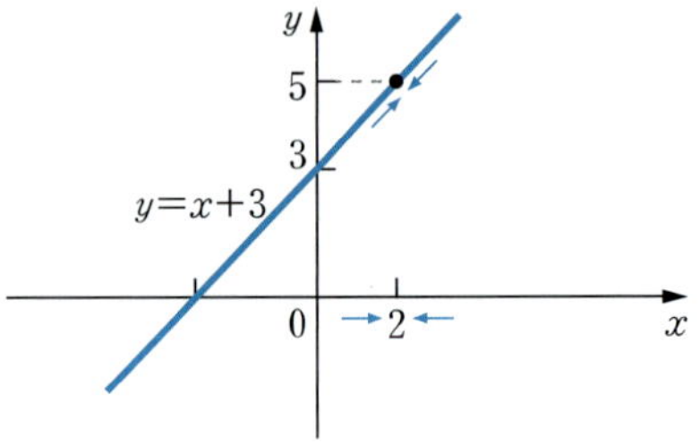

[그림 2-1] x가 2에 가까이 갈 때 $f(x)$의 극한

x	$f(x)$	x	$f(x)$
1.8	4.8	2.2	5.2
1.9	4.9	2.1	5.1
1.99	4.99	2.01	5.01
1.999	4.999	2.001	5.001

x가 2에 가까이 갈 때 [그림 2-1]에 있는 $f(x)$의 값들을 구하면 표 안의 값과 같다. 따라서 x가 2에 가까이 갈 때 $f(x)$의 값은 5로 접근해 감을 알 수 있다. 극한의 정의에 의해 $f(x)$의 극한은 5이다. 이를 식으로 나타내면 다음과 같다.

$$\lim_{x \to 2} f(x) = 5$$

주어진 함수의 그래프를 그릴 수 있는 경우 그래프만으로 함수의 극한을 구할 수 있다.

예제 2-1

$y = f(x)$의 그래프가 오른쪽과 같다. x가 1에 가까이 갈 때 $f(x)$의 극한을 구하라.

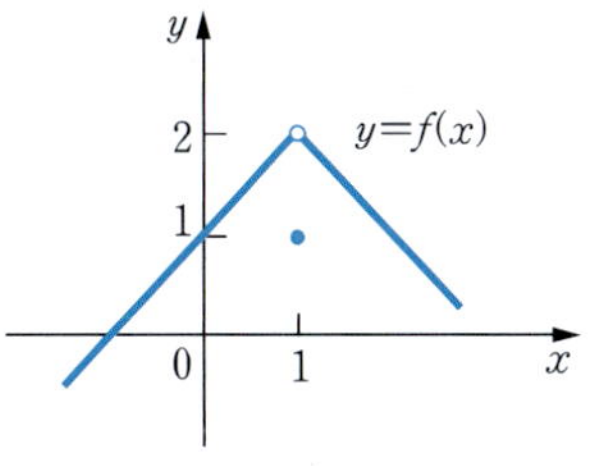

풀이

x가 1은 아니면서 1에 가까이 갈 때, $f(x)$는 2로 접근한다.
따라서 $\lim_{x \to 1} f(x) = 2$이므로 $f(x)$의 극한은 2이다.

[예제 2-1]에서 x가 1에 가까이 갈 때 함수의 극한은 2이므로 $f(1) = 1$과 다르다.

2.1.2 좌극한과 우극한

$f(x)$의 그래프가 [그림 2-2]와 같다고 하자. x가 1에 가까이 갈 때 함수의 극한은 어떻게 될까?

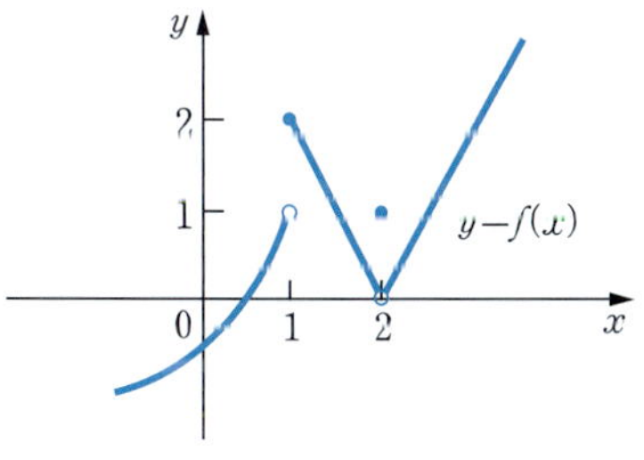

[그림 2-2] 좌극한과 우극한

[예제 2-1]과 달리 x가 1에 가까이 갈 때 어떤 방향에서 접근하는가에 따라서 그 극한이 달라진다. 이를 설명하기 위해 다음과 같이 좌극한과 우극한을 정의한다.

정의 2-2 좌극한과 우극한

(1) x가 a는 아니면서 **a의 왼쪽에서부터** a에 가까이 갈 때, $f(x)$가 실수 L로 접근하면 L을 $f(x)$의 **좌극한**이라 하고, 다음과 같이 나타낸다.

$$\lim_{x \to a^-} f(x) = L$$

(2) x가 a는 아니면서 **a의 오른쪽에서부터** a에 가까이 갈 때, $f(x)$가 실수 L로 접근하면 L을 $f(x)$의 **우극한**이라 하고, 다음과 같이 나타낸다.

$$\lim_{x \to a^+} f(x) = L$$

함수와 a의 값에 따라서 좌극한과 우극한이 다를 수 있다.

예제 2-2

$y = f(x)$의 그래프가 아래와 같을 때, 다음 극한을 구하라.

(a) $\lim_{x \to 1^-} f(x)$ (b) $\lim_{x \to 1^+} f(x)$

(c) $\lim_{x \to 2^-} f(x)$ (d) $\lim_{x \to 2^+} f(x)$

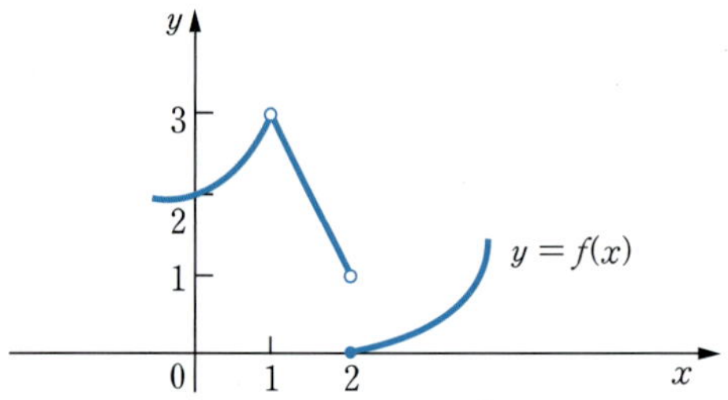

풀이

(a) x가 1의 왼쪽에서부터 1에 가까이 갈 때 함수는 3으로 접근하므로 $\lim_{x \to 1^-} f(x) = 3$이다.

(b) x가 1의 오른쪽에서부터 1에 가까이 갈 때 함수는 3으로 접근하므로 $\lim_{x \to 1^+} f(x) = 3$이다.

(c) x가 2의 왼쪽에서부터 2에 가까이 갈 때 함수는 1로 접근하므로 $\lim_{x \to 2^-} f(x) = 1$이다.

(d) x가 2의 오른쪽에서부터 2에 가까이 갈 때 함수는 0으로 접근하므로 $\lim_{x \to 2^+} f(x) = 0$이다.

그래프가 주어지지 않고 함수만 주어진 경우에도 우극한과 좌극한을 구할 수 있다. 다음 예제에서는 그래프 없이 극한과 관련된 적절한 함수를 선택하여 좌극한과 우극한을 구할 수 있다.

예제 2-3

다음 극한을 구하라.

(a) $f(x)=\begin{cases} 2x-3, & x<0 \\ x+1, & x\geq 0 \end{cases}$ 일 때, $\lim_{x\to 0^-} f(x)$ 와 $\lim_{x\to 0^+} f(x)$

(b) $g(x)=\begin{cases} x^2-2x, & x<1 \\ -x^2+3, & x>1 \end{cases}$ 일 때, $\lim_{x\to 1^-} g(x)$ 와 $\lim_{x\to 1^+} g(x)$

(c) $h(x)=\begin{cases} 3x+4, & x<2 \\ 0, & x=2 \\ x^2+6, & x>2 \end{cases}$ 일 때, $\lim_{x\to 2^-} h(x)$ 와 $\lim_{x\to 2^+} h(x)$

풀이

좌극한과 우극한을 구할 때 어떤 함수를 선택해야 하는지를 알아야 한다.

(a) $x\to 0^-$ 일 때 x 의 값이 0보다 작으므로 $f(x)=2x-3$ 이다. 따라서

$$\lim_{x\to 0^-} f(x)=\lim_{x\to 0^-}(2x-3)=-3$$

이다. $x\to 0^+$ 일 때 x 의 값이 0보다 크므로 $f(x)=x+1$ 이다. 따라서

$$\lim_{x\to 0^+} f(x)=\lim_{x\to 0^+}(x+1)=1$$

이다.

(b) $x\to 1^-$ 일 때 x 의 값이 1보다 작으므로 $g(x)=x^2-2x$ 이다. 따라서

$$\lim_{x\to 1^-} g(x)=\lim_{x\to 1^-}(x^2-2x)=-1$$

이다. $x\to 1^+$ 일 때 x 의 값이 1보다 크므로 $g(x)=-x^2+3$ 이다. 따라서

$$\lim_{x\to 1^+} g(x)=\lim_{x\to 1^+}(-x^2+3)=2$$

이다.

(c) $x\to 2$ 일 때 x 의 값이 2보다 작으므로 $h(x)=3x+4$ 이다. 따라서

$$\lim_{x\to 2^-} h(x)=\lim_{x\to 2^-}(3x+4)=10$$

이다. $x\to 2^+$ 일 때 x 의 값이 2보다 크므로 $h(x)=x^2+6$ 이다. 따라서

$$\lim_{x\to 2^+} h(x)=\lim_{x\to 2^+}(x^2+6)=10$$

이다.

■ 극한의 존재성 확인

[예제 2-2]와 [예제 2-3]에서 알 수 있듯이, 좌극한과 우극한은 같을 수도 있고 다를 수도 있다. 그렇다면 좌극한과 우극한이 어떤 조건일 때 극한이 존재한다고 할 수 있을까? 좌극한과 우극한을 이용하여 극한의 존재성을 설명할 수 있는 정리는 다음과 같다.

정리 2-1 극한의 존재성

$\lim_{x \to a} f(x) = L$이기 위한 필요충분조건은 $\lim_{x \to a^-} f(x) = L = \lim_{x \to a^+} f(x)$이다.

[정리 2-1]에 의해 좌극한과 우극한이 다를 경우에는 극한이 존재하지 않는다고 판정한다.

예제 2-4

$y = f(x)$의 그래프가 아래와 같을 때, 다음 극한을 구하라.

(a) $\lim_{x \to 0} f(x)$　　(b) $\lim_{x \to 1} f(x)$

(c) $\lim_{x \to 2} f(x)$　　(d) $\lim_{x \to 3} f(x)$

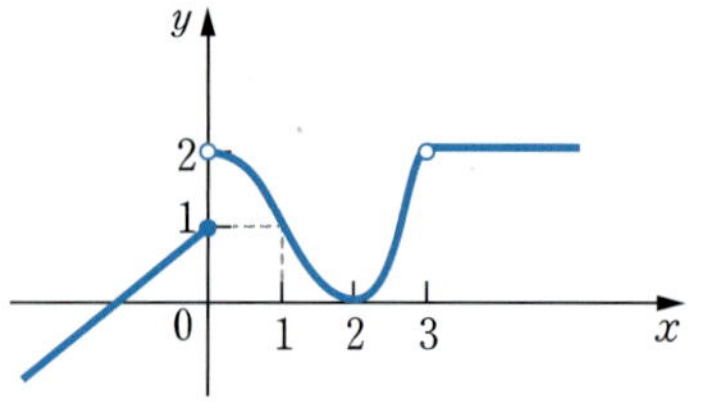

풀이

(a) $\lim_{x \to 0^-} f(x) = 1 \neq 2 = \lim_{x \to 0^+} f(x)$이므로 $\lim_{x \to 0} f(x)$는 존재하지 않는다.

(b) $\lim_{x \to 1^-} f(x) = 1 = \lim_{x \to 1^+} f(x)$이므로 $\lim_{x \to 1} f(x) = 1$이다.

(c) $\lim_{x \to 2^-} f(x) = 0 = \lim_{x \to 2^+} f(x)$이므로 $\lim_{x \to 2} f(x) = 0$이다.

(d) $\lim_{x \to 3^-} f(x) = 2 = \lim_{x \to 3^+} f(x)$이므로 $\lim_{x \to 3} f(x) = 2$이다.

절댓값이 들어있는 함수의 극한을 구할 때는 먼저 절댓값을 풀어 좌극한과 우극한을 구하고 [정리 2-1]을 이용하여 극한의 존재성을 설명해야 한다.

예제 2-5

다음 물음에 답하라.

(a) $f(x)=|x|$일 때, $\lim_{x\to0}f(x)$를 구하라.

(b) $g(x)=\dfrac{x}{|x|}$일 때, $\lim_{x\to0}g(x)$를 구하라.

풀이

(a) 절댓값의 정의에 의해

$$f(x)=\begin{cases}-x, & x<0\\ x, & x\ge 0\end{cases}$$

이다. 따라서 $\lim_{x\to0^-}f(x)=\lim_{x\to0^-}(-x)=0$이고, $\lim_{x\to0^+}f(x)=\lim_{x\to0^+}x=0$이다.

좌극한과 우극한이 같으므로 [정리 2-1]에 의하여 $\lim_{x\to0}f(x)=0$이다.

(b) 절댓값의 정의에 의해

$$g(x)=\begin{cases}\dfrac{x}{-x}, & x<0\\ \dfrac{x}{x}, & x>0\end{cases}$$
$$=\begin{cases}-1, & x<0\\ 1, & x>0\end{cases}$$

이다. 따라서 $\lim_{x\to0^-}g(x)=\lim_{x\to0^-}(-1)=-1$이고, $\lim_{x\to0^+}g(x)=\lim_{x\to0^+}1=1$이다.

좌극한과 우극한이 다르므로 [정리 2-1]에 의해 $\lim_{x\to0}g(x)$는 존재하지 않는다.

2.1.3 극한의 발산

함수의 극한이 존재한다는 것은 그 극한값이 실수임을 의미한다. 함수에 따라서는 x가 a에 가까이 갈 때 그 극한값이 한없이 커질 수 있다. 이런 경우 함수의 극한은 발산한다고 하고 다음과 같이 정의한다.

정의 2-3 극한의 발산

(1) x가 a는 아니면서 a에 가까이 갈 때, $f(x)$가 양의 값을 가지면서 한없이 커지면 $f(x)$는 **양의 무한대로 발산한다**고 하고, 다음과 같이 나타낸다.

$$\lim_{x \to a} f(x) = \infty$$

(2) x가 b는 아니면서 b에 가까이 갈 때, $f(x)$가 음의 값을 가지면서 한없이 커지면 $f(x)$는 **음의 무한대로 발산한다**고 하고, 다음과 같이 나타낸다.

$$\lim_{x \to b} f(x) = -\infty$$

극한값이 ∞이거나 $-\infty$일 경우는 수렴하는 것이 아니라 발산하는 것으로 판정한다.

예제 2-6

다음 극한을 구하라.

(a) $\displaystyle\lim_{x \to 1^-} \frac{1}{x-1}$ (b) $\displaystyle\lim_{x \to 1^+} \frac{1}{x-1}$

(c) $\displaystyle\lim_{x \to 0^-} \frac{1}{x^2}$ (d) $\displaystyle\lim_{x \to 0^+} \frac{1}{x^2}$

풀이

x가 1에 가까이 갈 때 $y = \dfrac{1}{x-1}$의 값은 양의 값 또는 음의 값을 가지면서 한없이 커진다.

(a) $\displaystyle\lim_{x \to 1^-} \frac{1}{x-1} = -\infty$ (b) $\displaystyle\lim_{x \to 1^+} \frac{1}{x-1} = \infty$

x가 0에 가까이 갈 때 $y = \dfrac{1}{x^2}$의 값은 양의 값을 가지면서 한없이 커진다.

(c) $\displaystyle\lim_{x \to 0^-} \frac{1}{x^2} = \infty$ (d) $\displaystyle\lim_{x \to 0^+} \frac{1}{x^2} = \infty$

이 절에서는 함수의 극한을 정의하고 좌극한과 우극한을 이용하여 함수의 극한이 존재하는지 또는 존재하지 않는지 확인하였다. 또한 함수의 극한이 양의 무한대로 발산하는 경우와 음의 무한대로 발산하는 경우를 정의하고 무한대로 발산하는 경우도 확인하였다.

Section 2.1 연습문제

1. $y=f(x)$의 그래프가 아래와 같을 때, 다음 극한을 구하라.

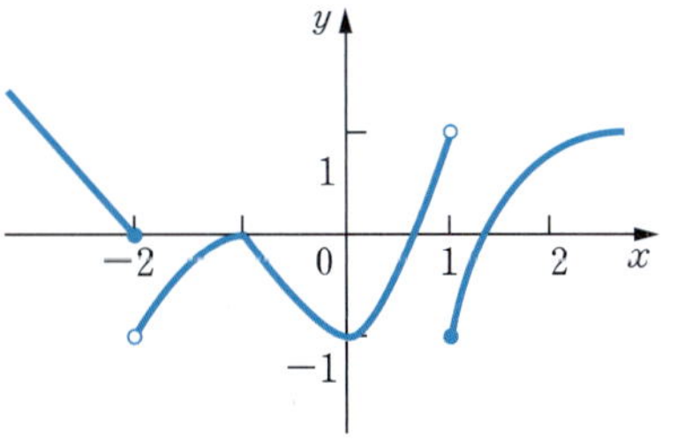

(a) $\lim_{x\to -2^-} f(x)$ (b) $\lim_{x\to -2^+} f(x)$ (c) $\lim_{x\to 1^-} f(x)$ (d) $\lim_{x\to 1^+} f(x)$

2. $f(x)=\begin{cases} 3, & x<0 \\ 1, & x=0 \\ -3, & x>0 \end{cases}$ 일 때, 다음 극한을 구하라.

(a) $\lim_{x\to 0^-} f(x)$ (b) $\lim_{x\to 0^+} f(x)$ (c) $\lim_{x\to 0} f(x)$

(d) $\lim_{x\to 1^-} f(x)$ (e) $\lim_{x\to 0} |f(x)|$ (f) $|\lim_{x\to 0} f(x)|$

3. 다음 극한을 구하라.

(a) $f(x)=\begin{cases} x^2-3x+\sqrt{2}, & x>0 \\ -x^3+5x, & x\le 0 \end{cases}$ 일 때, $\lim_{x\to 0^-} f(x)$와 $\lim_{x\to 0^+} f(x)$

(b) $g(x)=\begin{cases} \dfrac{1}{x+3}, & x\le -1 \\ x^2+e^x, & x>-1 \end{cases}$ 일 때, $\lim_{x\to -1^-} g(x)$와 $\lim_{x\to -1^+} g(x)$

(c) $h(x)=\begin{cases} \sqrt{3}\,x-\cos x, & x<\dfrac{\pi}{2} \\ \sin x+x^2, & x\ge \dfrac{\pi}{2} \end{cases}$ 일 때, $\lim_{x\to \frac{\pi}{2}^-} h(x)$와 $\lim_{x\to \frac{\pi}{2}^+} h(x)$

(d) $k(x)=\begin{cases} \sqrt{x+2}\ln x, & x>2 \\ -(2x+1)^2+3, & x\le 2 \end{cases}$ 일 때, $\lim_{x\to 2^-} k(x)$와 $\lim_{x\to 2^+} k(x)$

4. $y=f(x)$의 그래프가 아래와 같을 때, 다음 극한을 구하라.

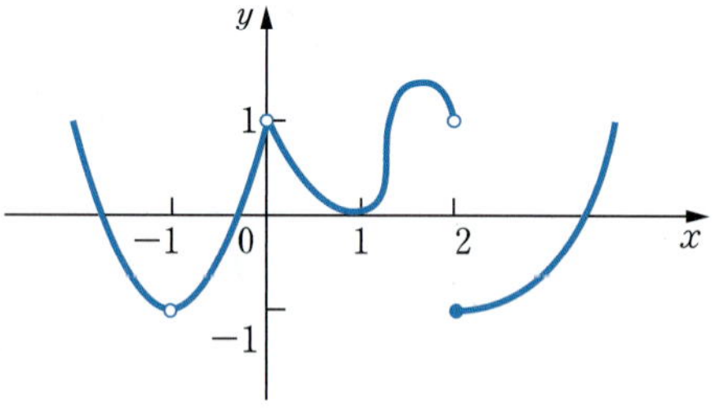

(a) $\lim_{x\to -1} f(x)$ (b) $\lim_{x\to 0} f(x)$ (c) $\lim_{x\to 1} f(x)$ (d) $\lim_{x\to 2} f(x)$

5. 다음 극한을 구하라.

(a) $\lim_{x\to -2^-} \dfrac{1}{x+2}$

(b) $\lim_{x\to -2^+} \dfrac{1}{x+2}$

(c) $\lim_{x\to 1^-} \dfrac{1}{(1-x)^2}$

(d) $\lim_{x\to 1^+} \dfrac{1}{(1-x)^2}$

(e) $\lim_{x\to 0^-} \dfrac{x-5}{x}$

(f) $\lim_{x\to 0^+} \dfrac{x-5}{x}$

(g) $\lim_{x\to 0^-} \dfrac{3x-1}{x^2}$

(h) $\lim_{x\to 0^+} \dfrac{3x-1}{x^2}$

6. 임의의 실수 x에 대해 x보다 크지 않은 최대의 정수를 $[x]$로 나타내며, 이를 가우스 함수라 한다. 이 정의를 이용하여 다음 극한을 구하라.

(a) $\lim_{x\to -2^-} [x]$

(b) $\lim_{x\to -2^+} [x]$

(c) $\lim_{x\to -2} [x]$

(d) $\lim_{x\to 0^-} [x]$

(e) $\lim_{x\to 0^+} [x]$

(f) $\lim_{x\to 0} [x]$

(g) $\lim_{x\to 0^-} \dfrac{[x]}{x}$

(h) $\lim_{x\to 0^+} \dfrac{[x]}{x}$

7. 다음 물음에 답하라.

(a) $f(x)=\begin{cases} x^2-3ax+2, & x \geq -2 \\ 2x-3, & x < -2 \end{cases}$ 일 때, $\lim_{x \to -2} f(x)$가 존재한다고 한다. 상수 a의 값을 구하라.

(b) $g(x)=\begin{cases} 2\sin x+3\cos x, & x \neq 0 \\ b^2, & x=0 \end{cases}$ 일 때, $\lim_{x \to 0} g(x)=g(0)$이 성립한다고 한다. 상수 b의 값을 구하라.

(c) $h(x)=\begin{cases} \dfrac{c+1}{|x-3|}, & x \neq 3 \\ 5, & x=3 \end{cases}$ 일 때, $\lim_{x \to 3} h(x)$가 존재한다고 한다. 상수 c의 값을 구하라.

8. 다음 물음에 답하라.

(a) $f(x)=\begin{cases} |x-2|, & x \neq 2 \\ 1, & x=2 \end{cases}$ 일 때, $\lim_{x \to 2} f(x)$가 존재하는지 또는 존재하지 않는지를 판정하라.

(b) $g(x)=\begin{cases} \dfrac{|x+1|}{x+1}, & x \neq -1 \\ 1, & x=-1 \end{cases}$ 일 때, $\lim_{x \to -1} g(x)$가 존재하는지 또는 존재하지 않는지를 판정하라.

동영상 풀이

2.2 함수의 극한 계산

이 절에서는 극한의 기본 정리를 이용하여 극한을 구하는 방법을 살펴보고, 기본 정리만으로 구할 수 없는 극한을 계산하는 방법에 대해 알아보고자 한다.

2.2.1 극한의 기본 정리

함수의 극한을 구하기 위해 사용하는 가장 기본적인 극한 관련 정리는 다음과 같다.

정리 2-2 극한의 기본 정리

$\lim_{x\to a} f(x)$와 $\lim_{x\to a} g(x)$가 존재할 때, 다음이 성립한다.

(1) $\lim_{x\to a}(f(x)+g(x)) = \lim_{x\to a} f(x) + \lim_{x\to a} g(x)$

(2) $\lim_{x\to a}(f(x)-g(x)) = \lim_{x\to a} f(x) - \lim_{x\to a} g(x)$

(3) $\lim_{x\to a} cf(x) = c\lim_{x\to a} f(x)$ (단, c는 상수)

(4) $\lim_{x\to a} f(x)g(x) = \lim_{x\to a} f(x) \lim_{x\to a} g(x)$

(5) $\lim_{x\to a} g(x) \neq 0$ 일 때 $\lim_{x\to a} \dfrac{f(x)}{g(x)} = \dfrac{\lim_{x\to a} f(x)}{\lim_{x\to a} g(x)}$

[정리 2-2]를 이용하여 극한을 구한다는 것은 우변의 극한을 구해서 이 값을 좌변의 극한값으로 한다는 것을 의미한다.

예제 2-7

$f(x) = 3x^2 - 2x + 1$, $g(x) = 4x - 3$일 때, 다음을 구하라.

(a) $\lim_{x\to 2}(f(x)+g(x))$

(b) $\lim_{x\to 2}(f(x)-g(x))$

(c) $\lim_{x\to 2} f(x)g(x)$

(d) $\lim_{x\to 2} \dfrac{f(x)}{g(x)}$

풀이

$\lim_{x\to 2} f(x) = 3 \cdot 2^2 - 2 \cdot 2 + 1 = 9$이고 $\lim_{x\to 2} g(x) = 4 \cdot 2 - 3 = 5$이므로 [정리 2-2]를 이용하여 다음과 같이 극한을 구한다.

(a) $\lim_{x\to 2} (f(x) + g(x)) = 9 + 5 = 14$

(b) $\lim_{x\to 2} (f(x) - g(x)) = 9 - 5 = 4$

(c) $\lim_{x\to 2} f(x)g(x) = 9 \cdot 5 = 45$

(d) $\lim_{x\to 2} \dfrac{f(x)}{g(x)} = \dfrac{9}{5}$

2.2.2 극한 계산법

[정리 2-2]를 적용할 수 없는 극한은 어떻게 구할까? 다음에 제시하는 몇 가지 계산법을 이용하면 쉽게 극한을 구할 수 있다. 다만, 함수 형태에 따라 사용하는 계산법이 다르다는 점을 명심해야 한다.

■ $\dfrac{0}{0}$형의 극한 계산법

$\lim_{x\to a} f(x) = 0$이고 $\lim_{x\to a} g(x) = 0$일 때

$$\lim_{x\to a} \frac{f(x)}{g(x)}$$

는 다음에 있는 ❶ 또는 ❷의 방법으로 구한다.

❶ 분자와 분모를 인수분해하여 약분한 후 극한을 구한다.
❷ 분자 또는 분모에 있는 근호를 유리화하여 약분한 후 극한을 구한다.

이때 식을 유리화하는 방법은 다음과 같다.

- $\sqrt{x} - a = \dfrac{(\sqrt{x} - a)(\sqrt{x} + a)}{\sqrt{x} + a} = \dfrac{x - a^2}{\sqrt{x} + a}$
- $\sqrt{x} + a = \dfrac{(\sqrt{x} + a)(\sqrt{x} - a)}{\sqrt{x} - a} = \dfrac{x - a^2}{\sqrt{x} - a}$
- $\dfrac{1}{\sqrt{x} - b} = \dfrac{\sqrt{x} + b}{(\sqrt{x} - b)(\sqrt{x} + b)} = \dfrac{\sqrt{x} + b}{x - b^2}$
- $\dfrac{1}{\sqrt{x} + b} = \dfrac{\sqrt{x} - b}{(\sqrt{x} + b)(\sqrt{x} - b)} = \dfrac{\sqrt{x} - b}{x - b^2}$

예제 2-8

$\frac{0}{0}$형의 극한 계산법을 이용하여 다음 극한을 구하라.

(a) $\lim_{x\to1}\frac{x^2-1}{x-1}$

(b) $\lim_{x\to2}\frac{x-2}{x^2-4}$

(c) $\lim_{x\to2}\frac{\sqrt{x}-\sqrt{2}}{x-2}$

(d) $\lim_{x\to4}\frac{x-4}{\sqrt{x}-2}$

풀이

(a) $x^2-1=(x+1)(x-1)$이므로

$$\lim_{x\to1}\frac{x^2-1}{x-1}=\lim_{x\to1}\frac{(x+1)(x-1)}{x-1}=\lim_{x\to1}(x+1)=2$$

이다.

(b) $x^2-4=(x+2)(x-2)$이므로

$$\lim_{x\to2}\frac{x-2}{x^2-4}=\lim_{x\to2}\frac{x-2}{(x+2)(x-2)}=\lim_{x\to2}\frac{1}{x+2}=\frac{1}{4}$$

이다.

(c) 분자에 있는 $\sqrt{x}-\sqrt{2}$를 유리화한다.

$$\sqrt{x}-\sqrt{2}=\frac{(\sqrt{x}-\sqrt{2})(\sqrt{x}+\sqrt{2})}{\sqrt{x}+\sqrt{2}}=\frac{x-2}{\sqrt{x}+\sqrt{2}}$$

이므로

$$\lim_{x\to2}\frac{\sqrt{x}-\sqrt{2}}{x-2}=\lim_{x\to2}\frac{x-2}{(x-2)(\sqrt{x}+\sqrt{2})}=\lim_{x\to2}\frac{1}{\sqrt{x}+\sqrt{2}}=\frac{1}{2\sqrt{2}}$$

이다.

(d) 분모에 있는 $\sqrt{x}-2$를 유리화한다.

$$\frac{1}{\sqrt{x}-2}=\frac{\sqrt{x}+2}{(\sqrt{x}-2)(\sqrt{x}+2)}=\frac{\sqrt{x}+2}{x-4}$$

이므로

$$\lim_{x\to4}\frac{x-4}{\sqrt{x}-2}=\lim_{x\to4}\frac{(x-4)(\sqrt{x}+2)}{x-4}=\lim_{x\to4}(\sqrt{x}+2)=4$$

이다.

■ $\frac{\infty}{\infty}$ 형의 극한 계산법

$f(x)$와 $g(x)$가 다항함수일 때

$$\lim_{x\to\infty}\frac{f(x)}{g(x)}$$

는 분자와 분모의 차수에 따라서 결정된다.

❶ 분자인 $f(x)$의 차수가 분모인 $g(x)$의 차수보다 큰 경우

$$\lim_{x\to\infty}\frac{f(x)}{g(x)}=\infty \quad \text{또는} \quad \lim_{x\to\infty}\frac{f(x)}{g(x)}=-\infty$$

이때, 극한의 부호는 $f(x)$의 최고차항과 $g(x)$의 최고차항의 계수의 부호에 따라서 결정된다.

❷ 분자인 $f(x)$의 차수가 분모인 $g(x)$의 차수보다 작은 경우

$$\lim_{x\to\infty}\frac{f(x)}{g(x)}=0$$

❸ 분자인 $f(x)$의 차수와 분모인 $g(x)$의 차수가 같은 경우

$f(x)=a_n x^n+a_{n-1}x^{n-1}+\cdots+a_1 x+a_0$, $g(x)=b_n x^n+b_{n-1}x^{n-1}+\cdots+b_1 x+b_0$ 이며, $a_n\neq 0$, $b_n\neq 0$이면

$$\lim_{x\to\infty}\frac{f(x)}{g(x)}=\frac{a_n}{b_n}$$

이다.

예제 2-9

$\frac{\infty}{\infty}$ 형의 극한 계산법을 이용하여 다음 극한을 구하라.

(a) $\lim_{x\to\infty}\frac{3x^2-5x+2}{2x-1}$ (b) $\lim_{x\to\infty}\frac{x^3-x-1}{2-x}$ (c) $\lim_{x\to\infty}\frac{4x+5}{x^3+5x-1}$

(d) $\lim_{x\to\infty}\frac{2x+5}{3-x-x^4}$ (e) $\lim_{x\to\infty}\frac{2x^3-5x+7}{3x^3+6x^2-1}$ (f) $\lim_{x\to\infty}\frac{-1+x+x^4}{-2x^4+3x+4}$

풀이

(a) 분자의 차수는 2이고 분모의 차수는 1이므로 분자의 차수가 더 크다. 그리고 분자와 분모의 최고차항의 계수가 모두 양이므로

$$\lim_{x\to\infty}\frac{3x^2-5x+2}{2x-1}=\infty$$

이다.

(b) 분자의 차수는 3이고 분모의 차수는 1이므로 분자의 차수가 더 크다. 그리고 분자의 최고차항의 계수는 양이지만 분모의 최고차항의 계수는 음이므로

$$\lim_{x\to\infty}\frac{x^3-x-1}{2-x}=-\infty$$

이다.

(c) 분자의 차수는 1이고 분모의 차수는 3이므로 분모의 차수가 더 크다. 따라서

$$\lim_{x\to\infty}\frac{4x+5}{x^3+5x-1}=0$$

이다.

(d) 분자의 차수는 1이고 분모의 차수는 4이므로 분모의 차수가 더 크다. 따라서

$$\lim_{x\to\infty}\frac{2x+5}{3-x-x^4}=0$$

이다.

(e) 분자의 차수가 3이고 분모의 차수도 3이다. 따라서

$$\lim_{x\to\infty}\frac{2x^3-5x+7}{3x^3+6x^2-1}=\frac{2}{3}$$

이다.

(f) 분자의 차수가 4이고 분모의 차수도 4이다. 따라서

$$\lim_{x\to\infty}\frac{-1+x+x^4}{-2x^4+3x+4}=-\frac{1}{2}$$

이다.

■ $\infty - \infty$ 형의 극한 계산법

$\lim\limits_{x\to\infty} f(x) = \infty$ 이고 $\lim\limits_{x\to\infty} g(x) = \infty$ 일 때 $\lim\limits_{x\to\infty}(\sqrt{f(x)} - \sqrt{g(x)})$와 $\lim\limits_{x\to\infty}(\sqrt{f(x)} - g(x))$는 다음과 같이 식을 유리화하여 구한다.

❶ $\lim\limits_{x\to\infty}(\sqrt{f(x)} - \sqrt{g(x)}) = \lim\limits_{x\to\infty}\dfrac{f(x) - g(x)}{\sqrt{f(x)} + \sqrt{g(x)}}$

❷ $\lim\limits_{x\to\infty}(\sqrt{f(x)} - g(x)) = \lim\limits_{x\to\infty}\dfrac{f(x) - (g(x))^2}{\sqrt{f(x)} + g(x)}$

예제 2-10

$\infty - \infty$ 형의 극한 계산법을 이용하여 다음 극한을 구하라.

(a) $\lim\limits_{x\to\infty}(\sqrt{x+1} - \sqrt{x})$

(b) $\lim\limits_{x\to\infty}(\sqrt{x+1} - \sqrt{x+3})$

(c) $\lim\limits_{x\to\infty}(\sqrt{x^2+2} - x)$

(d) $\lim\limits_{x\to\infty}(\sqrt{x^2-2} - 3x)$

풀이

(a) $$\lim_{x\to\infty}(\sqrt{x+1} - \sqrt{x}) = \lim_{x\to\infty}\frac{(x+1) - x}{\sqrt{x+1} + \sqrt{x}} = \lim_{x\to\infty}\frac{1}{\sqrt{x+1} + \sqrt{x}} = 0$$

(b) $$\lim_{x\to\infty}(\sqrt{x+1} - \sqrt{x+3}) = \lim_{x\to\infty}\frac{(x+1) - (x+3)}{\sqrt{x+1} + \sqrt{x+3}} = \lim_{x\to\infty}\frac{-2}{\sqrt{x+1} + \sqrt{x+3}} = 0$$

(c) $$\lim_{x\to\infty}(\sqrt{x^2+2} - x) = \lim_{x\to\infty}\frac{(x^2+2) - x^2}{\sqrt{x^2+2} + x} = \lim_{x\to\infty}\frac{2}{\sqrt{x^2+2} + x} = 0$$

(d) $$\lim_{x\to\infty}(\sqrt{x^2-2} - 3x) = \lim_{x\to\infty}\frac{(x^2-2) - 9x^2}{\sqrt{x^2-2} + 3x} = \lim_{x\to\infty}\frac{-2 - 8x^2}{\sqrt{x^2-2} + 3x} = -\infty$$

2.2.3 압착정리

앞에서 다룬 $\frac{0}{0}$형, $\frac{\infty}{\infty}$형, $\infty - \infty$형의 극한 계산법만으로는 모든 함수의 극한을 구할 수 없다. 예를 들어 $\lim_{x\to 0} x\sin\frac{1}{x}$은 세 가지 극한 계산법 중 어떤 계산법으로도 결과를 얻을 수 없다. 이런 극한 문제는 다음에 제시하는 정리를 사용하여 해결한다.

정리 2-3 압착정리(squeezing theorem)

$x=a$의 적당한 근방에 있는 모든 점 x에 대해 $f(x) \le g(x) \le h(x)$이고

$$\lim_{x\to a} f(x) = L = \lim_{x\to a} h(x)$$

이면, $\lim_{x\to a} g(x) = L$이다.

예제 2-11

압착정리를 이용하여 다음 극한을 구하라.

(a) $\lim_{x\to 0} x\sin\frac{1}{x}$ (b) $\lim_{x\to 0} x\cos\frac{1}{x}$

풀이

(a) 0이 아닌 임의의 x에 대해 $-1 \le \sin\frac{1}{x} \le 1$이므로 $-x \le x\sin\frac{1}{x} \le x$이다.

$\lim_{x\to 0}(-x) = 0$이고 $\lim_{x\to 0} x = 0$이므로 압착정리에 의하여

$$\lim_{x\to 0} x\sin\frac{1}{x} = 0$$

이다.

(b) 0이 아닌 임의의 x에 대해 $-1 \le \cos\frac{1}{x} \le 1$이므로 $-x \le x\cos\frac{1}{x} \le x$이다.

$\lim_{x\to 0}(-x) = 0$이고 $\lim_{x\to 0} x = 0$이므로 압착정리에 의하여

$$\lim_{x\to 0} x\cos\frac{1}{x} = 0$$

이다.

■ 삼각함수의 극한 계산법

삼각함수에 관한 극한을 구할 때 식

$$\lim_{x \to 0} \frac{\sin x}{x} = 1$$

을 유용하게 사용할 수 있다. 이 극한을 일반화하면 $\lim_{x \to 0} \frac{\sin \square}{\square} = 1$이며, 이 극한의 결과는 $x \to 0$일 때 $\square \to 0$인 경우에만 성립한다.

예제 2-12

삼각함수의 극한 계산법을 이용하여 다음 극한을 구하라.

(a) $\lim_{x \to 0} \frac{\sin 3x}{x}$

(b) $\lim_{x \to 0} \frac{\sin 2x}{5x}$

(c) $\lim_{x \to 0} \frac{4x}{\sin 2x}$

(d) $\lim_{x \to 0} \frac{\sin 4x}{\sin 7x}$

(e) $\lim_{x \to 0} \frac{\tan x}{x}$

(f) $\lim_{x \to 0} \frac{\tan 4x}{2x}$

풀이

(a) $\lim_{x \to 0} \frac{\sin 3x}{x} = \lim_{x \to 0} \frac{\sin 3x}{3x} \cdot 3 = 1 \cdot 3 = 3$

(b) $\lim_{x \to 0} \frac{\sin 2x}{5x} = \lim_{x \to 0} \frac{\sin 2x}{2x} \cdot \frac{2x}{5x} = 1 \cdot \frac{2}{5} = \frac{2}{5}$

(c) $\lim_{x \to 0} \frac{4x}{\sin 2x} = \lim_{x \to 0} \frac{2x}{\sin 2x} \cdot \frac{4x}{2x} = 1 \cdot 2 = 2$

(d) $\lim_{x \to 0} \frac{\sin 4x}{\sin 7x} = \lim_{x \to 0} \frac{\sin 4x}{4x} \cdot \frac{7x}{\sin 7x} \cdot \frac{4x}{7x} = 1 \cdot 1 \cdot \frac{4}{7} = \frac{4}{7}$

(e) $\lim_{x \to 0} \frac{\tan x}{x} = \lim_{x \to 0} \frac{1}{x} \cdot \frac{\sin x}{\cos x} = \lim_{x \to 0} \frac{\sin x}{x} \cdot \frac{1}{\cos x} = 1 \cdot 1 = 1$

(f) $\lim_{x \to 0} \frac{\tan 4x}{2x} = \lim_{x \to 0} \frac{\tan 4x}{4x} \cdot \frac{4x}{2x} = 1 \cdot \frac{4}{2} = 2$

하나의 함수에 대해서 어떤 극한을 선택하는가에 따라서 다른 결과를 얻는다. 삼각함수의 극한 계산법을 이용할 때는 $x \to 0$이어야 한다. 만일 $x \to \infty$인 경우라면 압착정리를 사용해야 한다.

예제 2-13

압착정리를 이용하여 다음 극한을 구하라.

(a) $\lim_{x \to \infty} \frac{\sin 3x}{x}$ (b) $\lim_{x \to \infty} \frac{\cos x}{x^2}$

풀이

(a) 모든 x에 대해 $-1 \le \sin 3x \le 1$이므로 $-\frac{1}{x} \le \frac{\sin 3x}{x} \le \frac{1}{x}$이다.
$\lim_{x \to \infty}\left(-\frac{1}{x}\right) = 0$이고 $\lim_{x \to \infty} \frac{1}{x} = 0$이므로 압착정리에 의하여

$$\lim_{x \to \infty} \frac{\sin 3x}{x} = 0$$

이다.

(b) 모든 x에 대해 $-1 \le \cos x \le 1$이므로 $-\frac{1}{x^2} \le \frac{\cos x}{x^2} \le \frac{1}{x^2}$이다.
$\lim_{x \to \infty}\left(-\frac{1}{x^2}\right) = 0$이고 $\lim_{x \to \infty} \frac{1}{x^2} = 0$이므로 압착정리에 의하여

$$\lim_{x \to \infty} \frac{\cos x}{x^2} = 0$$

이다.

이 절에서는 함수의 극한을 구하는 다양한 계산법을 살펴보았다. 기본적인 극한 계산은 극한의 기본 정리를 사용하였고, 복잡한 극한은 식을 변형하여 극한 계산법을 적용하거나 압착정리를 사용하여 구할 수 있음을 학습하였다.

Section 2.2 연습문제

1. $f(x)$와 $g(x)$의 그래프가 아래와 같을 때, 다음 극한을 구하라.

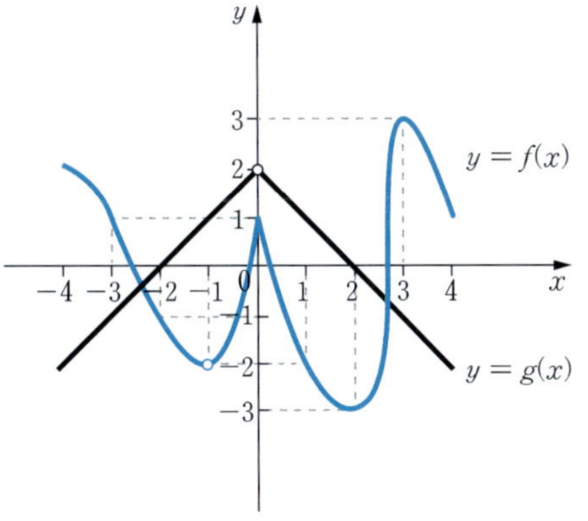

(a) $\lim_{x \to -1} (2f(x) + 3g(x))$ (b) $\lim_{x \to -1} (4f(x) - g(x))$

(c) $\lim_{x \to 0} f(x)g(x)$ (d) $\lim_{x \to 2} f(x)g(x)$

(e) $\lim_{x \to 1} \frac{f(x)}{g(x)}$ (f) $\lim_{x \to 3} \frac{f(x)}{g(x)}$

2. $\frac{0}{0}$형의 극한 계산법을 이용하여 다음 극한을 구하라.

(a) $\lim_{x \to 4} \frac{x^2 - 16}{x - 4}$ (b) $\lim_{x \to -2} \frac{4 - x^2}{x + 2}$

(c) $\lim_{x \to 1} \frac{x^2 - 6x + 5}{x^2 + x - 2}$ (d) $\lim_{x \to -1} \frac{x^2 - 4x - 5}{x^2 - 3x - 4}$

(e) $\lim_{x \to 1} \frac{x^3 - 1}{x^4 - 1}$ (f) $\lim_{x \to -3} \frac{x^2 - 9}{x^3 + 27}$

(g) $\lim_{x \to 0} \frac{9 - (3 - 2x)^2}{x}$ (h) $\lim_{x \to 0} \frac{x}{(3x + 1)^2 - 1}$

3. $\frac{0}{0}$ 형의 극한 계산법을 이용하여 다음 극한을 구하라.

(a) $\lim_{x \to 3} \frac{\sqrt{x} - \sqrt{3}}{x - 3}$

(b) $\lim_{x \to -2} \frac{\sqrt{2 - x} - 2}{x + 2}$

(c) $\lim_{x \to 4} \frac{4 - \sqrt{x + 12}}{x - 4}$

(d) $\lim_{x \to 0} \frac{4x}{\sqrt{2 + x} - \sqrt{2 - x}}$

(e) $\lim_{x \to 1} \frac{x - \sqrt{x}}{\sqrt{x} - 1}$

(f) $\lim_{x \to 0} \frac{\sqrt{1 - x} - \sqrt{1 + x}}{\sqrt{2 + x} - \sqrt{2 - x}}$

4. $\frac{\infty}{\infty}$ 형의 극한 계산법을 이용하여 다음 극한을 구하라.

(a) $\lim_{x \to \infty} \frac{3x^3 + 6x + 1}{x^2 - 5x - 2}$

(b) $\lim_{x \to \infty} \frac{4 + 3x - x^4}{3x^2 + 2x + 5}$

(c) $\lim_{x \to \infty} \frac{x^3 + x^2 - 2}{4x^4 + x + 5}$

(d) $\lim_{x \to \infty} \frac{2x^4 - x^3 + 4}{-x^5 + 4x + 11}$

(e) $\lim_{x \to \infty} \frac{2x^2 - 5x + 7}{3x^2 + 5x - 2}$

(f) $\lim_{x \to \infty} \frac{-x^4 + 5x^2 - 4}{3 + 3x - x^4}$

(g) $\lim_{x \to \infty} \frac{\sqrt{x^3 - 2x + 2}}{x^2 + 9x + 7}$

(h) $\lim_{x \to \infty} \frac{(1 - x)\sqrt{x^4 + 8}}{2x^2 - 3x - 1}$

5. $\infty - \infty$ 형의 극한 계산법을 이용하여 다음 극한을 구하라.

(a) $\lim_{x \to \infty} (\sqrt{x + 4} - \sqrt{x})$

(b) $\lim_{x \to \infty} \sqrt{x} (\sqrt{x + 3} - \sqrt{x})$

(c) $\lim_{x \to \infty} (\sqrt{x^2 - 5x} - x)$

(d) $\lim_{x \to \infty} (\sqrt{4x^2 - 1} - 2x)$

(e) $\lim_{x \to \infty} (\sqrt{x^2 + 2x} - \sqrt{x^2 + 1})$

(f) $\lim_{x \to \infty} (\sqrt{x^3 + 4} - \sqrt{x^3 + 3x})$

6. 삼각함수의 극한 계산법을 이용하여 다음 극한을 구하라.

(a) $\lim_{x \to 0} \dfrac{\sin 9x}{4x}$ (b) $\lim_{x \to 0} \dfrac{3x}{\sin \sqrt{2}\, x}$

(c) $\lim_{x \to 0} \dfrac{\tan x}{2x}$ (d) $\lim_{x \to 0} \dfrac{4x}{\tan 6x}$

(e) $\lim_{x \to 0} \dfrac{\sin \sqrt{2}\, x}{\tan \sqrt{3}\, x}$ (f) $\lim_{x \to 0} \dfrac{\tan \pi x}{\sin \sqrt{7}\, x}$

(g) $\lim_{x \to 0} \dfrac{\sin^2 3x}{x^2}$ (h) $\lim_{x \to 0} \dfrac{\tan^2 2x}{3x}$

7. 압착성리를 이용하여 다음 극한을 구하라.

(a) $\lim_{x \to \infty} \dfrac{\sin 2x}{x^2}$ (b) $\lim_{x \to \infty} \dfrac{\cos 5x}{3x}$

(c) $\lim_{x \to \infty} \dfrac{\sin^3 x}{x}$ (d) $\lim_{x \to \infty} \dfrac{\cos x^3}{x^3}$

8. 다음 물음에 답하라.

(a) 모든 x 에 대하여 $8 \le f(x) \le 3x^2 - 12x + 20$일 때, $\lim_{x \to 2} f(x)$를 구하라.

(b) $\lim_{x \to 0} (x^3 + 5x) \sin \dfrac{1}{x}$을 구하라.

(c) $\lim_{x \to 3} (-x^2 + 3x) \cos \dfrac{1}{(x-3)^2}$을 구하라.

동영상 풀이

2.3 연속함수

이 절에서는 한 점에서 연속이 되는 함수의 조건과 함수가 연속이 되는 구간을 확인하는 방법을 학습하고, 연속과 관련된 가장 중요한 활용인 중간값 정리에 대해 알아보고자 한다.

2.3.1 연속의 정의

함수의 연속은 한 점에서의 연속과 구간에서의 연속으로 나뉜다. 한 점에서의 연속은 다음과 같이 정의한다.

정의 2-4 한 점에서 연속

$\lim_{x\to a} f(x) = f(a)$이면, $f(x)$는 **$x = a$ 에서 연속이다**(continuous)라고 한다.

[정의 2-4]에서 등식이 성립하려면 우선 다음 두 조건을 모두 만족해야 한다.

❶ $\lim_{x\to a} f(x)$가 존재한다.

❷ $f(a)$가 존재한다.

따라서 $\lim_{x\to a} f(x)$가 존재하지 않거나 $f(a)$가 존재하지 않거나 $\lim_{x\to a} f(x) \neq f(a)$이면, $f(x)$는 $x = a$에서 연속이 아니라고 판정한다.

예제 2-14

다음 함수가 $x = 0$에서 연속인지 또는 연속이 아닌지를 판정하라.

(a) $f(x) = x^3 + 3x - 1$　　(b) $g(x) = |x|$

풀이

(a) $\lim_{x\to 0} f(x) = 0^3 + 3 \cdot 0 - 1 = -1$이고, $f(0) = -1$이다.
따라서 $\lim_{x\to 0} f(x) = f(0)$이 성립하므로 $f(x)$는 $x = 0$에서 연속이다.

(b) $\lim_{x\to 0^-} g(x) = \lim_{x\to 0^-} (-x) = 0$이고 $\lim_{x\to 0^+} g(x) = \lim_{x\to 0^+} x = 0$이므로 $\lim_{x\to 0} g(x) = 0$이다. 또한 $g(0) = |0| = 0$이므로 $\lim_{x\to 0} g(x) = g(0)$이 성립한다.
따라서 $g(x)$는 $x = 0$에서 연속이다.

[예제 2-14]와 달리 다음 예제에서는 주어진 점에서 연속이 되지 않는 경우를 보여준다.

예제 2-15

다음 물음에 답하라.

(a) $f(x)=\begin{cases} 2x-1, & x \le 0 \\ x^3+1, & x > 0 \end{cases}$ 일 때, $f(x)$는 $x=0$에서 연속인지 또는 연속이 아닌지를 판정하라.

(b) $g(x)=\dfrac{2}{x-1}$ 일 때, $g(x)$는 $x=1$에서 연속인지 또는 연속이 아닌지를 판정하라.

(c) $h(x)=\begin{cases} 3x-1, & x < 2 \\ 4, & x = 2 \\ x^2-x+3, & x > 2 \end{cases}$ 일 때, $h(x)$는 $x=2$에서 연속인지 또는 연속이 아닌지를 판정하라.

풀이

(a) $\lim\limits_{x\to 0^-} f(x)=\lim\limits_{x\to 0^-}(2x-1)=-1$이고, $\lim\limits_{x\to 0^+} f(x)=\lim\limits_{x\to 0^+}(x^3+1)=1$이다.
따라서 $\lim\limits_{x\to 0} f(x)$가 존재하지 않으므로 $f(x)$는 $x=0$에서 연속이 아니다.

(b) $g(1)$이 존재하지 않으므로 $g(x)$는 $x=1$에서 연속이 아니다.

(c) $\lim\limits_{x\to 2^-} h(x)=\lim\limits_{x\to 2^-}(3x-1)=5$이고, $\lim\limits_{x\to 2^+} h(x)=\lim\limits_{x\to 2^+}(x^2-x+3)=5$이므로
$\lim\limits_{x\to 2} h(x)=5$이다. 그런데 $h(2)=4$이므로 $\lim\limits_{x\to 2} h(x)\ne h(2)$이다.
따라서 $h(x)$는 $x=2$에서 연속이 아니다.

한 점에서 복잡한 함수의 연속성을 설명하려면 연속함수의 사칙연산에 관한 정리를 알아야 한다.

정리 2-4 연속함수의 기본 정리

$f(x)$와 $g(x)$가 $x=a$에서 연속이면, 다음 함수도 $x=a$에서 연속이다.

(1) $f(x)+g(x)$ (2) $f(x)-g(x)$

(3) $f(x)\cdot g(x)$ (4) $\dfrac{f(x)}{g(x)}$ (단, $g(a)\ne 0$)

예제 2-16

다음 물음에 답하라.

(a) $y = 3x^4 - \sin x$는 $x = 0$에서 연속인지 또는 연속이 아닌지를 판정하라.

(b) $y = \dfrac{x-1}{\sqrt{x+2}}$은 $x = 1$에서 연속인지 또는 연속이 아닌지를 판정하라.

풀이

(a) $f(x) = 3x^4$, $g(x) = \sin x$라 하자. $\lim\limits_{x \to 0} f(x) = f(0)$이므로 $f(x)$는 $x = 0$에서 연속이고, $\lim\limits_{x \to 0} g(x) = g(0)$이므로 $g(x)$도 $x = 0$에서 연속이다.
[정리 2-4 (1)]에 의해 $y = 3x^4 - \sin x$는 $x = 0$ 에서 연속이다.

(b) $f(x) = x - 1$, $g(x) = \sqrt{x+2}$ 라 하자. $\lim\limits_{x \to 1} f(x) = f(1)$이므로 $f(x)$는 $x = 1$에서 연속이고, $\lim\limits_{x \to 1} g(x) = g(1)$이므로 $g(x)$도 $x = 1$에서 연속이다. 또한 $g(1) \neq 0$이므로 [정리 2-4 (4)]에 의해 $y = \dfrac{x-1}{\sqrt{x+2}}$은 $x = 1$에서 연속이다.

이제 구간에서 함수의 연속을 정의하고자 한다.

정의 2-5 구간에서 연속

$y = f(x)$가 구간 $[a,\ b]$ 내의 모든 점에서 연속일 때, $f(x)$는 **구간 $[a,\ b]$에서 연속**이라 한다.

함수가 주어졌을 때 구간 내의 모든 점에서 연속임을 일일이 보일 수는 없다. 함수가 연속이 되는 점들의 집합은 다음 방법을 이용하여 구한다.

How to 2-1 함수가 연속인 구간을 찾는 방법

주어진 함수가 연속이 되는 점들의 집합은 그 함수의 정의역과 같다.

예제 2-17

다음 함수가 연속이 되는 점들의 집합을 구하라.

(a) $y = x^3 - x - 1$

(b) $y = \dfrac{1}{25 - x^2}$

(c) $y = \sqrt{x+3}$

(d) $y = \sin \dfrac{1}{2} x$

(e) $y = e^{x^2+3}$

(f) $y = \ln(x-1)$

풀이

(a) $y = x^3 - x - 1$은 다항함수이므로 정의역은 $\mathbb{R}$ 이다. 따라서 $y = x^3 - x - 1$이 연속이 되는 점들의 집합은 $\mathbb{R}$ 이다.

(b) $y = \dfrac{1}{25 - x^2}$ 은 유리함수이므로 정의역은 $\mathbb{R} - \{-5, 5\}$ 이다. 따라서 $y = \dfrac{1}{25 - x^2}$ 이 연속이 되는 점들의 집합은 $\mathbb{R} - \{-5, 5\}$ 이다.

(c) $y = \sqrt{x+3}$ 은 무리함수이므로 정의역은 $\{x : x \geq -3\}$이다. 따라서 $y = \sqrt{x+3}$ 이 연속이 되는 점들의 집합은 $\{x : x \geq -3\}$이다.

(d) $y = \sin \dfrac{1}{2} x$ 는 삼각함수이므로 정의역은 $\mathbb{R}$ 이다. 따라서 $y = \sin \dfrac{1}{2} x$ 가 연속이 되는 점들의 집합은 $\mathbb{R}$ 이다.

(e) $y = e^{x^2+3}$ 은 지수함수이므로 정의역은 $\mathbb{R}$ 이다. 따라서 $y = e^{x^2+3}$ 이 연속이 되는 점들의 집합은 $\mathbb{R}$ 이다.

(f) $y = \ln(x-1)$ 은 로그함수이므로 정의역은 $\{x : x > 1\}$ 이다. 따라서 $y = \ln(x-1)$ 이 연속이 되는 점들의 집합은 $\{x : x > 1\}$ 이다.

함수가 불연속이 되는 점들의 집합은 실수 전체의 집합에서 함수가 연속이 되는 점들의 집합을 빼서 구한다.

예제 2-18

다음 유리함수가 불연속이 되는 점들의 집합을 구하라.

(a) $f(x) = \dfrac{x^3 - 1}{x - 1}$

(b) $g(x) = \dfrac{x + 2}{x^2 - 4}$

풀이

(a) $f(x) = \dfrac{x^3 - 1}{x - 1}$ 의 정의역은 $\mathbb{R} - \{1\}$이다. 따라서 $f(x)$가 불연속이 되는 점들의 집합은 $\mathbb{R} - (\mathbb{R} - \{1\}) = \{1\}$이다.

(b) $g(x)=\dfrac{x+2}{x^2-4}$ 의 정의역은 $\mathbb{R}-\{-2,2\}$ 이다. 따라서 $g(x)$가 불연속이 되는 점들의 집합은 $\mathbb{R}-(\mathbb{R}-\{-2,2\})=\{-2,2\}$ 이다.

두 함수의 합 또는 차로 설명되는 함수가 연속인 구간은 다음 방법을 이용하여 구한다.

How to 2-2 두 함수의 합 또는 차에 대해 연속인 구간을 찾는 방법

$f(x)$가 연속인 점들의 집합이 D, $g(x)$가 연속인 점들의 집합이 E이면,
$f(x)+g(x)$ 와 $f(x)-g(x)$가 연속인 점들의 집합은 $D\cap E$이다.

예제 2-19

다음 함수가 연속이 되는 점들의 집합을 구하라.

(a) $y=x^3+\sqrt{x}$

(b) $y=\sin x-\dfrac{x-3}{x-2}$

(c) $y=\dfrac{x+1}{x-1}+e^{\frac{1}{x}}$

(d) $y=\ln(x-1)-\cos x^2$

풀이

(a) $f(x)=x^3$, $g(x)=\sqrt{x}$ 라 하면 $f(x)$ 가 연속이 되는 점들의 집합은 $\mathbb{R}$ 이고, $g(x)$ 가 연속이 되는 점들의 집합은 $\{x: x\geq 0\}$ 이다. 따라서 $y=x^3+\sqrt{x}$ 가 연속이 되는 점들의 집합은 $\mathbb{R}\cap\{x: x\geq 0\}=\{x: x\geq 0\}$ 이다.

(b) $f(x)=\sin x$, $g(x)=\dfrac{x-3}{x-2}$ 이라 하면 $f(x)$ 가 연속이 되는 점들의 집합은 $\mathbb{R}$ 이고, $g(x)$ 가 연속이 되는 점들의 집합은 $\mathbb{R}-\{2\}$ 이다. 따라서 $y=\sin x-\dfrac{x-3}{x-2}$ 이 연속이 되는 점들의 집합은 $\mathbb{R}\cap(\mathbb{R}-\{2\})=\mathbb{R}-\{2\}$ 이다.

(c) $f(x)=\dfrac{x+1}{x-1}$, $g(x)=e^{\frac{1}{x}}$ 이라 하면 $f(x)$ 가 연속이 되는 점들의 집합은 $\mathbb{R}-\{1\}$ 이고, $g(x)$ 가 연속이 되는 점들의 집합은 $\mathbb{R}-\{0\}$ 이다. 따라서 $y=\dfrac{x+1}{x-1}+e^{\frac{1}{x}}$ 이 연속이 되는 점들의 집합은 $(\mathbb{R}-\{1\})\cap(\mathbb{R}-\{0\})=\mathbb{R}-\{0,1\}$ 이다.

(d) $f(x)=\ln(x-1)$, $g(x)=\cos x^2$ 이라 하면 $f(x)$ 가 연속이 되는 점들의 집합은 $\{x: x>1\}$ 이고, $g(x)$ 가 연속이 되는 점들의 집합은 $\mathbb{R}$ 이다. 따라서 $y=\ln(x-1)-\cos x^2$ 이 연속이 되는 점들의 집합은 $\{x: x>1\}\cap\mathbb{R}=\{x: x>1\}$ 이다.

2.3.2 중간값 정리

중간값 정리는 연속함수와 관련된 가장 중요한 정리로, 이 정리를 사용하면 방정식의 해가 존재함을 증명할 수 있다.

정리 2-5 중간값 정리(intermediate value theorem)
$f : [a,\ b] \to \mathbb{R}$ 가 구간 $[a,\ b]$ 에서 연속이고 $f(a)f(b) < 0$이면, $f(c) = 0$인 c가 $[a,\ b]$에 적어도 하나 존재한다.

중간값 정리를 사용하려면 먼저 다음 조건을 확인해야 한다.

❶ 정의역은 폐구간이어야 한다.
❷ f 는 정의역에서 연속이어야 한다.
❸ $f(a)f(b) < 0$인지 확인한다. 이것은 정의역의 한 끝에서의 함숫값이 양이면 다른 끝에서의 함숫값이 음이 되어야 함을 의미한다.

중간값 정리는 [그림 2-3]을 이용하여 설명할 수 있다.

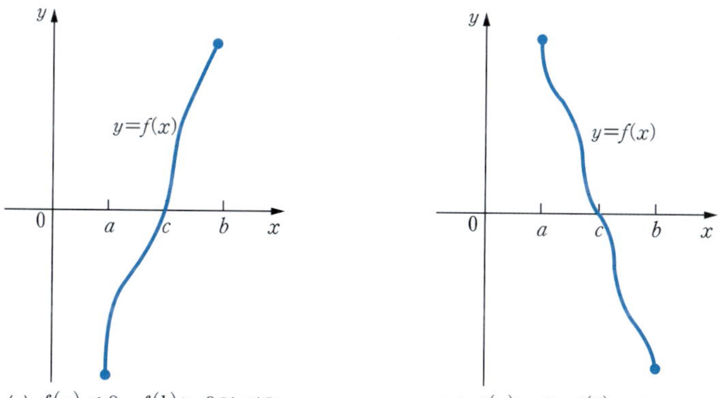

(a) $f(a) < 0,\ f(b) > 0$인 경우　(b) $f(a) > 0,\ f(b) < 0$인 경우

[그림 2-3] 중간값 정리 증명

예제 2-20

$2x^3 + 5x - 3 = 0$ 이 구간 $[0, 1]$ 에서 적어도 하나의 실근을 가짐을 증명하라.

풀이

$f(x) = 2x^3 + 5x - 3$ 이라 하면, $f(x)$는 다항함수이므로 구간 $[0, 1]$에서 연속이다. $f(0) = -3$이고 $f(1) = 4$이므로 $f(0)f(1) < 0$이다. 따라서 중간값 정리에 의해 $f(c) = 0$인 c가 구간 $[0, 1]$에 적어도 하나 존재한다.

근의 존재성을 증명할 때 구간이 주어지지 않는 경우도 있다. 이때는 $f(a)f(b) < 0$이 성립하는 적당한 구간 $[a, b]$를 선택하여 양의 값을 갖는 점과 음의 값을 갖는 점을 찾아야 한다.

예제 2-21

$x^4 - 2x - 1 = 0$이 적어도 하나의 실근을 가짐을 증명하라.

풀이

$f(x) = x^4 - 2x - 1$이라 하면, $f(x)$는 다항함수이므로 구간 $[0, 2]$에서 연속이다. $f(0) = -1$, $f(2) = 11$이므로 $f(0)f(2) < 0$이다. 따라서 중간값 정리에 의해 $f(c) = 0$인 c가 구간 $[0, 2]$에 적어도 하나 존재한다.

이 절에서는 주어진 함수가 한 점에서 연속이 되기 위한 정의를 알아보았고, 정의역을 이용하여 함수가 연속인 점들의 집합을 찾는 방법을 학습하였다. 또한 연속함수와 관련된 중요한 정리인 중간값 정리를 이해하고, 이 정리를 활용하여 방정식의 해의 존재성을 확인할 수 있음을 살펴보았다.

Section 2.3 연습문제

1. 다음 함수가 $x = a$에서 연속인지 또는 연속이 아닌지를 판정하라.

(a) $y = \dfrac{4}{x+1}$, $a = 0$

(b) $y = -\dfrac{3}{x+2}$, $a = -2$

(c) $y = \begin{cases} \dfrac{x^2-1}{x-1}, & x \neq 1 \\ 2, & x = 1 \end{cases}$, $a = 1$

(d) $y = \begin{cases} \dfrac{x^2-9}{x+3}, & x \neq -3 \\ -6, & x = -3 \end{cases}$, $a = -3$

(e) $y = \begin{cases} 2 - x, & x < 0 \\ x^2 + 1, & x \geq 0 \end{cases}$, $a = 0$

(f) $y = \begin{cases} -x^2 + 3x + 1, & x < 1 \\ 2x^2 - 2x + 3, & x \geq 1 \end{cases}$, $a = 1$

2. 다음 함수가 연속이 되는 점들의 집합을 구하라.

(a) $y = x^3 - 7x + \sqrt{2}$

(b) $y = |x-1| + |x+1|$

(c) $y = \dfrac{x+2}{x+2}$

(d) $y = \dfrac{x+4}{x-4}$

(e) $y = \sqrt{3x+2}$

(f) $y = -\dfrac{3}{\sqrt{5-x}}$

(g) $y = \sin \dfrac{1}{\sqrt{2}}(x-1)$

(h) $y = \cos(x^2 - 4)$

(i) $y = e^{\frac{1}{x+1}}$

(j) $y = \ln(x-4)$

3. 다음 함수가 불연속이 되는 점들의 집합을 구하라.

(a) $y = \dfrac{x-4}{x^2-16}$

(b) $y = \dfrac{x^2+3}{x^2-5}$

(c) $y = \sin \dfrac{1}{x+2}$

(d) $y = \cos \dfrac{7}{3x-1}$

4. 다음 함수가 연속이 되는 점들의 집합을 구하라.

(a) $y = x^2 + \dfrac{1}{x^3}$

(b) $y = \sqrt{x-9} - \dfrac{1}{x}$

(c) $y = \sqrt{x} + \dfrac{1}{\sqrt[3]{x}}$

(d) $y = e^x - \sin\dfrac{1}{x}$

(e) $y = \ln(x-3) - e^{x-2}$

(f) $y = \ln\dfrac{1}{x} - \cos\dfrac{1}{2x-1}$

5. a와 b가 상수일 때, 다음 물음에 답하라.

(a) $f(x) = \begin{cases} 2ax+1, & x \le -1 \\ x^2 - 3ax + 4, & x > -1 \end{cases}$가 $\mathbb{R}$에서 연속일 때, a의 값을 구하라.

(b) $g(x) = \begin{cases} b^2x^2 - bx - 14, & x \le 2 \\ 10 - 3bx, & x > 2 \end{cases}$가 $\mathbb{R}$에서 연속일 때, b의 값을 구하라.

6. 다음을 증명하라.

(a) $x^3 - 3x - 17 = 0$은 적어도 하나의 실근을 갖는다.

(b) $f(x) = x^5 + 2x^4$일 때, $f(c) = 2$가 성립하는 상수 c가 존재한다.

동영상 풀이

Chapter

03

미분의 기본

Basics of Differentiation

학습목표

- 미분에 대한 정의와 미분의 사칙연산에 대한 기본 정리를 이해한다.
- 합성함수의 미분법인 연쇄법칙을 이해한다.
- 음함수와 매개변수함수의 미분법을 학습한다.

【미리보기】

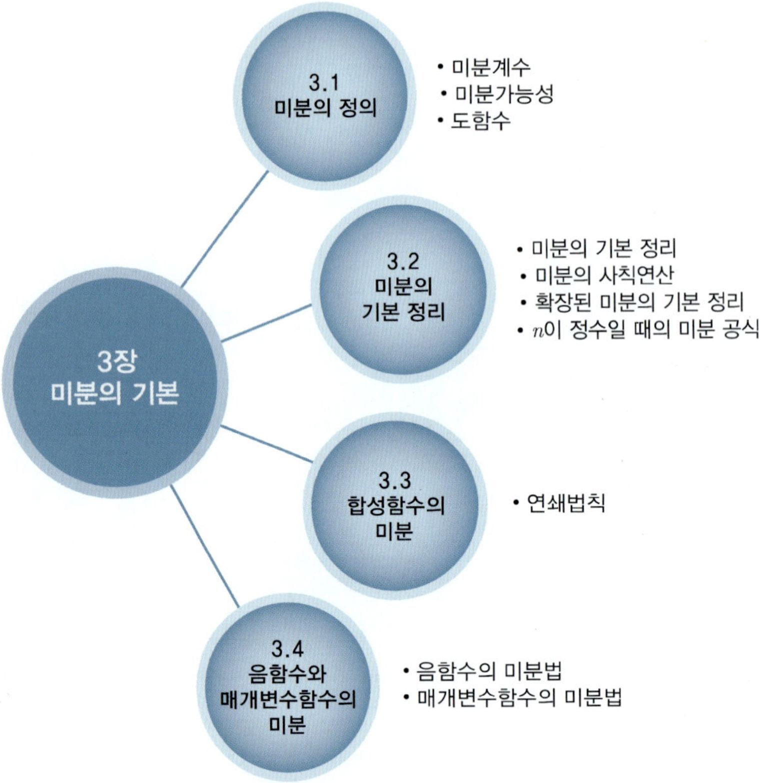

이 장에서는 미분을 도입하고 미분의 사칙연산에 관한 기본 정리를 학습한다. 또한 합성함수를 미분할 때 사용되는 연쇄법칙을 정확하게 적용하는 방법을 학습하여 4장에서 학습할 삼각함수 및 지수함수와 로그함수의 미분 공식을 유도할 수 있는 토대를 마련한다. 그리고 음함수와 매개변수함수의 미분법을 학습하여 복잡한 식을 정확하게 미분할 수 있는 능력을 갖추도록 한다.

【들어가기 전에】

미분과 전염병

미분은 어떤 현상을 분석할 때 유용하게 쓰이는 개념이다. 자동차 과속 단속부터 의학에서의 감염성 질병에 대한 분석까지 미분의 쓰임은 다양하다.

예를 들어 어떤 전염병이 잠복기가 없고 한 번 걸렸다가 완치되면 면역이 생긴다고 하자. 수학자들은 미분을 이용하여 이 전염병이 전파되는 과정을 분석하고 설명할 수 있다.

외부인의 출입이 없는 어떤 대학교 기숙사에서 이 전염병이 돌았을 때 전염병의 전파 과정은 다음과 같이 설명한다. 시간 t일 때 전염병에 감염되지 않는 기숙사생의 수가 $S(t)$, 전염병에 감염된 기숙사생의 수가 $I(t)$라고 하면 다음과 같은 식을 이용하여 시간의 변화에 따른 전염병에 감염되지 않는 기숙사생의 수의 변화를 설명한다.

$$\frac{dS(t)}{dt} = -\beta S(t) I(t)$$

이 식은 시간이 지남에 따라 전염병에 감염되지 않은 기숙사생의 수가 변하는 정도 $\left(\frac{dS(t)}{dt}\right)$는 감염되지 않은 기숙사생과 감염된 기숙사생이 접촉($S(t)I(t)$) 하는 정도에 비례하여(β) 감소함(−)을 설명한다. 즉, 시간이 지나면서 감염병에 걸리지 않은 기숙사생의 수가 감소하고, 이것은 감염병이 확산되고 있다는 것을 나타낸다.

3.1 미분의 정의

함수의 변화를 설명하려면 변화율을 알아야 한다. 이 절에서는 평균변화율과 순간변화율을 이해하고, 순간변화율을 이용하여 미분계수를 정의하는 방법을 알아보고자 한다.

3.1.1 미분계수

우선 x와 y를 사용하여 증분을 정의하고, 이를 이용해 평균변화율을 다음과 같이 정의한다.

정의 3-1 증분과 평균변화율

$y = f(x)$ 일 때 x가 a에서 b로 변했다고 하자.

(1) $b - a$를 **x의 증분**이라 하고, Δx로 나타낸다.

(2) $f(b) - f(a)$를 **y**의 증분이라 하고, Δy로 나타낸다.

(3) $\dfrac{\Delta y}{\Delta x} = \dfrac{f(b) - f(a)}{b - a}$ 를 $f(x)$의 **평균변화율**이라 한다.

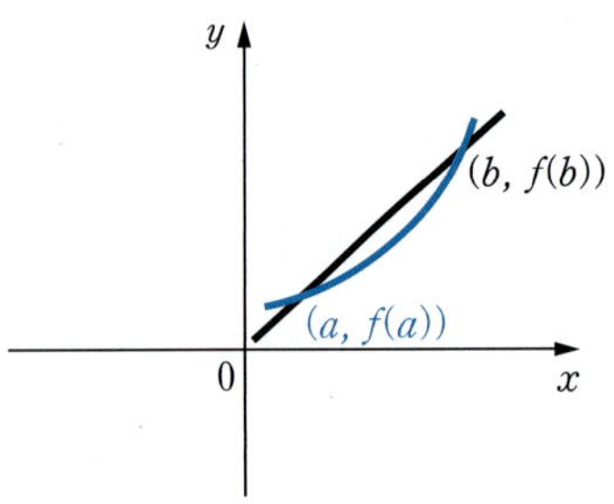

[그림 3-1] **증분과 평균변화율**

x가 a에서 b로 변했을 때, $f(x)$의 평균변화율은 두 점 $(a,\ f(a))$와 $(b,\ f(b))$를 지나는 직선의 기울기와 같다.

예제 3-1

$f(x) = x^2 + 3$일 때, 다음 물음에 답하라.

(a) x가 1에서 3으로 변했을 때, $f(x)$의 평균변화율을 구하라.

(b) x가 1에서 -3으로 변했을 때, $f(x)$의 평균변화율을 구하라.

(c) x가 -3에서 3으로 변했을 때, $f(x)$의 평균변화율을 구하라.

풀이

(a) x가 1에서 3으로 변했으므로

$$\Delta x = 3-1=2,\ \Delta y = f(3)-f(1)=12-4=8$$

이다. 따라서 $f(x)$의 평균변화율은

$$\frac{\Delta y}{\Delta x}=\frac{8}{2}=4$$

이다.

(b) x가 1에서 -3으로 변했으므로

$$\Delta x = (-3)-1=-4,\ \Delta y = f(-3)-f(1)=12-4=8$$

이다. 따라서 $f(x)$의 평균변화율은

$$\frac{\Delta y}{\Delta x}=\frac{8}{-4}=-2$$

이다.

(c) x가 -3에서 3으로 변했으므로

$$\Delta x = 3-(-3)=6,\ \Delta y = f(3)-f(-3)=12-12=0$$

이다. 따라서 $f(x)$의 평균변화율은

$$\frac{\Delta y}{\Delta x}=\frac{0}{6}=0$$

이다.

x가 a에서 $b=a+h$로 변했다면

$$\Delta x = b-a=(a+h)-a=h$$

이고

$$\Delta y = f(b)-f(a)=f(a+h)-f(a)$$

이므로 $f(x)$의 평균변화율은 다음과 같다.

$$\frac{\Delta y}{\Delta x}=\frac{f(a+h)-f(a)}{h}$$

평균변화율에서 Δx의 값을 0으로 접근시켜서 얻는 순간변화율의 정의는 다음과 같다.

정의 3-2 순간변화율과 미분계수

$x = a$에서 $f(x)$의 **순간변화율**은

$$\lim_{h \to 0} \frac{f(a+h) - f(a)}{h}$$

로 정의한다. $x = a$에서의 $f(x)$의 순간변화율을 $x = a$에서의 $f(x)$의 **미분계수**(differential coefficient)라고도 하며, $f'(a)$로 나타낸다.

[정의 3-2]에서 $f'(a) = \lim_{h \to 0} \frac{f(a+h) - f(a)}{h}$이지만, 이렇게 표현한다고 해서 $f'(a)$가 반드시 존재하는 것은 아니다.

3.1.2 미분가능성

$\lim_{h \to 0} \frac{f(a+h) - f(a)}{h}$가 존재하는지 또는 존재하지 않는지에 따라서 $x = a$ 에서 $f(x)$의 미분가능성을 다음과 같이 정의한다.

정의 3-3 미분가능성

$y = f(x)$에 대하여

$$\lim_{h \to 0} \frac{f(a+h) - f(a)}{h}$$

가 존재하면, $f(x)$는 $x = a$에서 **미분가능하다**(differentiable)고 한다.

$f(x)$가 $x = a$에서 미분가능하면, $f'(a)$가 존재한다고 한다. 만일 $\lim_{h \to 0} \frac{f(a+h) - f(a)}{h}$가 존재하지 않으면, $f(x)$는 $x = a$ 에서 **미분불가능하다**고 하거나 $x = a$ 에서의 **미분계수가 존재하지 않는다**고 한다.

미분가능성의 정의를 이용하여 다음과 같이 주어진 점에서 함수의 미분가능성을 확인한다.

How to 3-1 미분가능성을 확인하는 방법

다음 식에서 극한은 존재할 수도 있고, 존재하지 않을 수도 있다.

$$f'(a) = \lim_{h\to 0}\frac{f(a+h)-f(a)}{h}$$

❶ 극한이 존재하면 '$f(x)$는 $x=a$에서 미분가능하다'고 결론을 내리고, 그 극한값을 '$x=a$에서 $f(x)$의 미분계수'라 한다.

❷ 극한이 존재하지 않으면 '$f(x)$는 $x=a$에서 미분불가능하다'고 결론을 내리고, '$x=a$에서 $f(x)$의 미분계수는 존재하지 않는다'고 한다.

예제 3-2

[How to 3-1]을 이용하여 다음 물음에 답하라.

(a) $f(x)=x^2-3x+1$일 때, $x=1$에서 $f(x)$의 미분계수를 구하라.

(b) $g(x)=|x|$일 때, $x=0$에서 $g(x)$의 미분계수를 구하라.

풀이

(a)

$$\begin{aligned} f'(1) &= \lim_{h\to 0}\frac{f(1+h)-f(1)}{h} \\ &= \lim_{h\to 0}\frac{((1+h)^2-3(1+h)+1)-(1-3+1)}{h} \\ &= \lim_{h\to 0}\frac{-h+h^2}{h} \\ &= \lim_{h\to 0}(-1+h) \\ &= -1 \end{aligned}$$

이므로 $x=1$에서 $f(x)$의 미분계수는 -1이다.

(b)

$$\begin{aligned} g'(0) &= \lim_{h\to 0}\frac{g(0+h)-g(0)}{h} \\ &= \lim_{h\to 0}\frac{|0+h|-|0|}{h} \\ &= \lim_{h\to 0}\frac{|h|}{h} \end{aligned}$$

이다. 이때

$$\lim_{h\to 0^+}\frac{|h|}{h} = \lim_{h\to 0^+}\frac{h}{h} = 1$$

이고

$$\lim_{h\to 0^-}\frac{|h|}{h}=\lim_{h\to 0^-}\frac{-h}{h}=-1$$

이므로 $\lim_{h\to 0}\frac{|h|}{h}$ 는 존재하지 않는다. 따라서 $x=0$ 에서 $g(x)$의 미분계수는 존재하지 않는다.

[예제 3-2 (a)]에 대해서는 '$f(x)$는 $x=1$에서 미분가능하다'고 할 수 있고, (b)에 대해서는 '$g(x)$는 $x=0$ 에서 미분불가능하다'고 할 수 있다.

예제 3-3

다음 물음에 답하라.

(a) $f(x)=\begin{cases} 2x+1, & x\le 0 \\ -x^2+2x+1, & x>0 \end{cases}$ 일 때, $f(x)$가 $x=0$ 에서 미분가능한지를 판정하라.

(b) $g(x)=\begin{cases} 2x^2+3, & x<1 \\ 3x+2, & x\ge 1 \end{cases}$ 일 때, $g(x)$가 $x=1$ 에서 미분가능한지를 판정하라.

풀이

(a)

$$\begin{aligned}\lim_{h\to 0^-}\frac{f(0+h)-f(0)}{h}&=\lim_{h\to 0^-}\frac{2h+1-1}{h}\\&=\lim_{h\to 0^-}2\\&=2\end{aligned}$$

이고

$$\begin{aligned}\lim_{h\to 0^+}\frac{f(0+h)-f(0)}{h}&=\lim_{h\to 0^+}\frac{-h^2+2h+1-1}{h}\\&=\lim_{h\to 0^+}(-h+2)\\&=2\end{aligned}$$

이므로 $f'(0)=2$ 이다. 따라서 $f(x)$는 $x=0$ 에서 미분가능하다.

(b)

$$\begin{aligned}\lim_{h\to 0^-}\frac{g(1+h)-g(1)}{h}&=\lim_{h\to 0^-}\frac{2(1+h)^2+3-5}{h}\\&=\lim_{h\to 0^-}\frac{4h+2h^2}{h}\\&=\lim_{h\to 0^-}(4+2h)\\&=4\end{aligned}$$

이고

$$\lim_{h\to 0^+}\frac{g(1+h)-g(1)}{h}=\lim_{h\to 0^+}\frac{3(1+h)+2-5}{h}$$
$$=\lim_{h\to 0^+}\frac{3h}{h}$$
$$=\lim_{h\to 0^+}3$$
$$=3$$

이므로 $g'(1)$은 존재하지 않는다. 따라서 $g(x)$는 $x=1$에서 미분불가능하다.

2장에서 함수의 연속을 정의할 때 극한을 사용했고, 3장에서 미분계수를 정의할 때도 극한을 사용했다. 그렇다면 연속과 미분은 어떤 관계가 있을까?

정리 3-1 연속과 미분의 관계

$f(x)$가 $x=a$ 에서 미분가능하면 $f(x)$는 $x=a$에서 연속이다.

증명

$f(x)$가 $x=a$에서 연속임을 보이려면 $\lim_{x\to a}f(x)=f(a)$가 성립함을 보여야 한다. 이는

$$\lim_{x\to a}(f(x)-f(a))=0$$

임을 보이는 것과 같다. $f(x)$가 $x=a$에서 미분가능하다고 가정하였으므로

$$\lim_{x\to a}\frac{f(x)-f(a)}{x-a}$$

가 존재하고, 이를 이용하면

$$\lim_{x\to a}(f(x)-f(a))=\lim_{x\to a}\frac{f(x)-f(a)}{x-a}(x-a)$$
$$=\lim_{x\to a}\frac{f(x)-f(a)}{x-a}\lim_{x\to a}(x-a)$$
$$=f'(a)\cdot 0$$
$$=0$$

이 성립한다. 따라서 $f(x)$는 $x=a$에서 연속이다. ■

[정리 3-1]의 역도 성립할까? [정리 3-1]의 역은 다음과 같다.

$f(x)$가 $x=a$에서 연속이면 $x=a$에서 미분가능하다.

이 명제는 참이 아니다. 다음 예제는 [정리 3-1]의 역이 성립하지 않을 수 있음을 보여준다.

예제 3-4

$f(x)=|x|$일 때, $f(x)$가 $x=0$에서 연속이지만 미분불가능함을 증명하라.

풀이

$f(x)$의 그래프를 그려보면 다음 식이 성립하는 것을 알 수 있다.

$$\lim_{x\to 0} f(x)=f(0)$$

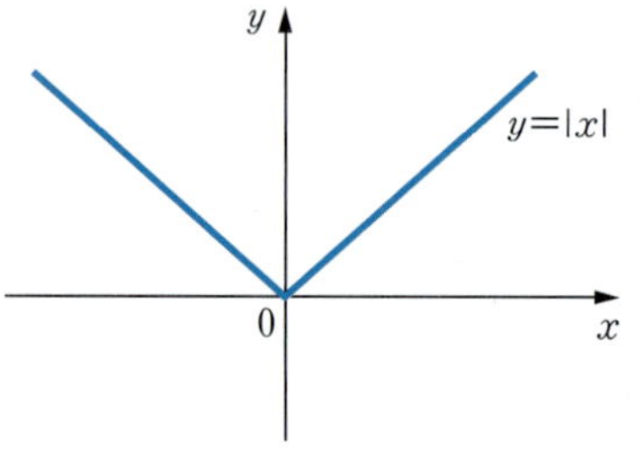

따라서 $f(x)$는 $x=0$에서 연속이다.
[예제 3-2(b)]에서 설명한 바와 같이 $f'(0)$은 존재하지 않는다. 따라서 $f(x)$는 $x=0$에서 미분불가능하다.

$f(x)=x^2$일 때, 미분계수의 정의를 이용하여 $f'(1)$과 $f'(2)$를 구해 보자.

❶ $$f'(1)=\lim_{h\to 0}\frac{f(1+h)-f(1)}{h}=\lim_{h\to 0}\frac{(1+h)^2-1^2}{h}=\lim_{h\to 0}\frac{2h+h^2}{h}=\lim_{h\to 0}(2+h)=2$$

❷ $$f'(2)=\lim_{h\to 0}\frac{f(2+h)-f(2)}{h}=\lim_{h\to 0}\frac{(2+h)^2-2^2}{h}=\lim_{h\to 0}\frac{4h+h^2}{h}=\lim_{h\to 0}(4+h)=4$$

만일 $f'(5.73)$, $f'(\pi)$, $f'\left(\frac{4}{3}+\sqrt{2}\right)$ 등을 미분계수의 정의를 이용하여 구해야 한다면 시간이 많이 걸리고 불편하다. 하지만 도함수를 도입하면 이와 같이 복잡한 미분계수를 쉽게 구할 수 있다.

3.1.3 도함수

특정한 x가 아닌 임의의 x에 대한 순간변화율을 나타낸 것이 도함수인데, 이에 대한 정의는 다음과 같다.

정의 3-4 도함수

$y=f(x)$가 미분가능한 점들의 집합을 A라 할 때, $x \in A$에 대하여

$$f'(x)=\lim_{h\to 0}\frac{f(x+h)-f(x)}{h}$$

를 $f(x)$의 x에 관한 **도함수**(derivative) 또는 **미분**(differentiation)이라 한다.

도함수는 일반적으로 $f'(x)$ 또는 y' 또는 $\frac{dy}{dx}$로 나타낸다.

예제 3-5

$f(x)=3x^2-2$의 도함수를 구하라.

풀이

$$\begin{aligned} f'(x) &= \lim_{h\to 0}\frac{f(x+h)-f(x)}{h} \\ &= \lim_{h\to 0}\frac{3(x+h)^2-2-(3x^2-2)}{h} \\ &= \lim_{h\to 0}\frac{6xh+3h^2}{h} \\ &= \lim_{h\to 0}(6x+3h) \\ &= 6x \end{aligned}$$

[예제 3-5]에서 $f(x)=3x^2-2$의 도함수를 구했으므로 일일이 미분계수를 구하는 대신 도함수에 점들을 대입하여 다음과 같이 미분계수를 쉽게 구할 수 있다.

$$f'(3.2)=19.2,\ f'(5.73)=96.4987,\ f'(\pi)=6\pi,\ f'\left(\frac{4}{3}+\sqrt{2}\right)=8+6\sqrt{2}$$

예제 3-6

$f(x)=\dfrac{1}{x-3}$일 때, 도함수를 이용하여 $f'(-2)$, $f'(0)$, $f'(\sqrt{3})$을 구하라.

풀이

도함수의 정의에 의하여

$$\begin{aligned} f'(x) &= \lim_{h\to 0}\frac{f(x+h)-f(x)}{h} \\ &= \lim_{h\to 0}\frac{\dfrac{1}{x+h-3}-\dfrac{1}{x-3}}{h} \\ &= \lim_{h\to 0}\frac{\dfrac{-h}{(x+h-3)(x-3)}}{h} \\ &= \lim_{h\to 0}\frac{-1}{(x+h-3)(x-3)} \\ &= -\frac{1}{(x-3)^2} \end{aligned}$$

이다. 따라서 $f'(-2)=-\dfrac{1}{25}$, $f'(0)=-\dfrac{1}{9}$, $f'(\sqrt{3})=-\dfrac{1}{(\sqrt{3}-3)^2}$이다.

이 절에서는 순간변화율로부터 미분계수를 유도하고, 미분계수의 존재 여부에 따라 미분가능성을 판정하는 방법을 학습하였다. 그리고 극한의 정의를 이용하여 임의의 x 값에 대한 미분계수를 구하는 방법인 도함수를 정의하였다. 또한 이를 이용하여 복잡한 식의 미분계수를 간편하게 구하는 방법도 알아보았다.

Section 3.1 연습문제

1. $f(x) = 2x^2 + 3x + 1$일 때, 다음 물음에 답하라.

(a) x가 1에서 3으로 변했을 때, $f(x)$의 평균변화율을 구하라.

(b) x가 1에서 -3으로 변했을 때, $f(x)$의 평균변화율을 구하라.

(c) $x = 1$에서 $f(x)$의 순간변화율을 구하라.

2. $g(x) = -3x^2 - 4x + 2$일 때, 다음 물음에 답하라.

(a) x가 -1에서 2로 변했을 때, $g(x)$의 평균변화율을 구하라.

(b) x가 -1에서 -2로 변했을 때, $g(x)$의 평균변화율을 구하라.

(c) $x = -1$에서 $g(x)$의 순간변화율을 구하라.

3. 다음 물음에 답하라.

(a) $f(x) = \frac{1}{2}x^3 - \frac{1}{3}x^2 + 5$일 때, $x = -2$에서 $f(x)$의 미분계수를 구하라.

(b) $g(x) = \sqrt{x+1}$일 때, $x = 1$에서 $g(x)$의 미분계수를 구하라.

(c) $h(x) = \frac{1}{1-x}$일 때, $x = 0$에서 $h(x)$의 미분계수를 구하라.

4. 미분계수의 정의를 이용하여 다음 물음에 답하라.

(a) $f(x) = 2x^2 - 3x + 4$일 때, $f'(2)$를 구하라.

(b) $g(x) = x + \frac{1}{x}$일 때, $g'(-1)$을 구하라.

(c) $h(x) = \sqrt{x-3}$일 때, $h'(4)$를 구하라.

5. 다음 물음에 답하라.

(a) $f(x) = \begin{cases} x\sin\dfrac{1}{x}, & x \neq 0 \\ 0, & x = 0 \end{cases}$ 일 때, $f(x)$가 $x=0$에서 미분가능한지를 판정하라.

(b) $g(x) = \begin{cases} x^2\sin\dfrac{1}{x}, & x \neq 0 \\ 0, & x = 0 \end{cases}$ 일 때, $g(x)$가 $x=0$에서 미분가능한지를 판정하라.

(c) $h(x) = \begin{cases} x\sin\dfrac{1}{x^2}, & x \neq 0 \\ 0, & x = 0 \end{cases}$ 일 때, $h(x)$가 $x=0$에서 미분가능한지를 판정하라.

6. 다음 물음에 답하라.

(a) $f(x) = x^{\frac{1}{3}}$은 $x=0$에서 미분가능한지를 판정하라.

(b) $g(x) = x^{\frac{4}{3}}$은 $x=0$에서 미분가능한지를 판정하라.

(c) $h(x) = x|x|$는 $x=0$에서 미분가능한지를 판정하라.

7. 도함수의 정의를 이용하여 다음 함수의 도함수를 구하라.

(a) $y = 2x^2 + x + 5$

(b) $y = -x^3 + 4$

(c) $y = \pi^2$

(d) $y = e^{\sqrt{2}}$

(e) $y = x + \dfrac{1}{x-1}$

(f) $y = \dfrac{1}{x^2}$

(g) $y = \dfrac{1}{x^2 - 1}$

(h) $y = \dfrac{x}{x+1}$

동영상 풀이

3.2 미분의 기본 정리

함수를 미분할 때마다 도함수의 정의를 이용하여 계산하는 것은 상당히 불편하다. 이 절에서는 미분의 기본 정리와 미분과 관련된 사칙연산을 학습하여 복잡한 식을 쉽게 미분하는 방법을 알아보고자 한다.

정리 3-2 미분의 기본 정리

(1) c가 상수일 때, $f(x)=c$ 이면 $f'(x)=0$ 이다.

(2) n이 자연수일 때, $f(x)=x^n$ 이면 $f'(x)=nx^{n-1}$ 이다.

증명

(1) $f(x)$가 상수함수이므로 임의의 h에 대하여 $f(x+h)=c$이다. 따라서

$$\begin{aligned} f'(x) &= \lim_{h\to 0}\frac{f(x+h)-f(x)}{h} \\ &= \lim_{h\to 0}\frac{c-c}{h} \\ &= \lim_{h\to 0}\frac{0}{h} \\ &= 0 \end{aligned}$$

이다.

(2) 이항정리

$$(x+h)^n = x^n + nx^{n-1}h + \frac{n(n-1)}{2}x^{n-2}h^2 + \cdots + h^n$$

을 이용한다. 따라서

$$\begin{aligned} f'(x) &= \lim_{h\to 0}\frac{f(x+h)-f(x)}{h} \\ &= \lim_{h\to 0}\frac{(x+h)^n - x^n}{h} \\ &= \lim_{h\to 0}\frac{(x^n + nx^{n-1}h + \cdots + h^n) - x^n}{h} \end{aligned}$$

$$= \lim_{h \to 0} \frac{h\left(nx^{n-1} + \frac{n(n-1)}{2}x^{n-2}h + \cdots + h^{n-1}\right)}{h}$$

$$= \lim_{h \to 0} \left(nx^{n-1} + \frac{n(n-1)}{2}x^{n-2}h + \cdots + h^{n-1}\right)$$

$$= nx^{n-1}$$

이다. ■

만약 [정리 3-2 (2)]에서 n이 자연수가 아니면 이항정리를 사용할 수 없으므로 [정리 3-2]의 증명 방법을 사용할 수 없다.

예제 3-7

[정리 3-2]를 이용하여 다음 함수를 미분하라.

(a) $f(x) = \sqrt{3}$ (b) $g(x) = -\pi^4$

(c) $h(x) = x^9$ (d) $k(x) = x^{87}$

풀이

(a) $f(x)$ 가 상수함수이므로 [정리 3-2 (1)]에 의하여 $f'(x) = 0$ 이다.

(b) $g(x)$ 가 상수함수이므로 [정리 3-2 (1)]에 의하여 $g'(x) = 0$ 이다.

(c) [정리 3-2 (2)]에 의하여 $h'(x) = 9x^8$ 이다.

(d) [정리 3-2 (2)]에 의하여 $k'(x) = 87x^{86}$ 이다.

다음 정리는 사칙연산으로 연결된 함수들을 쉽게 미분하는 방법을 제시한다.

정리 3-3 미분의 사칙연산

$f(x)$와 $g(x)$가 모두 미분가능한 함수일 때, 다음이 성립한다.

(1) $(cf(x))' = cf'(x)$ (단, c는 상수)

(2) $(f(x) + g(x))' = f'(x) + g'(x)$

(3) $(f(x) - g(x))' = f'(x) - g'(x)$

(4) $(f(x)g(x))' = f'(x)g(x) + f(x)g'(x)$

(5) $\left(\frac{f(x)}{g(x)}\right)' = \frac{f'(x)g(x) - f(x)g'(x)}{(g(x))^2}$ (단, $g'(x) \neq 0$)

증명

(1) 극한을 이용하여 도함수를 나타내고 상수항을 극한 앞으로 보내서 결과를 유도하면 다음과 같다.

$$\begin{aligned}(cf(x))' &= \lim_{h\to 0}\frac{cf(x+h)-cf(x)}{h}\\ &= \lim_{h\to 0}\frac{c(f(x+h)-f(x))}{h}\\ &= c\lim_{h\to 0}\frac{f(x+h)-f(x)}{h}\\ &= cf'(x)\end{aligned}$$

(2) 극한을 이용하여 도함수를 나타내고 분자에 있는 네 개의 항을 두 개씩 묶어서 결과를 유도하면 다음과 같다.

$$\begin{aligned}(f(x)+g(x))' &= \lim_{h\to 0}\frac{(f(x+h)+g(x+h))-(f(x)+g(x))}{h}\\ &= \lim_{h\to 0}\frac{(f(x+h)-f(x))+(g(x+h)-g(x))}{h}\\ &= \lim_{h\to 0}\frac{f(x+h)-f(x)}{h}+\lim_{h\to 0}\frac{g(x+h)-g(x)}{h}\\ &= f'(x)+g'(x)\end{aligned}$$

(3) 극한을 이용하여 도함수를 나타내고 분자에 있는 네 개의 항을 두 개씩 묶어서 결과를 유도하면 다음과 같다.

$$\begin{aligned}(f(x)-g(x))' &= \lim_{h\to 0}\frac{(f(x+h)-g(x+h))-(f(x)-g(x))}{h}\\ &= \lim_{h\to 0}\frac{(f(x+h)-f(x))-(g(x+h)-g(x))}{h}\\ &= \lim_{h\to 0}\frac{f(x+h)-f(x)}{h}-\lim_{h\to 0}\frac{g(x+h)-g(x)}{h}\\ &= f'(x)-g'(x)\end{aligned}$$

(4) 극한을 이용하여 도함수를 나타내고 분자에서 $f(x)g(x+h)$를 뺀 후에 다시 더하여 네 개의 항으로 만든 후, 이를 두 개씩 묶어서 결과를 유도하면 다음과 같다.

$$\begin{aligned}(f(x)\,g(x))' &= \lim_{h\to 0}\frac{f(x+h)g(x+h)-f(x)g(x)}{h}\\ &= \lim_{h\to 0}\frac{f(x+h)g(x+h)-f(x)g(x+h)+f(x)g(x+h)-f(x)g(x)}{h}\\ &= \lim_{h\to 0}\frac{(f(x+h)-f(x))g(x+h)+f(x)(g(x+h)-g(x))}{h}\\ &= \lim_{h\to 0}\frac{(f(x+h)-f(x))g(x+h)}{h}+\lim_{h\to 0}\frac{f(x)(g(x+h)-g(x))}{h}\\ &= \lim_{h\to 0}\left[\frac{f(x+h)-f(x)}{h}\right]g(x+h)+\lim_{h\to 0}f(x)\left[\frac{g(x+h)-g(x)}{h}\right]\\ &= f'(x)g(x)+f(x)g'(x)\end{aligned}$$

(5) 극한을 이용하여 도함수를 나타내고 분자에서 $f(x)g(x)$를 뺀 후에 다시 더하여 네 개의 항으로 만든 다음, 이를 두 개씩 묶어서 결과를 유도하면 다음과 같다.

$$\begin{aligned}\left(\frac{f(x)}{g(x)}\right)' &= \lim_{h\to 0}\frac{\dfrac{f(x+h)}{g(x+h)}-\dfrac{f(x)}{g(x)}}{h}\\ &= \lim_{h\to 0}\frac{\dfrac{f(x+h)g(x)-f(x)g(x+h)}{g(x+h)g(x)}}{h}\\ &= \lim_{h\to 0}\frac{f(x+h)g(x)-f(x)g(x+h)}{g(x+h)g(x)h}\\ &= \lim_{h\to 0}\frac{1}{g(x+h)g(x)}\;\frac{f(x+h)g(x)-f(x)g(x+h)}{h}\\ &= \lim_{h\to 0}\frac{1}{g(x+h)g(x)}\;\frac{f(x+h)g(x)-f(x)g(x)+f(x)g(x)-f(x)g(x+h)}{h}\\ &= \lim_{h\to 0}\frac{1}{g(x+h)g(x)}\;\frac{(f(x+h)-f(x))g(x)+f(x)(g(x)-g(x+h))}{h}\\ &= \lim_{h\to 0}\frac{1}{g(x+h)g(x)}\left[\frac{f(x+h)-f(x)}{h}g(x)+f(x)\frac{g(x)-g(x+h)}{h}\right]\\ &= \lim_{h\to 0}\frac{1}{g(x+h)g(x)}\left[\frac{f(x+h)-f(x)}{h}g(x)-f(x)\frac{g(x+h)-g(x)}{h}\right]\\ &= \lim_{h\to 0}\frac{1}{g(x+h)g(x)}\;\lim_{h\to 0}\left[\frac{f(x+h)-f(x)}{h}g(x)-f(x)\frac{g(x+h)-g(x)}{h}\right]\\ &= \frac{1}{(g(x))^2}\,[f'(x)g(x)-f(x)g'(x)]\\ &= \frac{f'(x)g(x)-f(x)g'(x)}{(g(x))^2}\end{aligned}$$

■

예제 3-8

[정리 3-3]을 이용하여 다음 함수를 미분하라.

(a) $f(x) = x^5 + 4x$

(b) $g(x) = 5x^4 - 9x^3$

(c) $h(x) = (x^2+4)(x^3-5x)$

(d) $k(x) = \dfrac{x-2}{x+2}$

풀이

(a) [정리 3-3(1)]과 [정리 3-3(2)]를 이용한다.

$$f'(x) = (x^5)' + (4x)' = 5x^4 + 4$$

(b) [정리 3-3(1)]과 [정리 3-3(3)]을 이용한다.

$$g'(x) = (5x^4)' - (9x^3)' = 20x^3 - 27x^2$$

(c) [정리 3-3(1)]과 [정리 3-3(4)]를 이용한다.

$$\begin{aligned} h'(x) &= (x^2+4)'(x^3-5x) + (x^2+4)(x^3-5x)' \\ &= 2x(x^3-5x) + (x^2+4)(3x^2-5) \\ &= 5x^4 - 3x^2 - 20 \end{aligned}$$

(d) [정리 3-3(5)]를 이용한다.

$$\begin{aligned} k'(x) &= \frac{(x-2)'(x+2) - (x-2)(x+2)'}{(x+2)^2} \\ &= \frac{(x+2)-(x-2)}{(x+2)^2} \\ &= \frac{4}{(x+2)^2} \end{aligned}$$

[정리 3-3(2)~(4)]를 확장하면 세 개 이상의 함수가 연결된 경우에도 미분의 사칙연산을 적용할 수 있다.

정리 3-4 확장된 미분의 기본 정리

$f_1(x),\ f_2(x),\ \cdots,\ f_n(x)$가 모두 미분가능한 함수일 때, 다음이 성립한다.

(1) $(f_1(x)+f_2(x)+\cdots+f_n(x))'=f_1{}'(x)+f_2{}'(x)+\cdots+f_n{}'(x)$

(2) $(f_1(x)-f_2(x)-\cdots-f_n(x))'=f_1{}'(x)-f_2{}'(x)-\cdots-f_n{}'(x)$

(3) $(f_1(x)f_2(x)\cdots f_n(x))'$

$$=f_1{}'(x)f_2(x)\cdots f_n(x)+f_1(x)f_2{}'(x)f_3(x)\cdots f_n(x)+\cdots+f_1(x)f_2(x)\cdots f_{n-1}(x)f_n{}'(x)$$

예제 3-9

[정리 3-4]를 이용하여 다음 함수를 미분하라.

(a) $f(x)=4x^5-3x^4-2x+6$

(b) $g(x)=(x+1)(x-2)(2x-1)$

풀이

(a) [정리 3-4 (1)]과 [정리 3-4 (2)]를 이용한다.

$$f'(x)=(4x^5)'-(3x^4)'-(2x)'+(6)'=20x^4-12x^3-2$$

(b) [정리 3-4 (3)]을 이용한다.

$$\begin{aligned}g'(x)&=(x+1)'(x-2)(2x-1)+(x+1)(x-2)'(2x-1)+(x+1)(x-2)(2x-1)'\\&=(x-2)(2x-1)+(x+1)(2x-1)+2(x+1)(x-2)\\&=6x^2-6x-3\end{aligned}$$

다음 예제에서 n이 음의 정수일 때, $y=x^n$의 미분을 어떻게 구하는지 알아 보자.

예제 3-10

다음 함수를 미분하라.

(a) $f(x)=x^{-3}$

(b) $g(x)=x^{-7}$

풀이

(a) $f(x)=x^{-3}=\dfrac{1}{x^3}$ 과 [정리 3-2 (2)] 및 [정리 3-3 (5)]를 이용한다.

$$f'(x)=\frac{(1)'x^3-1(x^3)'}{(x^3)^2}=\frac{-3x^2}{x^6}=-\frac{3}{x^4}=-3x^{-4}$$

(b) $g(x)=x^{-7}=\dfrac{1}{x^7}$ 과 [정리 3-2(2)] 및 [정리 3-3(5)]를 이용한다.

$$g'(x)=\frac{(1)'x^7-1(x^7)'}{(x^7)^2}=\frac{-7x^6}{x^{14}}=-\frac{7}{x^8}=-7x^{-8}$$

다음 정리는 [예제 3-10]의 결과를 일반화한 것으로 [정리 3-2]의 n이 자연수에서 정수로 확장될 수 있음을 설명한다.

정리 3-5 n이 정수일 때의 미분 공식

n이 정수일 때, $f(x)=x^n$이면 $f'(x)=nx^{n-1}$이다.

증명

(i) n이 양의 정수일 때, [정리 3-2(2)]에 의하여 $f'(x)=nx^{n-1}$ 이다.

(ii) $n=0$일 때, $f(x)$는 $f(x)=x^0=1$인 상수함수이므로 [정리 3-2(1)]에 의하여 $f'(x)=0$이 성립한다.

(iii) n이 음의 정수일 때, $n=-m$이라 하면 m은 양의 정수이다. 따라서

$$f(x)=x^n=x^{-m}=\frac{1}{x^m}$$

이고, [정리 3-3(5)]에 의하여 다음이 성립한다.

$$f'(x)=\frac{(1)'x^m-1(x^m)'}{(x^m)^2}=\frac{-mx^{m-1}}{x^{2m}}=-mx^{-m-1}=nx^{n-1}$$ ■

예제 3-11

[정리 3-5]를 이용하여 다음 함수를 미분하라.

(a) $y=x^{-6}$

(b) $y=\dfrac{1}{x^{77}}$

풀이

(a) [정리 3-5]에 의하여 $y'=-6x^{-7}$이다.

(b) $y=\dfrac{1}{x^{77}}=x^{-77}$이므로 [정리 3-5]에 의하여 $y'=-77x^{-78}$이다.

이 절에서는 미분의 사칙연산을 유도하고 유도된 결과를 이용하여 식을 간단히 미분하는 방법을 학습하였다. 또한 미분의 사칙연산을 확장하는 방법에 대해서도 살펴보았다.

Section 3.2 연습문제

1. 다음 함수를 미분하라.

(a) $y = \pi^4$

(b) $y = \sqrt[3]{2} - \sqrt{3}$

(c) $y = 4x^9 + 3x^6$

(d) $y = 3x^5 - 2x^4$

(e) $y = \frac{1}{2}x^3 - \frac{1}{3}x^2 + 4$

(f) $y = -\frac{1}{4}x^5 + \frac{1}{9}x^3 - 5x + 6$

2. 다음 함수를 미분하라.

(a) $y = x^4(2x + 3)$

(b) $y = x^3(3x^2 - 1)$

(c) $y = (x - 1)(x^2 + 9)$

(d) $y = (x^2 + 4)(x^2 - x)$

(e) $y = \frac{x-2}{x+1}$

(f) $y = \frac{x+3}{x-2}$

(g) $y = \frac{1}{x^2+4}$

(h) $y = \frac{x^2+2}{x-1}$

3. 다음 함수를 미분하라.

(a) $y = 3x^4 + 2 + \frac{1}{x^2}$

(b) $y = -4x^2 + 6x - \frac{3}{x^3}$

(c) $y = x + \frac{2}{x} + \frac{4}{x^3}$

(d) $y = \frac{x^4}{4} - \frac{4}{x^4}$

(e) $y = (2x+1)(3x-2) + \frac{4}{x^2}$

(f) $y = (x^2+1)(x^3+1) - \frac{1}{x^2-1}$

4. $f(1)=4$, $f'(1)=2$, $g(1)=1$, $g'(1)=-3$일 때, 다음 물음에 답하라.

(a) $F(x)=f(x)+g(x)$일 때, $F'(1)$을 구하라.

(b) $G(x)=3f(x)-2g(x)$일 때, $G'(1)$을 구하라.

(c) $H(x)=f(x)g(x)$일 때, $H'(1)$을 구하라.

(d) $I(x)=\dfrac{f(x)}{g(x)}$일 때, $I'(1)$을 구하라.

(e) $J(x)=\dfrac{g(x)}{f(x)}$일 때, $J'(1)$을 구하라.

5. 다음 함수를 미분하라.

(a) $y=(x+1)(x-2)(x+3)$

(b) $y=(2x-1)(3x+2)(4x-3)$

(c) $y=(x^2+3)(2x+3)(3x-1)$

(d) $y=(x^2-2)(2x+1)(1-x^2)$

6. 다음 함수를 미분하라.

(a) $y=\dfrac{(x-2)(x-3)}{x-1}$

(b) $y=\dfrac{(x+1)(x+3)}{x+2}$

(c) $y=\dfrac{5x}{(2x+1)(3x+1)}$

(d) $y=\dfrac{x}{(2x-1)(3x-2)}$

(e) $y=\dfrac{(x+1)(x-1)}{x^2+1}$

(f) $y=\dfrac{2x(x+3)}{x^2-1}$

동영상 풀이

3.3 합성함수의 미분

어떤 현상을 설명할 때 하나의 함수보다는 두 개 이상의 함수를 결합한 합성함수를 이용하는 것이 일반적이다. 이 절에서는 합성함수를 미분할 때 사용하는 연쇄법칙에 대해 알아보고자 한다.

3.3.1 연쇄법칙

1장에서 두 함수 $f(x)$와 $g(x)$에 대하여

$$(f \circ g)(x) = f(g(x)) \text{ 또는 } (g \circ f)(x) = g(f(x))$$

를 f와 g의 합성함수라 정의했다. 이와 같은 합성함수를 미분하는 방법을 **연쇄법칙**이라 한다.

정리 3-6 연쇄법칙(chain rule)

$f(x)$와 $g(x)$가 모두 미분가능한 함수일 때, $F = f \circ g$ 이면 F는 미분가능하고

$$F'(x) = f'(g(x)) \cdot g'(x)$$

이다.

합성함수의 미분을 구하기 위하여 $f(x)$와 $g(x)$를 찾는 것은 매우 복잡하다. 합성함수의 미분을 쉽게 하려면, 우선 합성함수를 두 가지 유형으로 분류한다. 유형에 따른 합성함수의 미분법이 [How to 3-2]와 [How to 3-3]이며, 이 미분법들은 모두 [정리 3-6]에 의하여 유도된다.

[How to 3-2] 괄호가 있는 합성함수의 미분법

$F(x) = (\square)^n$이면, 연쇄법칙에 의하여 $F(x)$의 미분은 다음과 같다.

$$F'(x) = n(\square)^{n-1} \cdot (\square)'$$

[How to 3-2]를 사용하려면 주어진 함수에서 □를 정확히 찾아야 한다.

예제 3-12

다음 함수를 미분하라.

(a) $f(x) = (4x+3)^6$ (b) $g(x) = (2-x^2)^3$ (c) $h(x) = \dfrac{1}{(2x-1)^{10}}$

풀이

(a) [How to 3-2]에서 $(\square) = (4x+3)$이다. 합성함수의 미분법에 의하여

$$\begin{aligned} f'(x) &= 6(4x+3)^5 \cdot (4x+3)' \\ &= 6(4x+3)^5 \cdot 4 \\ &= 24(4x+3)^5 \end{aligned}$$

이다.

(b) [How to 3-2]에서 $(\square) = (2-x^2)$이다. 합성함수의 미분법에 의하여

$$\begin{aligned} g'(x) &= 3(2-x^2)^2 \cdot (2-x^2)' \\ &= 3(2-x^2)^2 \cdot (-2x) \\ &= -6x(2-x^2)^2 \end{aligned}$$

이다.

(c) $h(x) = \dfrac{1}{(2x-1)^{10}} = (2x-1)^{-10}$이므로 [How to 3-2]에서 $(\square) = (2x-1)$이다. 합성함수의 미분법에 의하여

$$\begin{aligned} h'(x) &= -10(2x-1)^{-11} \cdot (2x-1)' \\ &= -10(2x-1)^{-11} \cdot 2 \\ &= -20(2x-1)^{-11} \end{aligned}$$

이다.

주어진 함수에 근호가 있을 경우 합성함수의 미분법은 다음과 같다.

How to 3-3 근호가 있는 합성함수의 미분법

$F(x) = \sqrt[n]{(\square)}$ 이면 $F(x) = (\square)^{\frac{1}{n}}$ 이므로 연쇄법칙에 의하여 $F(x)$의 미분은 다음과 같다.

$$F'(x) = \frac{1}{n}(\square)^{\frac{1}{n}-1} \cdot (\square)'$$

예제 3-13

다음 함수를 미분하라.

(a) $f(x)=\sqrt{2x+7}$ (b) $g(x)=\sqrt[3]{4-x^2}$ (c) $h(x)=\sqrt[5]{\dfrac{1}{2x^3+1}}$

풀이

(a) $f(x)=\sqrt{2x+7}=(2x+7)^{\frac{1}{2}}$이므로 [How to 3-3]에서 $(\square)=(2x+7)$이다. 합성함수의 미분법에 의하여

$$\begin{aligned} f'(x) &= \frac{1}{2}(2x+7)^{-\frac{1}{2}}\cdot(2x+7)' \\ &= \frac{1}{2}(2x+7)^{-\frac{1}{2}}\cdot 2 \\ &= (2x+7)^{-\frac{1}{2}} \end{aligned}$$

이다.

(b) $g(x)=\sqrt[3]{4-x^2}=(4-x^2)^{\frac{1}{3}}$이므로 [How to 3-3]에서 $(\square)=(4-x^2)$이다. 합성함수의 미분법에 의하여

$$\begin{aligned} g'(x) &= \frac{1}{3}(4-x^2)^{-\frac{2}{3}}\cdot(4-x^2)' \\ &= \frac{1}{3}(4-x^2)^{-\frac{2}{3}}\cdot(-2x) \\ &= -\frac{2}{3}x(4-x^2)^{-\frac{2}{3}} \end{aligned}$$

이다.

(c) $h(x)=\sqrt[5]{\dfrac{1}{2x^3+1}}=\left(\dfrac{1}{2x^3+1}\right)^{\frac{1}{5}}=(2x^3+1)^{-\frac{1}{5}}$이므로 [How to 3-3]에서 $(\square)=(2x^3+1)$이다. 합성함수의 미분법에 의하여

$$\begin{aligned} h'(x) &= -\frac{1}{5}(2x^3+1)^{-\frac{6}{5}}\cdot(2x^3+1)' \\ &= -\frac{1}{5}(2x^3+1)^{-\frac{6}{5}}\cdot(6x^2) \\ &= -\frac{6}{5}x^2(2x^3+1)^{-\frac{6}{5}} \end{aligned}$$

이다.

함수가 두 개 이상 합성되어 있어도 합성함수의 미분법을 적용할 수 있는데, 이때는 합성함수의 미분법을 여러 번 사용해야 한다.

예제 3-14

$f(x)=\sqrt[3]{(2x+5)^4+1}$ 일 때, $f'(x)$를 구하라.

풀이

$f(x)=\sqrt[3]{(2x+5)^4+1}=((2x+5)^4+1)^{\frac{1}{3}}$이고 [How to 3-3]에서 $(\square)=(2x+5)^4+1$이다. 합성함수의 미분법에 의하여

$$\begin{aligned} f'(x) &= \frac{1}{3}(\square)^{-\frac{2}{3}}\cdot(\square)' \\ &= \frac{1}{3}((2x+5)^4+1)^{-\frac{2}{3}}\cdot((2x+5)^4+1)' \end{aligned}$$

이고, $((2x+5)^4+1)'$을 구하려면 [How to 3-2]를 적용해야 한다.

$$\begin{aligned} ((2x+5)^4+1)' &= 4(2x+5)^3\cdot(2x+5)' \\ &= 4(2x+5)^3\cdot 2 \\ &= 8(2x+5)^3 \end{aligned}$$

그러므로

$$\begin{aligned} f'(x) &= \frac{1}{3}((2x+5)^4+1)^{-\frac{2}{3}}\cdot((2x+5)^4+1)' \\ &= \frac{1}{3}((2x+5)^4+1)^{-\frac{2}{3}}\cdot 8(2x+5)^3 \\ &= \frac{8}{3}(2x+5)^3((2x+5)^4+1)^{-\frac{2}{3}} \end{aligned}$$

이다.

이 절에서는 복잡한 식의 미분을 구할 때 자주 사용되는 합성함수의 미분법을 학습하였다. 합성함수의 미분을 정확하게 구할 수 있도록 합성함수를 두 가지 유형으로 분류하고, 각각의 유형에 따라 합성함수의 미분법이 어떻게 적용되는지를 살펴보았다.

Section 3.3 연습문제

1. 다음 함수를 미분하라.

(a) $y = (x^2 + 5)^{10}$

(b) $y = (-x^3 + 2x)^7$

(c) $y = (x^4 - 3x - 1)^4$

(d) $y = (-x^5 + 3x^4 + 6)^5$

(e) $y = \left(x + \dfrac{1}{x}\right)^9$

(f) $y = \left(x - \dfrac{1}{x}\right)^6$

(g) $y = \left(x^2 + \dfrac{1}{x^2}\right)^3$

(h) $y = \left(x^2 - \dfrac{1}{x^2}\right)^8$

2. 다음 함수를 미분하라.

(a) $y = (x+3)^4(x-2)^3$

(b) $y = (x^2 - 1)^4(x^2 + 5)^5$

(c) $y = (3x^2 + 2)^2\left(x + \dfrac{1}{x^2}\right)$

(d) $y = (2x - 1)^3\left(x - \dfrac{1}{x}\right)$

(e) $y = \dfrac{(3x+4)^2}{(x+2)^3}$

(f) $y = \dfrac{(3x-1)^5}{(x-3)^4}$

(g) $y = \dfrac{(2x-3)^3}{(x+1)^4}$

(h) $y = \dfrac{(2x^2+3)^4}{(x-1)^2}$

3. 다음 함수를 미분하라.

(a) $y = \sqrt{2x^2 + 3x + 5}$

(b) $y = \sqrt{6 - x - 3x^3}$

(c) $y = \sqrt[3]{x^4 + 5x^3}$

(d) $y = \sqrt[4]{6 - x^4}$

(e) $y = \dfrac{1}{\sqrt[5]{2x^3 + 3}}$

(f) $y = \dfrac{1}{\sqrt[9]{4 - x - x^5}}$

(g) $y = \dfrac{2}{\sqrt[3]{4x^2 - 3x}}$

(h) $y = \dfrac{3}{\sqrt[4]{x^2 - x + 1}}$

4. 합성함수의 미분법을 두 번 사용하여 다음 함수를 미분하라.

(a) $y = \sqrt{(2x^2+3)^4+5x}$

(b) $y = \sqrt{(3x^2-1)^3-9x}$

(c) $y = \sqrt[3]{5-(2x-7)^4}$

(d) $y = \sqrt[3]{(3x-1)^2-(2x+5)^4}$

(e) $y = (\sqrt{2x+5}+x)^4$

(f) $y = (3x-\sqrt{4x+1})^5$

(g) $y = (\sqrt[3]{5x+2}-x^4)^6$

(h) $y = (x^2-\sqrt[3]{3x-1})^5$

5. 미분가능한 함수 f와 g가 아래의 조건을 만족할 때, 다음 물음에 답하라.

$$f(1)=4,\ f'(1)=-2,\ f'(2)=-5,\ f'(4)=6$$
$$g(1)=2,\ g'(1)=6,\ g'(2)=3,\ g'(4)=-7$$

(a) $F(x)=(f\circ g)(x)$일 때 $F'(1)$을 구하라.

(b) $G(x)=(g\circ f)(x)$일 때 $G'(1)$을 구하라.

(c) $H(x)=(f\circ f)(x)$일 때 $H'(1)$을 구하라.

(d) $I(x)=(g\circ g)(x)$일 때 $I'(1)$을 구하라.

동영상 풀이

3.4 음함수와 매개변수함수의 미분

어떤 변화를 $y=f(x)$로 나타낸 것을 함수 또는 양함수라 한다. 하지만 원이나 공이 굴러가는 현상 등을 양함수로 표현하기는 매우 어려운데 이런 현상을 쉽게 설명하려면 음함수와 매개변수함수가 필요하다. 이 절에서는 음함수와 매개변수함수를 도입하고, 이 함수들의 미분법을 학습하고자 한다.

3.4.1 음함수의 미분법

우리가 일반적으로 다루는 함수는 대부분

$$y=2x^2+3x-1, \quad y=x^3\cos x, \quad y=\ln(x^2+4)$$

의 형태이다. $y=f(x)$의 형태로 주어진 x에 관한 함수 y를 **양함수**라 한다. 양함수는 다루기 편하지만, 어떤 현상이나 공학 문제를 설명하기 어렵거나 불가능한 경우도 있다.

다음 예제에서 양함수가 제한적인 이유를 확인해 보자.

예제 3-15

원점을 중심으로 하고 반지름이 1인 원을 양함수로 표현하라.

풀이

원을 하나의 양함수 $y=f(x)$로 표현할 수 있는 방법은 없다. 따라서 상반원과 하반원으로 나누어 상반원을 $y=\sqrt{1-x^2}$, 하반원을 $y=-\sqrt{1-x^2}$으로 표현한다.

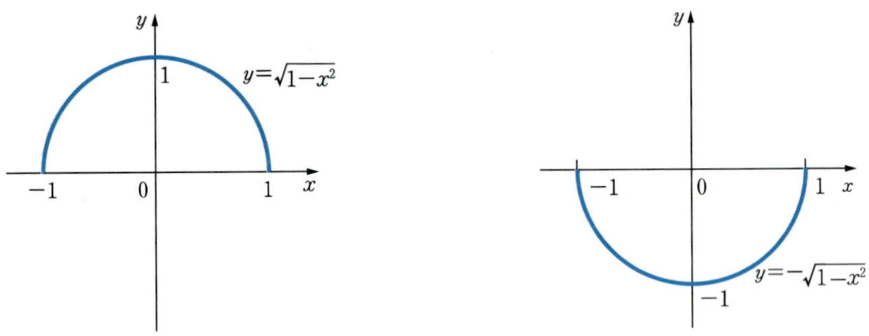

다음에 정의하는 음함수는 양함수가 표현하기 어려운 변화를 설명하는 데 유용하게 사용된다.

정의 3-5 음함수

두 변수 x와 y를 포함하는 관계식

$$f(x, y) = 0$$

으로 표현되는 함수를 **음함수**(implicit function)라 한다.

예를 들어

$$3x^2 + y^3 = 0, \quad x^3 - 3xy + 2y^2 = 0, \quad x - x^3 - y^7 = 0$$

은 모두 음함수이다. 또한 [예제 3-15]의 반지름이 1인 원을 음함수로 표현하면 다음과 같다.

$$x^2 + y^2 - 1 = 0$$

음함수를 미분하려면 다음 계산법을 사용하는 것이 편리하다.

How to 3-4 음함수의 미분법

❶ 주어진 음함수 $f(x, y) = 0$을 어떤 변수로 미분하는지를 확인한다.

❷ x에 관하여 미분하는 경우
- x항을 미분할 때 : (미분 공식에 따른 미분)만 계산
- y항을 미분할 때 : (미분 공식에 따른 미분) $\cdot \dfrac{dy}{dx}$ 계산

❸ y에 관하여 미분하는 경우
- x항을 미분할 때 : (미분 공식에 따른 미분) $\cdot \dfrac{dx}{dy}$ 계산
- y항을 미분할 때 : (미분 공식에 따른 미분)만 계산

음함수를 미분할 때 미분해야 하는 항과 미분할 변수가 같으면 일반적인 미분만 계산하면 된다. 그러나 두 변수가 다르면 일반적인 미분을 계산한 값에 $\dfrac{dy}{dx}$ 또는 $\dfrac{dx}{dy}$를 곱해야 한다. 음함수를 미분할 때 $\dfrac{dy}{dx}$를 구하라는 질문은 주어진 음함수를 x에 관해 미분하라는 것이고, $\dfrac{dx}{dy}$를 구하라는 질문은 주어진 음함수를 y에 관해 미분하라는 것이다.

음함수의 미분법을 이용하여 음함수를 x에 관하여 미분해 보자.

예제 3-16

$x^4 + y^3 = 0$일 때, $\dfrac{dy}{dx}$를 구하라.

풀이

$\frac{dy}{dx}$를 구하는 것이므로 주어진 음함수를 x에 관하여 미분해야 한다.

x^4을 x에 관하여 미분할 경우, 주어진 항의 변수가 x이고 미분해야 하는 변수도 x로 같으므로 x^4의 미분 공식에 따라 미분하면 $4x^3$이다.

y^3을 x에 관하여 미분할 경우, 주어진 항의 변수는 y이고 미분해야 하는 변수는 x로 다르므로 y^3의 미분 공식에 따라 미분해서 얻은 $3y^2$에 $\frac{dy}{dx}$를 곱한다. 이 결과를 종합하면

$$4x^3 + 3y^2 \frac{dy}{dx} = 0$$

이고, 이를 정리하면

$$\frac{dy}{dx} = -\frac{4x^3}{3y^2}$$

이다.

음함수의 미분법을 이용하여 음함수를 y에 관하여 미분해 보자.

예제 3-17

$\sqrt{x} - y^5 = 0$일 때, $\frac{dx}{dy}$를 구하라.

풀이

$\frac{dx}{dy}$를 구하는 것이므로 주어진 음함수를 y에 관하여 미분해야 한다.

$\sqrt{x}$를 y에 관하여 미분할 경우, 주어진 항의 변수가 x이고 미분해야 하는 변수는 y로 다르므로 $\sqrt{x}$의 미분 공식에 따라 미분해서 얻은 $\frac{1}{2\sqrt{x}}$에 $\frac{dx}{dy}$를 곱한다.

y^5을 y에 관하여 미분할 경우, 주어진 항의 변수가 y이고 미분해야 하는 변수도 y로 같으므로 y^5의 미분 공식에 따라 미분하면 $5y^4$이다. 이 결과를 종합하면

$$\frac{1}{2\sqrt{x}} \frac{dx}{dy} - 5y^4 = 0$$

이고, 이를 정리하면

$$\frac{dx}{dy} = 10\sqrt{x}\, y^4$$

이다.

음함수의 미분법을 이용하여 xy를 미분할 때 곱셈에 대한 미분법을 적용한다.

예제 3-18

$x^4+xy-y^3=0$일 때, $\dfrac{dy}{dx}$를 구하라.

풀이

$\dfrac{dy}{dx}$를 구하는 것이므로 주어진 음함수를 x에 관하여 미분해야 한다.
x^4을 x에 관하여 미분할 경우, 주어진 항의 변수가 x이고 미분해야 하는 변수도 x로 같으므로 x^4의 미분 공식에 따라 미분하면 $4x^3$이다.
[정리 3-3 (4)]의 곱셈에 대한 미분법에 의하여

$$(xy)'=x'y+xy'$$

이다. x'은 x항을 x로 미분하는 것인데, 두 변수가 같으므로 $x'=1$이다.
y'은 y항을 x로 미분하는 것인데, 두 변수가 다르므로 $y'=1\cdot\dfrac{dy}{dx}$이다. 따라서

$$(xy)'=x'y+xy'=1\cdot y+x\left(1\cdot\frac{dy}{dx}\right)=y+x\frac{dy}{dx}$$

이다.
y^3을 x에 관하여 미분할 경우, 주어진 항의 변수는 y이고 미분해야 하는 변수는 x로 다르므로 y^3의 미분 공식에 따라 미분해서 얻은 $3y^2$에 $\dfrac{dy}{dx}$를 곱한다. 이 결과를 종합하면

$$4x^3+y+x\frac{dy}{dx}-3y^2\frac{dy}{dx}=0$$

이고, 이를 정리하면

$$(x-3y^2)\frac{dy}{dx}=-4x^3-y$$

이므로

$$\frac{dy}{dx}=\frac{-4x^3-y}{x-3y^2}=\frac{4x^3+y}{3y^2-x}$$

이다.

[예제 3-18]에 있는 음함수를 y에 관하여 미분하면 결과는 어떻게 될까?

예제 3-19

$x^4+xy-y^3=0$일 때, $\dfrac{dx}{dy}$를 구하라.

풀이

$\dfrac{dx}{dy}$를 구하는 것이므로 주어진 음함수를 y에 관하여 미분해야 한다.

x^4을 y에 관하여 미분할 경우, 주어진 항의 변수가 x이고 미분해야 하는 변수는 y로 다르므로 y의 미분 공식에 따라 미분해서 얻은 $4x^3$에 $\dfrac{dx}{dy}$를 곱한다.

[정리 3-3 (4)]의 곱셈에 대한 미분법에 의하여

$$(xy)' = x'y + xy'$$

이다. x'은 x항을 y로 미분하는 것인데, 두 변수가 다르므로 $x' = 1 \cdot \dfrac{dx}{dy}$이다. y'은 y항을 y로 미분하는 것인데, 두 변수가 같으므로 $y' = 1$이다. 따라서

$$(xy)' = x'y + xy' = \left(1 \cdot \frac{dx}{dy}\right)y + x \cdot 1 = y\frac{dx}{dy} + x$$

이다.

y^3을 y에 관하여 미분할 경우, 주어진 항의 변수는 y이고 미분해야 하는 변수도 y로 같으므로 y^3의 미분 공식에 따라 미분하면 $3y^2$이다. 이 결과들을 종합하면

$$4x^3\frac{dx}{dy} + y\frac{dx}{dy} + x - 3y^2 = 0$$

이고, 이를 정리하면

$$(4x^3 + y)\frac{dx}{dy} = 3y^2 - x$$

이므로

$$\frac{dx}{dy} = \frac{3y^2 - x}{4x^3 + y}$$

이다.

[예제 3-18]과 [예제 3-19]의 결과로부터 다음의 관계가 성립함을 알 수 있다.

$$\frac{dy}{dx} = \frac{1}{\dfrac{dx}{dy}}$$

n이 유리수일 경우, [정리 3-5]의 증명법으로는 $y = x^n$의 미분법을 유도할 수 없다. 이 경우에는 음함수의 미분법을 이용해야 한다.

정리 3-7 음함수의 미분

n이 유리수이고 $y = x^n$일 때, $y' = nx^{n-1}$이다.

증명

n이 유리수이므로 적당한 정수 a와 b가 존재하여 $n = \frac{a}{b}$이다.

$$y = x^n = x^{\frac{a}{b}}$$

이 등식의 양변을 b 제곱하면

$$y^b = x^a$$

이다. 음함수의 미분법을 이용하여 양변을 x에 관하여 미분하면

$$by^{b-1}\frac{dy}{dx} = ax^{a-1}$$

이고, 이를 정리하면

$$\begin{aligned}\frac{dy}{dx} &= \frac{ax^{a-1}}{by^{b-1}} = \frac{ax^{a-1}}{b(x^{\frac{a}{b}})^{b-1}} = \frac{ax^{a-1}}{bx^{a-\frac{a}{b}}} \\ &= \frac{a}{b}x^{\frac{a}{b}-1} = nx^{n-1}\end{aligned}$$

이다. ■

3.4.2 매개변수함수의 미분법

음함수로도 설명하기 어려운 두 변수 사이의 관계를 설명하기 위하여 매개변수함수를 도입한다.

정의 3-6 매개변수한수와 매개변수

두 변수 x와 y가 두 함수 f와 g에 의하여

$$\begin{cases} x = f(t) \\ y = g(t) \end{cases}$$

로 표현될 때, 이 식을 **매개변수함수**(parametric function)라 하고, t를 **매개변수**(parameter)라 한다.

매개변수함수로 설명된 함수의 미분은 다음과 같이 구한다.

How to 3-5 매개변수함수의 미분법

$x = f(t)$, $y = g(t)$ 가 모두 미분가능하고 $f'(t) \neq 0$ 이면, $\dfrac{dy}{dx}$는 다음과 같이 구한다.

$$\frac{dy}{dx} = \frac{\dfrac{dy}{dt}}{\dfrac{dx}{dt}} = \frac{g'(t)}{f'(t)}$$

예제 3-20

매개변수함수의 미분법을 이용하여 다음 물음에 답하라.

(a) $\begin{cases} x = 3t^3 + 2t - 5 \\ y = 2t^4 + 3 \end{cases}$ 일 때, $\dfrac{dy}{dx}$를 구하라.

(b) $\begin{cases} x = (4s+1)^4 \\ y = s^3 + 2s^2 - 1 \end{cases}$ 일 때, $\dfrac{dx}{dy}$를 구하라.

풀이

(a) 매개변수함수의 미분법에 의하여

$$\frac{dy}{dx} = \frac{\dfrac{dy}{dt}}{\dfrac{dx}{dt}} = \frac{8t^3}{9t^2 + 2}$$

이다.

(b) 합성함수의 미분법과 매개변수함수의 미분법에 의하여

$$\frac{dx}{dy} = \frac{\dfrac{dx}{ds}}{\dfrac{dy}{ds}} = \frac{4(4s+1)^3 \cdot 4}{3s^2 + 4s} = \frac{16(4s+1)^3}{3s^2 + 4s}$$

이다.

매개변수함수의 대표적인 예가 **싸이클로이드**(cycloid) 함수이다.

$$\begin{cases} x = a(\theta - \sin\theta) \\ y = a(1 - \cos\theta) \end{cases}$$

이 함수는 반지름이 a 인 원 위에 한 점 P를 찍고, 그 원을 한 직선 위에서 굴렸을 때 점이 그리며 나아가는 곡선을 표현한다.

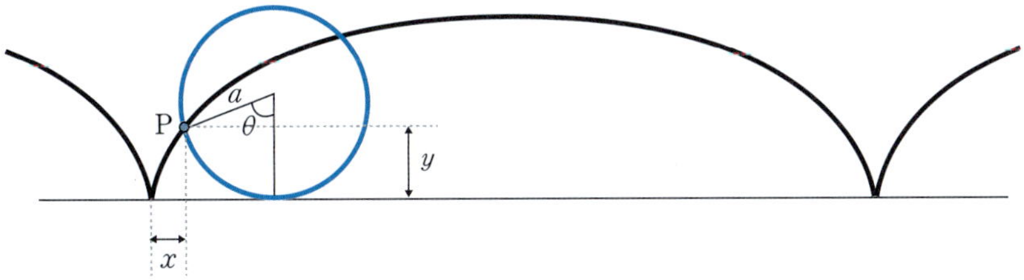

[그림 3-2] **싸이클로이드 함수**

싸이클로이드 함수가 그리는 곡선은 경사면에서 가장 빠른 속도를 내는 특별한 성질을 가지고 있기 때문에 '최단강하선'이라고도 한다.

이 절에서는 양함수가 표현하기 어려운 식이나 현상을 설명하기 위해 음함수와 매개변수함수를 도입했다. 음함수의 미분은 양함수와 달리 어떤 변수에 대해 미분하는가를 확인하고 구해야 하며, 또한 매개변수함수의 미분은 매개변수를 사용하여 분수 형태의 미분법을 만들어 구해야 함을 학습하였다.

Section 3.4 연습문제

1. 음함수의 미분법을 이용하여 $\dfrac{dy}{dx}$ 를 구하라.

(a) $x^3 + y^3 + 1 = 0$

(b) $x^2 - y^4 + 3 = 0$

(c) $\sqrt{x} + y^2 - 2 = 0$

(d) $x^3 + \sqrt[3]{y} - 4 = 0$

(e) $x^2 + xy^2 + y^3 = 0$

(f) $x^5 - x^3 y - y^2 = 0$

2. 음함수의 미분법을 이용하여 $\dfrac{dx}{dy}$ 를 구하라.

(a) $x^2 + y^5 + 6 = 0$

(b) $x^4 - y^3 - 1 = 0$

(c) $\sqrt{x} + y^3 + 4 = 0$

(d) $x^5 - \sqrt[3]{y} + 5 = 0$

(e) $2x^2 + 3xy^3 - y^2 = 0$

(f) $-x^3 - 4x^4 y + y^3 = 0$

3. 다음 물음에 답하라.

(a) $x^3 + y^2 - 1 = 0$ 위의 점 $(-2, 3)$에서 접선의 방정식을 구하라.

(b) $x^2 - 2xy + y^5 = 0$ 위의 점 $(1, 1)$에서 접선의 방정식을 구하라.

(c) $4\sqrt{x} - 3xy - y^2 = 0$ 위의 점 $(1, -4)$에서 접선의 방정식을 구하라.

4. 매개변수함수의 미분법을 이용하여 다음 물음에 답하라.

(a) $\begin{cases} x = 5t - 1 \\ y = 3t^2 + 3t + 2 \end{cases}$ 일 때, $\dfrac{dy}{dx}$ 를 구하라.

(b) $\begin{cases} x = s + \dfrac{1}{s^2} \\ y = s^2 - \dfrac{1}{s} \end{cases}$ 일 때, $\dfrac{dx}{dy}$ 를 구하라.

(c) $\begin{cases} x = (u^2 - 1)^3 \\ y = (u^3 + 1)^2 \end{cases}$ 일 때, $\dfrac{dy}{dx}$ 를 구하라.

(d) $\begin{cases} x = \sqrt{v} - \dfrac{1}{v} \\ y = v + \dfrac{1}{\sqrt{v}} \end{cases}$ 일 때, $\dfrac{dx}{dy}$ 를 구하라.

5. 다음 물음에 답하라.

(a) $\begin{cases} x = t^3 + 2t - 1 \\ y = t^3 - 2t + 1 \end{cases}$ 일 때, $t = 2$에서 접선의 방정식을 구하라.

(b) $\begin{cases} x = s^2 - 1 \\ y = 3 - \dfrac{1}{s} \end{cases}$ 일 때, $s = 1$에서 접선의 방정식을 구하라.

(c) $\begin{cases} x = \left(u + \dfrac{1}{u}\right)^2 \\ y = \left(u - \dfrac{1}{u}\right)^3 \end{cases}$ 일 때, $u = 2$에서 접선의 방정식을 구하라.

(d) $\begin{cases} x = v + \dfrac{1}{\sqrt{v}} \\ y = -v + \dfrac{1}{\sqrt{v}} \end{cases}$ 일 때, $v = 1$에서 접선의 방정식을 구하라.

동영상 풀이

Chapter

04

미분의 심화

Advanced Differentiation

학습목표

- 초월함수인 삼각함수, 로그함수, 지수함수의 미분법을 학습한다.
- 지수함수를 이용하여 쌍곡선함수를 도입하고 쌍곡선함수의 미분법을 학습한다.
- 함수를 두 번 이상 미분하는 고계 도함수를 구하는 방법을 알아본다.

【미리보기】

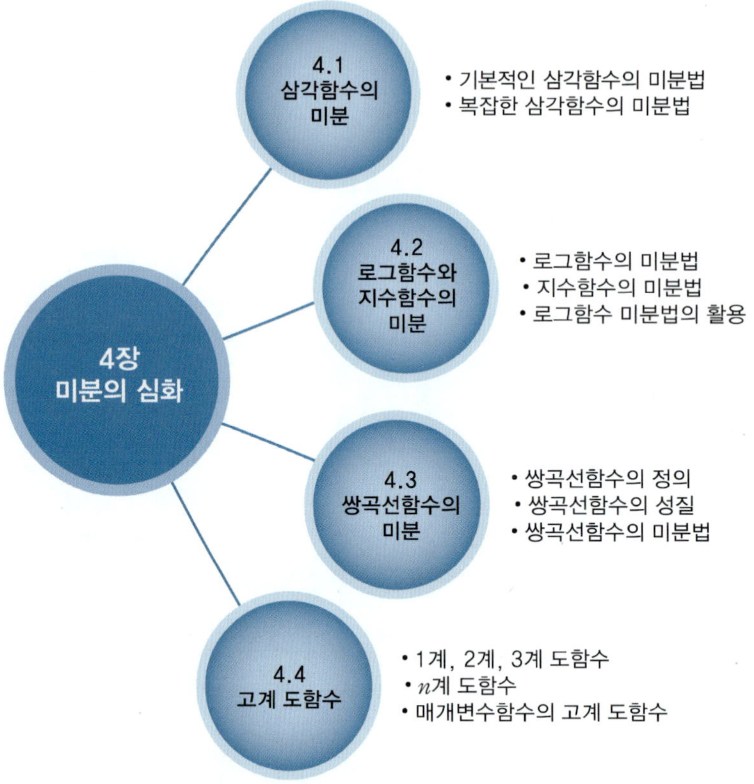

이 장에서는 공학에서 중요하게 사용하는 삼각함수, 로그함수, 지수함수 및 쌍곡선함수의 미분에 대하여 학습한다. 이를 위하여 3장에서 학습한 미분의 기본 정리와 합성함수의 미분법을 이용한 일반적인 형태의 초월함수의 미분을 이해하고, 고계 도함수에서는 도함수의 규칙성을 찾는 방법에 대하여 학습한다.

【들어가기 전에】

미분과 고계 도함수

$f(x) = \dfrac{1}{x}$ 일 때 $f'(x) = -\dfrac{1}{x^2}$, $f''(x) = \dfrac{2}{x^3}$, $f^{(3)}(x) = -\dfrac{3!}{x^4}$, $f^{(4)}(x) = \dfrac{4!}{x^5}$ 이다. 이와 같은 고계 도함수를 구하는 이유는 뭘까? 다양한 이유가 있지만 기본적으로 함수가 복잡할 때 고계 도함수를 이용하면 함수를 오차가 매우 작은 적당한 다항함수로 나타낼 수 있다.

이러한 고계 도함수를 활용하는 예시 중 하나가 테일러 다항함수이다. 예를 들어, $a = 0$, $f(x) = e^x$ 일 때 $f(x)$ 를 $a = 0$ 의 근방에서 테일러 다항함수를 이용하면 다음과 같이 나타낼 수 있다.

$$g_1(x) = \sum_{n=0}^{1} \frac{f^{(n)}(0)}{n!} x^n = 1 + x$$

$$g_2(x) = \sum_{n=0}^{2} \frac{f^{(n)}(0)}{n!} x^n = 1 + x + \frac{1}{2} x^2$$

$$g_3(x) = \sum_{n=0}^{2} \frac{f^{(n)}(0)}{n!} x^n = 1 + x + \frac{1}{2} x^2 + \frac{1}{6} x^3$$

$$g_4(x) = \sum_{n=0}^{4} \frac{f^{(n)}(0)}{n!} x^n = 1 + x + \frac{1}{2} x^2 + \frac{1}{6} x^3 + \frac{1}{26} x^4$$

아래 그림에서 알 수 있듯이 다항함수 $g_1(x)$, $g_2(x)$, $g_3(x)$, $g_4(x)$는 $a = 0$의 근방에서 점점 $f(x) = e^x$에 접근함을 알 수 있다.

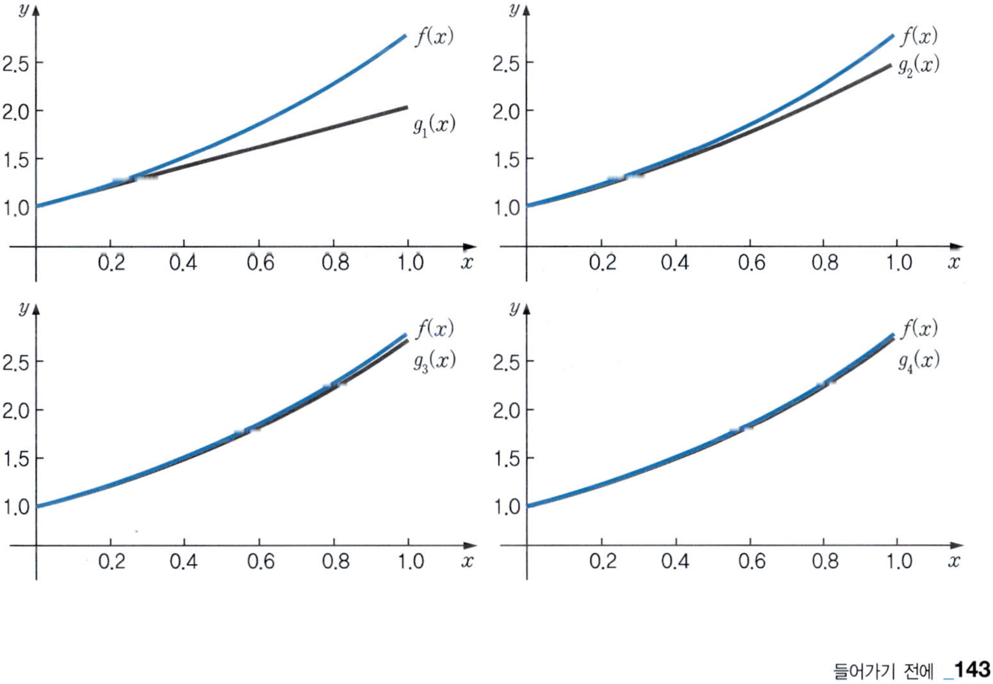

4.1 삼각함수의 미분

이 절에서는 기본적인 삼각함수의 미분법을 이해하고 연쇄법칙을 사용하여 복잡한 삼각함수를 미분하는 방법에 대하여 알아보고자 한다.

4.1.1 기본적인 삼각함수의 미분법

기본적인 삼각함수의 미분법을 유도하려면 다음의 몇 가지 삼각함수 공식이 필요하다.

❶ $\lim_{x\to 0}\frac{\sin x}{x}=1$

❷ $\sin a-\sin b=2\cos\frac{a+b}{2}\sin\frac{a-b}{2}$

❸ $\cos a-\cos b=-2\sin\frac{a+b}{2}\sin\frac{a-b}{2}$

이러한 삼각함수 공식을 사용하여 기본적인 삼각함수의 미분법을 얻을 수 있다.

정리 4-1 기본적인 삼각함수의 미분 (1)

(1) $y=\sin x$일 때, $y'=\cos x$이다.

(2) $y=\cos x$일 때, $y'=-\sin x$이다.

(3) $y=\tan x$일 때, $y'=\sec^2 x$이다.

증명

(1)
$$\begin{aligned} y' &= \lim_{h\to 0}\frac{\sin(x+h)-\sin x}{h} \\ &= \lim_{h\to 0}\frac{2\cos\frac{(2x+h)}{2}\sin\frac{h}{2}}{h} \\ &= \lim_{h\to 0}\cos\frac{(2x+h)}{2}\frac{\sin\frac{h}{2}}{\frac{h}{2}} \\ &= \cos x \end{aligned}$$

(2)
$$\begin{aligned} y' &= \lim_{h\to 0}\frac{\cos(x+h)-\cos x}{h} \\ &= \lim_{h\to 0}\frac{-2\sin\frac{(2x+h)}{2}\sin\frac{h}{2}}{h} \\ &= \lim_{h\to 0}-\sin\frac{(2x+h)}{2}\frac{\sin\frac{h}{2}}{\frac{h}{2}} \\ &= -\sin x \end{aligned}$$

(3) (1)과 (2)의 결과와 [정리 3-3 (5)]의 나눗셈의 미분법을 이용한다.

$$\begin{aligned} y' &= \left(\frac{\sin x}{\cos x}\right)' \\ &= \frac{(\sin x)'\cos x - \sin x(\cos x)'}{\cos^2 x} \\ &= \frac{\cos^2 x + \sin^2 x}{\cos^2 x} \\ &= \frac{1}{\cos^2 x} \\ &= \sec^2 x \end{aligned}$$

■

[정리 4-1]에서 삼각함수 $\sin x$, $\cos x$, $\tan x$의 미분 공식을 유도했다. [정리 4-2]는 $\csc x$, $\sec x$, $\cot x$의 미분법과 관련된 정리로, 이는 [정리 4-1]과 [정리 3-3 (5)]의 나눗셈의 미분법을 이용하여 유도한다.

정리 4-2 기본적인 삼각함수의 미분 (2)

(1) $y = \csc x$일 때, $y' = -\csc x \cot x$이다.

(2) $y = \sec x$일 때, $y' = \sec x \tan x$이다.

(3) $y = \cot x$일 때, $y' = -\csc^2 x$이다.

증명

(1) $y = \csc x = \dfrac{1}{\sin x}$이므로 [정리 3-3 (5)]의 나눗셈의 미분법을 이용하면 결과는 다음과 같다.

$$\begin{aligned} y' &= \left(\frac{1}{\sin x}\right)' \\ &= \frac{1'\sin x - 1(\sin x)'}{(\sin x)^2} \\ &= -\frac{\cos x}{\sin^2 x} \\ &= -\frac{1}{\sin x}\,\frac{\cos x}{\sin x} \\ &= -\csc x \cot x \end{aligned}$$

(2) $y = \sec x = \dfrac{1}{\cos x}$ 이므로 [정리 3-3 (5)]의 나눗셈의 미분법을 이용하면 결과는 다음과 같다.

$$\begin{aligned} y' &= \left(\frac{1}{\cos x}\right)' \\ &= \frac{1'\cos x - 1(\cos x)'}{(\cos x)^2} \\ &= \frac{\sin x}{\cos^2 x} \\ &= \frac{1}{\cos x}\frac{\sin x}{\cos x} \\ &= \sec x \tan x \end{aligned}$$

(3) $y = \cot x = \dfrac{1}{\tan x}$ 이므로 [정리 3-3 (5)]의 나눗셈의 미분법을 이용하면 결과는 다음과 같다.

$$\begin{aligned} y' &= \left(\frac{1}{\tan x}\right)' \\ &= \left(\frac{\cos x}{\sin x}\right)' \\ &= \frac{(\cos x)'\sin x - \cos x(\sin x)'}{(\sin x)^2} \\ &= \frac{-\sin^2 x - \cos^2 x}{\sin^2 x} \\ &= -\frac{1}{\sin^2 x} \\ &= -\csc^2 x \end{aligned}$$

■

4.1.2 복잡한 삼각함수의 미분법

기본적인 삼각함수가 아닌 복잡한 삼각함수를 미분할 때는 3.3절의 [How to 3-2]에서 학습한 합성함수의 미분법을 사용한다.

How to 4-1 삼각함수의 합성함수 미분법

❶ $y=\sin(\square)$이면, $y'=\cos(\square)\cdot(\square)'$이다.
❷ $y=\cos(\square)$이면, $y'=-\sin(\square)\cdot(\square)'$이다.
❸ $y=\tan(\square)$이면, $y'=\sec^2(\square)\cdot(\square)'$이다.
❹ $y=\csc(\square)$이면, $y'=-\csc(\square)\cot(\square)\cdot(\square)'$이다.
❺ $y=\sec(\square)$이면, $y'=\sec(\square)\tan(\square)\cdot(\square)'$이다.
❻ $y=\cot(\square)$이면, $y'=-\csc^2(\square)\cdot(\square)'$이다.

예제 4-1

다음 함수를 미분하라.

(a) $y=\sin 2x$
(b) $y=\cos\frac{1}{3}x$
(c) $y=\tan(5x-4)$
(d) $y=\csc\pi x$
(e) $y=\sec\sqrt{7}\,x$
(f) $y=\cot(1-6x)$

풀이

(a) $y=\sin 2x=\sin(2x)$이므로 삼각함수의 합성함수 미분법에 의하여 결과는 다음과 같다.

$$\begin{aligned} y' &= \cos(2x)\cdot(2x)' \\ &= \cos(2x)\cdot 2 \\ &= 2\cos 2x \end{aligned}$$

(b) $y=\cos\frac{1}{3}x=\cos\left(\frac{1}{3}x\right)$이므로 삼각함수의 합성함수 미분법에 의하여 결과는 다음과 같다.

$$\begin{aligned} y' &= -\sin\left(\frac{1}{3}x\right)\cdot\left(\frac{1}{3}x\right)' \\ &= -\sin\left(\frac{1}{3}x\right)\cdot\frac{1}{3} \\ &= -\frac{1}{3}\sin\frac{1}{3}x \end{aligned}$$

(c) $y=\tan(5x-4)$이므로 삼각함수의 합성함수 미분법에 의하여 결과는 다음과 같다.

$$\begin{aligned} y' &= \sec^2(5x-4)\cdot(5x-4)' \\ &= \sec^2(5x-4)\cdot 5 \\ &= 5\sec^2(5x-4) \end{aligned}$$

(d) $y=\csc\pi x=\csc(\pi x)$이므로 삼각함수의 합성함수 미분법에 의하여 결과는 다음과 같다.

$$\begin{aligned} y' &= -\csc(\pi x)\cot(\pi x)\cdot(\pi x)' \\ &= -\csc(\pi x)\cot(\pi x)\cdot\pi \\ &= -\pi\csc\pi x\cot\pi x \end{aligned}$$

(e) $y=\sec\sqrt{7}\,x=\sec(\sqrt{7}\,x)$이므로 삼각함수의 합성함수 미분법에 의하여 결과는 다음과 같다.

$$\begin{aligned} y' &= \sec(\sqrt{7}\,x)\tan(\sqrt{7}\,x)\cdot(\sqrt{7}\,x)' \\ &= \sec(\sqrt{7}\,x)\tan(\sqrt{7}\,x)\cdot\sqrt{7} \\ &= \sqrt{7}\sec\sqrt{7}\,x\,\tan\sqrt{7}\,x \end{aligned}$$

(f) $y=\cot(1-6x)$이므로 삼각함수의 합성함수 미분법에 의하여 결과는 다음과 같다.

$$\begin{aligned} y' &= -\csc^2(1-6x)\cdot(1-6x)' \\ &= -\csc^2(1-6x)\cdot(-6) \\ &= 6\csc^2(1-6x) \end{aligned}$$

삼각함수들로 이루어진 합성함수를 미분할 때도 [How to 4-1]을 이용하여 구할 수 있다.

예제 4-2

다음 함수를 미분하라.

(a) $y=\cos(\sin x)$ (b) $y=\tan(\cos x)$

(c) $y=\cos(\csc x)$ (d) $y=\cot(\sec x)$

풀이

(a) 삼각함수의 합성함수 미분법에 의하여 결과는 다음과 같다.

$$\begin{aligned} y' &= -\sin(\sin x)\cdot(\sin x)' \\ &= -\sin(\sin x)\cdot(\cos x) \\ &= -\cos x\sin(\sin x) \end{aligned}$$

(b) 삼각함수의 합성함수 미분법에 의하여 결과는 다음과 같다.

$$\begin{aligned} y' &= \sec^2(\cos x)\cdot(\cos x)' \\ &= \sec^2(\cos x)\cdot(-\sin x) \\ &= -\sin x\sec^2(\cos x) \end{aligned}$$

(c) 삼각함수의 합성함수 미분법에 의하여 결과는 다음과 같다.

$$\begin{aligned} y' &= -\sin(\csc x)\cdot(\csc x)' \\ &= -\sin(\csc x)\cdot(-\csc x\cot x) \\ &= \csc x\cot x\sin(\csc x) \end{aligned}$$

(d) 삼각함수의 합성함수 미분법에 의하여 결과는 다음과 같다.

$$\begin{aligned} y' &= -\csc^2(\sec x)\cdot(\sec x)' \\ &= -\csc^2(\sec x)\cdot(\sec x\tan x) \\ &= -\sec x\tan x\csc^2(\sec x) \end{aligned}$$

삼각함수 표현법에 의하여 $\sin^n x = (\sin x)^n$, $\sin x^n = \sin(x^n)$이다. 이 표현법은 복잡한 삼각함수를 합성함수의 미분법으로 미분하는 데 유용하게 사용된다.

예제 4-3

다음 함수를 미분하라.

(a) $y = \sin^2 x$

(b) $y = \sin x^2$

(c) $y = \cos^3 x$

(d) $y = \tan x^3$

풀이

(a) $y = \sin^2 x = (\sin x)^2$이므로 [How to 3-2]와 삼각함수의 합성함수 미분법에 의하여 결과는 다음과 같다.

$$\begin{aligned} y' &= 2(\sin x)^1\cdot(\sin x)' \\ &= 2\sin x\cdot(\cos x) \\ &= 2\sin x\cos x \end{aligned}$$

(b) $y = \sin x^2 = \sin(x^2)$이므로 삼각함수의 합성함수 미분법에 의하여 결과는 다음과 같다.

$$\begin{aligned} y' &= \cos(x^2)\cdot(x^2)' \\ &= \cos x^2\cdot(2x) \\ &= 2x\cos x^2 \end{aligned}$$

(c) $y = \cos^3 x = (\cos x)^3$이므로 [How to 3-2]와 삼각함수의 합성함수 미분법에 의하여 결과는 다음과 같다.

$$\begin{aligned} y' &= 3(\cos x)^2\cdot(\cos x)' \\ &= 3\cos^2 x\cdot(-\sin x) \\ &= -3\cos^2 x\sin x \end{aligned}$$

(d) $y = \tan x^3 = \tan(x^3)$이므로 삼각함수의 합성함수 미분법에 의하여 결과는 다음과 같다.

$$\begin{aligned} y' &= \sec^2(x^3)\cdot(x^3)' \\ &= \sec^2 x^3\cdot(3x^2) \\ &= 3x^2\sec^2 x^3 \end{aligned}$$

이제 좀 더 복잡한 삼각함수의 미분을 구해 보자. 복잡한 삼각함수를 미분할 경우 합성함수의 미분법을 두 번 이상 사용할 때도 있다.

예제 4-4

다음 함수를 미분하라.

(a) $y = \sin^2 3x$

(b) $y = \sin^3 2x^2$

(c) $y = \cos^3 (x^4 - 1)$

(d) $y = \tan^4 (x^3 + x)$

풀이

(a) $y = \sin^2 3x = (\sin 3x)^2$이므로 [How to 3-2]에 의하여

$$y' = 2(\sin 3x)^1 \cdot (\sin 3x)'$$

이다. 이때 삼각함수의 합성함수 미분법에 의하여

$$\begin{aligned}(\sin 3x)' &= \cos 3x \cdot (3x)' \\ &= \cos 3x \cdot 3 \\ &= 3\cos 3x\end{aligned}$$

이므로

$$\begin{aligned}y' &= 2(\sin 3x)^1 \cdot 3\cos 3x \\ &= 6\sin 3x \cos 3x\end{aligned}$$

이다.

(b) $y = \sin^3 2x^2 = (\sin 2x^2)^3$이므로 [How to 3-2]에 의하여

$$y' = 3(\sin 2x^2)^2 \cdot (\sin 2x^2)'$$

이다. 이때 삼각함수의 합성함수 미분법에 의하여

$$\begin{aligned}(\sin 2x^2)' &= \cos 2x^2 \cdot (2x^2)' \\ &= \cos 2x^2 \cdot (4x) \\ &= 4x \cos 2x^2\end{aligned}$$

이므로

$$\begin{aligned}y' &= 3(\sin 2x^2)^2 \cdot (4x \cos 2x^2) \\ &= 12x \sin^2 2x^2 \cos 2x^2\end{aligned}$$

이다.

(c) $y=\cos^3(x^4-1)=(\cos(x^4-1))^3$이므로 [How to 3-2]에 의하여

$$y'=3(\cos(x^4-1))^2\cdot(\cos(x^4-1))'$$

이다. 이때 삼각함수의 합성함수 미분법에 의하여

$$\begin{aligned}(\cos(x^4-1))' &= -\sin(x^4-1)\cdot(x^4-1)' \\ &= -\sin(x^4-1)\cdot(4x^3) \\ &= -4x^3\sin(x^4-1)\end{aligned}$$

이므로

$$\begin{aligned}y' &= 3(\cos(x^4-1))^2\cdot(-4x^3\sin(x^4-1)) \\ &= -12x^3\cos^2(x^4-1)\sin(x^4-1)\end{aligned}$$

이다.

(d) $y=\tan^4(x^3+x)=(\tan(x^3+x))^4$이므로 [How to 3-2]에 의하여

$$y'=4(\tan(x^3+x))^3\cdot(\tan(x^3+x))'$$

이다. 이때 삼각함수의 합성함수 미분법에 의하여

$$\begin{aligned}(\tan(x^3+x))' &= \sec^2(x^3+x)\cdot(x^3+x)' \\ &= \sec^2(x^3+x)\cdot(3x^2+1) \\ &= (3x^2+1)\sec^2(x^3+x)\end{aligned}$$

이므로

$$\begin{aligned}y' &= 4(\tan(x^3+x))^3\cdot(3x^2+1)\sec^2(x^3+x) \\ &= 4(3x^2+1)\tan^3(x^3+x)\sec^2(x^3+x)\end{aligned}$$

이다.

이 절에서는 삼각함수를 $\sin x$, $\cos x$, $\tan x$와 $\csc x$, $\sec x$, $\cot x$ 이 두 부류로 나누어 기본적인 미분 공식을 유도했다. 또한 기본적인 삼각함수의 미분법과 합성함수의 미분법을 결합하여 복잡한 삼각함수의 미분을 구하는 방법을 학습하였다.

Section 4.1 연습문제

1. 다음 함수를 미분하라.

(a) $y = \sin 6x$

(b) $y = \sin\left(\frac{1}{5}x + 3\right)$

(c) $y = \cos \pi^3 x$

(d) $y = \cos \sqrt{11}(x - 2)$

(e) $y = \tan \frac{5}{3}x$

(f) $y = \tan \frac{1}{\sqrt{2}}(x + \sqrt{3})$

(g) $y = \csc \frac{1}{\pi}x$

(h) $y = \csc(3 - x)$

(i) $y = \sec \sqrt{\frac{3}{2}}\,x$

(j) $y = \sec\left(\pi - \frac{1}{\pi^2}x\right)$

(k) $y = \cot \sqrt{\pi}\,x$

(l) $y = \cot(3 - \pi^5 x)$

2. 다음 함수를 미분하라.

(a) $y = \sin(\cos x)$

(b) $y = \sin(\tan x)$

(c) $y = \cos(\tan x)$

(d) $y = \tan(\sin x)$

(e) $y = \csc(\cos x)$

(f) $y = \csc(\tan x)$

(g) $y = \sec(\cot x)$

(h) $y = \cot(\sec x)$

3. 다음 함수를 미분하라.

(a) $y = \sin^7 x$

(b) $y = \sin x^7$

(c) $y = \cos^6 x$

(d) $y = \cos x^6$

(e) $y = \tan^9 x$

(f) $y = \tan x^9$

(g) $y = \sec^8 x$

(h) $y = \sec x^8$

4. 다음 함수를 미분하라.

(a) $y = \sin 2x \sin 5x$

(b) $y = \sin 3x \cos 4x$

(c) $y = \cos 3x \tan 2x$

(d) $y = \csc 5x \sec 9x$

(e) $y = \sin^2 x \sin x^2$

(f) $y = \cos 4x \cos^4 x$

(g) $y = \dfrac{\sin 2x}{\cos 3x}$

(h) $y = \dfrac{\cos 5x}{\tan 4x}$

(i) $y = \dfrac{\cos x^2}{\cos^2 x}$

(j) $y = \dfrac{\tan^5 x}{\tan x^5}$

5. 다음 함수를 미분하라.

(a) $y = \sin^2(3x+1)$

(b) $y = \cos^5(6x-5)$

(c) $y = \sqrt{\tan^7 x}$

(d) $y = \sqrt[3]{\sin^2 x}$

(e) $y = \sin^8(\cos 3x)$

(f) $y = \tan^5(\sin^4 x)$

(g) $y = \cos^2(\tan^2 x + 1)$

(h) $y = \tan^2(\cos^3 x - 1)$

(i) $y = \sec^2(\sin^7 x + 3)$

(j) $y = \csc^3(\sin^6 x - 9)$

동영상 풀이

4.2 로그함수와 지수함수의 미분

이 절에서는 로그함수와 지수함수의 미분법을 이해하고, 합성함수의 미분법을 사용하여 복잡한 형태의 로그함수와 지수함수의 미분법에 대하여 알아보고자 한다.

4.2.1 로그함수의 미분법

도함수의 정의를 이용하여 자연로그함수를 미분하면 결과는 다음과 같다.

정리 4-3 자연로그함수의 미분

$y=\ln x$일 때, $y'=\dfrac{1}{x}$이다.

증명

$$\begin{aligned}
y' &= \lim_{h\to 0}\frac{\ln(x+h)-\ln x}{h} \\
&= \lim_{h\to 0}\frac{1}{h}\ln\left(1+\frac{h}{x}\right) \\
&= \lim_{h\to 0}\ln\left(1+\frac{h}{x}\right)^{\frac{1}{h}} \\
&= \lim_{h\to 0}\ln\left(1+\frac{h}{x}\right)^{\frac{x}{h}\cdot\frac{1}{x}} \\
&= \lim_{h\to 0}\frac{1}{x}\ln\left(1+\frac{h}{x}\right)^{\frac{x}{h}} \\
&= \frac{1}{x}\lim_{h\to 0}\ln\left(1+\frac{h}{x}\right)^{\frac{x}{h}} \\
&= \frac{1}{x}\ln e \\
&= \frac{1}{x}
\end{aligned}$$

■

이제 자연로그함수의 미분 정리와 합성함수 미분법을 이용하여 밑수와 진수가 변형된 로그함수에 대한 미분법을 알아 보자.

■ **자연로그함수에서 진수 x는 바뀌지 않고 밑수만 e에서 a로 바뀐 경우(단, $a > 0$, $a \neq 1$)**

이 경우 로그함수는 $y = \log_a x$이고, 이를 미분하면 결과는 다음과 같다.

$$y' = \frac{1}{x} \cdot \frac{1}{\ln a}$$

즉 밑수가 a인 로그함수를 미분하면, 그 결과는 자연로그함수의 미분처럼 $\frac{1}{x}$을 쓰고 여기에 $\frac{1}{\ln a}$을 곱한 값이 된다.

예제 4-5

다음 함수를 미분하라.

(a) $y = \log_5 x$

(b) $y = \log_{\frac{1}{5}} x$

풀이

(a) 자연로그함수에서 밑수만 5로 바뀌었으므로 미분한 결과는 다음과 같다.

$$y' = \frac{1}{x} \cdot \frac{1}{\ln 5}$$

(b) 자연로그함수에서 밑수만 $\frac{1}{5}$로 바뀌었으므로 미분한 결과는 다음과 같다.

$$y' = \frac{1}{x} \cdot \frac{1}{\ln \frac{1}{5}} = -\frac{1}{x} \cdot \frac{1}{\ln 5}$$

■ **자연로그함수에서 밑수 e는 바뀌지 않고 진수만 x에서 $f(x)$로 바뀐 경우**

이 경우 로그함수는 $y = \ln f(x)$이고, 이를 미분하면 결과는 다음과 같다.

$$y' = \frac{1}{f(x)} \cdot f'(x)$$

즉 진수가 $f(x)$인 로그함수를 미분하면, 그 결과는 자연로그함수의 미분처럼 $\frac{1}{f(x)}$을 쓰고 여기에 $f'(x)$를 곱한 값이 된다.

예제 4-6

다음 함수를 미분하라.

(a) $y = \ln(3x^5 + 2)$

(b) $y = \ln(x^4 - 5x^3)$

풀이

(a) 자연로그함수에서 진수만 x에서 $3x^5 + 2$ 로 바뀌었으므로 미분한 결과는 다음과 같다.

$$y' = \frac{1}{3x^5 + 2} \cdot (3x^5 + 2)' = \frac{15x^4}{3x^5 + 2}$$

(b) 자연로그함수에서 진수만 x에서 $x^4 - 5x^3$으로 바뀌었으므로 미분한 결과는 다음과 같다.

$$y' = \frac{1}{x^4 - 5x^3} \cdot (x^4 - 5x^3)' = \frac{4x^3 - 15x^2}{x^4 - 5x^3} = \frac{4x - 15}{x^2 - 5x}$$

■ 자연로그함수에서 밑수 e와 진수 x가 모두 바뀐 경우

자연로그함수에서 밑수가 e에서 a로 바뀌고 진수도 x에서 $f(x)$로 바뀐 경우의 로그함수는

$$y = \log_a f(x)$$

이다. 자연로그함수에서 밑수만 바뀐 경우와 진수만 바뀐 경우를 종합하여 로그함수를 미분하면 결과는 다음과 같다.

$$y' = \frac{1}{f(x)} f'(x) \frac{1}{\ln a}$$

즉 밑수와 진수가 모두 바뀐 로그함수를 미분하면, 그 결과는 자연로그함수의 미분처럼 $\frac{1}{f(x)}$을 쓰고 여기에 진수에 대한 미분 결과인 $f'(x)$를 곱하고 다시 밑수가 e가 아닌 로그함수의 미분법에서 설명한 $\frac{1}{\ln a}$을 곱한 값이 된다.

예제 4-7

다음 함수를 미분하라.

(a) $y = \log_7(x^3 + 4x)$　　　　(b) $y = \log_{\frac{1}{3}}(4 - x - x^5)$

풀이

(a) 자연로그함수에서 진수가 x에서 $x^3 + 4x$로 바뀌었고, 밑수가 e에서 7로 바뀌었으므로 미분한 결과는 다음과 같다.

$$\begin{aligned} y' &= \frac{1}{x^3 + 4x} \cdot (x^3 + 4x)' \cdot \frac{1}{\ln 7} \\ &= \frac{3x^2 + 4}{x^3 + 4x} \cdot \frac{1}{\ln 7} \end{aligned}$$

(b) 자연로그함수에서 진수가 x에서 $4 - x - x^5$으로 바뀌었고, 밑수가 e에서 $\frac{1}{3}$로 바뀌었으므로 미분한 결과는 다음과 같다.

$$\begin{aligned} y' &= \frac{1}{4 - x - x^5} \cdot (4 - x - x^5)' \cdot \frac{1}{\ln \frac{1}{3}} \\ &= \frac{-1 - 5x^4}{4 - x - x^5} \cdot \frac{1}{\ln \frac{1}{3}} \\ &= \frac{1 + 5x^4}{4 - x - x^5} \cdot \frac{1}{\ln 3} \end{aligned}$$

4.2.2 지수함수의 미분법

밑수가 e 인 로그함수를 자연로그함수라고 하듯이 밑수가 e 인 지수함수를 자연지수함수라 한다. 도함수의 정의를 이용하여 자연지수함수를 미분하면 결과는 다음과 같다.

정리 4-4 자연지수함수의 미분

$y = e^x$일 때, $y' = e^x$이다.

증명

$y = e^x$의 양변에 자연로그를 취하면

$$\ln y = \ln e^x = x$$

이다. 이 식의 양변을 x에 관하여 미분하면 음함수의 미분법에 의하여

$$\frac{1}{y}\,y' = 1$$

이며, 이를 정리하면

$$y' = y = e^x$$

이다. ■

이제 자연지수함수의 미분 정리와 합성함수 미분법을 이용하여 밑수와 지수가 변형된 지수함수에 대한 미분법을 알아 보자.

■ 자연지수함수에서 지수 x는 바뀌지 않고 밑수만 e에서 a로 바뀐 경우(단, $a > 0$, $a \neq 1$)

이 경우 지수함수는 $y = a^x$이고, 이를 미분하면 결과는 다음과 같다.

$$y' = a^x \ln a$$

즉 밑수가 a인 지수함수를 미분하면, 그 결과는 자연지수함수의 미분처럼 a^x을 쓰고 여기에 $\ln a$를 곱한 값이 된다.

예제 4-8

다음 함수를 미분하라.

(a) $y = 2^x$

(b) $y = \left(\frac{1}{3}\right)^x$

풀이

(a) 자연지수함수에서 밑수만 e에서 2로 바뀌었으므로 미분한 결과는 다음과 같다.

$$y' = 2^x \ln 2$$

(b) 자연지수함수에서 밑수만 e에서 $\frac{1}{3}$로 바뀌었으므로 미분한 결과는 다음과 같다.

$$y' = \left(\frac{1}{3}\right)^x \ln \frac{1}{3}$$

■ 자연지수함수에서 밑수 e는 바뀌지 않고 지수만 x에서 $f(x)$로 바뀐 경우

이 경우 지수함수는 $y=e^{f(x)}$이고, 이를 미분하면 결과는 다음과 같다.

$$y'=e^{f(x)}\cdot f'(x)$$

즉 지수가 $f(x)$인 지수함수를 미분하면, 그 결과는 자연지수함수의 미분처럼 $e^{f(x)}$을 쓰고 여기에 $f'(x)$를 곱한 값이 된다.

예제 4-9

다음 함수를 미분하라.

(a) $y=e^{x^2+2x+3}$

(b) $y=e^{\sqrt{x}-\sin x}$

풀이

(a) 자연지수함수에서 지수만 x에서 x^2+2x+3으로 바뀌었으므로 미분한 결과는 다음과 같다.

$$\begin{aligned} y' &= e^{x^2+2x+3}\cdot(x^2+2x+3)' \\ &= (2x+2)\,e^{x^2+2x+3} \end{aligned}$$

(b) 자연지수함수에서 지수만 x에서 $\sqrt{x}-\sin x$로 바뀌었으므로 미분한 결과는 다음과 같다.

$$\begin{aligned} y &= e^{\sqrt{x}-\sin x}\cdot(\sqrt{x}-\sin x)' \\ &= \left(\frac{1}{2\sqrt{x}}-\cos x\right)e^{\sqrt{x}-\sin x} \end{aligned}$$

■ 자연지수함수에서 밑수 e와 지수 x가 모두 바뀐 경우

자연지수함수에서 밑수 e와 지수 x가 모두 바뀐 경우의 지수함수는

$$y=a^{f(x)}$$

이다. 이를 미분하면 결과는 다음과 같다.

$$y'=a^{f(x)}f'(x)\ln a$$

즉 밑수와 지수가 모두 바뀐 지수함수를 미분하면, 그 결과는 자연지수함수의 미분처럼 $a^{f(x)}$을 쓰고 여기에 지수에 대한 미분 결과인 $f'(x)$를 곱하고 다시 밑수가 e가 아닌 지수함수의 미분법에서 설명한 $\ln a$를 곱한 값이 된다.

예제 4-10

다음 함수를 미분하라.

(a) $y = 2^{x^2+4x-3}$ (b) $y = \left(\frac{1}{3}\right)^{x^5-5x^2+4}$

풀이

(a) 자연지수함수에서 지수가 x에서 x^2+4x-3으로 바뀌었고, 밑수가 e에서 2로 바뀌었으므로 미분한 결과는 다음과 같다.

$$\begin{aligned} y' &= 2^{x^2+4x-3} \cdot (x^2+4x-3)' \cdot \ln 2 \\ &= 2^{x^2+4x-3}(2x+4)\ln 2 \end{aligned}$$

(b) 자연지수함수에서 지수가 x 에서 x^5-5x^2+4로 바뀌었고, 밑수가 e에서 $\frac{1}{3}$로 바뀌었으므로 미분한 결과는 다음과 같다.

$$\begin{aligned} y' &= \left(\frac{1}{3}\right)^{x^5-5x^2+4} \cdot (x^5-5x^2+4)' \cdot \ln\frac{1}{3} \\ &= \left(\frac{1}{3}\right)^{x^5-5x^2+4}(5x^4-10x)\ln\frac{1}{3} \end{aligned}$$

4.2.3 로그함수 미분법의 활용

로그함수의 미분법을 활용하면 복잡한 식의 미분을 쉽게 구할 수 있다. 예를 들어 곱셈이나 나눗셈으로 이루어진 복잡한 식에 로그를 취하면 식은 덧셈과 뺄셈으로 표현된다. 이때 음함수의 미분법을 사용하면 미분한 결과를 쉽게 얻을 수 있다.

예제 4-11

$y = x^3\sqrt{\frac{x+1}{x-1}}$ 일 때, y'을 구하라.

풀이

$y = x^3\sqrt{\frac{x+1}{x-1}}$ 의 양변에 자연로그를 취하면

$$\ln y = \ln\left(x^3\sqrt{\frac{x+1}{x-1}}\right) = 3\ln x + \frac{1}{2}(\ln(x+1) - \ln(x-1))$$

이다. 이 식의 양변을 x에 관해 미분하면 음함수의 미분법에 의하여

$$\frac{1}{y}y' = \frac{3}{x} + \frac{1}{2}\left(\frac{1}{x+1} - \frac{1}{x-1}\right)$$

이고, 이를 정리하면 결과는 다음과 같다.

$$\begin{aligned} y' &= y\left(\frac{3}{x} + \frac{1}{2}\left(\frac{1}{x+1} - \frac{1}{x-1}\right)\right) \\ &= x^3\sqrt{\frac{x+1}{x-1}}\left(\frac{3}{x} + \frac{1}{2}\left(\frac{1}{x+1} - \frac{1}{x-1}\right)\right) \end{aligned}$$

밑수와 지수가 모두 x에 관한 함수인 경우 주어진 식에 로그를 취하고 음함수의 미분법을 사용하여 미분을 쉽게 구할 수 있다.

예제 4-12

$y = x^x$일 때, y'을 구하라.

풀이

$y = x^x$의 양변에 자연로그를 취하면

$$\ln y = \ln x^x = x \ln x$$

이다. 이 식의 양변을 x에 관하여 미분하면 음함수의 미분법에 의하여

$$\frac{1}{y}y' = 1 \cdot \ln x + x \cdot \frac{1}{x}$$

이므로 이를 정리하면 결과는 다음과 같다.

$$y' = y(\ln x + 1) = x^x(\ln x + 1)$$

로그함수의 미분법을 활용하면 n이 실수일 때 $y = x^n$에 대한 미분 정리를 유도할 수 있다.

정리 4-5 $y = x^n$의 미분

n이 실수이고 $y = x^n$일 때, $y' = nx^{n-1}$이다.

증명

$y = x^n$의 양변에 자연로그를 취하면

$$\ln y = \ln x^n = n \ln x$$

이다. 이 식의 양변을 x에 관하여 미분하면 음함수의 미분법에 의하여

$$\frac{1}{y} y' = n \cdot \frac{1}{x}$$

을 얻는다. 이를 정리하면 결과는 다음과 같다.

$$y' = y \cdot \frac{n}{x} = x^n \cdot \frac{n}{x} = n x^{n-1}$$ ■

예제 4-13

다음 함수를 미분하라.

(a) $y = x^{\sqrt{3}}$

(b) $y = x^{\sqrt{5} - \sqrt{2}}$

(c) $y = x^{\pi}$

(d) $y = x^{\pi^2 - 5}$

풀이

(a) [정리 4-5]에 의하여 $y' = \sqrt{3}\, x^{\sqrt{3} - 1}$이다.

(b) [정리 4-5]에 의하여 $y' = (\sqrt{5} - \sqrt{2})\, x^{\sqrt{5} - \sqrt{2} - 1}$이다.

(c) [정리 4-5]에 의하여 $y' = \pi x^{\pi - 1}$이다.

(d) [정리 4-5]에 의하여 $y' = (\pi^2 - 5)\, x^{\pi^2 - 6}$이다.

이 절에서는 로그함수와 지수함수의 미분법을 학습하였고, 합성함수의 미분법을 이용하여 변형된 로그함수와 지수함수의 미분을 구하는 과정을 유형별로 나누어 제시했다. 또한 로그함수의 미분법을 활용하여 복잡한 식의 미분을 간단히 구하는 방법을 살펴보았다.

Section 4.2 연습문제

1. 밑수만 바뀐 경우의 로그함수 미분법을 이용하여 다음 함수를 미분하라.

(a) $y = \log_7 x$

(b) $y = \log_{1.6} x$

(c) $y = \log x$

(d) $y = \log_{\frac{1}{\sqrt{2}}} x$

2. 진수만 바뀐 경우의 로그함수 미분법을 이용하여 다음 함수를 미분하라.

(a) $y = \ln(3x^2 + 7)$

(b) $y = \ln(\sqrt{x} + \sqrt[3]{x})$

(c) $y = \ln\left(x - \dfrac{1}{x}\right)$

(d) $y = \ln(x^3 - \cos x)$

3. 밑수와 진수가 모두 바뀐 경우 로그함수의 미분법을 이용하여 다음 함수를 미분하라.

(a) $y = \log_2(4x^3 + 1)$

(b) $y = \log_{0.3}(x^2 + \sin x)$

(c) $y = \log_5(\cos x + 2x^3)$

(d) $y = \log_{\frac{2}{7}}(1 - x - x^3)$

4. 밑수만 바뀐 경우의 지수함수 미분법을 이용하여 다음 함수를 미분하라.

(a) $y = 6^x$

(b) $y = \left(\dfrac{5}{7}\right)^x$

(c) $y = \left(\dfrac{3}{\pi}\right)^x$

(d) $y = (\sqrt{3})^x$

5. 지수만 바뀐 경우의 지수함수 미분법을 이용하여 다음 함수를 미분하라.

(a) $y = e^{2.3x}$

(b) $y = e^{x^2 + \sqrt{3}x}$

(c) $y = e^{\sin x}$

(d) $y = e^{\frac{1}{x}}$

6. 밑수와 지수가 모두 바뀐 경우의 지수함수 미분법을 이용하여 다음 함수를 미분하라.

(a) $y = 3^{x^2 + 5x}$

(b) $y = 6^{\ln x}$

(c) $y = \left(\dfrac{1}{\sqrt{2}}\right)^{\cos x}$

(d) $y = \left(\dfrac{4}{\pi}\right)^{\frac{1}{x}}$

7. 로그함수의 미분법과 음함수의 미분법을 이용하여 다음 함수를 미분하라.

(a) $y = (3x+5)^{10}(x^2-1)^{11}$

(b) $y = \dfrac{(3x^2-1)^6}{(5x+4)^{11}}$

(c) $y = \sqrt{\dfrac{x^2-1}{x^3+1}}$

(d) $y = \sqrt[3]{\dfrac{2x^2-x-1}{x^5+4x}}$

(e) $y = x^4\sqrt{\dfrac{x-2}{x+1}}$

(f) $y = \dfrac{\sqrt{x^2-4}}{x^3\sqrt{x^2+4}}$

8. 로그함수의 미분법과 음함수의 미분법을 이용하여 다음 함수를 미분하라.

(a) $y = x^{\sin x}$

(b) $y = (\sin x)^x$

(c) $y = (\cos x)^{\sin x}$

(d) $y = (\tan x)^{\cos x}$

(e) $y = (\ln x)^x$

(f) $y = x^{\ln x}$

9. 다음 함수를 미분하라.

(a) $y = x^{\sqrt{5}}$

(b) $y = x^{\sqrt{7}-\sqrt{5}}$

(c) $y = x^{-\pi}$

(d) $y = x^{\pi^2+\frac{1}{e}}$

(e) $y = x^{e^2+3}$

(f) $y = x^{\ln 9}$

동영상 풀이

4.3 쌍곡선함수의 미분

지수함수인 e^x과 e^{-x}을 결합하여 만들어지는 쌍곡선함수는 응용 분야에 자주 사용된다. 예를 들어 두 송전탑 사이에 늘어져 있는 송전선을 식으로 설명하고자 할 때, 쌍곡선함수가 유용하게 사용된다. 이 절에서는 쌍곡선함수의 정의와 미분법에 대하여 알아보고자 한다.

4.3.1 쌍곡선함수의 정의

기본적인 쌍곡선함수는 다음과 같이 정의한다.

정의 4-1 쌍곡선함수

(1) $\sinh x = \dfrac{e^x - e^{-x}}{2}$을 **쌍곡선 사인함수**(hyperbolic sine function)라 한다.

(2) $\cosh x = \dfrac{e^x + e^{-x}}{2}$을 **쌍곡선 코사인함수**(hyperbolic cosine function)라 한다.

(3) $\tanh x = \dfrac{\sinh x}{\cosh x} = \dfrac{e^x - e^{-x}}{e^x + e^{-x}}$을 **쌍곡선 탄젠트함수**(hyperbolic tangent function)라 한다.

쌍곡선함수의 그래프는 [그림 4-1]과 같다.

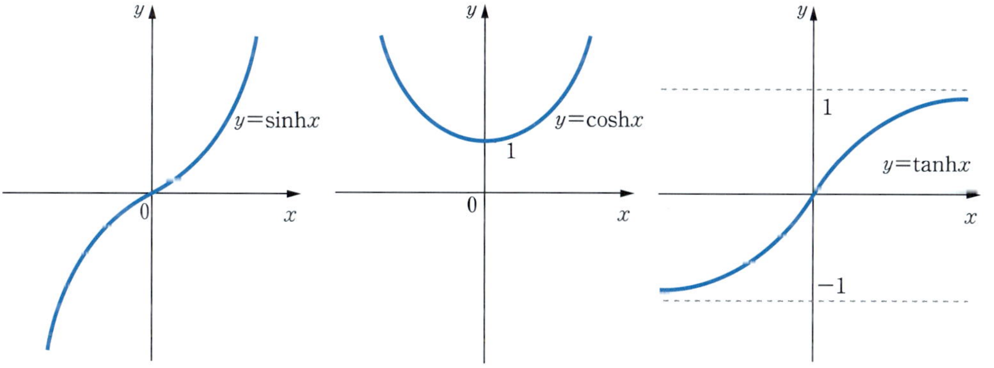

(a) 쌍곡선 사인함수 (b) 쌍곡선 코사인함수 (c) 쌍곡선 탄젠트함수

[그림 4-1] 쌍곡선함수의 그래프

삼각함수의 경우와 같은 방법으로 쌍곡선 코시컨트함수(hyperbolic cosecant function), 쌍곡선 시컨트함수(hyperbolic secant function), 쌍곡선 코탄젠트함수(hyperbolic cotangent function)를 다음과 같이 정의한다.

$$\operatorname{csch} x = \frac{1}{\sinh x}, \quad \operatorname{sech} x = \frac{1}{\cosh x}, \quad \coth x = \frac{1}{\tanh x}$$

4.3.2 쌍곡선함수의 성질

지수함수들을 결합하여 만든 쌍곡선함수는 주기함수가 아니다. 그럼에도 불구하고 주기함수인 삼각함수와 비슷한 이름을 갖고 있는데, 그 이유는 쌍곡선함수가 주기성을 갖지 않는다는 점을 제외하고는 삼각함수와 유사한 성질을 갖고 있기 때문이다.

삼각함수인 $\sin x$와 $\tan x$가 기함수이고 $\cos x$가 우함수인 것과 같이, 쌍곡선함수인 $\sinh x$와 $\tanh x$가 기함수이고 $\cosh x$는 우함수이다.

정리 4-6 쌍곡선함수의 성질

(1) $\sinh(-x) = -\sinh x$ (2) $\cosh(-x) = \cosh x$

(3) $\tanh(-x) = -\tanh x$

증명

(1) $\sinh(-x) = \dfrac{e^{-x} - e^{x}}{2} = -\left(\dfrac{e^{x} - e^{-x}}{2}\right) = -\sinh x$

(2) $\cosh(-x) = \dfrac{e^{-x} + e^{x}}{2} = \cosh x$

(3) (1)과 (2)의 결과로부터

$$\tanh(-x) = \frac{\sinh(-x)}{\cosh(-x)} = \frac{-\sinh x}{\cosh x} = -\tanh x$$

이다. ■

삼각함수의 기함수와 우함수, 쌍곡선함수의 기함수와 우함수가 같다고 해서 삼각함수의 성질과 쌍곡선함수의 성질이 완전히 같은 것은 아니다.

삼각함수와 관련하여 자주 사용되는 공식으로는 $\cos^2 x + \sin^2 x = 1$과 $1 + \tan^2 x = \sec^2 x$가 있다. 쌍곡선함수에도 이와 관련된 공식이 있지만, 삼각함수와는 조금 다르게 표현된다. 그 내용을 정리하면 다음과 같다.

정리 4-7 쌍곡선함수 공식

(1) $\cosh^2 x - \sinh^2 x = 1$ (2) $1 - \tanh^2 x = \operatorname{sech}^2 x$

증명

(1) $$\cosh^2 x - \sinh^2 x = \left(\frac{e^x + e^{-x}}{2}\right)^2 - \left(\frac{e^x - e^{-x}}{2}\right)^2$$
$$= \left(\frac{e^{2x} + 2 + e^{-2x}}{4}\right) - \left(\frac{e^{2x} - 2 + e^{-2x}}{4}\right)$$
$$= 1$$

(2) (1)의 결과로부터

$$\begin{aligned} 1 - \tanh^2 x &= 1 - \frac{\sinh^2 x}{\cosh^2 x} \\ &= \frac{\cosh^2 x - \sinh^2 x}{\cosh^2 x} \\ &= \frac{1}{\cosh^2 x} \\ &= \operatorname{sech}^2 x \end{aligned}$$

이다. ■

4.3.3 쌍곡선함수의 미분법

기본적인 삼각함수를 미분하면 결과는 다음과 같다.

$$(\sin x)' = \cos x,\ (\cos x)' = -\sin x,\ (\tan x)' = \sec^2 x$$

기본적인 쌍곡선함수를 미분하면 삼각함수와 비슷한 결과를 얻게 된다.

정리 4-8 쌍곡선함수의 미분

(1) $y = \sinh x$일 때, $y' = \cosh x$이다.

(2) $y = \cosh x$일 때, $y' = \sinh x$이다.

(3) $y = \tanh x$일 때, $y' = \operatorname{sech}^2 x$이다.

증명

(1) $\sinh x = \dfrac{e^x - e^{-x}}{2}$ 이므로

$$y' = \left(\frac{e^x - e^{-x}}{2}\right)' = \frac{e^x + e^{-x}}{2} = \cosh x$$

이다.

(2) $\cosh x = \dfrac{e^x + e^{-x}}{2}$ 이므로

$$y' = \left(\frac{e^x + e^{-x}}{2}\right)' = \frac{e^x - e^{-x}}{2} = \sinh x$$

이다.

(3) $\tanh x = \dfrac{\sinh x}{\cosh x}$ 이므로 (1)과 (2)의 결과로부터

$$\begin{aligned} y' &= \left(\frac{\sinh x}{\cosh x}\right)' \\ &= \frac{(\sinh x)'\cosh x - \sinh x(\cosh x)'}{\cosh^2 x} \\ &= \frac{\cosh x \cosh x - \sinh x \sinh x}{\cosh^2 x} \\ &= \frac{1}{\cosh^2 x} \\ &= \operatorname{sech}^2 x \end{aligned}$$

이다. ■

[정리 4-8]에서 알 수 있듯이 쌍곡선 사인함수와 쌍곡선 탄젠트함수의 미분 결과는 삼각함수의 사인함수와 탄젠트함수의 미분 결과와 같은 형태로 나타난다. 하지만 쌍곡선 코사인함수의 미분 결과는 코사인함수의 미분 결과와 달리 식 앞에 음의 기호(−)가 붙지 않는다.

기본적인 쌍곡선함수가 아닌 경우에는 합성함수의 미분법을 이용하여 미분을 구한다. 삼각함수의 표기법과 같이 $\cosh^n x = (\cosh x)^n$, $\cosh x^n = \cosh(x^n)$ 이다.

예제 4-14

연쇄법칙을 이용하여 다음 함수를 미분하라.

(a) $f(x) = \sinh 4x$　　(b) $g(x) = \cosh^2 x$　　(c) $h(x) = \tanh x^3$

풀이

(a) $f(x) = \sinh 4x = \sinh(4x)$ 이므로 $f(x) = \sinh(\square)$의 형태이다. 합성함수의 미분법에 의하여

$$\begin{aligned} f'(x) &= \cosh(\square) \cdot (\square)' \\ &= \cosh(4x) \cdot (4x)' \\ &= 4\cosh 4x \end{aligned}$$

이다.

(b) $g(x) = \cosh^2 x = (\cosh x)^2$ 이므로 $g(x) = (\square)^2$의 형태이다. 합성함수의 미분법에 의하여

$$\begin{aligned} g'(x) &= 2(\square)^1 \cdot (\square)' \\ &= 2(\cosh x) \cdot (\cosh x)' \\ &= 2\cosh x \sinh x \end{aligned}$$

이다.

(c) $h(x) = \tanh x^3 = \tanh(x^3)$ 이므로 $h(x) = \tanh(\square)$의 형태이다. 합성함수의 미분법에 의하여

$$\begin{aligned} h'(x) &= \mathrm{sech}^2(\square) \cdot (\square)' \\ &= \mathrm{sech}^2(x^3) \cdot (x^3)' \\ &= \mathrm{sech}^2 x^3 \cdot (3x^2) \\ &= 3x^2 \mathrm{sech}^2 x^3 \end{aligned}$$

이다.

복잡한 형태의 쌍곡선함수를 미분할 때는 합성함수의 미분법을 두 번 이상 사용하기도 한다.

예제 4-15

합성함수의 미분법을 사용하여 다음 함수를 미분하라.

(a) $f(x) = \sinh^2 x^3$　　(b) $g(x) = \cosh^3(\sinh 7x)$

풀이

(a) 합성함수의 미분법을 두 번 사용하여 구한다. 합성함수의 미분법에 의하여

$$\begin{aligned}(\sinh x^3)' &= \cosh x^3 \cdot (x^3)' \\ &= 3x^2 \cosh x^3 \quad \cdots\cdots\cdots \text{①}\end{aligned}$$

이다.

$$f(x) = \sinh^2 x^3 = (\sinh x^3)^2 = (\square)^2$$

의 형태이므로 합성함수의 미분법과 ①에 의하여

$$\begin{aligned}f'(x) &= 2(\square)^1 \cdot (\square)' \\ &= 2(\sinh x^3)^1 \cdot (\sinh x^3)' \\ &= 2(\sinh x^3) \cdot (3x^2 \cosh x^3) \\ &= 6x^2 \sinh x^3 \cosh x^3\end{aligned}$$

이다.

(b) 합성함수의 미분법을 두 번 사용하여 구한다. 합성함수의 미분법에 의하여

$$\begin{aligned}(\sinh 7x)' &= \cosh 7x \cdot (7x)' \\ &= 7\cosh 7x \quad \cdots\cdots\cdots \text{②}\end{aligned}$$

이다.

$$g(x) = \cosh^3(\sinh 7x) = \cosh^3(\square) = (\cosh(\square))^3$$

의 형태이므로 합성함수의 미분법과 ②에 의하여

$$\begin{aligned}g'(x) &= 3(\cosh(\square))^2 \cdot (\cosh \square)' \\ &= 3(\cosh \square)^2 \cdot (\sinh \square) \cdot \square' \\ &= 3\cosh^2(\sinh 7x) \cdot \sinh(\sinh 7x) \cdot (\sinh 7x)' \\ &= 3\cosh^2(\sinh 7x) \cdot \sinh(\sinh 7x) \cdot (7\cosh 7x) \\ &= 21\cosh 7x \cosh^2(\sinh 7x) \sinh(\sinh 7x)\end{aligned}$$

이다.

이 절에서는 지수함수를 이용하여 쌍곡선함수를 정의하고, 쌍곡선함수와 삼각함수를 비교하였다. 또한 쌍곡선함수의 미분 공식을 유도하였고, 복잡한 쌍곡선함수의 미분을 쌍곡선함수의 미분 정리와 합성함수의 미분법을 이용하여 체계적으로 구하는 과정을 학습하였다.

Section 4.3 연습문제

1. 다음 값을 구하라.

(a) $\sinh 0$ (b) $\cosh 0$

(c) $\tanh 0$ (d) $\sinh(\ln 2)$

(e) $\cosh(\ln 3)$ (f) $\tanh(\ln 10)$

2. 다음을 증명하라.

(a) $\sinh x + \cosh x = e^{x}$ (b) $\cosh x - \sinh x = e^{-x}$

(c) $\tanh(\ln x) = \dfrac{x^2 - 1}{x^2 + 1}$ (d) $\coth^2 x - \operatorname{csch}^2 x = 1$

3. 다음 극한을 구하라.

(a) $\lim_{x \to \infty} \sinh x$ (b) $\lim_{x \to \infty} \cosh x$

(c) $\lim_{x \to \infty} \tanh x$ (d) $\lim_{x \to -\infty} \sinh x$

(e) $\lim_{x \to -\infty} \cosh x$ (f) $\lim_{x \to -\infty} \tanh x$

4. 합성함수의 미분법을 이용하여 다음 함수의 도함수를 구하라.

(a) $y = \sinh^9 x$ (b) $y = \sinh 9x$

(c) $y = \sinh x^9$ (d) $y = \cosh^7 x$

(e) $y = \cosh 7x$ (f) $y = \cosh x^7$

(g) $y = \tanh^6 x$ (h) $y = \tanh x^6$

5. 합성함수의 미분법을 이용하여 다음 함수의 도함수를 구하라.

(a) $y = \sinh(\cosh x)$

(b) $y = \cosh(\sinh x)$

(c) $y = \tanh(\sinh x)$

(d) $y = \tanh(\cosh x)$

(e) $y = \sinh^3(x^3 + 2x)$

(f) $y = \cosh^4(3 - x^2)$

(g) $y = \tanh^4(e^x + x^2)$

(h) $y = \tanh^3 \dfrac{1}{x}$

6. 합성함수의 미분법과 곱의 미분법을 이용하여 다음 함수의 도함수를 구하라.

(a) $y = \sinh^4(\tanh x)$

(b) $y = \sinh(\tanh^4 x)$

(c) $y = \ln(\cosh^2 x)$

(d) $y = e^{\cosh^2 x}$

(e) $y = \sinh^3 x \cosh 4x$

(f) $y = \tanh^3 x \cosh x^3$

(g) $y = \tanh^2(\sin x)$

(h) $y = \sin^2(\tanh x)$

7. 다음을 증명하라.

(a) $(\operatorname{csch} x)' = -\operatorname{csch} x \coth x$

(b) $(\operatorname{sech} x)' = -\operatorname{sech} x \tanh x$

(c) $(\coth x)' = -\operatorname{csch}^2 x$

동영상 풀이

4.4 고계 도함수

함수를 n 번 미분하려면 $n-1$ 번 미분한 식을 한 번 더 미분하면 되는데, 이렇게 얻은 고계 도함수는 응용수학에서 활용도가 높은 테일러 정리 등에 중요하게 사용된다. 이 절에서는 주어진 함수를 여러 번 미분하는 방법에 대하여 알아보고자 한다.

4.4.1 1계, 2계, 3계 도함수

1계 도함수를 이용하여 2계 도함수를 다음과 같이 정의한다.

정의 4-2 1계, 2계 도함수

$y=f(x)$의 도함수가 존재할 때, $f'(x)$를 **1계 도함수**라 한다. $y'=f'(x)$의 도함수가 존재하면,

$$(y')'=\lim_{h\to 0}\frac{f'(x+h)-f'(x)}{h}$$

를 $y=f(x)$의 **2계 도함수**라 한다.

$(y')'$은 간단히 y''으로 표현하며, 2계 도함수는 y'', $y^{(2)}$, $f''(x)$ 또는 $\dfrac{d^2y}{dx^2}$로 나타낸다.

2계 도함수의 표현인 $\dfrac{d^2y}{dx^2}$에서 분자와 분모의 제곱 위치가 다른 이유는 무엇일까? 1계 도함수는 $\dfrac{dy}{dx}$이고, 이 1계 도함수를 다시 x에 관하여 미분하는 것이 2계 도함수이다. 이를 식으로 나타내면

$$\frac{d}{dx}\left(\frac{dy}{dx}\right)$$

인데, 이 식을 괄호 없이 나타내 보자. 분자에서는 d만 제곱이 되고 분모에서는 dx 전체가 제곱이 되므로

$$\frac{d}{dx}\left(\frac{dy}{dx}\right)=\frac{d^2y}{dx^2}$$

로 표현하게 된다.

예제 4-16

다음 함수의 2계 도함수를 구하라.

(a) $y=x^7$ (b) $y=x^4-5x+4$ (c) $y=\cos x$ (d) $y=e^{4x}$

풀이

우선 1계 도함수를 구한 후 이를 한 번 더 미분하여 2계 도함수를 구한다.

(a) $y'=7x^6$이므로 $y''=42x^5$이다.

(b) $y'=4x^3-5$이므로 $y''=12x^2$이다.

(c) $y'=-\sin x$이므로 $y''=-\cos x$이다.

(d) $y'=4e^{4x}$이므로 $y''=16e^{4x}$이다.

2계 도함수를 이용하여 3계 도함수를 다음과 같이 정의한다.

정의 4-3 3계 도함수

$y''=f''(x)$의 도함수가 존재하면,

$$(y'')'=\lim_{h\to 0}\frac{f''(x+h)-f''(x)}{h}$$

를 $y=f(x)$의 **3계 도함수**라 한다.

$(y'')'$은 간단히 y'''으로 표현하며, 3계 도함수는 y''', $y^{(3)}$, $f'''(x)$ 또는 $\dfrac{d^3y}{dx^3}$로 나타낸다.

예제 4-17

다음 함수의 3계 도함수를 구하라.

(a) $y=x^8$ (b) $y=2x^5-4x^2$ (c) $y=\sin x$ (d) $y=\ln x$

풀이

우선 2계 도함수를 구한 후 이를 한 번 더 미분하여 3계 도함수를 구한다.

(a) $y'=8x^7$이므로 $y''=56x^6$이다. 따라서 $y'''=336x^5$이다.

(b) $y'=10x^4-8x$이므로 $y''=40x^3-8$이다. 따라서 $y'''=120x^2$이다.

(c) $y'=\cos x$이므로 $y''=-\sin x$이다. 따라서 $y'''=-\cos x$이다.

(d) $y'=\dfrac{1}{x}$이므로 $y''=-\dfrac{1}{x^2}$이다. 따라서 $y'''=\dfrac{2}{x^3}$이다.

4.4.2 n계 도함수

이제 일반적인 고계 도함수를 정의해 보자.

정의 4-4 n계 도함수

n이 자연수이고 $y^{(n-1)} = f^{(n-1)}(x)$의 도함수가 존재하면,

$$y^{(n)} = (y^{(n-1)})' = \lim_{h \to 0} \frac{f^{(n-1)}(x+h) - f^{(n-1)}(x)}{h}$$

를 $y = f(x)$의 **n계 도함수**라 한다.

$n \geq 2$ 일 때 $y^{(n)}$을 **고계 도함수**라 하고, n계 도함수는 $y^{(n)}$ 또는 $f^{(n)}(x)$ 또는 $\dfrac{d^n y}{dx^n}$로 나타낸다.

How to 4-2 n계 도함수를 구하는 방법

$n=1$, $n=2$, $n=3$일 때 주어진 함수의 도함수를 구하고, 이때 나타나는 숫자와 식의 변화를 관찰하여 n계 도함수를 구한다.

예제 4-18

다음 함수의 n계 도함수를 구하라.

(a) $y = e^{5x}$ (b) $y = 3^x$ (c) $y = \dfrac{1}{x}$

풀이

(a) 지수함수의 미분법에 의하여 $y' = 5e^{5x}$이고, $y'' = 5^2 e^{5x}$이며, $y''' = 5^3 e^{5x}$이다. 따라서 식을 미분하면 5가 하나씩 더 곱해지고 e^{5x}은 변화가 없으므로 $y = e^{5x}$의 n계 도함수는

$$y^{(n)} = 5^n e^{5x}$$

이다.

(b) 지수함수의 미분법에 의하여 $y' = 3^x \ln 3$이고, $y'' = 3^x (\ln 3)^2$이며, $y''' = 3^x (\ln 3)^3$이다. 따라서 식을 미분하면 $\ln 3$이 하나씩 더 곱해지고 3^x은 변화가 없으므로, $y = 3^x$의 n계 도함수는

$$y^{(n)} = 3^x (\ln 3)^n$$

이다.

(c) $y' = -\frac{1}{x^2}$이고, $y'' = \frac{2}{x^3}$이며, $y''' = -\frac{2 \cdot 3}{x^4} = -\frac{3!}{x^4}$이다. 따라서 $y = \frac{1}{x}$의 n계 도함수는

$$y^{(n)} = (-1)^n \frac{n!}{x^{n+1}}$$

이다.

$\sin x$, $\cos x$ 와 같은 삼각함수의 고계 도함수는 함수를 여러 번 미분하면서 규칙성을 찾아야 한다.

예제 4-19

$y = \cos x$의 n계 도함수를 구하라.

풀이

규칙성을 찾기 위하여 $n = 1$에서 $n = 6$까지 n계 도함수를 구하면서 규칙성을 찾는다.

$$\begin{aligned} y' &= -\sin x \\ y'' &= -\cos x \\ y''' &= \sin x \\ y'''' &= \cos x \\ y^{(5)} &= -\sin x \\ y^{(6)} &= -\cos x \end{aligned}$$

$$\begin{aligned} y' &= -\sin x = y^{(5)} = y^{(9)} = \cdots \\ y'' &= -\cos x = y^{(6)} = y^{(10)} = \cdots \\ y''' &= \sin x = y^{(7)} = y^{(11)} = \cdots \\ y'''' &= \cos x = y^{(8)} = y^{(12)} = \cdots \end{aligned}$$

임을 알 수 있다. 따라서

$$y^{(n)} = \begin{cases} \cos x, & n = 4k \\ -\sin x, & n = 4k+1 \\ -\cos x, & n = 4k+2 \\ \sin x, & n = 4k+3 \end{cases}$$

이다. 이때 k는 0이거나 자연수이다.

4.4.3 매개변수함수의 고계 도함수

이제 매개변수함수의 고계 도함수를 구하는 방법에 대해 알아 보자. 매개변수함수의 고계 도함수는 매우 복잡하기 때문에 2계 도함수를 구하는 과정만 설명하기로 한다.

매개변수함수가 $\begin{cases} x = f(t) \\ y = g(t) \end{cases}$ 일 때, 1계 도함수는

$$\frac{dy}{dx} = \frac{\frac{dy}{dt}}{\frac{dx}{dt}} = \frac{g'(t)}{f'(t)} \quad (\text{단, } f'(t) \neq 0)$$

이다. 이제 $\frac{dy}{dx} = Y$라 하면, 2계 도함수는

$$\frac{d^2y}{dx^2} = \frac{d}{dx}\left(\frac{dy}{dx}\right) = \frac{d}{dx}(Y) = \frac{\frac{dY}{dt}}{\frac{dx}{dt}}$$

이다.

주의

$$\frac{d^2y}{dx^2} \neq \frac{\frac{d^2y}{dt^2}}{\frac{d^2x}{dt^2}}$$

예제 4-20

다음 함수의 2계 도함수를 구하라.

(a) $\begin{cases} x = 3t^2 - 1 \\ y = 4t^3 \end{cases}$ 일 때, $\frac{d^2y}{dx^2}$

(b) $\begin{cases} x = \cos\theta + 5 \\ y = \sqrt{2} - \sin\theta \end{cases}$ 일 때, $\frac{d^2y}{dx^2}$

풀이

(a) 매개변수함수의 1계 도함수는

$$\frac{dy}{dx} = \frac{\frac{dy}{dt}}{\frac{dx}{dt}} = \frac{12t^2}{6t} = 2t \quad (\text{단, } t \neq 0)$$

이므로 2계 도함수는

$$\frac{d^2y}{dx^2} = \frac{d}{dx}(2t) = \frac{\frac{d(2t)}{dt}}{\frac{dx}{dt}} = \frac{2}{6t} = \frac{1}{3t}$$

이다.

(b) 매개변수함수의 1계 도함수는

$$\frac{dy}{dx} = \frac{\dfrac{dy}{d\theta}}{\dfrac{dx}{d\theta}} = \frac{-\cos\theta}{-\sin\theta} = \cot\theta$$

이므로 2계 도함수는

$$\frac{d^2y}{dx^2} = \frac{d}{dx}(\cot\theta) = \frac{\dfrac{d(\cot\theta)}{d\theta}}{\dfrac{dx}{d\theta}} = \frac{-\csc^2\theta}{-\sin\theta} = \csc^3\theta$$

이다.

이 절에서는 함수를 두 번 이상 미분하는 고계 도함수를 구하는 방법에 대하여 학습하였다. 일반적인 고계 도함수를 구하기 위하여 함수를 여러 번 미분하면서 계수나 차수, 식의 변화를 관찰하여 미분한 결과를 추론하였다.

Section 4.4 연습문제

1. 다음 함수의 2계 도함수를 구하라.

(a) $y = x^{11}$

(b) $y = 5x^7 - 6x^3 + 1$

(c) $y = \dfrac{1}{3x+2}$

(d) $y = \dfrac{1}{1-2x}$

(e) $y = \sqrt{x+5}$

(f) $y = \sqrt[3]{x-4}$

(g) $y = e^{\sqrt{3}\,x}$

(h) $y = \ln(4x+5)$

(i) $y = \sin \pi x$

(j) $y = \cos \dfrac{1}{\sqrt{3}} x$

2. 다음 함수의 3계 도함수를 구하라.

(a) $y = 5x^2 + 3x$

(b) $y = -2x^3 + 5$

(c) $y = \dfrac{1}{x-2}$

(d) $y = \dfrac{1}{5-x}$

(e) $y = x\sqrt{x}$

(f) $y = \sqrt[5]{x}$

(g) $y = e^{-2x}$

(h) $y = \ln(3-2x)$

(i) $y = \sin \dfrac{1}{3} x$

(j) $y = \cos \pi(x+1)$

3. 다음 함수의 n계 도함수를 구하라

(a) $y = \dfrac{1}{x+2}$

(b) $y = \dfrac{1}{3x-1}$

(c) $y = e^{10x}$

(d) $y = \ln(2x+3)$

(e) $y = \sin x$

(f) $y = \cos 2x$

(g) $y = \sinh 3x$

(h) $y = \cosh 4x$

4. $l(x)$의 2계 도함수가 존재하고 $l(1)=1$, $l'(1)=3$, $l''(1)=-2$일 때 다음 물음에 답하라.

(a) $f(x)=x^3 l(x)$일 때 $f'(1)$과 $f''(1)$을 구하라.

(b) $g(x)=x\,l(x^3)$일 때 $g'(1)$과 $g''(1)$을 구하라.

(c) $h(x)=x^3 l(x^2)$일 때 $h'(1)$과 $h''(1)$을 구하라.

(d) $k(x)=x^2 l(x^3)$일 때 $k'(1)$과 $k''(1)$을 구하라.

5. 다음 함수에 대해 $\dfrac{d^2y}{dx^2}$를 구하라.

(a) $\begin{cases} x=t^2-1 \\ y=t^3+1 \end{cases}$

(b) $\begin{cases} x=2t^2+5 \\ y=4t-1 \end{cases}$

(c) $\begin{cases} x=2s^3+1 \\ y=9s^2 \end{cases}$

(d) $\begin{cases} x=\sqrt[3]{s} \\ y=\sqrt{s} \end{cases}$

(e) $\begin{cases} x=\sin\theta \\ y=1+\cos\theta \end{cases}$

(f) $\begin{cases} x=2\cos\theta+1 \\ y=4\sin\theta-3 \end{cases}$

6. 다음 함수에 대해 $\dfrac{d^3y}{dx^3}$를 구하라.

(a) $\begin{cases} x=t^2 \\ y=2t^3+1 \end{cases}$

(b) $\begin{cases} x=t\sqrt{t} \\ y=\sqrt[3]{t^2} \end{cases}$

(c) $\begin{cases} x=e^{3s} \\ y=e^{-2s} \end{cases}$

(d) $\begin{cases} x=\sin s \\ y=\cos s \end{cases}$

동영상 풀이

Chapter

05

미분의 활용

Applications of Differentiation

학습목표

- 1계 도함수를 이용하여 함수의 증가와 감소, 극값을 구하는 방법을 학습한다.
- 2계 도함수를 이용하여 함수의 오목성과 변곡점을 구하는 방법을 학습한다.
- 응용문제를 수식을 이용하여 표현하고, 극댓값과 극솟값을 이용하여 문제를 해결하는 방법을 익힌다.

【미리보기】

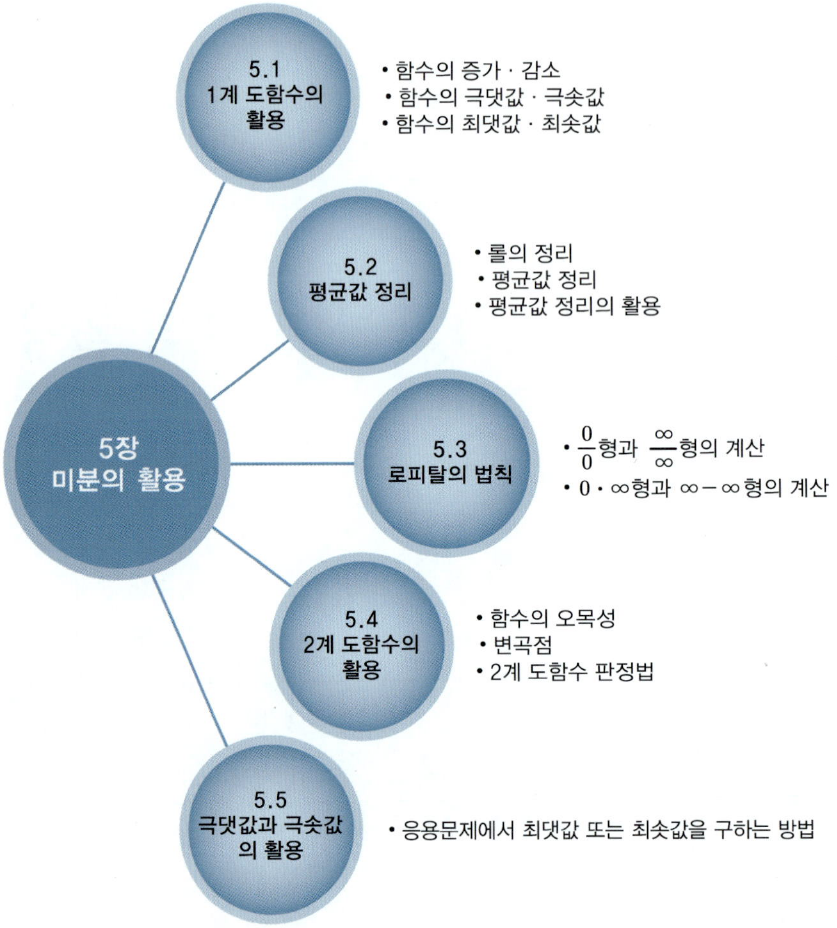

이 장에서는 미분 결과를 분석하여 함수가 증가하는 구간과 감소하는 구간을 판정하고, 주어진 영역에서 가장 큰 값을 갖는 극댓값과 가장 작은 값을 갖는 극솟값을 구하는 방법을 알아본다. 또한 함수가 증가하거나 감소할 때 위로 오목하거나 아래로 오목한 그래프가 그려지는데, 이를 2계 도함수와 연계하여 학습한다. 또한 생활 속에서 자주 접하는 최적화 문제를 풀기 위해 극댓값, 극솟값을 활용하는 방법에 대해서도 학습한다.

【들어가기 전에】

미분과 경사하강법

주어진 영역에서 정의된 함수의 최솟값은 순수 수학에서뿐만 아니라 신경망(neural network)에서도 중요하게 사용된다.

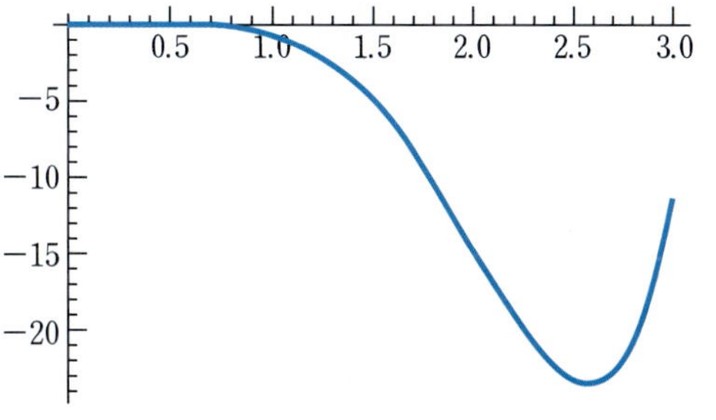

구간 $[0, 3]$에서 $f(x) = -x^4 \sin x$의 그래프는 오른쪽과 같다. 구간 $[0, 3]$에서 $f(x)$의 최솟값은 어떻게 구할까?

1계 도함수와 2계 도함수를 사용하여 $f(x)$의 최솟값을 구하기는 어렵다. 이런 경우 인공지능 분야의 연구에서 사용되는 경사하강법(gradient descent method)을 이용한다. 경사하강법의 알고리즘은 $x = x_0$에서의 미분계수가 음이면 x_1은 x_0의 오른쪽에서 선택되고 반대로 $x = x_0$에서의 미분계수가 양이면 x_1은 x_0의 왼쪽에서 선택된다.

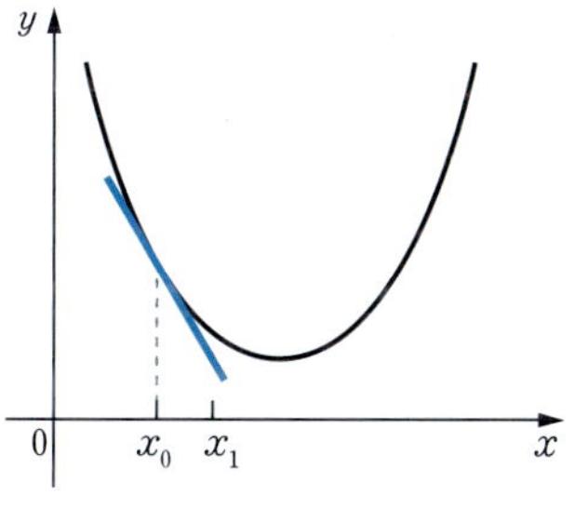

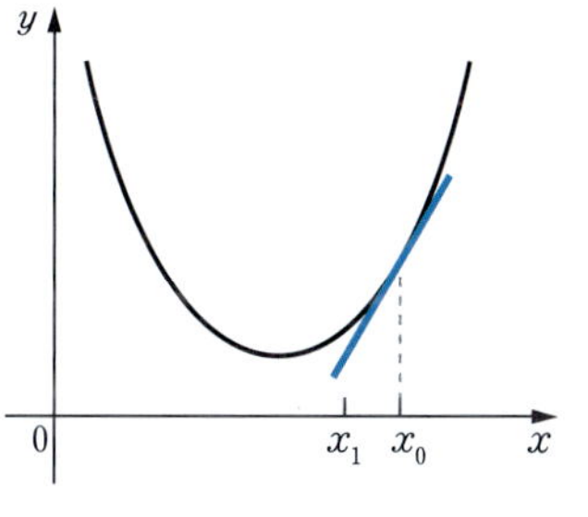

α가 학습률이라는 양의 상수일 때, 경사하강법을 식으로 나타내면 다음과 같다.

$$x_1 = x_0 - \alpha f'(x_0)$$

이 과정을 반복하여

$$x_{n+1} = x_n - \alpha f'(x_n)$$

에 따라서 $x_2, x_3, \cdots$을 구하면 이 수열은 $f'(x) = 0$인 x에 접근하게 되고, 그 점에서 $f(x)$는 최솟값을 갖는다.

5.1 1계 도함수의 활용

함수의 1계 도함수 결과가 양의 값을 갖는지 또는 음의 값을 갖는지에 따라서 함수를 다양하게 분석할 수 있다. 이 절에서는 1계 도함수를 이용하여 함수의 증가와 감소를 판정하고, 극댓값과 극솟값, 최댓값과 최솟값을 구하는 방법에 대해 알아보고자 한다.

5.1.1 함수의 증가·감소

그래프를 보고 쉽게 판정할 수 있는 함수의 증가와 감소는 식으로 다음과 같이 정의한다.

정의 5-1 함수의 증가, 감소

$f: I \to \mathbb{R}$ 라 하자. $x_1 < x_2$인 정의역 I의 모든 x_1과 x_2에 대해

(1) $f(x_1) < f(x_2)$이면 $f(x)$는 I에서 **증가한다**(increasing)고 한다.

(2) $f(x_1) > f(x_2)$이면 $f(x)$는 I에서 **감소한다**(decreasing)고 한다.

함수의 증가, 감소와 1계 도함수는 어떤 관계가 있을까? [그림 5-1]의 함수는 정의역 내 임의의 점에서 접선의 기울기(미분계수)가 모두 양의 값을 갖는다. 이때 x 값이 증가할 때 y 값도 증가하므로 $f(x)$는 증가함을 알 수 있다.

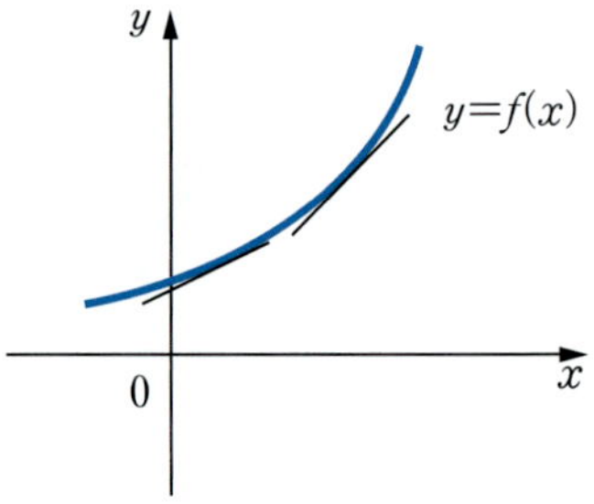

[그림 5-1] 함수의 증가

[그림 5-2]의 함수는 정의역 내 임의의 점에서의 접선의 기울기(미분계수)가 모두 음의 값을 갖는다. 이때 x 값이 증가할 때 y 값은 감소하므로 $g(x)$는 감소함을 알 수 있다.

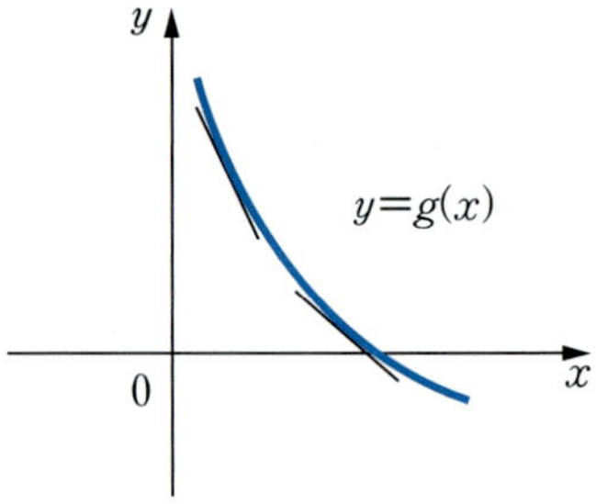

[그림 5-2] 함수의 감소

이 관계로부터 다음 정리를 얻을 수 있다.

정리 5-1 함수의 증가와 감소

$f: I \to \mathbb{R}$라 하자.

(1) I의 모든 점 x에 대하여 $f'(x) > 0$이면, $f(x)$는 I에서 증가한다.

(2) I의 모든 점 x에 대하여 $f'(x) < 0$이면, $f(x)$는 I에서 감소한다.

[정리 5-1]을 이용하여 함수가 증가 또는 감소하는 구간을 구하고자 할 때 $f'(x) > 0$인 구간 또는 $f'(x) < 0$인 구간을 알아야 하는데, 그 구간은 다음 방법으로 구한다.

How to 5-1 함수가 증가 또는 감소하는 구간을 구하는 방법

❶ 정의역에서 $f'(x) = 0$이거나 $f'(x)$가 존재하지 않는 x를 모두 구한다.

❷ ❶에서 구한 x를 이용하여 정의역을 소구간으로 나눈다.

❸ 각 소구간에서 한 점을 선택하여 그 점에서 $f'(x)$가 양의 값을 갖는지 또는 음의 값을 갖는지를 판정한다.

❹ 만일 양의 값을 가지면 그 소구간에서 $f(x)$는 증가한다고 판정하고, 만일 음의 값을 가지면 그 소구간에서 $f(x)$는 감소한다고 판정한다.

예제 5-1

[How to 5-1]을 이용하여 다음 물음에 답하라.

(a) $f(x) = x^2 - 6x + 3$이 증가하는 구간과 감소하는 구간을 구하라.

(b) 구간 $[-5,\ 4]$에서 $g(x) = x^3 - 3x^2 - 1$이 증가하는 구간과 감소하는 구간을 구하라.

풀이

(a) $f(x)$의 정의역은 $(-\infty,\ \infty)$이다. $f'(x) = 2x - 6$이므로 $x = 3$일 때 $f'(x) = 0$이다.

$x = 3$을 이용하여 정의역을 소구간으로 나누면, 소구간은 다음과 같다.

$$(-\infty,\ 3),\ (3,\ \infty)$$

구간 $(-\infty,\ 3)$에서 $x = 0$을 선택하여 $f'(0)$을 계산하면

$$f'(0) = 0 - 6 = -6 < 0$$

이므로 $f(x)$는 $(-\infty,\ 3)$에서 감소한다.

구간 $(3,\ \infty)$에서 $x = 4$를 선택하여 $f'(4)$를 계산하면

$$f'(4) = 8 - 6 = 2 > 0$$

이므로 $f(x)$는 $(3,\ \infty)$에서 증가한다.

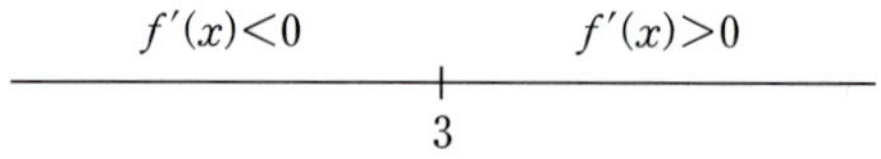

그러므로 $f(x)$는 $(-\infty,\ 3)$에서 감소하고 $(3,\ \infty)$에서 증가한다.

(b) $g'(x) = 3x^2 - 6x = 3x(x-2)$이므로 $x = 0, 2$일 때 $g'(x) = 0$이다.
$x = 0$과 $x = 2$를 이용하여 구간 $[-5,\ 4]$를 소구간으로 나누면, 소구간은 다음과 같다.

$$[-5,\ 0),\ (0,\ 2),\ (2,\ 4]$$

구간 $[-5,\ 0)$에서 $x = -1$을 선택하여 $g'(-1)$을 계산하면

$$g'(-1) = 3(-1)(-3) = 9 > 0$$

이므로 $g(x)$는 $[-5,\ 0)$에서 증가한다.
구간 $(0,\ 2)$에서 $x = 1$을 선택하여 $g'(1)$을 계산하면

$$g'(1) = 3(1)(-1) = -3 < 0$$

이므로 $g(x)$는 $(0,\ 2)$에서 감소한다.
구간 $(2,\ 4]$에서 $x = 3$을 선택하여 $g'(3)$을 계산하면

$$g'(3) = 3 \cdot 3 \cdot 1 = 9 > 0$$

이므로 $g(x)$는 $(2,\ 4]$에서 증가한다.

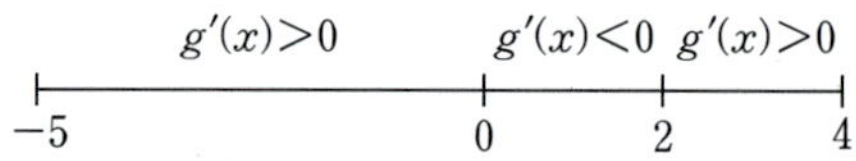

그러므로 $g(x)$는 $[-5,\ 0) \cup (2,\ 4]$에서 증가하고 $(0,\ 2)$에서 감소한다.

다음 예제에서는 [How to 5-1❶]에서 $f'(x)$ 가 존재하지 않는 x를 이용하여 $f(x)$가 증가하는 구간과 감소하는 구간을 판정하는 방법을 확인할 수 있다.

예제 5-2

$f(x) = \sqrt[3]{x}$ 가 증가하는 구간과 감소하는 구간을 구하라.

풀이

$f(x)$의 정의역은 $(-\infty,\ \infty)$이다. $f'(x) = \frac{1}{3}x^{-\frac{2}{3}} = \frac{1}{3\sqrt[3]{x^2}}$이므로 $x = 0$일 때 $f'(x)$는 존재하지 않는다.

$x=0$을 이용하여 정의역을 소구간으로 나누면, 소구간은 다음과 같다.

$$(-\infty,\ 0),\ (0,\ \infty)$$

구간 $(-\infty,\ 0)$에서 $x=-1$을 선택하여 $f'(-1)$을 계산하면

$$f'(-1)=\frac{1}{3}>0$$

이므로 $f(x)$는 $(-\infty,\ 0)$에서 증가한다.
구간 $(0,\ \infty)$에서 $x=1$을 선택하여 $f'(1)$을 계산하면

$$f'(1)=\frac{1}{3}>0$$

이므로 $f(x)$는 $(0,\ \infty)$에서 증가한다.

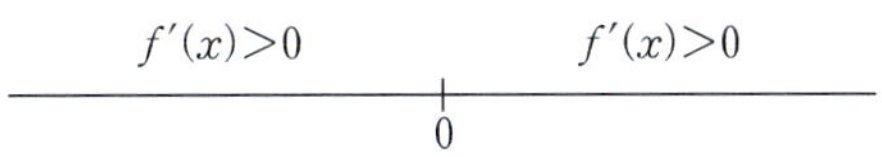

그러므로 $f(x)$는 $(-\infty,\ 0)\cup(0,\ \infty)$에서 증가한다.

[How to 5-1❶]에 있는 점들은 함수의 증가 구간과 감소 구간을 결정하는 데 중요한 역할을 한다. 이 점들에 대한 수학적 정의는 다음과 같다.

정의 5-2 임계점
만일 $f'(c)=0$이거나 $f'(c)$가 존재하지 않을 때, 정의역 내의 점 $x=c$를 $f(x)$의 **임계점**(critical point)이라 한다.

예제 5-3

다음 함수의 임계점을 구하라.

(a) $f(x)=-3x^2+4x-7$ (b) $g(x)=\sqrt{x}\,(2x+1)$

풀이

(a) $f(x)$의 정의역은 $(-\infty,\ \infty)$이다. $f'(x)=-6x+4$이므로 $x=\frac{2}{3}$일 때 $f'(x)=0$이다.
그러므로 $x=\frac{2}{3}$는 $f(x)$의 임계점이다.

(b) $g(x)$의 정의역은 $[0, \infty)$이다. $g'(x) = \frac{1}{2\sqrt{x}}(2x+1) + \sqrt{x} \cdot 2 = \frac{6x+1}{2\sqrt{x}}$이므로 $g'(x) = 0$인 x는 존재하지 않는다. 하지만 $x = 0$일 때 $g'(x)$는 존재하지 않으므로 $x = 0$은 $g(x)$의 임계점이다.

함수에 따라서는 임계점을 갖지 않을 수 있다.

예제 5-4

$f(x) = \frac{x+2}{x-2}$일 때 다음 물음에 답하라.

(a) $f(x)$의 임계점을 구하라.

(b) $f(x)$가 증가하는 구간과 감소하는 구간을 구하라.

풀이

(a) $f(x)$의 정의역은 $\mathbb{R} - \{2\}$이다. $f'(x) = \frac{(x-2)-(x+2)}{(x-2)^2} = -\frac{4}{(x-2)^2}$이므로 $x = 2$일 때 $f'(x)$는 존재하지 않는다. 하지만 $x = 2$는 정의역 내의 점이 아니므로 $f(x)$는 임계점을 갖지 않는다.

(b) $f(x)$의 정의역은 $\mathbb{R} - \{2\} = (-\infty, 2) \cup (2, \infty)$이다.

구간 $(-\infty, 2)$에서 $x = 0$을 선택하여 $f'(0)$을 계산하면

$$f'(0) = -\frac{4}{(-2)^2} = -1 < 0$$

이므로 $f(x)$는 $(-\infty, 2)$에서 감소한다.

구간 $(2, \infty)$에서 $x = 4$를 선택하여 $f'(4)$를 계산하면

$$f'(4) = -\frac{4}{2^2} = -1 < 0$$

이므로 $f(x)$는 $(2, \infty)$에서 감소한다.

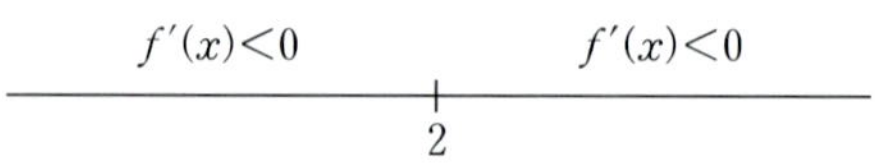

그러므로 $f(x)$는 $(-\infty, 2) \cup (2, \infty)$에서 감소한다.

5.1.2 함수의 극댓값·극솟값

임계점 근방에서 주어진 함수의 미분값이 어떻게 변하는지에 따라서 함수는 근방에서 가장 큰 값을 갖거나 가장 작은 값을 가질 수 있다. 이에 대한 수학적 정의는 다음과 같다.

정의 5-3 극댓값, 극솟값

$f: D \rightarrow \mathbb{R}$ 일 때 $c \in I \subset D$인 적당한 개구간 I가 존재한다고 하자.

(1) I의 모든 점 x에 대하여

$$f(x) \leq f(c)$$

이면, $f(x)$는 $x=c$ 에서 **극댓값**(local maximum) $f(c)$를 갖는다고 한다.

(2) I의 모든 점 x에 대하여

$$f(x) \geq f(c)$$

이면, $f(x)$는 $x=c$ 에서 **극솟값**(local minimum) $f(c)$를 갖는다고 한다.

(3) 극댓값 또는 극솟값을 **극값**이라 한다.

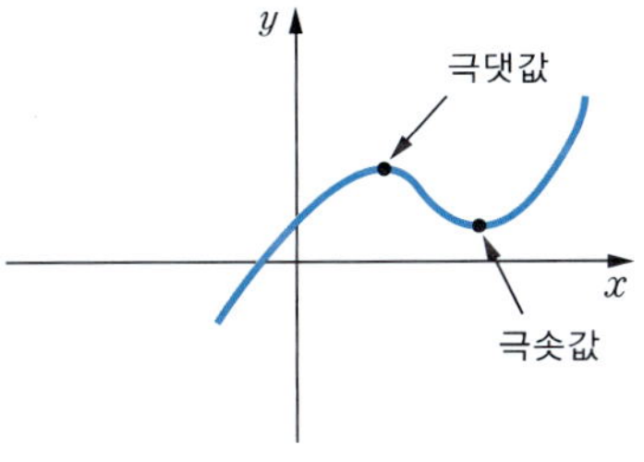

[그림 5-3] 극댓값과 극솟값

[그림 5-3]에서 알 수 있듯이 함수가 극댓값을 가질 때 함수는 증가하다가 감소하였고, 극솟값을 가질 때 함수는 감소하다가 증가하였다. 함수의 극댓값과 극솟값은 다음에 제시하는 1계 도함수 판정법을 이용하면 쉽게 구할 수 있다.

정리 5-2 1계 도함수 판정법

$f(x)$가 $x=c$에서 연속이고 $x=c$가 임계점이라 하자. $x=c$의 근처에서

(1) $f'(x)$의 부호가 양에서 음으로 바뀌면, $f(x)$는 $x=c$에서 극댓값을 갖는다.

(2) $f'(x)$의 부호가 음에서 양으로 바뀌면, $f(x)$는 $x=c$에서 극솟값을 갖는다.

(3) $f'(x)$의 부호가 바뀌지 않으면, $f(x)$는 $x=c$에서 극값을 갖지 않는다.

[정리 5-2 (3)]에서 부호가 바뀌지 않는다는 것은 $x=c$ 의 근처에서 $f'(x)$ 의 부호가 양에서 양으로 나타나거나 음에서 음으로 나타나는 경우를 의미한다.

예제 5-5

1계 도함수 판정법을 이용하여 다음 함수의 극값을 구하라.

(a) $f(x)=-x^3+9x+3$ (b) $g(x)=\sqrt[3]{x^2}$ (c) $h(x)=x^3+3$

풀이

(a) $f(x)$ 의 정의역은 $(-\infty,\ \infty)$이고 $f'(x)=-3x^2+9=-3(x-\sqrt{3})(x+\sqrt{3})$이므로 $x=-\sqrt{3}, \sqrt{3}$ 일 때 $f'(x)=0$이다. 따라서 $x=-\sqrt{3}$과 $x=\sqrt{3}$은 임계점이다. $x=-\sqrt{3}$과 $x=\sqrt{3}$을 이용하여 정의역을 소구간으로 나누면, 소구간은 다음과 같다.

$$(-\infty,\ -\sqrt{3}),\ (-\sqrt{3},\ \sqrt{3}),\ (\sqrt{3},\ \infty)$$

구간 $(-\infty,\ -\sqrt{3})$에서 $x=-3$을 선택하여 $f'(-3)$을 계산하면

$$f'(-3)=-3(-3)^2+9=-18<0$$

이므로 $f(x)$는 $(-\infty,\ -\sqrt{3})$에서 감소한다.
구간 $(-\sqrt{3},\ \sqrt{3})$에서 $x=0$을 선택하여 $f'(0)$을 계산하면

$$f'(0)=-3\cdot 0+9=9>0$$

이므로 $f(x)$는 $(-\sqrt{3},\ \sqrt{3})$에서 증가한다.
구간 $(\sqrt{3},\ \infty)$에서 $x=3$을 선택하여 $f'(3)$을 계산하면

$$f'(3)=-3(3)^2+9=-18<0$$

이므로 $f(x)$는 $(\sqrt{3},\ \infty)$에서 감소한다.

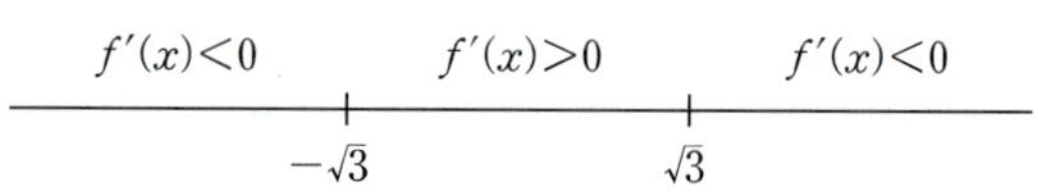

그러므로 $f(x)$ 는 $(-\infty, -\sqrt{3}) \cup (\sqrt{3}, \infty)$ 에서 감소하고 $(-\sqrt{3},\ \sqrt{3})$ 에서 증가한다. 따라서 $x=-\sqrt{3}$ 에서 $f(x)$는 극솟값 $f(-\sqrt{3})=-6\sqrt{3}+3$을 갖고, $x=\sqrt{3}$ 에서 $f(x)$는 극댓값 $f(\sqrt{3})=6\sqrt{3}+3$을 갖는다.

(b) $g(x)$의 정의역은 $(-\infty,\ \infty)$이고 $g'(x)=\dfrac{2}{3}x^{-\frac{1}{3}}=\dfrac{2}{3\sqrt[3]{x}}$ 이므로 $x=0$일 때 $g'(0)$이 존재하지 않는다. 따라서 $x=0$은 임계점이다.
$x=0$을 이용하여 정의역을 소구간으로 나누면, 소구간은 다음과 같다.

$$(-\infty,\ 0),\ (0,\ \infty)$$

구간 $(-\infty,\ 0)$에서 $x=-1$을 선택하여 $g'(-1)$을 계산하면

$$g'(-1)=-\frac{2}{3}<0$$

이므로 $g(x)$는 $(-\infty,\ 0)$에서 감소한다.
구간 $(0,\ \infty)$에서 $x=1$을 선택하여 $g'(1)$을 계산하면

$$g'(1)=\frac{2}{3}>0$$

이므로 $g(x)$는 $(0,\ \infty)$에서 증가한다.

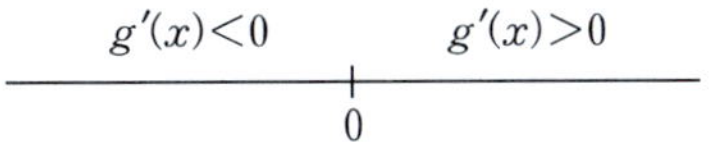

그러므로 $x=0$에서 $g(x)$는 극솟값 $g(0)=0$을 갖는다.

(c) $h(x)$의 정의역은 $(-\infty,\ \infty)$이고 $h'(x)=3x^2$이므로 $x=0$일 때 $h'(x)=0$이다.
따라서 $x=0$은 임계점이다.
$x=0$을 이용하여 정의역을 소구간으로 나누면, 소구간은 다음과 같다.

$$(-\infty,\ 0),\ (0,\ \infty)$$

구간 $(-\infty,\ 0)$에서 $x=-1$을 선택하여 $h'(-1)$을 계산하면

$$h'(-1)=3(-1)^2=3>0$$

이므로 $h(x)$는 $(-\infty,\ 0)$에서 증가한다.
구간 $(0,\ \infty)$에서 $x=1$을 선택하여 $h'(1)$을 계산하면

$$h'(1)=3(1)^2=3>0$$

이므로 $g(x)$는 $(0,\ \infty)$에서 증가한다.

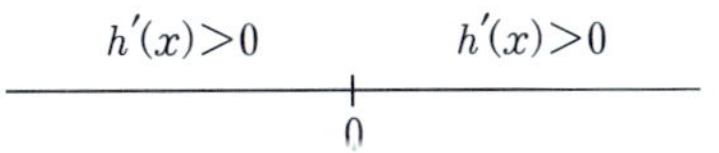

그러므로 $h(x)$는 $(-\infty,0)\cup(0,\infty)$에서 증가하고, 극값을 갖지 않는다.

5.1.3 함수의 최댓값 · 최솟값

앞서 살펴본 극댓값과 극솟값은 정의역 내 주어진 작은 영역 안에서 가장 큰 값과 가장 작은 값을 의미한다. 이제 정의역 전체에서 가장 큰 값과 가장 작은 값을 정의하고자 한다.

정의 5-4 최댓값과 최솟값

$f: D \to \mathbb{R}$ 이고 $c \in D$라 하자.

(1) D의 모든 점 x에 대하여

$$f(x) \le f(c)$$

이면, $f(x)$는 $x = c$ 에서 **최댓값**(global maximum) $f(c)$를 갖는다고 한다.

(2) D의 모든 점 x에 대하여

$$f(x) \ge f(c)$$

이면, $f(x)$는 $x = c$ 에서 **최솟값**(global minimum) $f(c)$를 갖는다고 한다.

다음 정리는 주어진 함수가 최댓값과 최솟값을 갖기 위한 조건을 설명한다.

정리 5-3 최댓값 · 최솟값의 정리

$f(x)$가 폐구간 $[a, b]$에서 연속이면 $f(x)$는 최댓값과 최솟값을 갖는다.

[정리 5-3]에서 정의역이 폐구간인 것은 매우 중요한 조건이다. 예를 들어, $f(x) = x^2$은 개구간 $(1, 2)$에서 연속이지만 $f(x)$는 개구간 $(1, 2)$에서 최댓값과 최솟값을 갖지 않는다. 함수의 최댓값과 최솟값은 다음에 제시하는 방법을 이용하여 쉽게 구할 수 있다.

How to 5-2 최댓값과 최솟값을 구하는 방법

❶ $[a, b]$에서 $f(x)$가 연속함수인지 확인한다.
❷ $[a, b]$에서 $f(x)$의 모든 임계점을 구한다.
❸ $\{f(a),\ f(\text{임계점}),\ f(b)\}$ 중 가장 큰 값이 최댓값, 가장 작은 값이 최솟값이다.

예제 5-6

[How to 5-2]를 이용하여 다음 함수의 최댓값과 최솟값을 구하라.

(a) 구간 $[-3,\ 2]$에서 $f(x)=2x^3-6x+1$

(b) 구간 $[0,\ 2]$에서 $f(x)=2x^3-6x+1$

(c) 구간 $[0,\ 1]$에서 $g(x)=\dfrac{x}{x+1}$

풀이

(a) $f(x)$는 다항함수이므로 구간 $[-3,\ 2]$에서 연속이다.

$f'(x)=6x^2-6=6(x+1)(x-1)$이므로 $x=-1,\ 1$에서 $f'(x)=0$이다.

따라서 $x=-1$과 $x=1$은 $f(x)$의 임계점이고, $-1,\ 1\in[-3,\ 2]$이다.

$$\{f(-3),\ f(-1),\ f(1),\ f(2)\}=\{-35,\ 5,\ -3,\ 5\}$$

이므로 이 중 가장 큰 값이 5이고 가장 작은 값은 -35이다.

그러므로 구간 $[-3,\ 2]$에서 $f(x)$의 최댓값은 5이고 최솟값은 -35이다.

(b) (a)의 결과를 이용한다.

$x=-1$과 $x=1$은 $f(x)$의 임계점이지만, $-1\notin[0,2]$이고 $1\in[0,2]$이다.

$$\{f(0),\ f(1),\ f(2)\}=\{1,\ -3,\ 5\}$$

이므로 이 중 가장 큰 값이 5이고 가장 작은 값은 -3이다.

그러므로 구간 $[0,\ 2]$에서 $f(x)$의 최댓값은 5이고 최솟값은 -3이다.

(c) $g(x)=\dfrac{x}{x+1}$는 구간 $[0,\ 1]$의 모든 점에서 분모가 0이 되지 않으므로 $g(x)$는 구간 $[0,\ 1]$에서 연속이다. $g'(x)=\dfrac{1\cdot(x+1)-x\cdot 1}{(x+1)^2}=\dfrac{1}{(x+1)^2}$이므로 $x=-1$일 때 $g'(x)$는 존재하지 않는다. 하지만 $-1\notin[0,\ 1]$이다.

$$\{g(0),\ g(1)\}=\left\{0,\ \frac{1}{2}\right\}$$

이므로 이 중 가장 큰 값이 $\dfrac{1}{2}$이고 가장 작은 값이 0이다.

그러므로 구간 $[0,\ 1]$에서 $g(x)$의 최댓값은 $\dfrac{1}{2}$이고 최솟값은 0이다.

그렇다면 구간 $[-2, 2]$에서 $g(x)=\dfrac{x}{x+1}$의 최댓값과 최솟값은 어떻게 될까?

$g(x)=\dfrac{x}{x+1}$는 구간 $[-2, 2]$에서 연속이 아니기 때문에 [How to 5-2]에서 설명한 방법을 사용할 수 없다. 실제로

$$\lim_{x \to -1^-} \frac{x}{x+1} = \infty, \quad \lim_{x \to -1^+} \frac{x}{x+1} = -\infty$$

이므로 $g(x)=\dfrac{x}{x+1}$는 구간 $[-2, 2]$에서 최댓값과 최솟값을 모두 갖지 않는다.

이 절에서는 1계 도함수를 이용하여 함수가 증가하는 구간과 감소하는 구간을 찾는 방법을 학습했다. 그리고 임계점을 정의하고 이 점에서 극댓값과 극솟값을 판정하는 방법도 살펴보았다. 또한 폐구간에서 연속인 함수의 최댓값과 최솟값을 구하는 방법을 살펴보았다.

Section 5.1 연습문제

1. 다음을 증명하라.

(a) $f(x) = 3x^3 + \cos x$는 $[1, \infty)$에서 증가한다.

(b) $g(x) = 2x - \sin x$는 $(-\infty, \infty)$에서 증가한다.

(c) $h(x) = \frac{1}{4}x - e^x$은 $[0, \infty)$에서 감소한다.

(d) $k(x) = \cos x + x^2$은 $(-\infty, -1]$에서 감소한다.

2. [How to 5–1]을 이용하여 다음 함수가 증가하는 구간과 감소하는 구간을 구하라.

(a) $y = x^2 - 7x + 6$

(b) $y = -x^2 + 5$

(c) $y = x^3 + 2x^2 + 1$

(d) $y = -x^3 + 2x - 7$

(e) $y = x^2(x - 1)$

(f) $y = -x(x-1)^2$

(g) $y = x^5 - 125x$

(h) $y = -x^7 + 7x - 3$

3. [How to 5–1]을 이용하여 다음 함수가 증가하는 구간과 감소하는 구간을 구하라.

(a) $y = \frac{x-4}{x+1}$

(b) $y = \frac{-x+2}{x-1}$

(c) $y = \frac{1}{(x-2)^2}$

(d) $y = \frac{1}{(x+3)^3}$

(e) $y = \sqrt{x^5}$

(f) $y = \sqrt[5]{x}$

(g) $y = x^2 + \ln x$

(h) $y = x - e^x$

4. 다음 함수의 임계점을 구하라.

(a) $y = 2x^3 - 6x^2 + 7$

(b) $y = -4x^3 + 2x - 1$

(c) $y = \dfrac{1}{x-1}$

(d) $y = \dfrac{1}{x^2+1}$

(e) $y = \sqrt[4]{x^3}$

(f) $y = \sqrt[4]{x^5}$

(g) $y = x^2 e^x$

(h) $y = x \ln x$

5. 다음 함수의 극값을 구하라.

(a) $y = x^3 + 3x^2 - 2$

(b) $y = -2x^3 + 6x + 3$

(c) $y = \dfrac{x}{x^2-1}$

(d) $y = \dfrac{x}{x^2+1}$

(e) $y = x^3 e^x$

(f) $y = e^x - e^{-x}$

(g) $y = x^2 \ln x$

(h) $y = x^2 - \ln x$

6. 주어진 구간에서 다음 함수의 최댓값과 최솟값을 구하라.

(a) $y = x^2 - 4x + 1,\ [-2,\ 4]$

(b) $y = -x^2 + 3x + 2,\ [0,\ 3]$

(c) $y = x^3 - 3x^2 + 4,\ [-2,\ 1]$

(d) $y = -x^3 + 27x^2 - 2,\ [0,\ 4]$

(e) $y = \dfrac{1}{x^2},\ [-3,\ -1]$

(f) $y = -\dfrac{1}{x^3},\ [2,\ 3]$

(g) $y = x \ln x,\ [1,\ 4]$

(h) $y = e^x + e^{-x},\ [-2,\ 2]$

동영상 풀이

5.2 평균값 정리

이 절에서는 1계 도함수와 관련된 가장 중요한 정리인 평균값 정리와 이 정리를 활용하는 방법에 대해 알아보고자 한다.

5.2.1 롤의 정리

평균값 정리를 이해하려면 먼저 롤의 정리를 알아야 한다.

정리 5-4 롤의 정리(Rolle's theorem)

$f : [a\ ,\ b] \to \mathbb{R}$ 가

(1) 폐구간 $[a,\ b]$에서 연속이고 개구간 $(a,\ b)$에서 미분가능하며

(2) $f(a) = f(b)$ 이면, $f'(c) = 0$인 $c \in (a,\ b)$가 존재한다.

롤의 정리를 수식으로 증명하는 것은 매우 복잡하므로 그림을 이용하여 설명한다.

[그림 5-4]와 같이 $f(x)$가 상수함수이면 개구간 $(a,\ b)$ 내의 모든 점 x에서 $f'(x) = 0$ 이다.

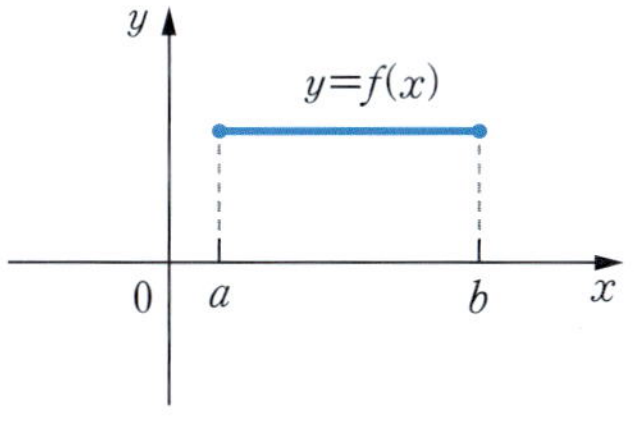

[그림 5-4] 상수함수와 롤의 정리

[그림 5-5]와 같이 $f(x)$가 상수함수가 아니면 함수가 극댓값 또는 극솟값을 갖는 점에서 $f'(x) = 0$이다.

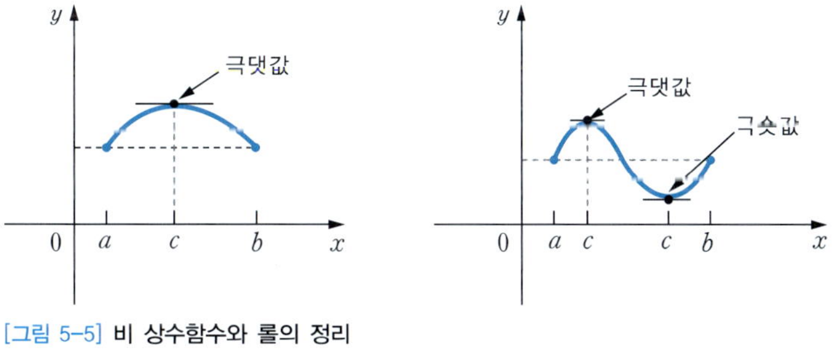

[그림 5-5] 비 상수함수와 롤의 정리

따라서 $f(x)$가 $f(a)=f(b)$이며 개구간 $(a,\ b)$에서 미분가능한 함수일 때, $f'(c)=0$인 $c\in(a,\ b)$가 항상 존재함을 알 수 있다.

예제 5-7

롤의 정리를 이용하여 다음을 증명하라.

(a) $f(x)=x^3-9x$일 때, $f'(c)=0$인 $c\in(0,3)$가 존재한다.

(b) $g(x)=\sin x$일 때, $g'(c)=0$인 $c\in\left(\frac{\pi}{4},\frac{3}{4}\pi\right)$가 존재한다.

풀이

(a) $f(x)=x^3-9x$는 폐구간 $[0,3]$에서 연속이고 개구간 $(0,3)$에서 미분가능하다.
$f(0)=0=f(3)$이므로 롤의 정리에 의하여

$$f'(c)=0$$

인 $c\in(0,3)$가 존재한다.

(b) $g(x)=\sin x$는 폐구간 $\left[\frac{\pi}{4},\frac{3}{4}\pi\right]$에서 연속이고 개구간 $\left(\frac{\pi}{4},\frac{3}{4}\pi\right)$에서 미분가능하다.
$g\left(\frac{\pi}{4}\right)=\frac{\sqrt{2}}{2}=g\left(\frac{3}{4}\pi\right)$이므로 롤의 정리에 의하여

$$g'(c)=0$$

인 $c\in\left(\frac{\pi}{4},\frac{3}{4}\pi\right)$가 존재한다.

중간값 정리는 주어진 방정식의 해가 적어도 하나 존재하는 것을 증명할 때 사용되는데, 특별한 방정식의 경우 롤의 정리와 함께 사용하면 해가 단 하나뿐임을 증명할 수 있다.

예제 5-8

중간값 정리와 롤의 정리를 이용하여 방정식 $x^3+2x-5=0$이 단 하나의 실근만을 갖는다는 것을 증명하라.

풀이

단 하나의 실근만을 갖는다는 것을 증명하려면, 우선 중간값 정리를 이용하여 실근이 존재함을 보인다. 그런 다음 실근이 2개라고 가정했을 때 롤의 정리에 의해 모순이 생긴다는 것을 보여서 실근이 1개뿐임을 증명한다.

❶ **근의 존재성 증명**

$f(x)=x^3+2x-5$라 하면 $f(x)$는 다항함수이므로 $\mathbb{R}$에서 연속이다. $f(0)=-5<0$이고 $f(2)=7>0$이므로 중간값 정리에 의하여

$$f(c)=0$$

인 $c\in(0,\ 2)\subset\mathbb{R}$가 존재한다.

❷ **근의 유일성 증명**

$f(x)=0$이 서로 다른 두 개의 실근 a와 b를 갖는다고 가정하자(단, $a<b$). a와 b가 실근이므로 $f(a)=0$, $f(b)=0$이다. 그리고 $f(x)$가 폐구간 $[a,\ b]$에서 연속이고 개구간 $(a,\ b)$에서 미분가능하므로 롤의 정리에 의하여

$$f'(d)=0$$

인 $d\in(a,\ b)$가 존재해야 한다. 그런데 $f'(x)=3x^2+2$이므로 임의의 x에 대하여 $f'(x)>0$이다. 따라서 $f'(d)=0$인 $d\in(a,\ b)$는 존재하지 않는다.
그러므로 $f(x)=0$은 단 하나의 실근만을 갖는다.

5.2.2 평균값 정리

[정리 5-4]의 롤의 정리를 일반화하면 다음과 같다.

정리 5-5 평균값 정리(mean value theorem)
$f:[a,\ b]\to\mathbb{R}$가 폐구간 $[a,\ b]$에서 연속이고 개구간 $(a,\ b)$에서 미분가능하면

$$f'(c)=\frac{f(b)-f(a)}{b-a}$$

인 $c\in(a,\ b)$가 존재한다.

증명

$F:[a,\ b]\to\mathbb{R}$를

$$F(x)=f(x)-f(a)-\frac{f(b)-f(a)}{b-a}(x-a) \quad \cdots\cdots\cdots ①$$

라 하면, $F(x)$는 폐구간 $[a,\ b]$에서 연속이고 개구간 $(a,\ b)$에서 미분가능하며

$$F(a)=0=F(b)$$

이다. 롤의 정리에 의하여

$$F'(c)=0 \quad \cdots\cdots\cdots \ ②$$

인 $c \in (a, b)$가 존재한다. 그런데 식 ①을 미분하면

$$F'(x)=f'(x)-\frac{f(b)-f(a)}{b-a}$$

이므로 ①과 ②에 의하여

$$0=F'(c)=f'(c)-\frac{f(b)-f(a)}{b-a}$$

이다. 그러므로

$$f'(c)=\frac{f(b)-f(a)}{b-a}$$

이다. ■

평균값 정리에 조건 '$f(a)=f(b)$'를 추가하면

$$f'(c)=\frac{f(b)-f(a)}{b-a}=\frac{0}{b-a}=0$$

이므로 평균값 정리에 의한 결과는 롤의 정리에 의한 결과와 같아진다.

예제 5-9

평균값 정리를 이용하여 다음을 증명하라.

(a) $f(x)=x^3+4x$일 때, $f'(c)=5$인 $c \in (-1, 1)$가 존재한다.

(b) $g(x)=\sin x$일 때, $g'(c)=\frac{2}{\pi}$인 $c \in \left(0, \frac{\pi}{2}\right)$가 존재한다.

풀이

(a) $f(x)=x^3+4x$는 폐구간 $[-1, 1]$에서 연속이고 개구간 $(-1, 1)$에서 미분가능하다. 평균값 정리에 의하여

$$f'(c)=\frac{f(1)-f(-1)}{1-(-1)}=\frac{10}{2}=5$$

인 $c \in (-1, 1)$가 존재한다.

(b) $g(x) = \sin x$는 폐구간 $\left[0, \frac{\pi}{2}\right]$에서 연속이고 개구간 $\left(0, \frac{\pi}{2}\right)$에서 미분가능하다.

평균값 정리에 의하여

$$g'(c) = \frac{g\left(\frac{\pi}{2}\right) - g(0)}{\frac{\pi}{2} - 0} = \frac{1}{\frac{\pi}{2}} = \frac{2}{\pi}$$

인 $c \in \left(0, \frac{\pi}{2}\right)$가 존재한다.

평균값 정리를 이용하여 부등식을 증명할 수도 있다.

예제 5-10

임의의 실수 a와 b에 대하여 $|\sin a - \sin b| \le |a - b|$임을 증명하라.

풀이

만일 $a = b$이면 $|\sin a - \sin b| \le |a - b|$는 자명하게 성립한다.

이제 $a < b$라 하자. $f(x) = \sin x$라 하면, $f(x)$는 폐구간 $[a, b]$에서 연속이고 개구간 (a, b)에서 미분가능하다. 평균값 정리에 의하여

$$\frac{f(b) - f(a)}{b - a} = f'(c)$$

인 $c \in (a, b)$가 존재한다. 이때 $f'(x) = \cos x$이므로 $f'(c) = \cos c$이다. 따라서

$$\frac{\sin a - \sin b}{a - b} = \cos c$$

이고, 양변에 절댓값을 취하면

$$\left|\frac{\sin a - \sin b}{a - b}\right| = |\cos c|$$

이다. $|\cos c| \le 1$이므로

$$|\sin a - \sin b| = |\cos c|\,|a - b| \le |a - b|$$

이다.

5.2.3 평균값 정리의 활용

평균값 정리를 이용하면 무리수의 근삿값을 구할 수 있다. 무리수의 근삿값을 구하려면 주어진 무리수에 가장 가까운 정수를 이용한다.

예제 5-11

평균값 정리를 이용하여 다음 무리수의 근삿값을 구하라.

(a) $\sqrt{10}$ (b) $\sqrt{15}$

풀이

(a) $\sqrt{10}$ 근처의 가장 가까운 정수는 $\sqrt{9}=3$이다.

$f:[9,\ 10]\to\mathbb{R}$를

$$f(x)=\sqrt{x}$$

라 하면, $f(x)$는 폐구간 $[9,\ 10]$에서 연속이고 개구간 $(9,\ 10)$에서 미분가능하다. 평균값 정리에 의하여

$$f'(c)=\frac{f(10)-f(9)}{10-9}=\frac{\sqrt{10}-3}{1}=\sqrt{10}-3 \quad \cdots\cdots\cdots ①$$

인 $c\in(9,\ 10)$가 존재한다. $f'(x)=\dfrac{1}{2\sqrt{x}}$이므로

$$f'(c)=\frac{1}{2\sqrt{c}} \quad \cdots\cdots\cdots ②$$

이다. 따라서 ①과 ②에 의하여

$$\frac{1}{2\sqrt{c}}=\sqrt{10}-3 \quad \cdots\cdots\cdots ③$$

이다. $9<c<10$이므로 $\sqrt{9}<\sqrt{c}<\sqrt{10}$이고 역수를 선택하면

$$\frac{1}{\sqrt{10}}<\frac{1}{\sqrt{c}}<\frac{1}{\sqrt{9}}$$

이다. 이 식의 모든 항에 $\dfrac{1}{2}$을 곱하면

$$\frac{1}{2\sqrt{10}}<\frac{1}{2\sqrt{c}}<\frac{1}{6}$$

이다. 이때

$$\frac{1}{7} = \frac{1}{\sqrt{49}} < \frac{1}{\sqrt{40}} = \frac{1}{2\sqrt{10}}$$

이므로

$$\frac{1}{7} < \frac{1}{2\sqrt{c}} < \frac{1}{6}$$

이다. ③에 의하여

$$\frac{1}{7} < \sqrt{10} - 3 < \frac{1}{6}$$

이므로 $\sqrt{10} - 3$의 근삿값으로 $\frac{1}{2}\left(\frac{1}{7} + \frac{1}{6}\right) = \frac{13}{84}$을 선택한다. 따라서 $\sqrt{10}$의 근삿값은 $3\frac{13}{84}$이다.

(b) $\sqrt{15}$ 근처의 가장 가까운 정수는 $\sqrt{16} = 4$이다.
$g: [15,\ 16] \to \mathbb{R}$를

$$g(x) = \sqrt{x}$$

라 하면, $g(x)$는 폐구간 $[15,\ 16]$에서 연속이고 개구간 $(15,\ 16)$에서 미분가능하다. 평균값 정리에 의하여

$$g'(c) = \frac{g(16) - g(15)}{16 - 15} = \frac{4 - \sqrt{15}}{1} = 4 - \sqrt{15} \quad \cdots\cdots\cdots \text{④}$$

인 $c \in (15,\ 16)$가 존재한다. $g'(x) = \frac{1}{2\sqrt{x}}$ 이므로

$$g'(c) = \frac{1}{2\sqrt{c}} \quad \cdots\cdots\cdots \text{⑤}$$

이다. 따라서 ④와 ⑤에 의하여

$$\frac{1}{2\sqrt{c}} = 4 - \sqrt{15} \quad \cdots\cdots\cdots \text{⑥}$$

이다. $15 < c < 16$이므로 $\sqrt{15} < \sqrt{c} < \sqrt{16}$이고 역수를 선택하면

$$\frac{1}{\sqrt{16}} < \frac{1}{\sqrt{c}} < \frac{1}{\sqrt{15}}$$

이다. 이 식의 모든 항에 $\frac{1}{2}$을 곱하면

$$\frac{1}{8} < \frac{1}{2\sqrt{c}} < \frac{1}{2\sqrt{15}}$$

이다. 이때

$$\frac{1}{2\sqrt{15}} = \frac{1}{\sqrt{60}} < \frac{1}{\sqrt{49}} = \frac{1}{7}$$

이므로

$$\frac{1}{8} < \frac{1}{2\sqrt{c}} < \frac{1}{7}$$

이다. ⑥에 의하여

$$\frac{1}{8} < 4 - \sqrt{15} < \frac{1}{7}$$

이므로 $4-\sqrt{15}$ 의 근삿값으로 $\frac{1}{2}\left(\frac{1}{8}+\frac{1}{7}\right) = \frac{15}{112}$ 를 선택한다. 따라서 $\sqrt{15}$ 의 근삿값은 $4 - \frac{15}{112} = 3\frac{97}{112}$ 이다.

[예제 5-11(a)]에서 $\sqrt{10}$ 의 근삿값을 $3\frac{13}{84}$ 이라 하면

$$\left|\sqrt{10} - 3\frac{13}{84}\right| < \frac{1}{2}\left(\frac{1}{6} - \frac{1}{7}\right) = \frac{1}{84}$$

이고 $\frac{1}{84} \approx 0.012$ 이므로 최대오차는 0.012를 넘지 않는다. 같은 방법으로 [예제 5-11(b)]에서 $\sqrt{15}$ 의 근삿값을 $3\frac{97}{112}$ 이라 하면

$$\left|\sqrt{15} - 3\frac{97}{112}\right| < \frac{1}{2}\left(\frac{1}{7} - \frac{1}{8}\right) = \frac{1}{112}$$

이고 $\frac{1}{112} \approx 0.0089$ 이므로 최대오차는 0.0089를 넘지 않는다.

이 절에서는 롤의 정리를 도입하고 이를 이용하여 평균값 정리를 증명하는 방법을 학습하였다. 평균값 정리를 이용하여 부등식을 증명하거나 특별한 방정식이 단 하나의 근을 갖는다는 것을 증명할 수 있음을 확인하였다. 또한, 평균값 정리를 활용하여 무리수의 근삿값을 구하는 방법도 살펴보았다.

Section 5.2 연습문제

1. 제시한 구간에서 다음 함수에 대하여 롤의 정리를 만족하는 점을 모두 구하라.

(a) 폐구간 $[-3,\ 2]$에서 $f(x)=x^2+x-1$

(b) 폐구간 $[-1,\ 3]$에서 $g(x)=x^3-4x^2+x+2$

(c) 폐구간 $[-3,\ 3]$에서 $h(x)=\cos\dfrac{\pi}{2}x$

2. 다음 물음에 답하라.

(a) $f(x)=|x|$일 때, $f'(c)=0$인 $c\in(-1,1)$가 존재하는지를 판정하기 위하여 롤의 정리를 적용할 수 있는지 또는 적용할 수 없는지를 설명하라.

(b) $g(x)=x|x|$일 때, $g'(c)=0$인 $c\in(-1,1)$가 존재하는지를 판정하기 위하여 롤의 정리를 적용할 수 있는지 또는 적용할 수 없는지를 설명하라.

3. 중간값 정리와 롤의 정리를 이용하여 다음을 증명하라.

(a) 방정식 $x^3+3x-2=0$은 단 하나의 실근만을 갖는다.

(b) 방정식 $4x-3+\cos\dfrac{\pi}{2}x=0$은 단 하나의 실근만을 갖는다.

4. 제시한 구간에서 다음 함수에 대하여 평균값 정리를 만족하는 점을 모두 구하라.

(a) 폐구간 $[-1,\ 1]$에서 $f(x)=x^2-3x+1$

(b) 폐구간 $[0,\ 2]$에서 $g(x)=x^3-\dfrac{5}{2}x^2$

(c) 폐구간 $[2,\ 4]$에서 $h(x)=\dfrac{1}{x-1}$

5. 임의의 실수 a와 b에 대하여 $|\cos a - \cos b| \leq |a-b|$임을 증명하라.

6. 평균값 정리를 이용하여 다음을 증명하라.

(a) $x > 0$일 때, $\dfrac{x}{x+1} < \ln(x+1)$이다.

(b) $x > 0$일 때, $\ln(x+1) < x$이다.

7. $f(x) = \dfrac{5x}{x-2}$ 일 때, 폐구간 $[0, 4]$ 에서 평균값 정리를 만족하는 점을 구할 수 없다. 그 이유를 설명하라.

8. $\sqrt{64} = 8$ 과 평균값 정리를 이용하여 다음 물음에 답하라.

(a) $\sqrt{63}$ 의 근삿값을 구하고 근삿값의 최대오차를 설명하라.

(b) $\sqrt{55}$ 의 근삿값을 구하고 근삿값의 최대오차를 구하라.

(c) (a)에서 구한 $\sqrt{63}$ 의 근삿값의 최대오차보다 (b)에서 구한 $\sqrt{55}$ 의 근삿값의 최대오차가 더 큰 이유를 설명하라.

동영상 풀이

5.3 로피탈의 법칙

함수의 극한을 구할 때, 극한의 형태가 부정형인 경우에는 식을 약분하거나 유리화를 이용하여 극한값을 구했다(2.2.2절 참고). 하지만 식을 약분하거나 유리화하는 방법으로는 극한을 구할 수 없는 경우가 있다. 이 절에서는 평균값 정리를 응용하여 이런 경우의 극한값을 구하는 방법에 대해 알아보고자 한다.

정의 5-5 부정형

$x \to a$일 때

$$f(x)+g(x),\ f(x)-g(x),\ f(x)g(x),\ \frac{f(x)}{g(x)}$$

의 극한이

$$\frac{0}{0},\ \frac{\infty}{\infty},\ 0\cdot\infty,\ \infty-\infty$$

의 형태이면, 이를 **부정형**(indeterminate form)이라 한다.

로피탈의 법칙은 부정형의 극한을 구할 때 유용한데, 부정형의 형태에 따라 계산 방법이 다르다.

5.3.1 $\frac{0}{0}$형과 $\frac{\infty}{\infty}$형의 계산

일반적으로 가장 많이 사용하는 부정형은 $\frac{0}{0}$형과 $\frac{\infty}{\infty}$형이다. 이 부정형들은 로피탈의 법칙을 사용하여 다음과 같이 극한값을 구한다.

■ **$\frac{0}{0}$형에서의 로피탈의 법칙**

$f(x)$와 $g(x)$가 $x=a$의 근방에서 $x=a$를 제외하고 미분가능하며, $g(x)\neq 0$, $g'(x)\neq 0$이고 $\lim_{x\to a} f(x)=0$이며 $\lim_{x\to a} g(x)=0$이라 하자.

만일 $\lim_{x\to a}\frac{f'(x)}{g'(x)}=L$이면

$$\lim_{x\to a}\frac{f(x)}{g(x)}=\lim_{x\to a}\frac{f'(x)}{g'(x)}=L$$

이다.

How to 5-3 $\frac{0}{0}$형에 로피탈의 법칙을 사용하는 방법

❶ $\lim_{x\to a} f(x) = 0$이고 $\lim_{x\to a} g(x) = 0$임을 확인한다.

❷ $\lim_{x\to a} \frac{f'(x)}{g'(x)} = L$을 구한다.

❸ ❷의 결과로부터 $\lim_{x\to a} \frac{f(x)}{g(x)} = L$이다.

예제 5-12

[How to 5-3]을 이용하여 다음 극한을 구하라.

(a) $\lim_{x\to 1} \frac{x^9 - 1}{x - 1}$ (b) $\lim_{x\to 2} \frac{x^2 - 4}{x^4 - 16}$ (c) $\lim_{x\to 0} \frac{x^2}{\sin x}$ (d) $\lim_{x\to 0} \frac{\ln(x+1)}{x}$

풀이

(a) $\lim_{x\to 1}(x^9 - 1) = 0$이고 $\lim_{x\to 1}(x - 1) = 0$이므로 로피탈의 법칙에 의하여

$$\lim_{x\to 1} \frac{x^9 - 1}{x - 1} = \lim_{x\to 1} \frac{9x^8}{1} = 9$$

이다.

(b) $\lim_{x\to 2}(x^2 - 4) = 0$이고 $\lim_{x\to 2}(x^4 - 16) = 0$이므로 로피탈의 법칙에 의하여

$$\lim_{x\to 2} \frac{x^2 - 4}{x^4 - 16} = \lim_{x\to 2} \frac{2x}{4x^3} = \frac{4}{32} = \frac{1}{8}$$

이다.

(c) $\lim_{x\to 0} x^2 = 0$이고 $\lim_{x\to 0} \sin x = 0$이므로 로피탈의 법칙에 의하여

$$\lim_{x\to 0} \frac{x^2}{\sin x} = \lim_{x\to 0} \frac{2x}{\cos x} = \frac{0}{1} = 0$$

이다.

(d) $\lim_{x\to 0} \ln(x+1) = 0$이고 $\lim_{x\to 0} x = 0$이므로 로피탈의 법칙에 의하여

$$\lim_{x\to 0} \frac{\ln(x+1)}{x} = \lim_{x\to 0} \frac{\frac{1}{x+1}}{1} = \lim_{x\to 0} \frac{1}{x+1} = 1$$

이다.

위의 경우와 달리 $\lim_{x\to a} f(x) = 0$일 때 $\lim_{x\to a} g(x) \neq 0$이거나 $\lim_{x\to a} g(x) = 0$일 때 $\lim_{x\to a} f(x) \neq 0$이면, $\frac{0}{0}$형에서의 로피탈의 법칙을 사용할 수 없다.

예제 5-13

다음 극한을 구하라.

(a) $\lim_{x\to 3} \frac{x-3}{x^2+9}$ (b) $\lim_{x\to 0} \frac{\cos x}{x^2}$

풀이

(a) $\lim_{x\to 3}(x-3) = 0$ 이지만 $\lim_{x\to 3}(x^2+9) = 18$ 이므로 $\frac{0}{0}$형에서의 로피탈의 법칙을 사용할 수 없다. 따라서 올바른 계산은

$$\lim_{x\to 3} \frac{x-3}{x^2+9} = \frac{0}{18} = 0$$

이다.

(b) $\lim_{x\to 0} x^2 = 0$ 이지만 $\lim_{x\to 0} \cos x = 1$ 이므로 $\frac{0}{0}$형에서의 로피탈의 법칙을 사용할 수 없다. 따라서 올바른 계산은

$$\lim_{x\to 0} \frac{\cos x}{x^2} = \infty$$

이다.

만일 [예제 5-13]의 두 예제에 $\frac{0}{0}$형에서의 로피탈의 법칙을 사용했다면, 다음과 같은 오답을 얻게 된다.

$$\lim_{x\to 3} \frac{x-3}{x^2+9} = \lim_{x\to 3} \frac{1}{2x} = \frac{1}{6}$$

$$\lim_{x\to 0} \frac{\cos x}{x^2} = \lim_{x\to 0} \frac{-\sin x}{2x} = -\frac{1}{2}$$

■ $\frac{\infty}{\infty}$형에서의 로피탈의 법칙

$f(x)$와 $g(x)$가 $x = a$의 근방에서 $x = a$를 제외하고 미분가능하며, $g(x) \neq 0$, $g'(x) \neq 0$이고 $\lim_{x\to a} f(x) = \infty$이며 $\lim_{x\to a} g(x) = \infty$라 하자.

만일 $\lim_{x\to a}\frac{f'(x)}{g'(x)}=L$이면

$$\lim_{x\to a}\frac{f(x)}{g(x)}=\lim_{x\to a}\frac{f'(x)}{g'(x)}=L$$

이다.

How to 5-4 $\frac{\infty}{\infty}$형에 로피탈의 법칙을 사용하는 방법

❶ $\lim_{x\to a}f(x)=\infty$이고 $\lim_{x\to a}g(x)=\infty$임을 확인한다.

❷ $\lim_{x\to a}\frac{f'(x)}{g'(x)}=L$을 구한다.

❸ ❷에 의하여 $\lim_{x\to a}\frac{f(x)}{g(x)}=L$이다.

[How to 5-4]는 $\lim_{x\to a}f(x)=-\infty$, $\lim_{x\to a}g(x)=-\infty$인 경우에도 사용할 수 있다.

예제 5-14

[How to 5-4]를 이용하여 다음 극한을 구하라.

(a) $\lim_{x\to 0^+}\frac{\ln x}{\ln(x^2+x)}$

(b) $\lim_{x\to 0^+}\frac{\ln x}{\frac{1}{x}}$

풀이

(a) $\lim_{x\to 0^+}\ln(x^2+x)=-\infty$이고 $\lim_{x\to 0^+}\ln x=-\infty$이므로 로피탈의 법칙에 의하여

$$\lim_{x\to 0^+}\frac{\ln x}{\ln(x^2+x)}=\lim_{x\to 0^+}\frac{\frac{1}{x}}{\frac{2x+1}{x^2+x}}=\lim_{x\to 0^+}\frac{x^2+x}{2x^2+x}=\lim_{x\to 0^+}\frac{x+1}{2x+1}=1$$

이다.

(b) $\lim_{x\to 0^+}\ln x=-\infty$이고 $\lim_{x\to 0^+}\frac{1}{x}=\infty$이므로 로피탈의 법칙에 의하여

$$\lim_{x\to 0^+}\frac{\ln x}{\frac{1}{x}}=\lim_{x\to 0^+}\frac{\frac{1}{x}}{-\frac{1}{x^2}}=\lim_{x\to 0^+}(-x)=0$$

이다.

[How to 5-4]는 $a = \infty$인 경우에도 적용할 수 있다. 즉 $f(x)$와 $g(x)$가 $[b, \infty)$에서 미분 가능하고, 모든 $x \in [b, \infty)$에 대하여 $g(x) \neq 0$, $g'(x) \neq 0$이고, $\lim_{x\to\infty} f(x) = \infty$이며 $\lim_{x\to\infty} g(x) = \infty$라 하자.

만일 $\lim_{x\to\infty} \dfrac{f'(x)}{g'(x)} = L$이면

$$\lim_{x\to\infty} \frac{f(x)}{g(x)} = \lim_{x\to\infty} \frac{f'(x)}{g'(x)} = L$$

이다.

예제 5-15

다음 극한을 구하라.

(a) $\lim_{x\to\infty} \dfrac{-4x+5}{x^2+3x-4}$ (b) $\lim_{x\to\infty} \dfrac{e^x}{x}$

(c) $\lim_{x\to\infty} \dfrac{\ln x}{x}$ (d) $\lim_{x\to\infty} \dfrac{\ln x}{e^x}$

풀이

(a) $\lim_{x\to\infty}(-4x+5) = -\infty$이고 $\lim_{x\to\infty}(x^2+3x-4) = \infty$이므로 로피탈의 법칙에 의하여

$$\lim_{x\to\infty} \frac{-4x+5}{x^2+3x-4} = \lim_{x\to\infty} \frac{-4}{2x+3} = 0$$

이다.

(b) $\lim_{x\to\infty} e^x = \infty$이고 $\lim_{x\to\infty} x = \infty$이므로 로피탈의 법칙에 의하여

$$\lim_{x\to\infty} \frac{e^x}{x} = \lim_{x\to\infty} \frac{e^x}{1} = \infty$$

이다.

(c) $\lim_{x\to\infty} \ln x = \infty$이고 $\lim_{x\to\infty} x = \infty$이므로 로피탈의 법칙에 의하여

$$\lim_{x\to\infty} \frac{\ln x}{x} = \lim_{x\to\infty} \frac{\frac{1}{x}}{1} = \lim_{x\to\infty} \frac{1}{x} = 0$$

이다.

(d) $\lim_{x\to\infty} \ln x = \infty$ 이고 $\lim_{x\to\infty} e^x = \infty$ 이므로 로피탈의 법칙에 의하여

$$\lim_{x\to\infty} \frac{\ln x}{e^x} = \lim_{x\to\infty} \frac{\frac{1}{x}}{e^x} = \lim_{x\to\infty} \frac{1}{x e^x} = 0$$

이다.

로피탈의 법칙은 반드시 한 번만 사용해야 하는 것이 아니라 조건을 만족하는 경우 여러 번 사용할 수 있다. 다음 예제의 극한을 구하려면 로피탈의 법칙을 두 번 사용해야 한다.

예제 5-16

다음 극한을 구하라.

(a) $\lim_{x\to\infty} \frac{3x^2+4x-1}{2x^3-5x+3}$

(b) $\lim_{x\to 0^+} \frac{\ln(\sin x)}{\ln x}$

풀이

(a) $\lim_{x\to\infty} (3x^2+4x-1) = \infty$ 이고 $\lim_{x\to\infty} (2x^3-5x+3) = \infty$ 이므로 로피탈의 법칙에 의하여

$$\lim_{x\to\infty} \frac{3x^2+4x-1}{2x^3-5x+3} = \lim_{x\to\infty} \frac{6x+4}{6x^2-5}$$

이다. $\lim_{x\to\infty} (6x+4) = \infty$ 이고 $\lim_{x\to\infty} (6x^2-5) = \infty$ 이므로 로피탈의 법칙을 다시 적용하면

$$\lim_{x\to\infty} \frac{6x+4}{6x^2-5} = \lim_{x\to\infty} \frac{6}{12x} = 0$$

이다. 따라서 $\lim_{x\to\infty} \frac{3x^2+4x-1}{2x^3-5x+3} = 0$ 이다.

(b) $\lim_{x\to 0^+} \ln(\sin x) = -\infty$ 이고 $\lim_{x\to 0^+} \ln x = -\infty$ 이므로 로피탈의 법칙에 의하여

$$\lim_{x\to 0^+} \frac{\ln(\sin x)}{\ln x} = \lim_{x\to 0^+} \frac{\frac{\cos x}{\sin x}}{\frac{1}{x}} = \lim_{x\to 0^+} \frac{x\cos x}{\sin x}$$

이다. $\lim_{x\to 0^+} x\cos x = 0$ 이고 $\lim_{x\to 0^+} \sin x = 0$ 이므로 로피탈의 법칙을 다시 적용하면

$$\lim_{x\to 0^+} \frac{x\cos x}{\sin x} = \lim_{x\to 0^+} \frac{\cos x - x\sin x}{\cos x} = \frac{1-0}{1} = 1$$

이다. 따라서 $\lim_{x\to 0^+} \frac{\ln(\sin x)}{\ln x} = 1$ 이다.

5.3.2 $0\cdot\infty$형과 $\infty-\infty$형의 계산

$\frac{0}{0}$형과 $\frac{\infty}{\infty}$형은 표준적인 부정형이고 $0\cdot\infty$형과 $\infty-\infty$형은 대표적인 변형된 부정형이다. 이제 변형된 부정형의 문제를 표준적인 부정형의 문제로 바꾸어 극한값을 구해 보자.

■ $0\cdot\infty$형에서의 로피탈의 법칙

변형된 부정형인 $0\cdot\infty$형을 표준적인 부정형인 $\frac{0}{0}$형 또는 $\frac{\infty}{\infty}$형으로 바꾼 뒤 로피탈의 법칙을 사용하여 극한을 구한다.

How to 5-5 $0\cdot\infty$형에 로피탈의 법칙을 사용하는 방법

$\lim_{x\to a} f(x)=0$이고 $\lim_{x\to a} g(x)=\infty$이면,

❶ $\lim_{x\to a}\dfrac{f(x)}{\dfrac{1}{g(x)}}=\dfrac{0}{0}$형 또는 ❷ $\lim_{x\to a}\dfrac{g(x)}{\dfrac{1}{f(x)}}=\dfrac{\infty}{\infty}$형

으로 변형한 후 [How to 5-3] 또는 [How to 5-4]의 로피탈의 법칙을 적용하여 구한다.

예제 5-17

다음 극한을 구하라.

(a) $\lim_{x\to 0^+} x\ln x$

(b) $\lim_{x\to\infty} x^{-1}\ln x$

풀이

(a) $\lim_{x\to 0^+} x=0$이고 $\lim_{x\to 0^+}\ln x=-\infty$이므로 식을 변형하여 극한을 구한다.

로피탈의 법칙에 의하여

$$\lim_{x\to 0^+} x\ln x=\lim_{x\to 0^+}\frac{\ln x}{\frac{1}{x}}=\lim_{x\to 0^+}\frac{\frac{1}{x}}{-\frac{1}{x^2}}=\lim_{x\to 0^+}(-x)=0$$

이다.

(b) $\lim_{x\to\infty} x^{-1} = 0$이고 $\lim_{x\to\infty} \ln x = \infty$ 이므로 식을 변형하여 극한을 구한다.

로피탈의 법칙에 의하여

$$\lim_{x\to\infty} x^{-1}\ln x = \lim_{x\to\infty} \frac{\ln x}{x} = \lim_{x\to\infty} \frac{\frac{1}{x}}{1} = \lim_{x\to\infty} \frac{1}{x} = 0$$

이다.

■ $\infty - \infty$ 형에서의 로피탈의 법칙

$\infty - \infty$ 형의 부정형은 식을 유리화하거나 통분한 뒤 로피탈 법칙을 이용하여 극한을 구한다.

How to 5-6 $\infty - \infty$ 형에 로피탈의 법칙을 사용하는 방법

$\lim_{x\to a} f(x) = \infty$ 이고 $\lim_{x\to a} g(x) = \infty$ 이면, $f(x) - g(x)$를 변형하여 하나의 식으로 만든 후 [How to 5-3] 또는 [How to 5-4]의 로피탈의 법칙을 적용하여 구한다.

예제 5-18

다음 극한을 구하라.

(a) $\lim_{x\to\infty} (\sqrt{x+4} - \sqrt{x})$

(b) $\lim_{x\to 0^+} \left(\frac{1}{x} - \frac{1}{\sin x}\right)$

풀이

(a) $\lim_{x\to\infty} \sqrt{x+4} = \infty$ 이고 $\lim_{x\to\infty} \sqrt{x} = \infty$ 이다. $\lim_{x\to\infty} (\sqrt{x+4} - \sqrt{x}) = \infty - \infty$ 형이므로 식을 유리화한 후 극한을 구한다.

$$\begin{aligned}\sqrt{x+4} - \sqrt{x} &= \frac{(\sqrt{x+4} - \sqrt{x})}{1} \\ &= \frac{(\sqrt{x+4} - \sqrt{x})}{1}\frac{(\sqrt{x+4} + \sqrt{x})}{(\sqrt{x+4} + \sqrt{x})} \\ &= \frac{4}{\sqrt{x+4} + \sqrt{x}}\end{aligned}$$

이므로

$$\lim_{x\to\infty} (\sqrt{x+4} - \sqrt{x}) = \lim_{x\to\infty} \frac{4}{\sqrt{x+4} + \sqrt{x}} = 0$$

이다.

(b) $\lim_{x\to0^+}\frac{1}{x}=\infty$ 이고 $\lim_{x\to0^+}\frac{1}{\sin x}=\infty$ 이다. $\lim_{x\to0^+}\left(\frac{1}{x}-\frac{1}{\sin x}\right)=\infty-\infty$ 형이므로 식을 변형한 후 극한을 구한다.

$$\frac{1}{x}-\frac{1}{\sin x}=\frac{\sin x-x}{x\sin x}$$

이므로 로피탈의 법칙을 두 번 적용하면

$$\begin{aligned}\lim_{x\to0^+}\left(\frac{1}{x}-\frac{1}{\sin x}\right)&=\lim_{x\to0^+}\frac{\sin x-x}{x\sin x}\\&=\lim_{x\to0^+}\frac{\cos x-1}{\sin x+x\cos x}\\&=\lim_{x\to0^+}\frac{-\sin x}{\cos x+\cos x-x\sin x}\\&=0\end{aligned}$$

이다.

변형된 로피탈의 법칙을 적용해야 하는 부정형은 $0\cdot\infty$, $\infty-\infty$형 이외에 ∞^0, 1^∞, 0^0 형도 있다. 이러한 형태의 부정형의 문제는 '대학수학'에서 다룬다.

이 절에서는 복잡한 함수의 극한을 쉽게 구할 수 있도록 평균값 정리를 이용하여 로피탈의 법칙을 도입하였다. $\frac{0}{0}$형과 $\frac{\infty}{\infty}$형으로 된 기본적인 부정형의 극한 문제와 $0\cdot\infty$형과 $\infty-\infty$형으로 된 변형된 부정형의 극한 문제를 해결하기 위하여 로피탈의 법칙을 적용하는 방법을 학습하였다.

Section 5.3 연습문제

1. 다음 극한 계산에서 잘못된 부분을 찾아라.

(a) $\lim_{x\to 2} \frac{x-2}{x^2+4} = \lim_{x\to 2} \frac{1}{2x}$ (로피탈의 법칙에 의하여)

$= \frac{1}{4}$

(b) $\lim_{x\to 1} \frac{4x+3}{x^4-1} = \lim_{x\to 1} \frac{4}{4x^3}$ (로피탈의 법칙에 의하여)

$= 1$

(c) $\lim_{x\to 0} \frac{\cos x}{x} = \lim_{x\to 0} \frac{-\sin x}{1}$ (로피탈의 법칙에 의하여)

$= 0$

2. 다음은 $\frac{0}{0}$ 형의 부정형이다. 극한을 구하라.

(a) $\lim_{x\to 1} \frac{x^8-1}{x^2-1}$

(b) $\lim_{x\to -1} \frac{x^5+1}{x+1}$

(c) $\lim_{x\to 2} \frac{\sqrt{x}-\sqrt{2}}{x^2-4}$

(d) $\lim_{x\to 3} \frac{x^2-9}{3-\sqrt{3x}}$

(e) $\lim_{x\to 0} \frac{\sin 4x}{3x}$

(f) $\lim_{x\to 0} \frac{\sin x^3}{x^2}$

(g) $\lim_{x\to 0} \frac{1-\cos x}{2x}$

(h) $\lim_{x\to 0} \frac{e^x-1}{\sin x}$

(i) $\lim_{x\to \frac{\pi}{2}} \frac{1-\sin x}{x-\frac{\pi}{2}}$

(j) $\lim_{x\to 0} \frac{\ln(\cos x)}{x^2}$

3. 다음은 $\frac{\infty}{\infty}$ 형의 부정형이다. 극한을 구하라.

(a) $\lim_{x\to\infty} \dfrac{3x+15}{4x^2-x-11}$

(b) $\lim_{x\to\infty} \dfrac{1-x-x^2}{-2x^2+3x+4}$

(c) $\lim_{x\to\infty} \dfrac{e^x}{x^3}$

(d) $\lim_{x\to\infty} \dfrac{x^4}{\ln x}$

(e) $\lim_{x\to\infty} \dfrac{\ln(x^2+1)}{\log(x^2-1)}$

(f) $\lim_{x\to\infty} \dfrac{\log_2(x-5)}{\log_3(x+4)}$

(g) $\lim_{x\to\infty} \dfrac{5^x-1}{e^x+3}$

(h) $\lim_{x\to\infty} \dfrac{\log_4(x^3+x)}{4^x+1}$

4. 다음은 $0\cdot\infty$ 형의 부정형이다. 극한을 구하라.

(a) $\lim_{x\to 0^+} x^2\left(2-\dfrac{3}{x^3}\right)$

(b) $\lim_{x\to\infty} \dfrac{1}{\sqrt{x}}(x-5)$

(c) $\lim_{x\to\infty} x\sin\dfrac{1}{x}$

(d) $\lim_{x\to\infty} x\sin\dfrac{1}{x^2}$

(e) $\lim_{x\to 0^+} x^5\ln x$

(f) $\lim_{x\to 0^+} \dfrac{1}{x}\ln(\cos x)$

5. 다음은 $\infty-\infty$ 형의 부정형이다. 극한을 구하라.

(a) $\lim_{x\to\infty} (3x-\sqrt{9x^2-x})$

(b) $\lim_{x\to\infty} (\sqrt{4x+3}-\sqrt{4x-3})$

(c) $\lim_{x\to\infty} (\ln(x^2+x+1)-\ln(x^2-x+1))$

(d) $\lim_{x\to 0^+} (\ln x-\ln(\sin x))$

동영상 풀이

5.4 2계 도함수의 활용

두 점 (a_1, b_1)과 (a_2, b_2)를 지나는 증가함수 f와 g에 대하여 알아 보자. [그림 5-6]에서 알 수 있듯이 증가하는 함수의 개형은 두 가지 형태인데, 이 형태들은 2계 도함수의 결과와 관련되어 있다. 이 절에서는 2계 도함수의 성질과 활용 방법을 알아보고자 한다.

5.4.1 함수의 오목성

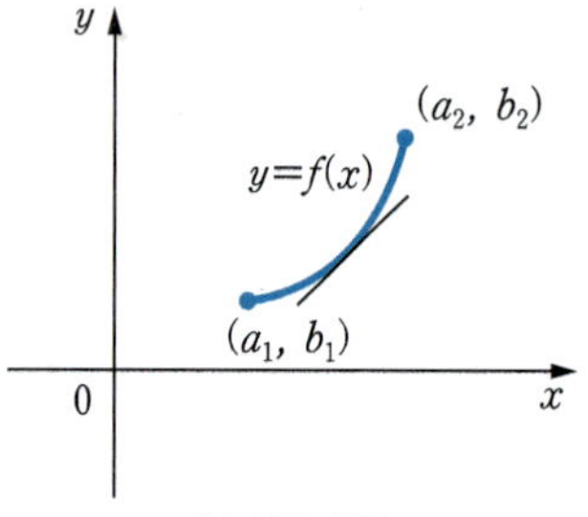

(a) 위로 오목

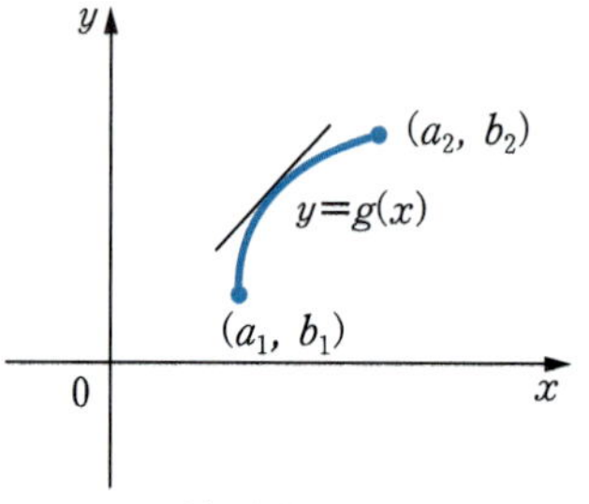

(b) 아래로 오목

[그림 5-6] 증가하는 함수의 그래프

[그림 5-6]에서 $y = f(x)$ 위의 점에서 접선을 그으면 접선은 그래프보다 아래에 있고, $y = g(x)$ 위의 점에서 접선을 그으면 접선은 그래프보다 위쪽에 있다.

이러한 현상은 감소함수에서도 찾아볼 수 있다. 두 점 (c_1, d_1)과 (c_2, d_2)를 지나는 감소함수 f와 g를 보자.

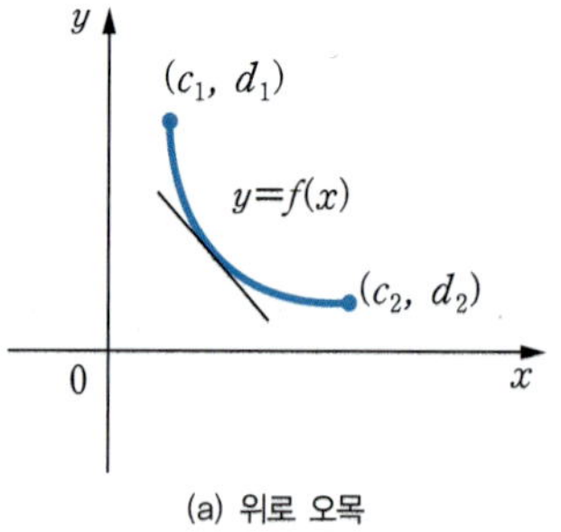

(a) 위로 오목

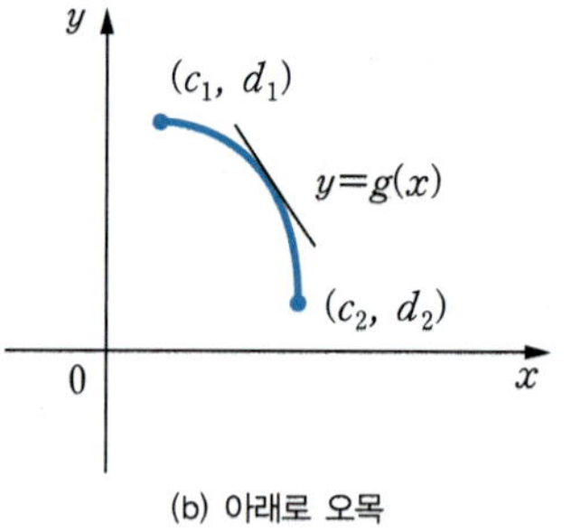

(b) 아래로 오목

[그림 5-7] 감소하는 함수의 그래프

[그림 5-7]에서 $y= f(x)$ 위의 점에서 접선을 그으면 접선은 그래프보다 아래에 있고, $y= g(x)$ 위의 점에서 접선을 그으면 접선은 그래프보다 위쪽에 있다.

[그림 5-6]과 [그림 5-7]은 기하학적으로 함수의 오목성을 보여주고 있다. 오목성을 수학적으로 정의하면 다음과 같다.

정의 5-6 오목성

$f : (a,\ b) \to \mathbb{R}$ 라 하자.

(1) 임의의 $x \in (a,\ b)$에서 그은 접선이 f의 그래프보다 위쪽에 있으면, f는 $(a,\ b)$에서 **아래로 오목하다**고 한다.

(2) 임의의 $x \in (a,\ b)$에서 그은 접선이 f의 그래프보다 아래쪽에 있으면, f는 $(a,\ b)$에서 **위로 오목하다**고 한다.

예제 5-19

다음 함수가 $\mathbb{R}$에서 아래로 오목한지 또는 위로 오목한지를 판정하라.

(a) $y = x^2$ (b) $y = -x^2$

풀이

함수의 그래프를 그려서 판정한다.

(a) $y = x^2$은 임의의 점에서 접선을 그었을 때 접선이 그래프보다 아래쪽에 있기 때문에 $y = x^2$은 $\mathbb{R}$에서 위로 오목하다.

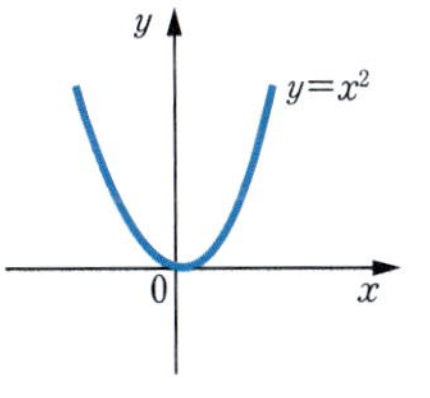

(b) $y = -x^2$은 임의의 점에서 접선을 그었을 때 접선이 그래프보다 위쪽에 있기 때문에 $y = -x^2$은 $\mathbb{R}$에서 아래로 오목하다.

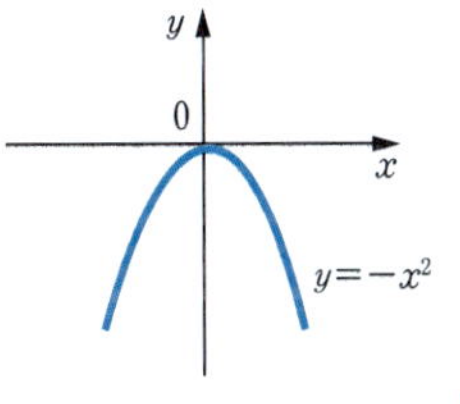

위로 오목과 아래로 오목이라는 용어의 개념은 직관적으로 쉽게 이해되지 않는다. 예를 들어 $y = x^2$의 그래프를 보면 아래로 볼록이라는 판단을 쉽게 할 수 있지만, 이 그래프를 보고 오목하다고 판단하기는 쉽지 않다. 원서에서 $y = x^2$의 그래프 모양을 'concave downward'라고 설명하였고, 이를 직역하면 '아래로 오목'이 된다. 또한 $y = -x^2$의 그래프의 모양을 'concave upward'라고 설명하였는데, 이를 직역하면 '위로 오목'이 된다. 오목과 볼록의 관계는 다음과 같다.

위로 오목 = 아래로 볼록

아래로 오목 = 위로 볼록

$y = x^2$과 $y = -x^2$은 각각 위로 오목한 그래프와 아래로 오목한 그래프를 설명할 때 사용하는 가장 대표적인 함수들이고, 이 함수들의 2계 도함수를 구하면 다음과 같다.

- $y = x^2$은 위로 오목인 함수인데, $y' = 2x$이고 $y'' = 2 > 0$이다.
- $y = -x^2$은 아래로 오목인 함수인데, $y' = -2x$이고 $y'' = -2 < 0$이다.

이 결과로부터 다음 정리를 유추할 수 있다.

정리 5-6 오목성 판정 정리

$f : (a,\ b) \to \mathbb{R}$ 라 하자.

(1) 임의의 $x \in (a,\ b)$에 대하여 $f''(x) > 0$이면, f는 $(a,\ b)$에서 위로 오목하다.

(2) 임의의 $x \in (a,\ b)$에 대하여 $f''(x) < 0$이면, f는 $(a,\ b)$에서 아래로 오목하다.

오목성 판정 정리를 이용하여 함수가 아래로 오목인 구간과 위로 오목인 구간을 판정하는 방법은 다음과 같다.

How to 5-7 아래로 오목인 구간과 위로 오목인 구간을 판정하는 방법

❶ 정의역에서 $f''(x) = 0$이거나 $f''(x)$가 존재하지 않는 x를 모두 구한다.

❷ ❶에서 구한 x를 이용하여 정의역을 소구간으로 나눈다.

❸ 소구간에서 한 점을 선택하여 그 점에서 $f''(x)$가 양의 값을 갖는지 또는 음의 값을 갖는지를 구한다.

❹ 만일 양의 값을 가지면 그 소구간에서 $f(x)$는 위로 오목하다고 판정하고, 만일 음의 값을 가지면 그 소구간에서 $f(x)$는 아래로 오목하다고 판정한다.

아래로 오목인 구간과 위로 오목인 구간을 찾는 방법은 [How to 5-1]에서 함수가 증가 또는 감소하는 구간을 구하는 방법과 매우 유사하다.

예제 5-20

[How to 5-7]을 이용하여 다음 문제를 풀어라.

(a) $f(x) = x^3 - 6x^2$이 아래로 오목인 구간과 위로 오목인 구간을 구하라.

(b) 구간 $[-1,\ 4]$에서 $g(x) = -x^3 + 3x^2 + 2x - 1$이 아래로 오목인 구간과 위로 오목인 구간을 구하라.

풀이

(a) $f(x)$의 정의역은 $(-\infty,\ \infty)$이다. $f'(x)=3x^2-12x$이므로 $f''(x)=6x-12$이고, $x=2$일 때 $f''(x)=0$이다. $x=2$를 이용하여 정의역을 소구간으로 나누면, 소구간은 다음과 같다.

$$(-\infty,\ 2),\ (2,\ \infty)$$

구간 $(-\infty,\ 2)$에서 $x=0$을 선택하여 $f''(0)$을 계산하면

$$f''(0)=-12<0$$

이므로 $f(x)$는 $(-\infty,\ 2)$에서 아래로 오목하다.

구간 $(2,\ \infty)$에서 $x=3$을 선택하여 $f''(3)$을 계산하면

$$f''(3)=6>0$$

이므로 $f(x)$는 $(2,\ \infty)$에서 위로 오목하다.

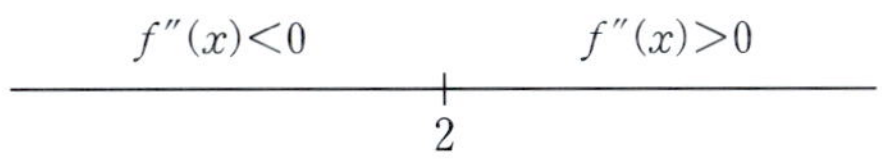

그러므로 $f(x)$는 $(-\infty,\ 2)$에서 아래로 오목하고 $(2,\ \infty)$에서 위로 오목하다.

(b) $g'(x)=-3x^2+6x+2$이므로 $g''(x)=-6x+6$이고, $x=1$일 때 $g''(x)=0$이다. $x=1$을 이용하여 구간 $[-1,\ 4]$를 소구간으로 나누면, 소구간은 다음과 같다.

$$[-1,\ 1),\ (1,\ 4]$$

구간 $[-1,\ 1)$에서 $x=0$을 선택하여 $g''(0)$을 계산하면

$$g''(0)=6>0$$

이므로 $g(x)$는 $[-1,\ 1)$에서 위로 오목하다.

구간 $(1,\ 4]$에서 $x=2$를 선택하여 $g''(2)$를 계산하면

$$g''(2)=-6<0$$

이므로 $g(x)$는 $(1,\ 4]$에서 아래로 오목하다.

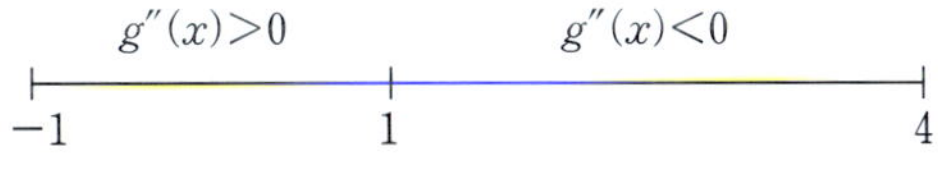

그러므로 $g(x)$는 $[-1,\ 1)$에서 위로 오목하고 $(1,\ 4]$에서 아래로 오목하다

5.4.2 변곡점

함수의 그래프가 위로 오목에서 아래로 오목으로 바뀌거나 반대로 아래로 오목에서 위로 오목으로 바뀔 때 그 점을 변곡점이라 한다. 변곡점에 대한 수학적 정의는 다음과 같다.

정의 5-7 변곡점

만일 $x=c$가 정의역 내의 점이고 $f''(c)=0$이거나 $f''(c)$가 존재하지 않는다고 하자. 점 $(c,\ f(c))$를 중심으로 하여 함수가 아래로 오목에서 위로 오목으로 바뀌거나 위로 오목에서 아래로 오목으로 바뀌면, 점 $(c,\ f(c))$를 **변곡점**(inflection point)이라 한다.

변곡점을 구하는 방법은 다음과 같다.

How to 5-8 변곡점을 판정하는 방법

❶ 정의역에서 $f''(x)=0$이거나 $f''(x)$가 존재하지 않는 x를 모두 구한다.
❷ ❶에서 구한 x를 이용하여 정의역을 소구간으로 나눈다.
❸ 소구간에서 한 점을 선택하여 그 점에서 $f''(x)$가 양의 값을 갖는지 또는 음의 값을 갖는지를 계산한다.
❹ ❶에서 구한 점의 좌우에 있는 구간에서 $f''(x)$의 부호가 다르면 점 $(x, f(x))$는 변곡점이고, ❶에서 구한 점의 좌우에 있는 구간에서 $f''(x)$의 부호가 같으면 점 $(x, f(x))$는 변곡점이 아니다.

이 방법은 [How to 5-7]의 방법과 매우 유사하며, ❹의 단계에서 변곡점을 판정하는 과정에 유의하여야 한다.

예제 5-21

다음 함수의 변곡점을 구하라.

(a) $f(x)=x^3+3x^2-4$　　　　(b) $g(x)=x^4-4x+3$

풀이

(a) $f(x)$의 정의역은 $(-\infty,\ \infty)$이다. $f'(x)=3x^2+6x$이므로 $f''(x)=6x+6$이고, $x=-1$일 때 $f''(x)=0$이다.
$x=-1$을 이용하여 정의역을 소구간으로 나누면, 소구간은 다음과 같다.

$$(-\infty,\ -1),\ (-1,\ \infty)$$

$x=-2$와 $x=0$을 이용하여 소구간에서 $f''(x)$의 부호를 확인하면 다음과 같다.

$f''(x)<0$ | $f''(x)>0$

-1

$x=-1$의 좌우의 소구간에서 $f''(x)$의 부호가 다르므로, 점 $(-1,-2)$는 $f(x)$의 변곡점이다.

(b) $g(x)$의 정의역은 $(-\infty,\ \infty)$이다. $g'(x)=4x^3-4$이므로 $g''(x)=12x^2$이고, $x=0$일 때 $g''(x)=0$이다.
$x=0$을 이용하여 정의역을 소구간으로 나누면, 소구간은 다음과 같다.

$$(-\infty,\ 0),\ (0,\ \infty)$$

$x=-1$과 $x=1$을 이용하여 소구간에서 $g''(x)$의 부호를 확인하면 다음과 같다.

$g''(x)>0$ | $g''(x)>0$

0

$x=0$의 좌우의 소구간에서 $g''(x)$의 부호가 같으므로 점 $(0,3)$은 $g(x)$의 변곡점이 아니다. 따라서 $g(x)$는 변곡점을 갖지 않는다.

[예제 5-20]과 달리 다항함수가 아닌 경우에는 정의역을 확인하고 2계 도함수를 이용하여 오목성을 확인해야 한다.

예제 5-22

다음 함수의 변곡점, 아래로 오목인 구간과 위로 오목인 구간을 구하라.

(a) $f(x)=x\ln x$ (b) $g(x)=xe^x$

풀이

(a) $f(x)$의 정의역은 $(0,\ \infty)$이다. $f'(x)=\ln x+x\cdot\frac{1}{x}=\ln x+1$이므로

$$f''(x)=\frac{1}{x}$$

이다. 따라서 $x=0$일 때 $f''(x)$는 존재하지 않는다. 하지만 $x=0$은 정의역에 있지 않으므로 $f(x)$는 변곡점을 갖지 않는다.
정의역 $(0,\ \infty)$에서 $x=1$을 선택하여 $f''(1)$의 값을 계산하면

$$f''(1)>0$$

이므로 $f(x)$는 $(0,\ \infty)$에서 위로 오목하다.

$f''(x)>0$

0

(b) $g(x)$의 정의역은 $(-\infty,\ \infty)$이다. $g'(x) = e^x + xe^x = (x+1)e^x$이므로

$$g''(x) = e^x + (x+1)e^x = (x+2)e^x$$

이다. 따라서 $x = -2$일 때 $g''(x) = 0$이다.
$x = -2$를 이용하여 정의역을 소구간으로 나누면, 소구간은 다음과 같다.

$$(-\infty,\ -2),\ (-2,\ \infty)$$

$x = -3$과 $x = 0$을 이용하여 소구간에서 $g''(x)$의 부호를 확인하면 다음과 같다.

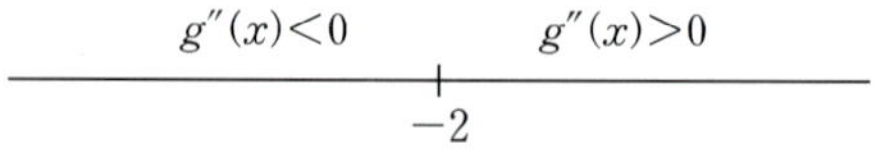

따라서 점 $(-2,\ -2e^{-2})$은 $g(x)$의 변곡점이고 구간 $(-\infty,\ -2)$에서 $g(x)$는 아래로 오목하고 구간 $(-2,\ \infty)$에서 $g(x)$는 위로 오목하다.

5.4.3 2계 도함수 판정법

2계 도함수를 이용하여 극댓값과 극솟값을 구할 수도 있다. $f'(c) = 0$이면 $x = c$는 임계점이므로 $f(x)$는 $x = c$에서 극댓값 또는 극솟값을 가질 수 있는데, $f''(c) > 0$인지 또는 $f''(c) < 0$인지에 따라 극솟값, 극댓값을 판정할 수 있다.

정리 5-7 2계 도함수 판정법

$f : (a,\ b) \to \mathbb{R}$가 미분가능하고 $c \in (a,\ b)$가 $f(x)$의 임계점이라 하자.

(1) $f''(c) > 0$이면, $f(x)$는 $x = c$에서 극솟값을 갖는다.

(2) $f''(c) < 0$이면, $f(x)$는 $x = c$에서 극댓값을 갖는다.

$x = c$가 $f(x)$의 임계점이고 $f''(c) = 0$이면, 2계 도함수 판정법으로 $f(x)$가 $x = c$에서 극값을 갖는지 판정할 수 없다.

예제 5-23

2계 도함수 판정법을 이용하여 다음 함수의 극값을 구하라.

(a) $f(x) = 2x^3 - 3x^2 + 2$ (b) $g(x) = -3x^4 + 6x^2$

풀이

(a) $f'(x) = 6x^2 - 6x = 6x(x-1)$이므로 $x = 0,\ 1$일 때 $f'(x) = 0$이다.
$f''(x) = 12x - 6$이므로 $f''(0) = -6 < 0$이고 $f''(1) = 6 > 0$이다.
2계 도함수 판정법에 의하여 $f(x)$는 $x = 0$에서 극댓값 $f(0) = 2$를 갖고, $x = 1$에서 극솟값 $f(1) = 1$을 갖는다.

(b) $g'(x) = -12x^3 + 12x = -12x(x^2-1)$이므로 $x = -1,\ 0,\ 1$에서 $g'(x) = 0$이다.
$g''(x) = -36x^2 + 12$이므로 $g''(-1) = -24 < 0$이고 $g''(0) = 12 > 0$이며 $g''(1) = -24 < 0$이다.
2계 도함수 판정법에 의하여 $g(x)$는 $x = -1$에서 극댓값 $g(-1) = 3$을 갖고, $x = 0$에서 극솟값 $g(0) = 0$을 가지며 $x = 1$에서 극댓값 $g(1) = 3$을 갖는다.

다음 예제에서는 정의역을 우선 확인한 후 2계 도함수 판정법을 이용하여 극값을 구한다.

예제 5-24

2계 도함수 판정법을 이용하여 다음 함수의 극값을 구하라.

(a) $f(x) = x^2 + \dfrac{2}{x}$ (b) $g(x) = x \ln x$

풀이

(a) $f(x)$의 정의역은 $\mathbb{R} - \{0\} = (-\infty,\ 0) \cup (0,\ \infty)$이다.

$$f'(x) = 2x - \frac{2}{x^2} = \frac{2(x^3-1)}{x^2} = \frac{2(x-1)(x^2+x+1)}{x^2}$$

이므로 $x = 1$일 때 $f'(x) = 0$이고 $x = 0$일 때 $f'(x)$가 존재하지 않는다.
하지만 정의역이 $(-\infty,\ 0) \cup (0,\ \infty)$이므로 정의역에 있는 임계점은 $x = 1$이다.

$$f''(x) = 2 + \frac{4}{x^3}$$

이므로 $f''(1) = 6 > 0$이다. 2계 도함수 판정법에 의하여 $f(x)$는 $x = 1$에서 극솟값 $f(1) = 3$을 갖는다.

(b) $g(x)$의 정의역은 $(0,\ \infty)$이다.

$$g'(x) = \ln x + x \cdot \frac{1}{x} = \ln x + 1$$

이므로 $x = e^{-1}$일 때 $g'(x) = 0$이다. 또한 $x = e^{-1}$은 정의역에 있으므로 임계점이다.

$$g''(x) = \frac{1}{x}$$

이므로 $g''(e^{-1}) = e > 0$이다. 2계 도함수 판정법에 의하여 $g(x)$는 $x = e^{-1}$에서 극솟값 $g(e^{-1}) = -e^{-1}$을 갖는다.

이 절에서는 2계 도함수를 이용하여 함수의 오목성을 판정하는 방법을 학습하였다. 또한 변곡점을 정의하여 오목한 구간을 확인하는 방법도 알아보았고, 2계 도함수를 활용하여 함수의 극값을 판정하는 방법도 살펴보았다.

Section 5.4 연습문제

1. [How to 5-7]을 이용하여 다음 함수가 위로 오목인 구간과 아래로 오목인 구간을 구하라.

(a) $y = x^3 - 3x + 5$

(b) $y = -2x^3 - 6x^2 + 7$

(c) $y = x^4 - 4x - 3$

(d) $y = -x^4 + 8x^3 - 6x + 1$

(e) $y = \dfrac{1}{x-1}$

(f) $y = \dfrac{1}{x^2+1}$

(g) $y = \sqrt[3]{x}$

(h) $y = \sqrt[5]{x^2}$

2. 다음 함수의 변곡점을 구하라.

(a) $y = x^2 - 2x + 9$

(b) $y = x^3 + 7x - 11$

(c) $y = -2x^3 + 5x^2 + 6$

(d) $y = 2x^4 - 4x^3 + 9$

(e) $y = \dfrac{1}{x+1}$

(f) $y = \dfrac{1}{x^2-1}$

(g) $y = \sqrt[5]{x}$

(h) $y = \sqrt[3]{x^4}$

3. [How to 5-7]과 [How to 5-8]을 이용하여 다음 함수의 변곡점, 위로 오목인 구간과 아래로 오목인 구간을 구하라.

(a) $y = 4x^3 - 6x^2 + 11$

(b) $y = x^4 + 4x^2 - 2x - 5$

(c) $y = x^2 \sqrt[3]{x}$

(d) $y = x \sqrt[4]{x}$

(e) $y = x^2 e^x$

(f) $y = x^2 \ln x$

(g) $y = \dfrac{1}{8}x^2 + \dfrac{1}{2}\sin x, \ \left[0, \dfrac{\pi}{2}\right]$

(h) $y = x^2 - \cos x, \ [0, 2\pi]$

4. 2계 도함수 판정법을 이용하여 다음 함수의 극값을 구하라.

(a) $y = 2x^3 - 6x^2 + 1$

(b) $y = -x^3 + 9x + 4$

(c) $y = x^4 - 4x^2 - 5$

(d) $y = -x^4 + 4x^3 - 4x^2 + 3$

(e) $y = x - \dfrac{1}{x}$

(f) $y = \dfrac{1}{2}x^2 + \dfrac{1}{x}$

(g) $y = \dfrac{x}{\ln x}$

(h) $y = \dfrac{x}{e^x}$

5. 2계 도함수 판정법을 이용하여 주어진 구간에서 다음 함수의 극값을 구하라.

(a) $y = \sqrt{3}x + 2\sin x, \quad [0, 2\pi]$

(b) $y = \sqrt{2}\cos x - x, \quad [0, 2\pi]$

(c) $y = \sin^2 x + \cos x, \quad (-\pi, \pi)$

(d) $y = \dfrac{1}{3}\cos^3 x - \cos x, \quad (0, 2\pi)$

(e) $y = \ln(\sin x), \quad (0, \pi)$

(f) $y = e^{\cos x}, \quad (-2\pi, 2\pi)$

동영상 풀이

5.5 극댓값과 극솟값의 활용

주어진 함수의 극댓값과 극솟값을 구하는 이유 중 하나는 이를 활용하여 다양한 응용문제의 해를 구할 수 있기 때문이다. 이 절에서는 극댓값과 극솟값을 이용하여 응용문제를 푸는 방법을 알아보고자 한다.

How to 5-9 응용문제에서 최댓값 또는 최솟값을 구하는 방법

❶ 주어진 문제를 읽고 문자를 이용하여 식으로 표현한다. 이때 정의역을 확인해야 한다.
❷ 주어진 식을 미분하여 정의역 내의 임계점을 구한다.
❸ 최댓값을 구할 때는 다음 중에서 가장 큰 값을 선택한다.

$\{f(\text{정의역의 왼쪽 끝점}),\ f(\text{임계점}),\ f(\text{정의역의 오른쪽 끝점})\}$

❹ 최솟값을 구할 때는 다음 중에서 가장 작은 값을 선택한다.

$\{f(\text{정의역의 왼쪽 끝점}),\ f(\text{임계점}),\ f(\text{정의역의 오른쪽 끝점})\}$

응용문제에서 최댓값과 최솟값을 구하는 방법을 적용하고자 할 때, 많은 문제들에서 정의역이 개구간인 경우도 있다. 정의역이 개구간인 경우 정의역의 왼쪽 끝점과 오른쪽 끝점이 존재하지 않게 된다. 이 경우에는 정의역의 끝점에 대한 우극한 또는 좌극한을 이용하여 계산해야 하지만, 편의상 함수에 끝점을 대입하여 계산한다.

예를 들어 주어진 문제를 식으로 나타낸 것이 $f(x)=\dfrac{1}{x}$ 이고 정의역이 $(0,\ \infty)$라고 하면, 정의역의 왼쪽 끝점과 오른쪽 끝점이 존재하지 않으므로

$$\lim_{x\to 0^+} f(x) = \infty,\ \lim_{x\to\infty} f(x) = 0$$

으로 계산해야 하지만, 최댓값과 최솟값을 구하는 응용문제에서는

$$f(0) = \infty,\ f(\infty) = 0$$

으로 단순하게 계산하면 된다.

❶ 에서 식으로 표현할 때 문제에서 주어진 관계를 이용하여 식을

$$y = f(x)$$

의 형태로 만들어야 한다. 만일 주어진 문제와 관련된 그림을 그릴 수 있다면 쉽게 식을 세울 수 있다.

예제 5-25

합이 10이 되는 두 수가 있다. 다음 물음에 답하라.

(a) 두 수를 곱했을 때의 최댓값을 구하라.

(b) 두 수를 제곱하여 합했을 때의 최솟값을 구하라.

풀이

두 수를 x, y라 하면 두 수의 합이 10이므로 $x+y=10$이다.

(a) $U=xy$라 할 때, U의 최댓값을 구해야 한다.

$y=10-x$이므로

$$U(x)=x(10-x)=-x^2+10x$$

이고 정의역은 $(-\infty, \infty)$이다. 위의 식을 미분하면

$$U'(x)=-2x+10$$

이므로 $x=5$일 때 $U'(x)=0$이다. $x=5$는 정의역에 있으므로 임계점이다.

$$\{U(-\infty),\ U(5),\ U(\infty)\}=\{-\infty,\ 25,\ -\infty\}$$

이므로 $U(x)$의 최댓값은 25이다.

(b) $V=x^2+y^2$이라 할 때, V의 최솟값을 구해야 한다.

$y=10-x$이므로

$$V(x)=x^2+(10-x)^2=2x^2-20x+100$$

이고 정의역은 $(-\infty, \infty)$이다. 위의 식을 미분하면

$$V'(x)=4x-20$$

이므로 $x=5$일 때 $V'(x)=0$이다. $x=5$는 정의역에 있으므로 임계점이다.

$$\{V(-\infty),\ V(5),\ V(\infty)\}=\{\infty,\ 50,\ \infty\}$$

이므로 $V(x)$의 최솟값은 50이다.

다음 예제는 [How to 5-9]를 이용하여 주어진 골판지를 이용하여 만들 수 있는 육면체 모양의 상자의 최대 부피를 구하는 문제이다.

예제 5-26

한 변의 길이가 4m인 정사각형의 골판지가 있다. 이 골판지의 네 모서리에서 같은 크기의 정사각형을 잘라내어 남아 있는 골판지로 뚜껑이 없는 육면체 모양의 상자를 만들려고 한다. 육면체 모양의 상자의 부피가 최대가 되었을 때, 잘라낸 정사각형의 한 변의 길이를 구하라.

풀이

잘라낸 정사각형의 한 변의 길이를 x라 하자.

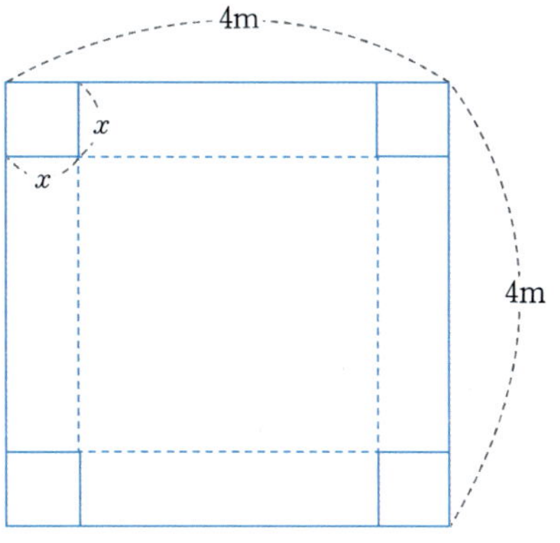

그림에서 육면체 모양의 상자 밑면의 넓이는 $(4-2x)^2$이고 높이가 x이므로 육면체 모양의 상자의 부피는

$$\begin{aligned} V(x) &= (4-2x)^2 x \\ &= 4x^3 - 16x^2 + 16x \end{aligned}$$

이고, $V(x)$의 최댓값을 구해야 한다. 이때 정의역은 $(0,\ 2)$이다.

$$\begin{aligned} V'(x) &= 12x^2 - 32x + 16 \\ &= 4(3x-2)(x-2) \end{aligned}$$

이므로 $x = \frac{2}{3}, 2$일 때 $V'(x) = 0$이다. 이 중 정의역에 있는 임계점은 $x = \frac{2}{3}$이다.

$$\left\{V(0),\ V\left(\frac{2}{3}\right),\ V(2)\right\} = \left\{0,\ \frac{128}{27},\ 0\right\}$$

이므로 $V(x)$의 최댓값은 $\frac{128}{27}$이다. 따라서 육면체 모양의 상자의 부피가 최대가 되었을 때, 잘라낸 정사각형의 한 변의 길이는 $\frac{2}{3}$m이어야 한다.

[예제 5-26]의 풀이에서 정의역을 폐구간 $[0,\ 2]$가 아닌 개구간 $(0,\ 2)$로 한 이유는 $x=0$이면 높이가 0이 되어 육면체 모양의 상자가 만들어지지 않고 $x=2$이면 육면체 모양의 상자 밑면이 만들어지지 않기 때문이다.

다음 예제는 [How to 5-9]를 이용하여 일정한 부피를 갖는 육면체 모양의 상자를 만들고자 할 때, 골판지를 최소로 사용하는 방법을 찾는 문제이다.

예제 5-27

부피가 4000m^3인 뚜껑이 없는 육면체 모양의 상자를 만들려고 한다. 이 육면체 모양의 상자 밑면이 정사각형이라 할 때, 사용되는 골판지 사용량을 최소화하려면 정사각형의 한 변의 길이를 얼마로 해야 하는지를 구하라.

풀이

육면체 모양의 상자 밑면에 있는 정사각형의 한 변의 길이를 x m라 하고, 육면체 모양의 상자 높이를 y m라 하자. 육면체 모양의 상자의 부피를 x와 y를 이용하여 나타내면

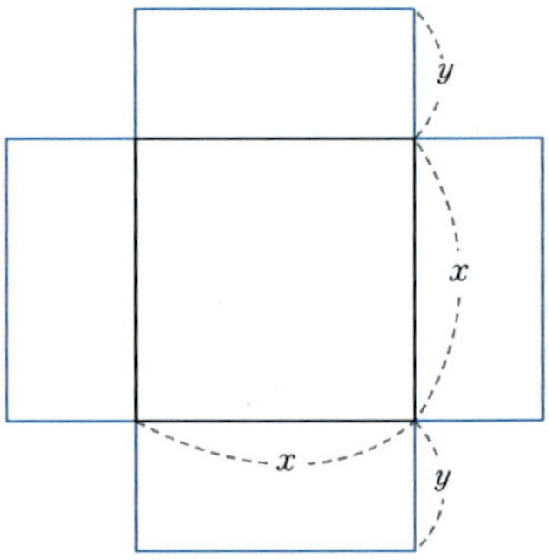

$$4000 = x^2 y$$

이다. 육면체 모양의 상자를 만드는 데 필요한 골판지의 넓이는 전개도로부터

$$A = x^2 + 4xy$$

이고, A의 최솟값을 구해야 한다. 따라서 부피에 관한 식 $y=\dfrac{4000}{x^2}$을 대입하면

$$A(x) = x^2 + 4x \cdot \frac{4000}{x^2} = x^2 + \frac{16000}{x}$$

이고, 이때 정의역은 $(0,\ \infty)$이다.

$$A'(x) = 2x - \frac{16000}{x^2}$$

이므로 $x=20$일 때 $A'(x)=0$이다. $x=20$은 정의역에 있으므로 임계점이다.

$$\{A(0),\ A(20),\ A(\infty)\} = \{\infty,\ 1200,\ \infty\}$$

이므로 $A(x)$의 최솟값은 1200이다. 따라서 골판지 사용량을 최소화하려면 정사각형의 한 변의 길이를 20 m로 해야 한다.

다음 예제는 [How to 5-9]의 최댓값을 구하는 방법을 이용하여 원에 내접하는 수많은 직사각형 중 넓이가 가장 큰 경우를 구하는 문제이다.

예제 5-28

반지름이 3인 원에 내접하는 직사각형 중 가장 큰 직사각형의 넓이를 구하라.

풀이

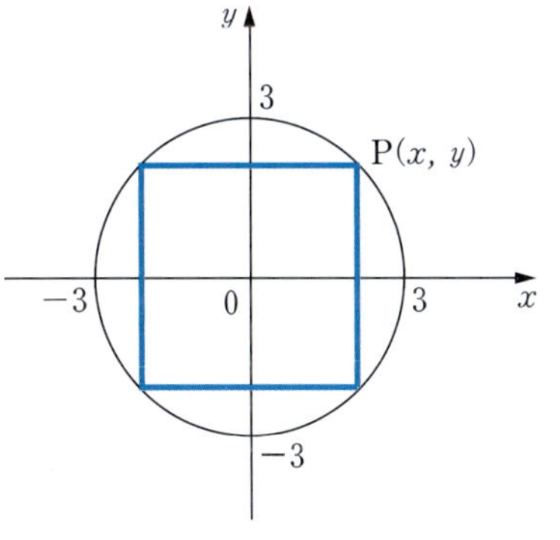

그림처럼 반지름이 3인 원을 그리고 그 안에 직사각형을 그렸을 때, 제1사분면에서 원과 직사각형이 만나는 점을 $P(x,\ y)$라 하자. $P(x,\ y)$는 원 $x^2+y^2=9$ 위의 점인데, 제1사분면의 점이므로 $y=\sqrt{9-x^2}$ 이다. 직사각형의 넓이는

$$A=2x\cdot 2y=4xy$$

이며, A의 최댓값을 구해야 한다.

A에 식 $y=\sqrt{9-x^2}$ 을 대입하면

$$A(x)=4x\sqrt{9-x^2}$$

이고, 정의역은 $(0,\ 3)$이다. 곱에 대한 미분법에 의하여

$$A'(x)=4\sqrt{9-x^2}+4x\cdot\frac{-2x}{2\sqrt{9-x^2}}=\frac{36-8x^2}{\sqrt{9-x^2}}$$

이므로 $x=\pm\frac{3\sqrt{2}}{2}$ 일 때 $A'(x)=0$이다. 이 중 정의역에 있는 임계점은 $x=\frac{3\sqrt{2}}{2}$ 이다.

$$\left\{A(0),\ A\left(\frac{3\sqrt{2}}{2}\right),\ A(2)\right\}=\{0,\ 18,\ 0\}$$

이므로 $A(x)$의 최댓값은 18이다.

다음 예제는 [How to 5-9]의 최솟값을 구하는 방법을 이용하여 한 점에서 포물선까지의 거리가 최소가 되는 점을 찾는 문제이다.

예제 5-29

$y=x^2+2$ 위의 점들 중에서 점 $(0,\ 3)$에 가장 가까운 점을 구하라.

풀이

점 $(0,\ 3)$에서 $y=x^2+2$ 위의 점 $(x,\ y)$까지의 거리는

$$d=\sqrt{(x-0)^2+(y-3)^2}$$

이고 d가 최소가 되는 점 $(x,\ y)$와

$$D=(x-0)^2+(y-3)^2$$

이 최소가 되는 점 $(x,\ y)$가 같기 때문에 D의 최솟값을 구하도록 한다.
D에 $y=x^2+2$를 대입하면

$$D(x)=x^2+(x^2-1)^2=x^4-x^2+1$$

이고 이때 정의역은 $(-\infty,\ \infty)$이다.

$$D'(x)=4x^3-2x=2x(2x^2-1)$$

이므로 $x=0,\ x=\pm\sqrt{\frac{1}{2}}$ 일 때 $D'(x)=0$이다. 이 세 점은 모두 정의역에 있으므로 세 점은 모두 임계점이다.

$$\left\{D(-\infty),\ D\left(-\sqrt{\frac{1}{2}}\right),\ D(0),\ D\left(\sqrt{\frac{1}{2}}\right),\ D(\infty)\right\}=\left\{\infty,\ \frac{3}{4},\ 1,\ \frac{3}{4},\ \infty\right\}$$

이므로 $x=\pm\sqrt{\frac{1}{2}}$ 에서 $D(x)$는 최솟값을 갖는다. 따라서 포물선 위의 점 $\left(-\sqrt{\frac{1}{2}},\ \frac{5}{2}\right)$와 점 $\left(\sqrt{\frac{1}{2}},\ \frac{5}{2}\right)$가 주어진 점 $(0,\ 3)$에 가장 가까운 점이다.

이 절에서는 다양한 응용문제의 최댓값과 최솟값을 구하는 방법을 살펴보았다. 다양한 응용문제들의 최댓값과 최솟값은 [How to 5-9]의 과정에 따라서 정의역, 임계점, 극댓값, 극솟값을 구하여 해결할 수 있음을 학습하였다.

Section 5.5 연습문제

1. 다음 물음에 답하라.

(a) 합이 20이 되는 두 수를 곱했을 때의 최댓값을 구하라.

(b) 곱이 20이 되는 두 양수를 더했을 때의 최솟값을 구하라.

2. 길이가 80 m인 로프를 이용하여 직사각형 모양의 정원을 만들었을 때 정원의 최대 넓이를 구하라.

3. 직사각형 모양의 정원의 한 변은 길이가 충분히 길고 직선 모양인 건물을 이용하고 나머지 세 변은 길이가 20 m 인 로프를 이용하였을 때 정원의 최대 넓이를 구하라.

4. 다음 물음에 답하라.

(a) 반지름이 2인 반원에 내접하는 직사각형 중 가장 큰 직사각형의 넓이를 구하라.

(b) 한 변의 길이가 2인 정삼각형에 내접하는 직사각형 중 가장 큰 직사각형의 넓이를 구하라.

5. 다음 물음에 답하라.

(a) $x^2+y^2=9$일 때 x^2+4y의 최댓값을 구하라.

(b) $x^2+4y^2=4$일 때 $x-2y^2$의 최솟값을 구하라.

6. 철사를 이용하여 그림과 같이 아랫부분은 직사각형 모양이고 윗부분은 반원인 창문을 만들려고 한다. 철사의 길이가 10m일 때 창문의 넓이가 최대가 되게 하는 r의 값을 구하라.

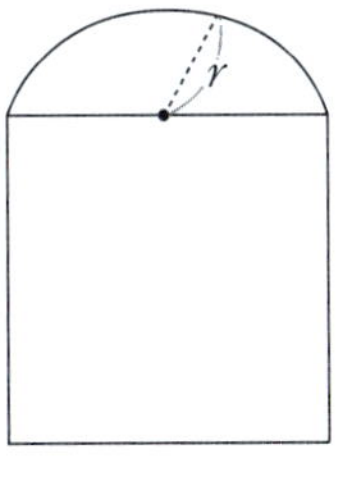

7. $y = 2 - x^2$ 위의 점들 중에서 점 $(0, -1)$에 가장 가까운 점을 구하라.

8. 타원 $\frac{x^2}{9} + \frac{y^2}{4} = 1$에 내접하는 직사각형 중 넓이가 가장 큰 직사각형의 넓이를 구하라.

9. 반지름이 r, 높이가 h인 원뿔에 내접하는 원기둥 중 부피가 가장 큰 원기둥의 부피를 구하라.

10. 그림과 같이 원기둥의 밑면의 반지름을 r, 높이를 h라 하자. $r + h$가 상수일 때 최대 부피를 갖는 원기둥의 $r : h$를 구하라.

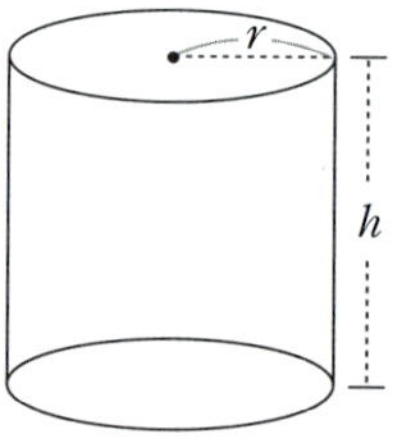

11. 어느 상품의 원가는 1개에 r원이고, 팔리는 개수는 판매가의 제곱에 반비례한다고 한다. 판매자가 최대의 이익을 얻고자 한다면, 판매가를 얼마로 정해야 하는지를 구하라.

12. 어느 극장의 하루 입장료가 x원이고 입장한 손님의 수는 $\left(\frac{a}{x} - b\right)$명이다. 손님 한 명당 100원의 비용이 들어간다고 할 때, 순이익을 가장 크게 하려면 입장료를 얼마로 정해야 하는지를 구하라.

동영상 풀이

Chapter

06

부정적분

Indefinite Integrals

학습목표

- 원시함수를 이용하여 부정적분을 정의하고, 기본적인 적분 공식을 학습한다.
- 치환적분과 부분적분을 사용하여 적분을 구하는 방법을 학습한다.
- 삼각함수를 적분하는 방법과 부분분수를 이용하여 유리함수를 적분하는 방법을 익힌다.

【미리보기】

6장 부정적분

- **6.1 부정적분의 정의와 기본 정리**
  - 부정적분의 정의
  - 부정적분의 기본 정리
- **6.2 치환적분과 부분적분**
  - 치환적분
  - 부분적분
- **6.3 삼각함수의 적분**
  - $\int \sin^m x \cos^n x \, dx$의 계산
  - $\int \sin ax \cos bx \, dx$, $\int \sin ax \sin bx \, dx$, $\int \cos ax \cos bx \, dx$ 의 계산
  - $\int \tan^n x \, dx$ 의 계산
- **6.4 부분분수적분**
  - 간단한 유리함수의 적분
  - 분자의 차수가 분모의 차수보다 큰 경우의 적분
  - 분모의 차수가 분자의 차수보다 큰 경우의 적분

이 장에서는 부정적분을 정의하고 부정적분을 구하는 다양한 방법을 살펴본다. 복잡한 부정적분을 구하기 위한 대표적인 방법으로 치환적분과 부분적분을 알아본다. 또한 삼각함수를 몇 가지 유형으로 나누어 적분하는 방법과 부분분수를 이용하여 유리함수를 적분하는 방법을 학습한다.

【들어가기 전에】

제주도의 넓이와 적분

우리나라 사람들이 많이 방문하는 여행지인 제주특별자치도의 넓이는 어떻게 구할까?

삼각형, 사각형, 원이 아닌 대상의 넓이를 구하려면 대상의 경계를 설명하는 함수 $y=f(x)$가 필요하다. 그러나 제주도 해안선은 $y=f(x)$로 나타낼 수 없으므로 적분을 이용하여 제주도의 넓이를 구할 수 없다. 이때 작은 직사각형의 넓이의 합을 이용하면 실제 넓이를 어림할 수 있다.

아래 그림과 같이 제주특별자치도 지도를 가장 긴 방향으로 자르고 자른 선을 균등하게 128 등분한다.

등분의 길이를 직사각형의 가로로 하고, 해안선을 직사각형의 세로로 하여 128개의 작은 직사각형들을 만들면, 이 직사각형의 넓이의 합을 이용하여 제주도의 넓이를 구할 수 있다. 이 직사각형들의 넓이의 합과 축척을 이용하여 넓이를 계산해보면, 1848.67km^2을 얻을 수 있다. 이 값은 한국국토정보공사에 공시된 제주특별자치도의 넓이 1850.28km^2과 크게 다르지 않다.

이 방법을 사용한다면 제주특별자치도 외에 울릉도의 넓이나 하와이의 넓이를 근사적으로 구할 수 있는데, 이것이 정적분의 기초가 된다.

6.1 부정적분의 정의와 기본 정리

함수 $f(x)$ 의 부정적분을 구하는 것은 미분하여 $f(x)$가 되는 함수 $F(x)$를 찾는 것을 의미한다. 이 절에서는 부정적분을 정의하고 부정적분의 기본 공식을 살펴보고자 한다.

6.1.1 부정적분의 정의

미분하기 전 원래의 함수를 뜻하는 원시함수에 대한 수학적 정의는 다음과 같다.

정의 6-1 원시함수

$f: D \to \mathbb{R}$ 라 하자. 모든 $x \in D$에 대하여

$$F'(x) = f(x)$$

가 성립하는 $F(x)$를 $f(x)$의 **원시함수**(primitive function)라 하고

$$F(x) = \int f(x)\, dx$$

로 나타낸다.

예제 6-1

원시함수의 정의를 이용하여 다음을 증명하라.

(a) $F(x) = \frac{1}{3}x^3 + 2$는 $f(x) = x^2$의 원시함수이다.

(b) $G(x) = -x^4 + \frac{1}{2}x^2 + 3$은 $g(x) = -4x^3 + x$의 원시함수이다.

풀이

(a) $F'(x) = \left(\frac{1}{3}x^3 + 2\right)' = x^2 = f(x)$이므로 $F(x)$는 $f(x)$의 원시함수이다.

(b) $G'(x) = \left(-x^4 + \frac{1}{2}x^2 + 3\right)' = -4x^3 + x = g(x)$이므로 $G(x)$는 $g(x)$의 원시함수이다.

원시함수를 이용하여 부정적분을 다음과 같이 정의한다.

정의 6-2 부정적분

$F(x)$가 $f(x)$의 원시함수일 때 임의의 상수 C에 대하여

$$(F(x)+C)' = f(x)$$

이므로

$$F(x)+C = \int f(x)\,dx$$

이다. 이때 $F(x)+C$를 $f(x)$의 **부정적분**(indefinite integral)이라 한다. 이때 상수 C를 **적분상수**(constant of integration), $f(x)$를 **피적분함수**(integrand)라 한다.

적분기호 $\int$는 합을 의미하는 단어인 sum의 첫 글자인 s에서 유래되었으며 라이프니츠(Leibniz)가 처음 도입한 것으로 알려져 있다.

6.1.2 부정적분의 기본 정리

부정적분과 미분의 관계는 다음과 같다.

$$(F(x)+C)' = f(x) \iff F(x)+C = \int f(x)\,dx$$

따라서 미분 공식으로부터 기본적인 부정적분 공식을 얻을 수 있다.

정리 6-1 기본적인 부정적분 공식

(1) $n \neq -1$일 때 $\int x^n\,dx = \frac{1}{n+1}x^{n+1}+C$

(2) $\int \frac{1}{x}\,dx = \ln|x|+C$

증명

(1) $n \neq -1$일 때 $\left(\frac{1}{n+1}x^{n+1}+C\right)' = x^n$이므로 $\int x^n\,dx = \frac{1}{n+1}x^{n+1}+C$이다.

(2) $(\ln|x|+C)' = \frac{1}{x}$이므로 $\int \frac{1}{x}\,dx = \ln|x|+C$이다. ■

[정리 6-1]에 의하여 $n=0$일 경우 $\int 1\,dx = x + C$이다.

부정적분에는 다음과 같은 선형적인 성질이 있다.

정리 6-2 부정적분의 기본 성질

a와 b가 상수일 때, 다음이 성립한다.

(1) $\int (a\,f(x) + b\,g(x))\,dx = a\int f(x)\,dx + b\int g(x)\,dx$

(2) $\int (a\,f(x) - b\,g(x))\,dx = a\int f(x)\,dx - b\int g(x)\,dx$

[정리 6-2]에서 좌변의 복잡한 식의 적분은 우변의 각 식을 적분하여 그 결과를 더하거나 뺀 값으로 구할 수 있다.

예제 6-2

[정리 6-1]과 [정리 6-2]를 이용하여 다음 적분을 구하라.

(a) $\int \left(3x^5 + \frac{2}{x}\right) dx$ (b) $\int \left(x^4 - \frac{3}{x^2}\right) dx$

풀이

(a) [정리 6-1]과 [정리 6-2]에 의하여

$$\begin{aligned}\int \left(3x^5 + \frac{2}{x}\right) dx &= 3\int x^5\,dx + 2\int \frac{1}{x}\,dx \\ &= 3 \cdot \frac{1}{6}x^6 + 2 \cdot \ln|x| + C \\ &= \frac{1}{2}x^6 + 2\ln|x| + C\end{aligned}$$

이다.

(b) [정리 6-1]과 [정리 6-2]에 의하여

$$\begin{aligned}\int \left(x^4 - \frac{3}{x^2}\right) dx &= \int x^4\,dx - 3\int x^{-2}\,dx \\ &= \frac{1}{5}x^5 - \frac{3}{(-1)}x^{-1} + C \\ &= \frac{1}{5}x^5 + \frac{3}{x} + C\end{aligned}$$

이다.

두 함수의 덧셈과 뺄셈에 대한 부정적분과 달리 두 함수의 곱셈과 나눗셈에 대한 부정적분은 [정리 6-2]와 같은 결과를 기대할 수 없다.

❶ $\int f(x)g(x)\,dx \neq \int f(x)\,dx \int g(x)\,dx$ ❷ $\int \frac{f(x)}{g(x)}\,dx \neq \frac{\int f(x)\,dx}{\int g(x)\,dx}$

따라서 $\int f(x)g(x)\,dx$ 또는 $\int \frac{f(x)}{g(x)}\,dx$를 구하려면 식을 변형하거나 앞으로 다룰 다양한 적분 방법을 사용해야 한다.

예제 6-3

피적분함수를 전개하거나 몇 개의 분수로 나누어 다음 적분을 구하라.

(a) $\int (x^2+1)(x-2)\,dx$ (b) $\int \frac{x^5-4x^2+3}{x}\,dx$

풀이

(a) 피적분함수를 전개한 후 [정리 6-1]과 [정리 6-2]를 적용한다.

$$(x^2+1)(x-2)=x^3-2x^2+x-2$$

이므로

$$\begin{aligned}\int (x^2+1)(x-2)\,dx &= \int (x^3-2x^2+x-2)\,dx\\ &= \int x^3\,dx-2\int x^2\,dx+\int x\,dx-2\int 1\,dx\\ &= \frac{1}{4}x^4-\frac{2}{3}x^3+\frac{1}{2}x^2-2x+C\end{aligned}$$

이다.

(b) 피적분함수를 3개의 유리함수로 변형한 후 [정리 6-1]과 [정리 6-2]를 적용한다.

$$\frac{x^5-4x^2+3}{x}=x^4-4x+\frac{3}{x}$$

이므로

$$\begin{aligned}\int \frac{x^5-4x^2+3}{x}\,dx &= \int \left(x^4-4x+\frac{3}{x}\right)dx\\ &= \int x^4\,dx-4\int x\,dx+3\int \frac{1}{x}\,dx\\ &= \frac{1}{5}x^5-2x^2+3\ln|x|+C\end{aligned}$$

이다.

다음과 같은 삼각함수, 지수함수, 쌍곡선함수에 대한 부정적분 공식도 [정리 6-1]과 같이 미분 공식으로부터 얻는다.

정리 6-3 다양한 부정적분 공식

■ 삼각함수의 부정적분

(1) $\int \cos x\, dx = \sin x + C$

(2) $\int \sin x\, dx = -\cos x + C$

(3) $\int \sec^2 x\, dx = \tan x + C$

(4) $\int \csc^2 x\, dx = -\cot x + C$

■ 지수함수의 부정적분

(5) $\int e^x\, dx = e^x + C$

(6) $\int a^x\, dx = a^x \frac{1}{\ln a} + C$ (단, $a > 0$, $a \neq 1$)

■ 쌍곡선함수의 부정적분

(7) $\int \cosh x\, dx = \sinh x + C$

(8) $\int \sinh x\, dx = \cosh x + C$

(9) $\int \mathrm{sech}^2 x\, dx = \tanh x + C$

(10) $\int \mathrm{csch}^2 x\, dx = -\coth x + C$

증명

(1) $(\sin x + C)' = \cos x$이므로 $\int \cos x\, dx = \sin x + C$이다.

(2) $(-\cos x + C)' = \sin x$이므로 $\int \sin x\, dx = -\cos x + C$이다.

(3) $(\tan x + C)' = \sec^2 x$이므로 $\int \sec^2 x\, dx = \tan x + C$이다.

(4) $(-\cot x + C)' = \csc^2 x$ 이므로 $\int \csc^2 x\, dx = -\cot x + C$이다.

(5) $(e^x + C)' = e^x$이므로 $\int e^x\, dx = e^x + C$이다.

(6) $(a^x + C)' = a^x \ln a$이므로 $\int a^x\, dx = a^x \frac{1}{\ln a} + C$이다.

(7) $(\sinh x+C)'=\cosh x$이므로 $\int \cosh x\,dx=\sinh x+C$이다.

(8) $(\cosh x+C)'=\sinh x$이므로 $\int \sinh x\,dx=\cosh x+C$이다.

(9) $(\tanh x+C)'=\text{sech}^2 x$이므로 $\int \text{sech}^2 x\,dx=\tanh x+C$이다.

(10) $(-\coth x+C)'=\text{csch}^2 x$ 이므로 $\int \text{csch}^2 x\,dx=-\coth x+C$이다. ■

예제 6-4

[정리 6-2]와 [정리 6-3]을 이용하여 다음 적분을 구하라.

(a) $\int (4\sin x+3\cos x)\,dx$

(b) $\int \left(2^x+\left(\frac{1}{5}\right)^x\right)dx$

(c) $\int (\sinh x-\text{csch}^2 x)\,dx$

(d) $\int (\cosh x-\cos x)\,dx$

풀이

(a)
$$\begin{aligned}\int (4\sin x+3\cos x)\,dx&=4\int \sin x\,dx+3\int \cos x\,dx\\&=-4\cos x+3\sin x+C\end{aligned}$$

(b)
$$\begin{aligned}\int \left(2^x+\left(\frac{1}{5}\right)^x\right)dx&=\int 2^x\,dx+\int \left(\frac{1}{5}\right)^x dx\\&=2^x\frac{1}{\ln 2}+\left(\frac{1}{5}\right)^x\frac{1}{\ln\frac{1}{5}}+C\\&=2^x\frac{1}{\ln 2}-\left(\frac{1}{5}\right)^x\frac{1}{\ln 5}+C\end{aligned}$$

(c)
$$\begin{aligned}\int (\sinh x-\text{csch}^2 x)\,dx&=\int \sinh x\,dx-\int \text{csch}^2 x\,dx\\&=\cosh x+\coth x+C\end{aligned}$$

(d)
$$\begin{aligned}\int (\cosh x-\cos x)\,dx&=\int \cosh x\,dx-\int \cos x\,dx\\&=\sinh x-\sin x+C\end{aligned}$$

[정리 6-1], [정리 6-2]와 [정리 6-3]을 이용하면 다음 적분을 구할 수 있다.

예제 6-5

다음 적분을 구하라.

(a) $\int e^x(5-e^{-x})\,dx$ (b) $\int 2^x(2^x+2^{-x})\,dx$

(c) $\int \frac{9^x-1}{3^x}\,dx$ (d) $\int \frac{49^x-4}{7^x+2}\,dx$

풀이

(a)
$$\begin{aligned}\int e^x(5-e^{-x})\,dx &= \int (5e^x-1)\,dx \\ &= 5\int e^x\,dx - \int 1\,dx \\ &= 5e^x - x + C\end{aligned}$$

(b)
$$\begin{aligned}\int 2^x(2^x+2^{-x})\,dx &= \int (4^x+1)\,dx \\ &= \int 4^x\,dx + \int 1\,dx \\ &= 4^x\frac{1}{\ln 4} + x + C\end{aligned}$$

(c)
$$\begin{aligned}\int \frac{9^x-1}{3^x}\,dx &= \int \left(3^x - \frac{1}{3^x}\right)dx \\ &= \int \left(3^x - \left(\frac{1}{3}\right)^x\right)dx \\ &= 3^x\frac{1}{\ln 3} - \left(\frac{1}{3}\right)^x\frac{1}{\ln\frac{1}{3}} + C \\ &= 3^x\frac{1}{\ln 3} + \left(\frac{1}{3}\right)^x\frac{1}{\ln 3} + C\end{aligned}$$

(d)
$$\begin{aligned}\int \frac{49^x-4}{7^x+2}\,dx &= \int \frac{(7^x)^2-2^2}{7^x+2}\,dx \\ &= \int \frac{(7^x+2)(7^x-2)}{7^x+2}\,dx \\ &= \int (7^x-2)\,dx \\ &= 7^x\frac{1}{\ln 7} - 2x + C\end{aligned}$$

부정적분의 적분상수는 조건이 주어지면 그 값을 구할 수 있다.

예제 6-6

다음 조건을 만족하는 $f(x)$를 구하라.

(a) $f(x) = \int (x^2 + 2x)\, dx$, $f(0) = 3$ (b) $f(x) = \int \left(4 - \frac{1}{x}\right) dx$, $f(1) = 2$

(c) $f(x) = \int (\cos x - \sin x)\, dx$, $f(0) = -1$

풀이

(a) 부정적분 공식을 이용하여 $f(x)$를 구하면

$$f(x) = \int (x^2 + 2x)\, dx = \frac{1}{3}x^3 + x^2 + C$$

이다. $f(0) = 3$이므로 $0 + C = 3$으로부터 $C = 3$이다. 따라서

$$f(x) = \frac{1}{3}x^3 + x^2 + 3$$

이다.

(b) 부정적분 공식을 이용하여 $f(x)$를 구하면

$$f(x) = \int \left(4 - \frac{1}{x}\right) dx = 4x - \ln|x| + C$$

이다. $f(1) = 2$이므로 $4 + C = 2$로부터 $C = -2$이다. 따라서

$$f(x) = 4x - \ln|x| - 2$$

이다.

(c) 부정적분 공식을 이용하여 $f(x)$를 구하면

$$f(x) = \int (\cos x - \sin x)\, dx = \sin x + \cos x + C$$

이다. $f(0) = -1$이므로 $1 + C = -1$로부터 $C = -2$이다. 따라서

$$f(x) = \sin x + \cos x - 2$$

이다.

이 절에서는 원시함수를 이용하여 부정적분을 정의했고, 부정적분의 기본 정리와 대수함수, 초월함수의 기본적인 적분 공식을 제시하였다. 또한 두 함수를 곱하거나 나눈 식을 적분하기 위하여 식을 전개하거나 몇 개의 유리함수로 변형하여 적분을 구하는 방법을 학습하였다.

Section 6.1 연습문제

1. 다음을 증명하라.

(a) $F(x)=\dfrac{1}{3}x^3+2x-7$은 $f(x)=x^2+2$의 원시함수이다.

(b) $G(x)=-x^4+3x^3-11$은 $g(x)=-4x^3+9x^2$의 원시함수이다.

(c) $H(x)=\sin x+\cos x+4$는 $h(x)=\cos x-\sin x$의 원시함수이다.

(d) $K(x)=\ln x-e^{-x}+\sqrt{2}$는 $k(x)=\dfrac{1}{x}+e^{-x}$의 원시함수이다.

2. [정리 6-1]과 [정리 6-2]를 이용하여 다음 적분을 구하라.

(a) $\displaystyle\int (x^{11}+x^9)\,dx$

(b) $\displaystyle\int \left(\frac{1}{x^7}-\frac{1}{x^4}\right)dx$

(c) $\displaystyle\int \left(3x^6+\frac{7}{x}\right)dx$

(d) $\displaystyle\int \left(\frac{3}{x}-\frac{6}{x^2}\right)dx$

(e) $\displaystyle\int \left(5+\frac{4}{x^3}\right)dx$

(f) $\displaystyle\int \left(\frac{4}{x}+\frac{x}{4}\right)dx$

3. 피적분함수를 전개하거나 몇 개의 분수로 나누어 다음 적분을 구하라.

(a) $\displaystyle\int (x+2)^2\,dx$

(b) $\displaystyle\int (2x-3)^2\,dx$

(c) $\displaystyle\int (x+1)(x^2-4)\,dx$

(d) $\displaystyle\int (x^3+2)(3x-1)\,dx$

(e) $\displaystyle\int \frac{2x^2+3}{x^3}\,dx$

(f) $\displaystyle\int \frac{2x^4-3x^3-x^2+1}{x^2}\,dx$

4. [정리 6-2]와 [정리 6-3]을 이용하여 다음 적분을 구하라.

(a) $\int (5\sin x + 9\cos x)\, dx$

(b) $\int (4\csc^2 x - 3\sec^2 x)\, dx$

(c) $\int (\sin x + \sinh x)\, dx$

(d) $\int (5e^x - \cosh x)\, dx$

(e) $\int (2^x - 3^{3x})\, dx$

(f) $\int (2^{-x} + 5^{-2x})\, dx$

5. 다음 적분을 구하라.

(a) $\int e^x (4 - 3e^{-x})\, dx$

(b) $\int 7^x (7^x - 7^{-x})\, dx$

(c) $\int 6^x (2^x + 1)\, dx$

(d) $\int \frac{36^x - 9}{6^x + 3}\, dx$

(e) $\int \frac{1 - 4^x}{2^x}\, dx$

(f) $\int \frac{2^x + 1}{3^x}\, dx$

6. 다음 조건을 만족하는 $f(x)$를 구하라.

(a) $f(x) = \int (4x^3 - x^2 + 3)\, dx, \quad f(0) = 2$

(b) $f(x) = \int \left(2x + \frac{3}{x}\right) dx, \quad f(1) = 1$

(c) $f(x) = \int (e^x - \cos x)\, dx, \quad f(0) = -3$

(d) $f(x) = \int (\sinh x - \cosh x)\, dx, \quad f(0) = 0$

동영상 풀이

6.2 치환적분과 부분적분

6.1절에서 다룬 부정적분의 기본 정리만으로 부정적분을 구하는 것은 쉽지 않다. 이 절에서는 부정적분 기법 중 가장 사용 빈도가 높은 치환적분과 부분적분에 대하여 알아보고자 한다.

6.2.1 치환적분

피적분함수를 치환하여 부정적분의 기본 정리를 적용할 수 있는 적분 형태로 변형하여 적분을 구하는 방법을 치환적분이라 하는데 그 정의는 다음과 같다.

정의 6-3 치환적분

$\int f(x)\,dx = F(x) + C$이고 $t = g(x)$가 미분가능한 함수일 때

$$\begin{aligned}\int f(g(x))g'(x)\,dx &= \int f(t)\,dt \\ &= F(t) + C \\ &= F(g(x)) + C\end{aligned}$$

와 같이 부정적분을 구하는 방법을 **치환적분**(integration by substitution)이라 한다.

치환적분을 사용하여 부정적분을 구하려면 다음에 제시하는 두 가지 방법 중 적절한 방법을 선택하여 구한다.

How to 6-1 치환적분을 적용하는 방법

❶ 피적분함수에 $(\square)^n$이 있으면 괄호 안의 함수를 $g(x)$로 생각하여 이를 t로 치환하고, $g'(x)\,dx = dt$의 관계를 이용하여 적분한다.

❷ 피적분함수에 근호가 있으면 근호 안의 함수를 $g(x)$로 생각하여 이를 t로 치환하고, $g'(x)\,dx = dt$의 관계를 이용하여 적분한다.

예제 6-7

[How to 6-1]을 이용하여 다음 적분을 구하라.

(a) $\int 2x(x^2+2)^3\,dx$ (b) $\int x^2\sqrt{x^3-1}\,dx$

풀이

(a) 피적분함수가 $2x(x^2+2)^3$이므로 괄호 안의 함수인 x^2+2를 $x^2+2=t$로 치환한다. $2x\,dx=dt$이므로 치환적분에 의하여

$$\begin{aligned}\int 2x(x^2+2)^3\,dx &= \int t^3\,dt\\ &= \frac{1}{4}t^4+C\\ &= \frac{1}{4}(x^2+2)^4+C\end{aligned}$$

이다.

(b) 피적분함수가 $x^2\sqrt{x^3-1}$이므로 근호 안의 함수인 x^3-1을 $x^3-1=t$로 치환한다. $3x^2\,dx=dt$이므로 $x^2\,dx=\frac{1}{3}dt$이다. 치환적분에 의하여

$$\begin{aligned}\int x^2\sqrt{x^3-1}\,dx &= \int \sqrt{t}\cdot\frac{1}{3}dt\\ &= \frac{1}{3}\int t^{\frac{1}{2}}\,dt\\ &= \frac{1}{3}\cdot\frac{t^{\frac{3}{2}}}{\frac{3}{2}}+C\\ &= \frac{2}{9}t\sqrt{t}+C\\ &= \frac{2}{9}(x^3-1)\sqrt{x^3-1}+C\end{aligned}$$

이다.

다음은 피적분함수가 유리함수일 때 치환적분을 이용하여 부정적분을 구하는 방법이다.

How to 6-2 유리함수에 대해 치환적분을 적용하는 방법

피적분함수가 유리함수이면 분모 전체 또는 분모의 일부를 $g(x)$로 생각하여 이를 t로 치환하고, $g'(x)\,dx=dt$의 관계를 이용하여 적분한다.

예제 6-8

[How to 6-2]를 이용하여 다음 적분을 구하라.

(a) $\int \frac{x^3}{x^4+1}\,dx$ (b) $\int \frac{4}{(x-3)^3}\,dx$

풀이

(a) 피적분함수인 $\frac{x^3}{x^4+1}$의 분모인 x^4+1을 $x^4+1=t$로 치환한다. $4x^3dx=dt$이므로 $x^3dx=\frac{1}{4}dt$이다. 치환적분에 의하여

$$\begin{aligned}\int \frac{x^3}{x^4+1}\,dx &= \int \frac{1}{t}\cdot\frac{1}{4}\,dt = \frac{1}{4}\int \frac{1}{t}\,dt\\ &= \frac{1}{4}\ln|t| + C\\ &= \frac{1}{4}\ln|x^4+1| + C\end{aligned}$$

이다.

(b) 피적분함수인 $\frac{4}{(x-3)^3}$의 분모의 일부인 $x-3$을 $x-3=t$로 치환한다. $dx=dt$이므로 치환적분에 의하여

$$\begin{aligned}\int \frac{4}{(x-3)^3}\,dx &= \int \frac{4}{t^3}\,dt = 4\int \frac{1}{t^3}\,dt\\ &= 4\left(-\frac{1}{2t^2}\right) + C\\ &= -\frac{2}{(x-3)^2} + C\end{aligned}$$

이다.

치환적분은 [How to 6-1]과 [How to 6-2]만 있는 것이 아니다. 다음 예제는 위의 두 방법과 다른 치환적분을 사용해야 부정적분을 구할 수 있음을 보여준다.

예제 6-9

다음 적분을 구하라.

(a) $\int x\cos x^2\,dx$ (b) $\int \frac{x}{\sqrt{x-3}}\,dx$

풀이

(a) 피적분함수 $x\cos x^2$에서 x^2을 $x^2 = t$로 치환한다. $2x\,dx = dt$이므로 $x\,dx = \frac{1}{2}dt$이다. 치환적분에 의하여

$$\begin{aligned}\int x\cos x^2\,dx &= \int \cos t\cdot\frac{1}{2}\,dt = \frac{1}{2}\int\cos t\,dt\\ &= \frac{1}{2}\sin t + C\\ &= \frac{1}{2}\sin x^2 + C\end{aligned}$$

이다.

(b) 피적분함수 $\frac{x}{\sqrt{x-3}}$에서 분모인 $\sqrt{x-3}$을 $\sqrt{x-3} = t$로 치환한다. $\sqrt{x-3} = t$의 양변을 미분하기 전에 양변을 제곱하면 $x-3 = t^2$이고, 이 식의 양변을 미분하면 $dx = 2t\,dt$이다. $x = t^2+3$이므로 치환적분에 의하여

$$\begin{aligned}\int \frac{x}{\sqrt{x-3}}\,dx &= \int\frac{t^2+3}{t}\cdot 2t\,dt = 2\int(t^2+3)\,dt\\ &= 2\left(\frac{1}{3}t^3+3t\right)+C\\ &= 2\left(\frac{1}{3}(x-3)\sqrt{x-3}+3\sqrt{x-3}\right)+C\end{aligned}$$

이다.

6.2.2 부분적분

두 함수 $f(x)$와 $g(x)$가 모두 미분가능할 때 [정리 3-3 (4)]의 곱셈에 대한 미분법에 의하여

$$(f(x)g(x))' = f'(x)g(x) + f(x)g'(x)$$

이다. 이 식의 양변을 적분하면

$$\begin{aligned}f(x)g(x) &= \int (f'(x)g(x)+f(x)g'(x))\,dx\\ &= \int f'(x)g(x)\,dx + \int f(x)g'(x)\,dx\end{aligned}$$

이다. 이 식을 이용하여 부분적분을 다음과 같이 정의한다.

정의 6-4 부분적분

$f(x)$와 $g(x)$가 모두 미분가능한 함수일 때,

$$\int f(x)g'(x)\,dx = f(x)g(x) - \int f'(x)g(x)\,dx$$

를 이용하여 부정적분을 구하는 방법을 **부분적분**(integration by parts)이라 한다.

적분 방법을 쉽게 기억할 수 있도록 부분적분을 다음과 같이 간단히 표현한다.

$$\int uv' = uv - \int u'v$$

부분적분을 사용하여 적분할 때 다음에 제시하는 방법이 가장 일반적이다.

How to 6-3 부분적분을 적용하는 방법

❶ 부분적분을 적용할 때 중요한 점은 어떤 함수를 u로, 어떤 함수를 v'으로 선택할 것인가이다.
❷ 일반적으로 u는 미분하면 식이 간단해지는 함수를 선택하고, 나머지 함수를 v'으로 선택한다.

예제 6-10

[How to 6-3]을 이용하여 다음 적분을 구하라.

(a) $\int x\cos x\,dx$ (b) $\int x e^x\,dx$

풀이

(a) 1차 다항함수 x는 미분하면 상수함수로 차수가 줄어들지만, $\cos x$는 미분하면 $-\sin x$가 되어 다른 주기함수가 된다. 따라서

$$u = x,\ \ v' = \cos x$$

로 놓는다. 그러면 $u' = 1$이고 $v = \sin x$이므로 부분적분에 의하여

$$\begin{aligned}\int x\cos x\,dx &= x\sin x - \int \sin x\,dx \\ &= x\sin x + \cos x + C\end{aligned}$$

이다.

(b) 1차 다항함수 x는 미분하면 상수함수로 차수가 줄어들지만, e^x은 미분하면 e^x이 되어 변화가 없다. 따라서

$$u = x,\ \ v' = e^x$$

으로 놓는다. 그러면 $u' = 1$이고 $v = e^x$이므로 부분적분에 의하여

$$\begin{aligned}\int x\,e^x\,dx &= x\,e^x - \int 1 \cdot e^x\,dx \\ &= x\,e^x - e^x + C\end{aligned}$$

이다.

다음 예제처럼 피적분함수가 복잡한 경우에는 부정적분을 구할 때 부분적분의 풀이 과정을 두 번 이상 사용할 수도 있다.

예제 6-11

다음 적분을 구하라.

(a) $\int x^2 \sin x\,dx$ (b) $\int x^3 e^x\,dx$

풀이

(a) 2차 다항함수 x^2은 미분하면 1차 다항함수인 $2x$가 되어 차수가 줄어들지만, $\sin x$는 미분하면 $\cos x$가 되어 다른 주기함수가 된다. 따라서

$$u = x^2,\ \ v' = \sin x$$

로 놓는다. 그러면 $u' = 2x$이고 $v = -\cos x$이므로 부분적분에 의하여

$$\begin{aligned}\int x^2 \sin x\,dx &= -x^2 \cos x + \int 2x \cos x\,dx \\ &= -x^2 \cos x + 2\int x \cos x\,dx \quad \cdots\cdots\cdots ①\end{aligned}$$

이다. 우변의 $\int x \cos x\,dx$에 다시 부분적분을 적용하면 [예제 6-10 (a)]에 의하여

$$\int x \cos x\,dx = x \sin x + \cos x + C$$

이다. 이 결과를 식 ①에 대입하면

$$-x^2 \cos x + 2\int x \cos x\,dx = -x^2 \cos x + 2(x \sin x + \cos x) + C$$

이다. 그러므로

$$\int x^2 \cos x\,dx = -x^2 \cos x + 2(x \sin x + \cos x) + C$$

이다.

(b) 3차 다항함수 x^3은 미분하면 2차 다항함수인 $3x^2$이 되어 차수가 줄어들지만, e^x은 미분하면 e^x이 되어 변화가 없다. 따라서

$$u = x^3, \quad v' = e^x$$

으로 놓는다. 그러면 $u' = 3x^2$ 이고 $v = e^x$이므로 부분적분에 의하여

$$\begin{aligned} \int x^3 e^x \, dx &= x^3 e^x - \int 3x^2 e^x \, dx \\ &= x^3 e^x - 3\int x^2 e^x \, dx \quad \cdots\cdots \text{②} \end{aligned}$$

이다. 식 ②의 우변에 있는 $\int x^2 e^x \, dx$를 구하기 위하여

$$u = x^2, \quad v' = e^x$$

으로 놓는다. 그러면 $u' = 2x$이고 $v = e^x$이므로 부분적분에 의하여

$$\begin{aligned} \int x^2 e^x \, dx &= x^2 e^x - \int 2x e^x \, dx \\ &= x^2 e^x - 2\int x e^x \, dx \quad \cdots\cdots \text{③} \end{aligned}$$

이다. 식 ③을 식 ②에 대입하면

$$\begin{aligned} \int x^3 e^x \, dx &= x^3 e^x - 3\int x^2 e^x \, dx \\ &= x^3 e^x - 3\left(x^2 e^x - 2\int x e^x \, dx \right) \\ &= x^3 e^x - 3x^2 e^x + 6\int x e^x \, dx \quad \cdots\cdots \text{④} \end{aligned}$$

이다. 식 ④의 우변에 있는 $\int x e^x \, dx$ 에 다시 부분적분을 적용하면 [예제 6-10(b)]에 의하여

$$\int x e^x \, dx = x e^x - e^x + C \quad \cdots\cdots \text{⑤}$$

이다. 식 ⑤를 식 ④에 대입하면

$$\begin{aligned} \int x^3 e^x \, dx &= x^3 e^x - 3x^2 e^x + 6\int x e^x \, dx \\ &= x^3 e^x - 3x^2 e^x + 6(x e^x - e^x) + C \\ &= (x^3 - 3x^2 + 6x - 6) e^x + C \end{aligned}$$

이다.

미분했을 때 차수가 줄어드는 함수가 없으면 부분적분을 다음과 같이 적용한다.

How to 6-4 미분했을 때 차수가 줄어드는 함수가 없는 경우 부분적분을 적용하는 방법

두 피적분함수를 미분했을 때 차수가 줄어드는 함수가 없는 경우 두 함수 중 임의로 하나의 함수를 u로 선택하고, 나머지 함수를 v'으로 선택한다.

예제 6-12

$\int e^x \sin x \, dx$를 구하라.

풀이

e^x은 미분하면 e^x이 되어 변화가 없고, $\sin x$는 미분하면 $\cos x$가 되어 또 다른 주기함수가 된다. 따라서 둘 중 어느 함수를 u로 선택해도 상관없으므로

$$u = e^x, \quad v' = \sin x$$

로 놓는다. 그러면 $u' = e^x$이고 $v = -\cos x$이므로 부분적분에 의하여

$$\int e^x \sin x \, dx = -e^x \cos x + \int e^x \cos x \, dx \quad \cdots\cdots ①$$

이다. 식의 우변에 있는 $\int e^x \cos x \, dx$를 부분적분으로 구하기 위하여

$$u = e^x, \quad v' = \cos x$$

로 놓는다. 그러면 $u' = e^x$이고 $v = \sin x$이므로 부분적분에 의하여

$$\int e^x \cos x \, dx = e^x \sin x - \int e^x \sin x \, dx$$

이다. 이를 식 ①에 대입하면

$$\begin{aligned}\int e^x \sin x \, dx &= -e^x \cos x + \int e^x \cos x \, dx \\ &= -e^x \cos x + e^x \sin x - \int e^x \sin x \, dx\end{aligned}$$

이고, 우변의 적분을 좌변으로 이항하여 정리하면

$$\int e^x \sin x \, dx = \frac{1}{2}(-e^x \cos x + e^x \sin x) + C$$

이다.

다음에 제시하는 방법은 피적분함수에 $\ln x$가 있는 경우의 부분적분을 설명한다.

How to 6-5 피적분함수에 $\ln x$가 있는 경우 부분적분을 적용하는 방법

피적분함수에 $\ln x$가 있는 경우 부분적분을 사용하기 위하여 $u = \ln x$로 선택하고 남은 함수를 v'으로 선택한다.

예제 6-13

$\int x \ln x \, dx$를 구하라.

풀이

1차 다항함수 x는 미분하면 상수함수가 되어 차수가 줄어들지만, $\ln x$는 미분하면 $\frac{1}{x}$이 되어 식이 변형된다. 하지만 피적분함수에 $\ln x$가 있는 경우이므로 [How to 6-5]를 적용하여

$$u = \ln x, \quad v' = x$$

로 놓는다. 그러면 $u' = \frac{1}{x}$이고 $v = \frac{1}{2}x^2$이므로 부분적분에 의하여

$$\begin{aligned}\int x \ln x \, dx &= \frac{1}{2}x^2 \ln x - \int \frac{1}{x} \cdot \frac{1}{2}x^2 \, dx \\ &= \frac{1}{2}x^2 \ln x - \int \frac{1}{2}x \, dx \\ &= \frac{1}{2}x^2 \ln x - \frac{1}{4}x^2 + C\end{aligned}$$

이다.

다음 예제에서는 피적분함수를 $\ln x = 1 \cdot \ln x$로 이해하고 [How to 6-5]를 이용하여 적분한다.

예제 6-14

$\int \ln x\, dx$를 구하라.

풀이

피적분함수는 $\ln x = 1 \cdot \ln x$ 이다. 피적분함수에 $\ln x$가 있는 경우이므로

$$u = \ln x, \quad v' = 1$$

로 놓는다. 그러면 $u' = \frac{1}{x}$ 이고 $v = x$ 이므로 부분적분에 의하여

$$\begin{aligned} \int \ln x\, dx &= x \ln x - \int \frac{1}{x} \cdot x\, dx \\ &= x \ln x - \int 1\, dx \\ &= x \ln x - x + C \end{aligned}$$

이다.

이 절에서는 부정적분의 기본 정리로 구할 수 없는 부정적분 문제를 해결하는 대표적인 방법으로 치환적분과 부분적분에 대해 살펴보았다. 특히, 부정적분을 쉽게 구하기 위하여 피적분함수를 몇 가지 유형으로 분류하여 치환적분과 부분적분을 적절하게 적용할 수 있는 방법을 학습하였다.

Section 6.2 연습문제

1. 다음 적분을 구하라.

(a) $\int x(x^2+5)^4\,dx$

(b) $\int 9x^2(3x^3-1)^5\,dx$

(c) $\int x\sqrt{3x^2+4}\,dx$

(d) $\int 2x^3\sqrt[3]{5-x^4}\,dx$

(e) $\int \sqrt{4x+5}\,dx$

(f) $\int \sqrt[5]{7-2x}\,dx$

(g) $\int \sin x(\cos x+3)^7\,dx$

(h) $\int \cos x\sqrt{\sin x+9}\,dx$

2. 다음 적분을 구하라.

(a) $\int \frac{x^4}{x^5+2}\,dx$

(b) $\int \frac{1-x}{x^2-2x+3}\,dx$

(c) $\int \frac{1}{(3x-5)^3}\,dx$

(d) $\int \frac{2x}{(3x^2+5)^6}\,dx$

(e) $\int \frac{x^2}{\sqrt{x^3-3}}\,dx$

(f) $\int \frac{1}{\sqrt{7-5x}}\,dx$

3. 다음 적분을 구하라.

(a) $\int x^2\sin x^3\,dx$

(b) $\int 2x^2\cos(x^3-2)\,dx$

(c) $\int x^3e^{x^4+5}\,dx$

(d) $\int (x-1)e^{-2x^2+4x}\,dx$

(e) $\int \frac{x}{\sqrt{2x+1}}\,dx$

(f) $\int \frac{4x}{\sqrt{3-2x}}\,dx$

(g) $\int \frac{x^2}{\sqrt{x+1}}\,dx$

(h) $\int \frac{x^3}{\sqrt{1-x}}\,dx$

4. 다음 적분을 구하라.

(a) $\int x \sin x \, dx$

(b) $\int x \cos 4x \, dx$

(c) $\int x \sinh 3x \, dx$

(d) $\int x e^{6x} \, dx$

5. 다음 적분을 구하라.

(a) $\int x^2 \cos 2x \, dx$

(b) $\int x^2 \cosh x \, dx$

(c) $\int x^2 e^{4x} \, dx$

(d) $\int x^3 e^{-x} \, dx$

6. 다음 적분을 구하라.

(a) $\int e^x \cos x \, dx$

(b) $\int e^x \sin 3x \, dx$

(c) $\int e^x \sinh x \, dx$

(d) $\int e^x \cosh x \, dx$

7. 다음 적분을 구하라.

(a) $\int \frac{\ln x}{x} \, dx$

(b) $\int \frac{1}{x \ln x} \, dx$

(c) $\int \frac{(\ln x)^4}{x} \, dx$

(d) $\int \frac{1}{x (\ln x)^3} \, dx$

(e) $\int \ln \sqrt{x} \, dx$

(f) $\int \frac{\ln x}{x^2} \, dx$

(g) $\int (\ln x)^2 \, dx$

(h) $\int x^2 \ln x \, dx$

동영상 풀이

6.3 삼각함수의 적분

이 절에서는 피적분함수가 삼각함수일 때 부정적분을 구하는 방법에 대해 살펴보고자 한다. 삼각함수를 부정적분할 때 자주 사용하는 공식은 다음과 같다.

정리 6-4 부정적분에 자주 사용되는 삼각함수 공식

(1) $\sin^2 x + \cos^2 x = 1$

(2) $1 + \tan^2 x = \sec^2 x$

(3) $1 + \cot^2 x = \csc^2 x$

(4) $\sin^2 x = \dfrac{1 - \cos 2x}{2}$

(5) $\cos^2 x = \dfrac{1 + \cos 2x}{2}$

6.3.1 $\int \sin^m x \cos^n x\, dx$ 의 계산

$\int \sin^m x \cos^n x\, dx$ 의 계산은 m과 n이 홀수인지 또는 짝수인지에 따라서 다른 적분 방법을 사용한다.

■ m이 홀수이고, n 이 짝수인 경우

$$\int \sin^m x \cos^n x\, dx = \int \sin^{m-1} x \cos^n x \sin x\, dx$$

로 식을 변형한다. 이때 $m-1$이 짝수이므로

$$\sin^2 x = 1 - \cos^2 x$$

를 이용하여 식을 변형한 후, 치환적분을 이용하여 적분한다.

예제 6-15

$\int \sin^3 x \cos^2 x\, dx$를 구하라.

풀이

$\sin^3 x = \sin^2 x \sin x$이고 $\sin^2 x = 1-\cos^2 x$를 이용하면

$$\begin{aligned}\int \sin^3 x \cos^2 x\,dx &= \int \sin^2 x \cos^2 x \sin x\,dx \\ &= \int (1-\cos^2 x)\cos^2 x \sin x\,dx\end{aligned}$$

이다. $\cos x = t$라 하면 $-\sin x\,dx = dt$이므로 치환적분에 의하여

$$\begin{aligned}\int (1-\cos^2 x)\cos^2 x \sin x\,dx &= \int (1-t^2)\,t^2(-dt) = \int (t^4-t^2)\,dt \\ &= \frac{1}{5}t^5 - \frac{1}{3}t^3 + C \\ &= \frac{1}{5}\cos^5 x - \frac{1}{3}\cos^3 x + C\end{aligned}$$

이다.

■ **m이 짝수이고, n이 홀수인 경우**

$$\int \sin^m x \cos^n x\,dx = \int \sin^m x \cos^{n-1} x \cos x\,dx$$

로 식을 변형한다. 이때 $n-1$이 짝수이므로

$$\cos^2 x = 1 - \sin^2 x$$

를 이용하여 식을 변형한 후, 치환적분을 이용하여 적분한다.

예제 6-16

$\int \sin^4 x \cos^3 x\,dx$를 구하라.

풀이

$\cos^3 x = \cos^2 x \cos x$이고 $\cos^2 x = 1-\sin^2 x$를 이용하면

$$\begin{aligned}\int \sin^4 x \cos^3 x\,dx &= \int \sin^4 x \cos^2 x \cos x\,dx \\ &= \int \sin^4 x(1-\sin^2 x)\cos x\,dx\end{aligned}$$

이다. $\sin x = t$라 하면 $\cos x\,dx = dt$이므로 치환적분에 의하여

$$\begin{aligned}\int \sin^4 x(1-\sin^2 x)\cos x\,dx &= \int t^4(1-t^2)\,dt = \int (t^4-t^6)\,dt\\ &= \frac{1}{5}t^5-\frac{1}{7}t^7+C\\ &= \frac{1}{5}\sin^5 x-\frac{1}{7}\sin^7 x+C\end{aligned}$$

이다.

■ m과 n이 모두 홀수인 경우

$$\int \sin^m x\cos^n x\,dx = \int \sin^m x\cos^{n-1} x\cos x\,dx$$

로 식을 변형하거나

$$\int \sin^m x\cos^n x\,dx = \int \sin^{m-1} x\cos^n x\sin x\,dx$$

로 식을 변형한 후, 치환적분을 이용하여 적분한다. 두 가지 방법 중 어떤 방법을 사용해도 되며, 식을 어떻게 변형했는지에 따라서 적분의 결과는 다른 형태로 나타난다.

예제 6-17

$\int \sin^3 x\cos^3 x\,dx$를 구하라.

풀이

❶ **방법 1** : $\sin^3 x=\sin^2 x\sin x$이고 $\sin^2 x=1-\cos^2 x$를 이용하면

$$\begin{aligned}\int \sin^3 x\cos^3 x\,dx &= \int \sin^2 x\cos^3 x\sin x\,dx\\ &= \int (1-\cos^2 x)\cos^3 x\sin x\,dx\end{aligned}$$

이다. $\cos x=t$라 하면 $-\sin x\,dx=dt$이므로 치환적분에 의하여

$$\begin{aligned}\int (1-\cos^2 x)\cos^3 x\sin x\,dx &= \int (1-t^2)t^3(-dt) = \int (t^5-t^3)\,dt\\ &= \frac{1}{6}t^6-\frac{1}{4}t^4+C\\ &= \frac{1}{6}\cos^6 x-\frac{1}{4}\cos^4 x+C\end{aligned}$$

이다.

❷ **방법 2** : $\cos^3 x = \cos^2 x \cos x$이고 $\cos^2 x = 1 - \sin^2 x$를 이용하면

$$\begin{aligned}\int \sin^3 x \cos^3 x\, dx &= \int \sin^3 x \cos^2 x \cos x\, dx \\ &= \int \sin^3 x\,(1-\sin^2 x) \cos x\, dx\end{aligned}$$

이다. $\sin x = t$라 하면 $\cos x\, dx = dt$이므로 치환적분에 의하여

$$\begin{aligned}\int \sin^3 x\,(1-\sin^2 x)\cos x\, dx &= \int t^3(1-t^2)\, dt \\ &= \int (t^3 - t^5)\, dt \\ &= \frac{1}{4}t^4 - \frac{1}{6}t^6 + C \\ &= \frac{1}{4}\sin^4 x - \frac{1}{6}\sin^6 x + C\end{aligned}$$

이다.

❶과 ❷의 방법으로 얻은 결과는 모두 $\int \sin^3 x \cos^3 x\, dx$ 의 답이 된다.

■ m과 n이 모두 짝수인 경우

삼각함수 공식인

$$\sin^2 x = \frac{1-\cos 2x}{2}, \quad \cos^2 x = \frac{1+\cos 2x}{2}$$

를 사용하여 삼각함수의 차수를 낮춘 후, 치환적분을 이용하여 적분한다.

a와 b가 0이 아닌 실수일 때 치환적분으로 얻은 다음의 부정적분 공식은 유용하게 사용된다.

$$\int \sin ax\, dx = -\frac{1}{a}\cos ax + C, \quad \int \cos bx\, dx = \frac{1}{b}\sin bx + C$$

예제 6-18

다음 적분을 구하라.

(a) $\int \sin^2 x\, dx$ (b) $\int \sin^2 x \cos^2 x\, dx$

풀이

(a) $\sin^2 x = \dfrac{1-\cos 2x}{2}$ 이므로

$$\int \sin^2 x\, dx = \frac{1}{2}\int (1-\cos 2x)\, dx$$
$$= \frac{1}{2}\left(x - \frac{1}{2}\sin 2x\right) + C$$

이다.

(b) $\sin^2 x = \dfrac{1-\cos 2x}{2}$ 이고 $\cos^2 x = \dfrac{1+\cos 2x}{2}$ 이므로

$$\sin^2 x \cos^2 x = \frac{(1-\cos 2x)}{2} \cdot \frac{(1+\cos 2x)}{2}$$
$$= \frac{1}{4}(1-\cos^2 2x) = \frac{1}{4}\left(1 - \frac{1+\cos 4x}{2}\right)$$
$$= \frac{1}{8}(1-\cos 4x)$$

이다. 따라서

$$\int \sin^2 x \cos^2 x\, dx = \frac{1}{8}\int (1-\cos 4x)\, dx$$
$$= \frac{1}{8}\left(x - \frac{1}{4}\sin 4x\right) + C$$

이다.

6.3.2 $\int \sin ax \cos bx\, dx$, $\int \sin ax \sin bx\, dx$, $\int \cos ax \cos bx\, dx$의 계산

$\int \sin ax \cos bx\, dx$, $\int \sin ax \sin bx\, dx$, $\int \cos ax \cos bx\, dx$를 구하려면 곱셈 형태로 되어 있는 피적분함수를 덧셈 또는 뺄셈 형태로 변형한 후 적분한다.

곱셈 형태로 되어 있는 피적분함수를 덧셈 또는 뺄셈으로 변형하는 공식은 다음과 같다.

정리 6-5 삼각함수의 곱을 합과 차로 나타내는 공식

(1) $\sin ax \cos bx = \dfrac{1}{2}(\sin (a+b)x + \sin (a-b)x)$

(2) $\sin ax \sin bx = -\dfrac{1}{2}(\cos (a+b)x - \cos (a-b)x)$

(3) $\cos ax \cos bx = \dfrac{1}{2}(\cos (a+b)x + \cos (a-b)x)$

예제 6-19

[정리 6-5]를 이용하여 다음 적분을 구하라.

(a) $\int \sin 3x \cos 2x \, dx$ (b) $\int \cos 5x \cos x \, dx$

풀이

(a) $\sin 3x \cos 2x = \frac{1}{2}(\sin 5x + \sin x)$이므로

$$\begin{aligned}\int \sin 3x \cos 2x \, dx &= \frac{1}{2}\int (\sin 5x + \sin x)\, dx \\ &= \frac{1}{2}\left(-\frac{1}{5}\cos 5x - \cos x\right) + C\end{aligned}$$

이다.

(b) $\cos 5x \cos x = \frac{1}{2}(\cos 6x + \cos 4x)$이므로

$$\begin{aligned}\int \cos 5x \cos x \, dx &= \frac{1}{2}\int (\cos 6x + \cos 4x)\, dx \\ &= \frac{1}{2}\left(\frac{1}{6}\sin 6x + \frac{1}{4}\sin 4x\right) + C\end{aligned}$$

이다.

6.3.3 $\int \tan^n x \, dx$의 계산

탄젠트함수가 피적분함수일 때 적분을 구하려면 다음 공식을 이용한다.

$$1 + \tan^2 x = \sec^2 x$$

[정리 6-3]의 삼각함수의 부정적분 공식에 의하여

$$\int \sec^2 x \, dx = \tan x + C$$

이며, 치환적분에 의하여

$$\int \tan x \, dx = \int \frac{\sin x}{\cos x}\, dx = -\ln|\cos x| + C$$

이다.

■ n이 홀수인 경우

다음과 같이 식을 변형한 후 적분한다.

$$\tan^n x = \tan^{n-1} x \tan x = (\sec^2 x - 1)^{\frac{n-1}{2}} \tan x$$

예제 6-20

$\int \tan^3 x \, dx$를 구하라.

풀이

$$\tan^3 x = \tan^2 x \tan x = (\sec^2 x - 1) \tan x = \sec^2 x \tan x - \tan x$$

이므로

$$\begin{aligned} \int \tan^3 x \, dx &= \int (\sec^2 x \tan x - \tan x) \, dx \\ &= \int \sec^2 x \tan x \, dx - \int \tan x \, dx \end{aligned}$$

이다. $\tan x = t$라 하면 $\sec^2 x \, dx = dt$이므로 치환적분에 의하여

$$\begin{aligned} \int \sec^2 x \tan x \, dx &= \int t \, dt \\ &= \frac{1}{2} t^2 + C \\ &= \frac{1}{2} \tan^2 x + C \end{aligned}$$

이다. 따라서

$$\begin{aligned} \int \tan^3 x \, dx &= \int \sec^2 x \tan x \, dx - \int \tan x \, dx \\ &= \frac{1}{2} \tan^2 x + \ln|\cos x| + C \end{aligned}$$

이다.

■ n이 짝수인 경우

다음과 같이 식을 변형한 후 적분한다.

$$\tan^n x = \tan^{n-2} x \tan^2 x = \tan^{n-2} x (\sec^2 x - 1) = \tan^{n-2} x \sec^2 x - \tan^{n-2} x$$

예제 6-21

다음 적분을 구하라.

(a) $\int \tan^2 x\, dx$ (b) $\int \tan^4 x\, dx$

풀이

(a) [정리 6-4]의 삼각함수 공식에 의하여 $\tan^2 x = \sec^2 x - 1$이다. 따라서

$$\int \tan^2 x\, dx = \int (\sec^2 x - 1)\, dx = \tan x - x + C$$

이다.

(b) $\tan^4 x = \tan^2 x \tan^2 x = \tan^2 x(\sec^2 x - 1) = \tan^2 x \sec^2 x - \tan^2 x$이므로

$$\int \tan^4 x\, dx = \int \tan^2 x \sec^2 x\, dx - \int \tan^2 x\, dx$$

이다. $\tan x = t$라 하면 $\sec^2 x\, dx = dt$이므로 치환적분에 의하여

$$\begin{aligned}\int \tan^2 x \sec^2 x\, dx &= \int t^2\, dt \\ &= \frac{1}{3}t^3 + C \\ &= \frac{1}{3}\tan^3 x + C\end{aligned}$$

이고, (a)의 결과에 의하여

$$\int \tan^2 x\, dx = \tan x - x + C$$

이다. 따라서

$$\begin{aligned}\int \tan^4 x\, dx &= \int \tan^2 x \sec^2 x\, dx - \int \tan^2 x\, dx \\ &= \frac{1}{3}\tan^3 x - \tan x + x + C\end{aligned}$$

이다.

이 절에서는 삼각함수와 관련된 적분 방법을 학습하였다. 특히, 피적분함수가 $\sin^m x \cos^n x$와 $\tan^n x$인 경우 m과 n이 홀수인지 짝수인지에 따라서 식을 어떻게 변형하여 적분해야 하는지를 알아보았다.

Section 6.3 연습문제

1. 다음 적분을 구하라.

(a) $\int \sin^5 x \cos^2 x\, dx$

(b) $\int \sin^5 x \cos^6 x\, dx$

(c) $\int \sin^3 x \cos^4 x\, dx$

(d) $\int \sin x \cos^8 x\, dx$

(e) $\int \sin^3 x\, dx$

(f) $\int \sin^5 x\, dx$

2. 다음 적분을 구하라.

(a) $\int \sin^2 x \cos^5 x\, dx$

(b) $\int \sin^6 x \cos^5 x\, dx$

(c) $\int \sin^2 x \cos^3 x\, dx$

(d) $\int \sin^8 x \cos x\, dx$

(e) $\int \cos^3 x\, dx$

(f) $\int \cos^5 x\, dx$

3. 다음 적분을 구하라.

(a) $\int \sin^3 x \cos x\, dx$

(b) $\int \sin x \cos^3 x\, dx$

(c) $\int \sin^5 x \cos x\, dx$

(d) $\int \sin x \cos^5 x\, dx$

(e) $\int \sin^3 x \cos^5 x\, dx$

(f) $\int \sin^5 x \cos^3 x\, dx$

4. 다음 적분을 구하라.

(a) $\int \cos^2 x\, dx$　　(b) $\int \sin^4 x\, dx$

(c) $\int \cos^4 x\, dx$　　(d) $\int \sin^4 x \cos^2 x\, dx$

(e) $\int \sin^2 x \cos^4 x\, dx$　　(f) $\int \sin^4 x \cos^4 x\, dx$

5. 다음 적분을 구하라.

(a) $\int \sin 9x \cos 2x\, dx$　　(b) $\int \sin 3x \cos 4x\, dx$

(c) $\int \cos 7x \sin 3x\, dx$　　(d) $\int \cos 6x \sin x\, dx$

(e) $\int \sin 5x \sin 3x\, dx$　　(f) $\int \cos 6x \cos 4x\, dx$

6. 다음 적분을 구하라.

(a) $\int \tan^5 x\, dx$　　(b) $\int \tan^7 x\, dx$

(c) $\int \tan^6 x\, dx$　　(d) $\int \tan^8 x\, dx$

(e) $\int \tan^3 4x\, dx$　　(f) $\int \tan^2 5x\, dx$

동영상 풀이

6.4 부분분수적분

이 절에서는 부분분수를 이용한 유리함수의 적분에 대해 알아보고자 한다.

만일 다항함수 $f(x)$의 차수가 다항함수 $g(x)$의 차수보다 크거나 같다면, 다항함수의 나눗셈을 이용하여 다음과 같이 나타낼 수 있다.

$$\frac{f(x)}{g(x)} = q(x) + \frac{r(x)}{g(x)}$$

이를 이용하여 양변을 적분하면

$$\int \frac{f(x)}{g(x)}\,dx = \int q(x)\,dx + \int \frac{r(x)}{g(x)}\,dx$$

이다. 이때 $r(x)$의 차수는 $g(x)$의 차수보다 작다.

반대로 다항함수 $f(x)$의 차수가 다항함수 $g(x)$의 차수보다 작다면, 다항함수의 나눗셈을 사용하지 않고 다양한 방법으로

$$\int \frac{f(x)}{g(x)}\,dx$$

를 구한다.

■ 간단한 유리함수의 적분

간단한 유리함수를 적분할 때는 치환적분을 사용한다.

예제 6-22

다음 적분을 구하라.

(a) $\displaystyle\int \frac{1}{x+1}\,dx$ (b) $\displaystyle\int \frac{x}{2x^2+3}\,dx$

풀이

(a) $x+1=t$라 하면 $dx=dt$이므로 치환적분에 의하여

$$\begin{aligned}\int \frac{1}{x+1}\,dx &= \int \frac{1}{t}\,dt \\ &= \ln|t| + C \\ &= \ln|x+1| + C\end{aligned}$$

이다.

(b) $2x^2+3=t$라 하면 $4x\,dx=dt$이므로 $x\,dx=\frac{1}{4}dt$이다. 치환석분에 의하여

$$\begin{aligned}\int \frac{x}{2x^2+3}\,dx &= \int \frac{1}{t}\cdot\frac{1}{4}\,dt\\ &= \frac{1}{4}\int\frac{1}{t}\,dt\\ &= \frac{1}{4}\ln|t|+C\\ &= \frac{1}{4}\ln|2x^2+3|+C\end{aligned}$$

이다.

치환적분으로 유리함수를 적분할 수 없으면, 다음에 제시하는 두 가지 방법을 사용한다.

■ 분자의 차수가 분모의 차수보다 큰 경우의 적분

만일 유리함수의 분자에 있는 다항함수의 차수가 분모에 있는 다항함수의 차수보다 크거나 같은 경우에는 나눗셈을 시행한 후에 적분한다.

예제 6-23

$\int \frac{x^2}{x+1}\,dx$를 구하라.

풀이

분자에 있는 다항함수의 차수가 2이고 분모에 있는 다항함수의 차수가 1이므로 다항함수의 나눗셈을 구하면

$$\frac{x^2}{x+1}=x-1+\frac{1}{x+1}$$

이다. 따라서

$$\begin{aligned}\int \frac{x^2}{x+1}\,dx &= \int\left(x-1+\frac{1}{x+1}\right)dx\\ &= \int (x-1)\,dx+\int\frac{1}{x+1}\,dx\\ &= \frac{1}{2}x^2-x+\ln|x+1|+C\end{aligned}$$

이다.

■ 분모의 차수가 분자의 차수보다 큰 경우의 적분

분모에 있는 다항함수의 차수가 분자에 있는 다항함수의 차수보다 크다면, 부분분수를 이용하여 적분한다. 우선 [예제 6-24]와 [예제 6-25]를 이용하여 과정을 알아 보자. [예제 6-24]에서는 피적분함수를 부분함수 2개로 나누어 적분을 구한다.

예제 6-24

$\int \frac{1}{(x-3)(x+2)}\,dx$를 구하라.

풀이

피적분함수인 $\frac{1}{(x-3)(x+2)}$의 분모에 $x-3$과 $x+2$가 있으므로 피적분함수를 2개의 부분분수로 나누고, 분자에는 분모의 차수보다 차수가 1이 작은 다항함수를 적는다. 여기서 $x-3$은 1차 다항함수이므로 분자에 상수함수인 a를 적고, $x+2$도 1차 다항함수이므로 분자에 상수함수인 b를 적는다.

$$\frac{1}{(x-3)(x+2)} = \frac{a}{x-3} + \frac{b}{x+2} \qquad \cdots\cdots\cdots ①$$

식 ①의 우변을 통분하면

$$\frac{1}{(x-3)(x+2)} = \frac{a}{x-3} + \frac{b}{x+2} = \frac{a(x+2)+b(x-3)}{(x-3)(x+2)} = \frac{(a+b)x+(2a-3b)}{(x-3)(x+2)} \qquad \cdots\cdots\cdots ②$$

이고, 이 등식은 x에 대한 항등식이다.

따라서 식 ②의 양변의 분자가 모든 x에 대하여 같아야 하므로

$$\begin{cases} a+\ \ b = 0 \\ 2a-3b = 1 \end{cases}$$

이다. 따라서 $a=\frac{1}{5}$, $b=-\frac{1}{5}$이다. 이 결과로부터

$$\begin{aligned}\int \frac{1}{(x-3)(x+2)}\,dx &= \frac{1}{5}\int \left(\frac{1}{x-3} - \frac{1}{x+2}\right)dx \\ &= \frac{1}{5}\left(\int \frac{1}{x-3}\,dx - \int \frac{1}{x+2}\,dx\right) \\ &= \frac{1}{5}(\ln|x-3| - \ln|x+2|) + C\end{aligned}$$

이다.

[예제 6-25]에서도 피적분함수를 부분함수 2개로 나누어 적분한다.

예제 6-25

$\displaystyle\int \frac{2x^2+1}{x(x^2+1)}\,dx$를 구하라.

풀이

피적분함수인 $\dfrac{2x^2+1}{x(x^2+1)}$의 분모에 x와 x^2+1이 있으므로 피적분함수를 2개의 부분분수로 나누고, 분자에는 분모의 차수보다 차수가 1이 작은 다항함수를 적는다. 여기서 x는 1차 다항함수이므로 분자에 상수함수인 a를 적고, x^2+1은 2차 다항함수이므로 분자에 1차 다항함수인 $bx+c$를 적는다.

$$\frac{2x^2+1}{x(x^2+1)} = \frac{a}{x} + \frac{bx+c}{x^2+1} \quad \cdots\cdots\cdots ①$$

식 ①의 우변을 통분하면

$$\frac{2x^2+1}{x(x^2+1)} = \frac{a}{x} + \frac{bx+c}{x^2+1} = \frac{a(x^2+1)+x(bx+c)}{x(x^2+1)} = \frac{(a+b)x^2+cx+a}{x(x^2+1)} \quad \cdots\cdots\cdots ②$$

이고, 이 등식은 x에 대한 항등식이다.
따라서 식 ②의 양변의 분자가 모든 x에 대하여 같아야 하므로

$$\begin{cases} a+b=2 \\ c=0 \\ a=1 \end{cases}$$

이다. 따라서 $a=1$, $b=1$, $c=0$이다. 이 결과로부터

$$\int \frac{2x^2+1}{x(x^2+1)}\,dx = \int \frac{1}{x}\,dx + \int \frac{x}{x^2+1}\,dx$$

이다. $x^2+1=t$라 하면, $2x\,dx=dt$이므로 치환적분에 의하여

$$\begin{aligned}\int \frac{x}{x^2+1}\,dx &= \int \frac{1}{t}\cdot\frac{1}{2}\,dt \\ &= \frac{1}{2}\int \frac{1}{t}\,dt \\ &= \frac{1}{2}\ln|t|+C \\ &= \frac{1}{2}\ln|x^2+1|+C\end{aligned}$$

이다. 그러므로

$$\int \frac{2x^2+1}{x(x^2+1)}\,dx = \int \frac{1}{x}\,dx + \int \frac{x}{x^2+1}\,dx$$
$$= \ln|x| + \frac{1}{2}\ln|x^2+1| + C$$

이다.

이제 좀 더 복잡한 유리함수의 적분을 구하는 방법을 알아 보자. [예제 6-26]에서는 피적분함수를 3개의 부분함수로 나누어 적분한다.

예제 6-26

$\int \frac{1}{x(x-1)^2}\,dx$ 를 구하라.

풀이

피적분함수인 $\frac{1}{x(x-1)^2}$ 의 분모에는 x와 $(x-1)^2$만 있는 것이 아니라

$$x,\ x-1,\ (x-1)^2$$

이 있다고 생각해야 한다. 그래서 3개의 부분분수를 만들고 분자에는 분모의 차수보다 차수가 1이 작은 다항함수를 적는다. 여기서 x는 1차 다항함수이므로 분자에 상수함수인 a를 적고, $x-1$도 1차 다항함수이므로 분자에 상수함수인 b를 적는다. $(x-1)^2$은 2차 다항함수이지만 이 함수는 $x-1$과 같은 형태의 함수이고, 이런 경우의 분자는 $x-1$의 분자와 같은 형태로 적어야 한다. 따라서 $(x-1)^2$의 분자에도 상수함수인 c를 적는다.

$$\frac{1}{x(x-1)^2} = \frac{a}{x} + \frac{b}{x-1} + \frac{c}{(x-1)^2} \quad \cdots\cdots\cdots ①$$

식 ①의 우변을 통분하면

$$\frac{1}{x(x-1)^2} = \frac{a}{x} + \frac{b}{x-1} + \frac{c}{(x-1)^2} = \frac{a(x-1)^2 + bx(x-1) + cx}{x(x-1)^2}$$
$$= \frac{(a+b)x^2 + (-2a-b+c)x + a}{x(x-1)^2} \quad \cdots\cdots\cdots ②$$

이고, 이 등식은 x에 대한 항등식이다.
따라서 식 ②의 양변의 분자가 모든 x에 대하여 같아야 하므로

$$\begin{cases} a+b = 0 \\ -2a-b+c = 0 \\ a = 1 \end{cases}$$

이다. 따라서 $a=1$, $b=-1$, $c=1$이다. 이 결과로부터

$$\begin{aligned}\int \frac{1}{x(x-1)^2}\,dx &= \int \left(\frac{1}{x}-\frac{1}{x-1}+\frac{1}{(x-1)^2}\right)dx \\ &= \int \frac{1}{x}\,dx - \int \frac{1}{x-1}\,dx + \int \frac{1}{(x-1)^2}\,dx \\ &= \ln|x| - \ln|x-1| - \frac{1}{x-1} + C\end{aligned}$$

이다.

[예제 6-24] ~ [예제 6-26]에서 다룬 유리함수보다 훨씬 더 복잡한 유리함수를 적분하기 위해서는 여러 개의 부분분수를 만들어야 하며, 이 과정은 [How to 6-6]에서 설명한다.

How to 6-6 유리함수를 부분분수로 만들어 적분하는 방법

❶ $\int \frac{1}{x^3(x+1)}\,dx$를 구하려면 분모의 항을

$$x,\ x^2,\ x^3,\ x+1$$

의 4개의 항으로 보고, 4개의 부분분수

$$\frac{a}{x}+\frac{b}{x^2}+\frac{c}{x^3}+\frac{d}{x+1}$$

로 나타낸다. 그리고 x에 대한 항등식을 이용하여 분자의 값을 구한 후 적분한다. 이때, x^2과 x^3은 각각 2차 다항함수와 3차 다항함수이지만, x와 같은 형태이므로 분자에 상수함수를 적는다.

❷ $\int \frac{1}{x^2(x^2+1)^3}\,dx$를 구하려면 분모의 항을

$$x,\ x^2,\ x^2+1,\ (x^2+1)^2,\ (x^2+1)^3$$

의 5개의 항으로 보고, 5개의 부분분수

$$\frac{a}{x}+\frac{b}{x^2}+\frac{cx+d}{x^2+1}+\frac{ex+f}{(x^2+1)^2}+\frac{gx+h}{(x^2+1)^3}$$

로 나타낸다. 그리고 x에 대한 항등식을 이용하여 분자의 값을 구한 후 적분한다. 이때, $(x^2+1)^2$은 4차 다항함수이고 $(x^2+1)^3$은 6차 다항함수이지만, x^2+1과 같은 형태이므로 분자에 1차 다항함수를 적는다.

❸ $\int \frac{1}{x^2(x^2-1)^3}\,dx$를 구하려면

$$\int \frac{1}{x^2(x^2-1)^3}\,dx = \int \frac{1}{x^2(x-1)^3(x+1)^3}\,dx$$

이므로 분모의 항을

$$x,\ x^2,\ (x-1),\ (x-1)^2,\ (x-1)^3,\ (x+1),\ (x+1)^2,\ (x+1)^3$$

의 8개의 항으로 보고, 8개의 부분분수

$$\frac{a}{x}+\frac{b}{x^2}+\frac{c}{x-1}+\frac{d}{(x-1)^2}+\frac{e}{(x-1)^3}+\frac{f}{x+1}+\frac{g}{(x+1)^2}+\frac{h}{(x+1)^3}$$

로 나타내고, x에 대한 항등식을 이용하여 분자의 값을 구한 후 적분한다.

이 절에서는 피적분함수가 유리함수일 때 적분을 구하는 방법에 대해 알아보았다. 유리함수의 분자의 차수와 분모의 차수를 비교하고, 분자의 차수가 분모보다 큰 경우와 분모의 차수가 분자보다 큰 경우를 구분하였다. 특히, 분모의 차수가 분자의 차수보다 큰 경우 유리함수를 적절한 부분분수를 이용하여 나타내고 이를 적분하여 유리함수의 적분을 구하는 과정을 학습하였다.

Section 6.4 연습문제

1. 다음 적분을 구하라.

(a) $\displaystyle\int \frac{1}{5x+2}\,dx$　　(b) $\displaystyle\int \frac{6}{9x+1}\,dx$

(c) $\displaystyle\int \frac{2}{5x-7}\,dx$　　(d) $\displaystyle\int \frac{3}{3-4x}\,dx$

(e) $\displaystyle\int \frac{x}{x^2+5}\,dx$　　(f) $\displaystyle\int \frac{3x}{x^2-4}\,dx$

(g) $\displaystyle\int \frac{x^2}{x^3-2}\,dx$　　(h) $\displaystyle\int \frac{3x^3}{x^4+4}\,dx$

2. 다음 적분을 구하라.

(a) $\displaystyle\int \frac{x^2}{x+2}\,dx$　　(b) $\displaystyle\int \frac{x^2}{x-2}\,dx$

(c) $\displaystyle\int \frac{x^3}{x+1}\,dx$　　(d) $\displaystyle\int \frac{x^3}{x-1}\,dx$

(e) $\displaystyle\int \frac{x^2+x-5}{x^2-5}\,dx$　　(f) $\displaystyle\int \frac{2x^2-3x+6}{x^2+3}\,dx$

3. 다음 적분을 구하라.

(a) $\displaystyle\int \frac{1}{(x-3)(x-4)}\,dx$　　(b) $\displaystyle\int \frac{2}{(x+2)(x-5)}\,dx$

(c) $\displaystyle\int \frac{x-1}{x(x+4)}\,dx$　　(d) $\displaystyle\int \frac{2x+3}{x(x-2)}\,dx$

(e) $\displaystyle\int \frac{1}{x^2-4}\,dx$　　(f) $\displaystyle\int \frac{x+5}{x^2-9}\,dx$

4. 다음 적분을 구하라.

(a) $\displaystyle\int \frac{4x^2+9}{x(x^2+3)}\,dx$ (b) $\displaystyle\int \frac{x^2+8}{x(x^2+4)}\,dx$

(c) $\displaystyle\int \frac{3x(x^2-1)}{(x^2+1)(x^2-5)}\,dx$ (d) $\displaystyle\int \frac{x^3}{(x^2-2)(x^2-3)}\,dx$

(e) $\displaystyle\int \frac{3x^2-4x+2}{(x-1)(x^2-x+1)}\,dx$ (f) $\displaystyle\int \frac{x-5}{x(x^2+2x-5)}\,dx$

5. 부분분수적분을 이용하여 다음 유리함수를 적분하고자 할 때, 몇 개의 부분분수가 필요한지를 설명하라.

(a) $\displaystyle\frac{2x+5}{x(x-2)^4}$ (b) $\displaystyle\frac{4x-11}{x^6(x^2+1)}$

(c) $\displaystyle\frac{x^2-2}{x(x-1)(x^2+1)}$ (d) $\displaystyle\frac{3x^2+2x+1}{(x^2+4)^2(x^2+7)^6}$

(e) $\displaystyle\frac{-3x+2}{(x-3)^3(x^2+3)^2}$ (f) $\displaystyle\frac{-2x^3-5x+1}{x^9(x^3-2x-1)^4}$

6. 3개의 부분분수를 이용하여 다음 적분을 구하라.

(a) $\displaystyle\int \frac{x^2+1}{x^2(x-1)}\,dx$ (b) $\displaystyle\int \frac{3x^2+x+1}{x(x+1)^2}\,dx$

(c) $\displaystyle\int \frac{x^2+6x+2}{(x-1)(x-3)(x+4)}\,dx$ (d) $\displaystyle\int \frac{3x^2-3x+10}{(x-1)(x+3)(x+4)}\,dx$

(e) $\displaystyle\int \frac{2x^2+3x+4}{(x-1)(x+2)^2}\,dx$ (f) $\displaystyle\int \frac{2x^2-5x+9}{(x-1)^2(x+2)}\,dx$

동영상 풀이

Chapter

07

정적분

Definite Integrals

학습목표

- 직사각형의 넓이의 합과 극한을 이용하여 정적분을 정의하는 방법을 이해한다.
- 미분적분학의 기본 정리를 학습하여 정적분을 구하는 방법을 학습한다.
- 정적분과 다른 이상적분을 정의하고 이상적분을 구하는 방법을 학습한다.

【미리보기】

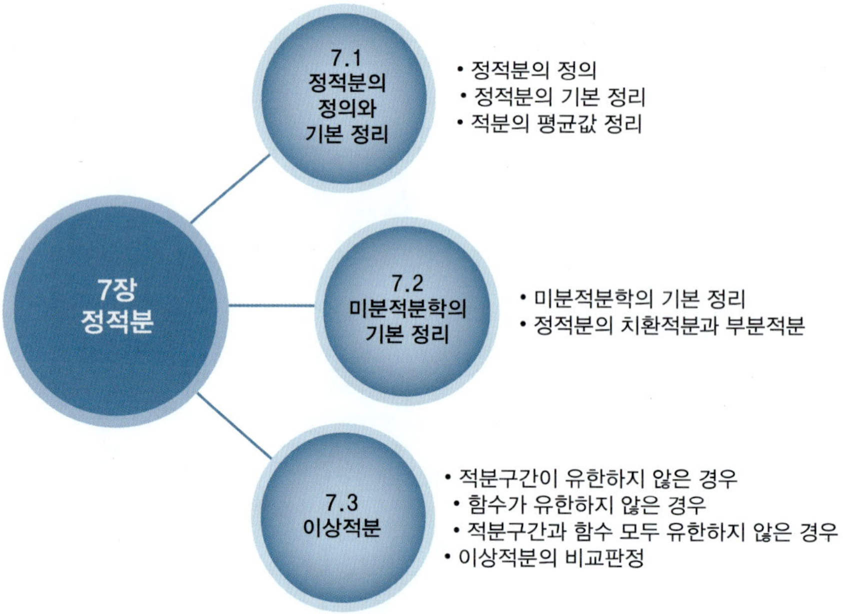

이 장에서는 직사각형의 넓이의 합과 이 합에 대한 극한을 이용하여 정적분을 정의하는 방법을 학습한다. 정적분을 쉽게 구하기 위하여 미분적분학의 기본 정리를 살펴보고, 부정적분에서 학습한 치환적분과 부분적분의 연계성을 알아본다. 또한, 정적분으로 다룰 수 없는 함수와 구간에 대한 이상적분을 정의하고 이상적분을 구하는 방법도 학습한다.

【들어가기 전에】

라플라스 변환, 푸리에 변환과 이상적분

공학, 경제학, 생명과학 등 다양한 분야에서 다루는 많은 문제들은 미분을 포함한 식으로 설명되는 경우가 많다. 미분이 들어있는 방정식을 쉽게 풀려면 라플라스 변환(Laplace transform)을 사용하면 된다. 아래의 그림은 라플라스 변환을 이용하여 어떻게 미분방정식의 해를 구하는지를 잘 설명한다.

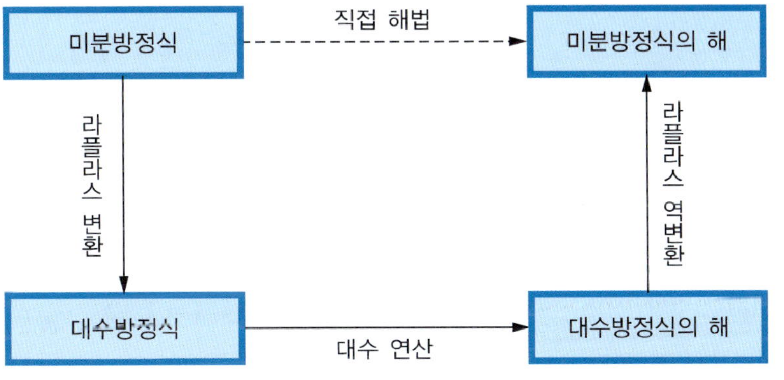

$f(t)$의 라플라스 변환 $F(s)$는 이상적분을 사용하여 다음과 같이 정의한다.

$$F(s) = \int_0^{\infty} e^{-st} f(t)\, dt$$

또한 영상 처리와 데이터 압축 등 신호처리 및 통신 분야에서 중요하게 사용되는 푸리에 변환(Fourier transform)에도 이상적분이 사용된다. $f(x)$의 푸리에 변환 $\hat{f}(\xi)$는 이상적분을 사용하여 다음과 같이 정의한다.

$$\hat{f}(\xi) = \int_{-\infty}^{\infty} f(t)\, e^{-2\pi i \xi t}\, dt$$

7.1 정적분의 정의와 기본 정리

이 절에서는 구분구적법을 이용하여 정적분을 정의하는 방법과 정적분의 기본 성질을 알아보고자 한다.

7.1.1 정적분의 정의

$f: [a\ ,\ b] \to \mathbb{R}$ 가 구간 $[a,\ b]$ 에서 연속이라 하자. n 이 자연수일 때, 구간 $[a,\ b]$ 를 길이가

$$\Delta x = \frac{b-a}{n}$$

인 소구간들로 분할한다. 소구간들의 끝점을 차례로

$$x_0 = a,\ x_1,\ \cdots,\ x_{n-1},\ x_n = b$$

라 하고, i 번째 소구간 $[x_{i-1},\ x_i]$ 에서 점 x_i^*를 선택한다(단, $i = 1,\ 2,\ \cdots,\ n$). 이를 그림으로 나타내면 다음과 같다.

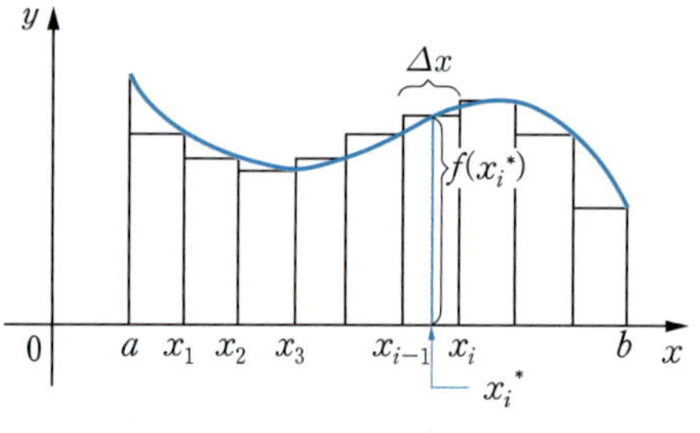

[그림 7-1] 정적분의 정의

소구간의 길이와 각 소구간에서 선택한 x_i^*를 이용하여 구간 $[a,\ b]$ 에서 $f(x)$ 의 정적분을 다음과 같이 정의한다.

정의 7-1 정적분

구간 $[a,\ b]$에서 연속인 함수 $f(x)$의 **정적분**(definite integral)은

$$\int_a^b f(x)\, dx = \lim_{n\to\infty} \sum_{i=1}^{n} f(x_i^*)\,\Delta x$$

로 정의한다.

정적분을 정의할 때 자주 사용하는 시그마(Σ) 공식은 다음과 같다.

정리 7-1 시그마 공식

(1) $\displaystyle\sum_{i=1}^{n} i = \frac{n(n+1)}{2}$

(2) $\displaystyle\sum_{i=1}^{n} i^2 = \frac{n(n+1)(2n+1)}{6}$

(3) $\displaystyle\sum_{i=1}^{n} i^3 = \left(\frac{n(n+1)}{2}\right)^2$

시그마와 관련된 기본 성질은 다음과 같다.

정리 7-2 시그마의 기본 성질

$i=1,\ 2,\ \cdots,\ n$에 대하여 $a_i,\ b_i \in \mathbb{R}$ 일 때, 다음이 성립한다.

(1) $\displaystyle\sum_{i=1}^{n} (a_i + b_i) = \sum_{i=1}^{n} a_i + \sum_{i=1}^{n} b_i$

(2) $\displaystyle\sum_{i=1}^{n} (a_i - b_i) = \sum_{i=1}^{n} a_i - \sum_{i=1}^{n} b_i$

(3) $\displaystyle\sum_{i=1}^{n} c a_i = c\sum_{i=1}^{n} a_i$ (단, c는 상수)

(4) $\displaystyle\sum_{i=1}^{n} 1 = n$

예제 7-1

[정리 7-1]과 [정리 7-2]를 이용하여 다음 정적분을 구하라.

(a) $\displaystyle\int_0^1 x\, dx$

(b) $\displaystyle\int_1^1 (1-x)\, dx$

풀이

(a) 구간 $[0, 1]$을 길이가 $\Delta x = \frac{1-0}{n} = \frac{1}{n}$인 소구간들로 분할한다. 그러면 소구간들의 끝점은

$$x_0 = 0,\ x_1 = \frac{1}{n},\ x_2 = \frac{2}{n},\ \cdots,\ x_i = \frac{i}{n},\ \cdots,\ x_n = 1$$

이다. i번째 소구간 $[x_{i-1}, x_i] = \left[\frac{i-1}{n}, \frac{i}{n}\right]$에서 점 $x_i^* = \frac{i}{n}$를 선택한다. 그러면

$$\begin{aligned}\sum_{i=1}^{n} f(x_i^*)\,\Delta x &= \sum_{i=1}^{n} \frac{i}{n}\cdot\frac{1}{n}\\ &= \frac{1}{n^2}\sum_{i=1}^{n} i\\ &= \frac{1}{n^2}\cdot\frac{n(n+1)}{2}\end{aligned}$$

이다. 따라서

$$\lim_{n\to\infty}\sum_{i=1}^{n} f(x_i^*)\,\Delta x = \lim_{n\to\infty}\frac{n(n+1)}{2n^2} = \frac{1}{2}$$

이므로 정적분의 정의에 의하여 $\int_0^1 x\,dx = \frac{1}{2}$이다.

(b) 구간 $[-1, 1]$을 길이가 $\Delta x = \frac{1-(-1)}{n} = \frac{2}{n}$인 소구간들로 분할한다. 그러면 소구간들의 끝점은

$$x_0 = -1,\ x_1 = -1+\frac{2}{n},\ \cdots,\ x_i = -1+\frac{2i}{n},\ \cdots,\ x_n = 1$$

이다. i번째 소구간 $[x_{i-1}, x_i] = \left[-1+\frac{2(i-1)}{n}, -1+\frac{2i}{n}\right]$에서 점 $x_i^* = -1+\frac{2i}{n}$를 선택한다. 그러면

$$f(x_i^*) = 1 - x_i^* = 1 - \left(-1+\frac{2i}{n}\right) = 2 - \frac{2i}{n}$$

이다. 그러므로

$$\begin{aligned}\sum_{i=1}^{n} f(x_i^*)\,\Delta x &= \sum_{i=1}^{n}\left(2-\frac{2i}{n}\right)\cdot\frac{2}{n}\\ &= \sum_{i=1}^{n}\left(\frac{4}{n}-\frac{4i}{n^2}\right)\\ &= \frac{4}{n}\cdot n - \frac{4}{n^2}\cdot\frac{n(n+1)}{2}\end{aligned}$$

이다. 따라서

$$\lim_{n\to\infty}\sum_{i=1}^{n} f(x_i^*)\,\Delta x = \lim_{n\to\infty}\left(4 - \frac{2(n+1)}{n}\right) = 2$$

이므로 정적분의 정의에 의하여 $\int_{-1}^{1}(1-x)\,dx = 2$이다.

무한합(무한히 많은 항들의 합)으로 설명된 식은 정적분으로 표현할 수 있다.

정리 7-3 정적분의 표현 공식

(1) $\displaystyle\int_0^1 f(x)\,dx = \lim_{n\to\infty}\sum_{i=1}^{n} f\left(\frac{i}{n}\right)\frac{1}{n}$

(2) $\displaystyle\int_a^{a+b} f(x)\,dx = \lim_{n\to\infty}\sum_{i=1}^{n} f\left(a+b\frac{i}{n}\right)\frac{b}{n}$

[정리 7-3]을 이용하여 무한합을 정적분으로 나타내려면 $\frac{1}{n}$을 dx로, $\frac{i}{n}$를 x로 변환한 후 정적분으로 표현한다.

예제 7-2

[정리 7-3]을 이용하여 다음을 정적분으로 표현하라.

(a) $\displaystyle\lim_{n\to\infty}\sum_{i=1}^{n}\left(4+\frac{3i}{n}\right)^2\frac{1}{n}$ (b) $\displaystyle\lim_{n\to\infty}\sum_{i=1}^{n}\frac{5i^4}{2n^5}$

풀이

(a) 무한합의 $\frac{1}{n}$을 확인한다. $\frac{i}{n}$를 x로 변환하면

$$\left(4+\frac{3i}{n}\right)^2 = (4+3x)^2$$

이므로

$$\lim_{n\to\infty}\sum_{i=1}^{n}\left(4+\frac{3i}{n}\right)^2\frac{1}{n} = \int_0^1 (4+3x)^2\,dx$$

이다.

(b) 무한합에 $\frac{1}{n}$ 이 필요하므로 $\frac{5i^4}{2n^5}$ 을 $\frac{5i^4}{2n^4} \cdot \frac{1}{n}$ 로 변형한다. $\frac{i}{n}$ 를 x 로 변환하면

$$\frac{5i^4}{2n^4} = \frac{5}{2}\left(\frac{i}{n}\right)^4 = \frac{5}{2}x^4$$

이므로

$$\lim_{n\to\infty}\sum_{i=1}^{n}\frac{5i^4}{2n^5} = \int_0^1 \frac{5}{2}x^4\,dx$$

이다.

7.1.2 정적분의 기본 정리

정적분의 정의와 극한의 성질을 이용하면 다음 정리를 얻을 수 있다.

정리 7-4 정적분의 기본 정리 I

$f(x)$와 $g(x)$가 구간 $[a,\ b]$에서 적분가능할 때, 다음이 성립한다.

(1) $\int_a^b (f(x)+g(x))\,dx = \int_a^b f(x)\,dx + \int_a^b g(x)\,dx$

(2) $\int_a^b (f(x)-g(x))\,dx = \int_a^b f(x)\,dx - \int_a^b g(x)\,dx$

(3) $\int_a^b kf(x)\,dx = k\int_a^b f(x)\,dx$ (단, k는 상수)

(4) 구간 $[a,\ b]$에서 $f(x) \le g(x)$이면, $\int_a^b f(x)\,dx \le \int_a^b g(x)\,dx$이다.

(5) $\left|\int_a^b f(x)\,dx\right| \le \int_a^b |f(x)|\,dx$

정적분의 성질을 설명하기 위하여 다음과 같이 특별한 정적분을 정의한다.

❶ $\int_a^a f(x)\,dx = 0$

❷ $\int_a^b f(x)\,dx = -\int_b^a f(x)\,dx$

예제 7-3

$\int_2^3 f(x)\,dx = 3$ 이고 $\int_2^3 g(x)\,dx = -2$ 일 때, 다음 적분을 구하라.

(a) $\int_2^3 (f(x)+g(x))\,dx$ (b) $\int_2^3 3g(x)\,dx$

(c) $\int_2^3 (2f(x)-5g(x))\,dx$ (d) $\int_3^2 f(x)\,dx$

풀이

(a) [정리 7-4(1)]에 의하여

$$\begin{aligned}\int_2^3 (f(x)+g(x))\,dx &= \int_2^3 f(x)\,dx + \int_2^3 g(x)\,dx\\ &= 3+(-2)\\ &= 1\end{aligned}$$

이다.

(b) [정리 7-4(3)]에 의하여

$$\begin{aligned}\int_2^3 3g(x)\,dx &= 3\int_2^3 g(x)\,dx\\ &= 3\cdot(-2)\\ &= -6\end{aligned}$$

이다.

(c) [정리 7-4(2)]와 [정리 7-4(3)]에 의하여

$$\begin{aligned}\int_2^3 (2f(x)-5g(x))\,dx &= 2\int_2^3 f(x)\,dx - 5\int_2^3 g(x)\,dx\\ &= 2\cdot 3 - 5\cdot(-2)\\ &= 16\end{aligned}$$

이다.

(d) 앞서 정의한 특별한 정적분 ❷에 의하여

$$\int_3^2 f(x)\,dx = -\int_2^3 f(x)\,dx = -3$$

이다.

다음 정리는 [정리 7-4]와 함께 정적분을 구할 때 자주 사용되는 정리이다.

정리 7-5 정적분의 기본 정리 Ⅱ

$f(x)$가 구간 $[a, b]$에서 적분가능하고 $c \in (a, b)$일 때

$$\int_a^b f(x)\,dx = \int_a^c f(x)\,dx + \int_c^b f(x)\,dx$$

이다.

예를 들어 설명해 보면 다음과 같다. 기차를 타고 서울에서 천안까지 간 다음, 천안에서 대전까지 갔다고 하자. 그렇다면 결론적으로 서울에서 대전까지 간 것이다. [정리 7-5]도 이와 같다.

예제 7-4

[정리 7-5]를 이용하여 다음 물음에 답하라.

(a) $\int_0^1 f(x)\,dx = 4$이고 $\int_0^4 f(x)\,dx = 7$일 때, $\int_1^4 f(x)\,dx$를 구하라.

(b) $\int_{-1}^5 g(x)\,dx = -2$이고 $\int_3^5 g(x)\,dx = 6$일 때, $\int_{-1}^3 g(x)\,dx$를 구하라.

풀이

(a) [정리 7-5]에 의하여

$$\int_0^4 f(x)\,dx = \int_0^1 f(x)\,dx + \int_1^4 f(x)\,dx$$

이므로

$$\begin{aligned}\int_1^4 f(x)\,dx &= \int_0^4 f(x)\,dx - \int_0^1 f(x)\,dx \\ &= 7 - 4 \\ &= 3\end{aligned}$$

이다.

(b) [정리 7-5]에 의하여

$$\int_{-1}^5 g(x)\,dx = \int_{-1}^3 g(x)\,dx + \int_3^5 g(x)\,dx$$

이므로

$$\int_{-1}^{3} g(x)\,dx = \int_{-1}^{5} g(x)\,dx - \int_{3}^{5} g(x)\,dx$$
$$= -2 - 6$$
$$= -8$$

이다.

7.1.3 적분의 평균값 정리

정적분의 기본 정리와 중간값 정리를 사용하면 적분의 평균값 정리를 유도할 수 있다.

정리 7-6 적분의 평균값 정리(mean value theorem for integral)

$f(x)$가 구간 $[a, b]$에서 연속이면

$$\int_{a}^{b} f(x)\,dx = f(c)(b-a)$$

인 $c \in [a, b]$가 존재한다.

다음 그림처럼 영역 P_1과 P_2의 넓이가 같아지는 점에서 정적분의 넓이는 가로가 $b-a$이고 세로가 $f(c)$인 직사각형의 넓이와 같아진다.

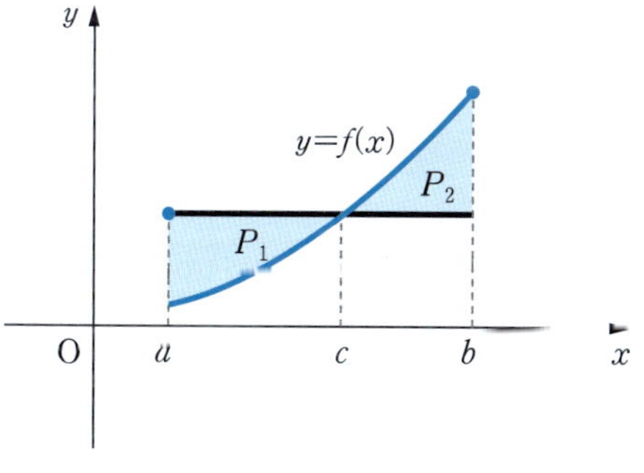

[그림 7-2] 적분의 평균값 정리

예제 7-5

$f(x)=3x-1$일 때, 구간 $[0, 2]$에서 적분의 평균값 정리를 만족하는 $c\in[0, 2]$를 구하라.

풀이

$$\int_0^2 f(x)\,dx = \int_0^2 (3x-1)\,dx = \lim_{n\to\infty}\sum_{i=1}^{n}\left(3\left(\frac{2i}{n}\right)-1\right)\frac{2}{n}$$
$$= \lim_{n\to\infty}\left(\frac{12}{n^2}\cdot\frac{n(n+1)}{2}-2\right)=4$$

이므로 $4=\int_0^2 f(x)\,dx = f(c)(2-0)$인 c는 $c=1$이다.

이 절에서는 직사각형의 합과 이 합의 극한을 이용하여 정적분을 정의하였다. 또한 정의를 이용하여 정적분의 기본 정리를 유도하였으며, 정의와 기본 정리로부터 정적분의 평균값 정리를 얻어낼 수 있었다.

Section 7.1 연습문제

1. 다음 값을 구하라.

(a) $\displaystyle\sum_{i=1}^{10} i(i+1)$

(b) $\displaystyle\sum_{i=1}^{10} i(i-2)$

(c) $\displaystyle\sum_{i=1}^{10} i(i^2+4)$

(d) $\displaystyle\sum_{i=1}^{10} 5$

(e) $\displaystyle\sum_{i=1}^{10}\left(\frac{1}{3}i^3+\frac{1}{2}i^2\right)$

(f) $\displaystyle\sum_{i=1}^{10}(i+3)(i-1)$

2. 정적분의 정의를 이용하여 다음 적분을 구하라.

(a) $\displaystyle\int_0^1 (2x+3)\,dx$

(b) $\displaystyle\int_0^1 x^3\,dx$

(c) $\displaystyle\int_0^2 (3x-1)\,dx$

(d) $\displaystyle\int_0^2 x^2\,dx$

(e) $\displaystyle\int_{-1}^1 (4x+3)\,dx$

(f) $\displaystyle\int_{-1}^1 (x^2+4x)\,dx$

3. 다음을 정적분으로 표현하라.

(a) $\displaystyle\lim_{n\to\infty}\sum_{i=1}^{n}\left(3+\frac{5i}{n}\right)^3\frac{1}{n}$

(b) $\displaystyle\lim_{n\to\infty}\sum_{i=1}^{n}\left(\frac{3i}{n}-\frac{4i^2}{n^2}\right)\frac{1}{n}$

(c) $\displaystyle\lim_{n\to\infty}\sum_{i=1}^{n}\frac{5}{n+i}$

(d) $\displaystyle\lim_{n\to\infty}\sum_{i=1}^{n}\frac{3}{5i+4n}$

(e) $\displaystyle\lim_{n\to\infty}\sum_{i=1}^{n}\frac{n^2}{5n^3-2i^3}$

(f) $\displaystyle\lim_{n\to\infty}\sum_{i=1}^{n}\frac{i}{n^2}\cos\frac{i}{n}$

4. $\int_1^5 f(x)\,dx = -4$이고 $\int_1^5 g(x)\,dx = 2$일 때, 다음 적분을 구하라.

(a) $\int_1^5 \sqrt{3}\, f(x)\,dx$ (b) $\int_1^5 -\pi g(x)\,dx$

(c) $\int_1^5 (f(x)+g(x))\,dx$ (d) $\int_1^5 (f(x)-g(x))\,dx$

(e) $\int_1^5 (3f(x)+2g(x))\,dx$ (f) $\int_1^5 (4f(x)-5g(x))\,dx$

5. $\int_1^5 f(x)\,dx = 4$, $\int_3^5 f(x)\,dx = 6$, $\int_1^7 f(x)\,dx = -3$,

$\int_5^8 f(x)\,dx = -1$일 때, 다음 적분을 구하라.

(a) $\int_1^8 f(x)\,dx$ (b) $\int_1^3 f(x)\,dx$

(c) $\int_5^7 f(x)\,dx$ (d) $\int_7^8 f(x)\,dx$

6. 주어진 구간에서 적분의 평균값 정리를 만족하는 c를 구하라.

(a) $f(x) = x+3$, $[0, 3]$ (b) $g(x) = 4-3x$, $[-1, 2]$

(c) $h(x) = x^2-2$, $[0, 1]$ (d) $k(x) = 3-2x^2$, $[-2, 0]$

동영상 풀이

7.2 미분적분학의 기본 정리

이 절에서는 미분과 정적분의 관계를 살펴보고 정적분을 쉽게 구할 수 있는 방법에 대해 알아보고자 한다.

7.2.1 미분적분학의 기본 정리

미분적분학의 기본 정리는 I과 II의 두 가지가 있다.

정리 7-7 미분적분학의 기본 정리 I

$f(x)$가 구간 $[a, b]$에서 연속이고 $x \in [a, b]$에 대하여

$$F(x) = \int_a^x f(t)\, dt$$

일 때, F는 구간 $[a, b]$에서 미분가능하고 $F'(x) = f(x)$이다.

미분적분학의 기본 정리 I은 $f(x)$를 적분한 다음, 이를 미분하면 피적분함수인 $f(x)$가 된다는 것을 설명한다.

예제 7-6

[정리 7-7]을 이용하여 다음 물음에 답하라.

(a) $F(x) = \int_0^x (\ln t + \sin t - 1)\, dt$일 때, $F'(x)$를 구하라.

(b) $G(x) = \int_2^x (e^{s^2+3} - \sinh(s^4 - 1))\, ds$일 때, $G'(x)$를 구하라.

풀이

(a) $f(x) = \ln x + \sin x - 1$이라 하면, 미분적분학의 기본 정리 I에 의하여

$$F'(x) = f(x) = \ln x + \sin x - 1$$

이다.

(b) $g(x) = e^{x^2+3} - \sinh(x^4 - 1)$이라 하면, 미분적부학의 기본 정리 I에 의하여

$$G'(x) = g(x) = e^{x^2+3} - \sinh(x^4 - 1)$$

이다.

미분적분학의 기본 정리 I과 합성함수의 미분법을 이용하면 다음 정리를 얻을 수 있다.

정리 7-8 미분적분학의 기본 정리 I의 변형

(1) $f(x)$가 구간 $[a, b]$에서 연속이고 $g(x)$가 구간 $[a, b]$에서 미분가능하며 $x \in [a, b]$에 대하여

$$F(x) = \int_a^{g(x)} f(t)\, dt$$

일 때,

$$F'(x) = f(g(x)) \cdot g'(x)$$

이다.

(2) $f(x)$가 구간 $[a, b]$에서 연속이고 $g(x)$, $h(x)$가 구간 $[a, b]$에서 미분가능하며 $x \in [a, b]$에 대하여

$$F(x) = \int_{h(x)}^{g(x)} f(t)\, dt$$

일 때,

$$F'(x) = f(g(x)) \cdot g'(x) - f(h(x)) \cdot h'(x)$$

이다.

예제 7-7

[정리 7-8]을 이용하여 다음 물음에 답하라.

(a) $F(x) = \int_1^{x^2} (t^3 + \cos t - 3)\, dt$ 일 때, $F'(x)$를 구하라.

(b) $G(x) = \int_{3x-2}^{4} (e^s + \ln(s^3 + 1) - 2)\, ds$ 일 때, $G'(x)$를 구하라.

(c) $H(x) = \int_{\cos x}^{x^3} (\sec\theta + \csc\theta)\, d\theta$ 일 때, $H'(x)$를 구하라.

풀이

(a) $f(x) = x^3 + \cos x - 3$, $g(x) = x^2$이라 하면

$$F(x) = \int_1^{g(x)} f(t)\, dt$$

이므로

$$\begin{aligned}F'(x) &= f(g(x)) \cdot g'(x)\\ &= ((g(x))^3 + \cos g(x) - 3) \cdot g'(x)\\ &= (x^6 + \cos x^2 - 3) \cdot (2x)\\ &= 2x(x^6 + \cos x^2 - 3)\end{aligned}$$

이다.

(b) $G(x) = \int_{3x-2}^{4} (e^s + \ln(s^3+1) - 2)\, ds = -\int_{4}^{3x-2} (e^s + \ln(s^3+1) - 2)\, ds$이다.

$f(x) = e^x + \ln(x^3+1) - 2$, $g(x) = 3x - 2$라 하면

$$G(x) = -\int_{4}^{g(x)} f(s)\, ds$$

이므로

$$\begin{aligned}G'(x) &= -f(g(x)) \cdot g'(x)\\ &= -(e^{g(x)} + \ln((g(x))^3 + 1) - 2) \cdot g'(x)\\ &= -(e^{3x-2} + \ln((3x-2)^3+1) - 2) \cdot (3)\\ &= -3(e^{3x-2} + \ln((3x-2)^3+1) - 2)\end{aligned}$$

이다.

(c) $f(x) = \sec x + \csc x$, $g(x) = x^3$, $h(x) = \cos x$ 라 하면

$$H(x) = \int_{h(x)}^{g(x)} f(\theta)\, d\theta$$

이므로

$$\begin{aligned}H'(x) &= f(g(x)) \cdot g'(x) - f(h(x)) \cdot h'(x)\\ &= (\sec x^3 + \csc x^3) \cdot (3x^2) - (\sec(\cos x) + \csc(\cos x)) \cdot (-\sin x)\\ &= 3x^2(\sec x^3 + \csc x^3) + \sin x(\sec(\cos x) + \csc(\cos x))\end{aligned}$$

이다.

정적분을 [정의 7-1]을 이용하여 구하는 것은 지루하고 복잡하다. 하지만 다음 정리를 이용한다면 정적분을 쉽게 구할 수 있다.

정리 7-9 미분적분학의 기본 정리 Ⅱ

$f(x)$가 구간 $[a, b]$에서 연속이고 $F(x)$가 $f(x)$의 원시함수이면

$$\int_a^b f(x)\,dx = F(b) - F(a)$$

이다.

예제 7-8

[정리 7-9]를 이용하여 다음 정적분을 구하라.

(a) $\int_{-1}^{3} x^2\,dx$ (b) $\int_0^{\frac{\pi}{3}} \sin x\,dx$

풀이

(a) $f(x) = x^2$이라 하면 $f(x)$는 구간 $[-1, 3]$에서 연속이고

$$F(x) = \frac{1}{3}x^3$$

은 $f(x)$의 원시함수이므로

$$\begin{aligned}\int_{-1}^{3} x^2\,dx &= F(3) - F(-1)\\ &= 9 - \left(-\frac{1}{3}\right)\\ &= \frac{28}{3}\end{aligned}$$

이다.

(b) $f(x) = \sin x$라 하면 $f(x)$는 구간 $\left[0, \frac{\pi}{3}\right]$에서 연속이고

$$F(x) = -\cos x$$

는 $f(x)$의 원시함수이므로

$$\begin{aligned}\int_0^{\frac{\pi}{3}} \sin x\,dx &= F\left(\frac{\pi}{3}\right) - F(0)\\ &= -\frac{1}{2} - (-1)\\ &= \frac{1}{2}\end{aligned}$$

이다.

7.2.2 정적분의 치환적분과 부분적분

미분적분학의 기본 정리와 부정적분의 치환적분을 이용하면 정적분의 치환적분을 얻을 수 있다.

정리 7-10 정적분의 치환적분

구간 $[a,\ b]$에서 $g'(x)$가 연속이고 $f(x)$가 $g(x)$의 치역에서 연속이면

$$\int_a^b f(g(x))g'(x)\,dx = \int_{g(a)}^{g(b)} f(t)\,dt$$

이다.

[정리 7-10]을 사용할 때는 함수만 치환하는 것이 아니라 적분구간도 변경해야 한다는 점을 명심해야 한다.

예제 7-9

[정리 7-10]을 이용하여 다음 정적분을 구하라.

(a) $\int_0^1 (3x-1)^2\,dx$ (b) $\int_0^2 \frac{x^2}{x^3+1}\,dx$

풀이

(a) 치환적분에 의하여 $3x-1=t$라 하면 $3\,dx=dt$이므로 $dx=\frac{1}{3}dt$이다. $x=0$일 때 $t=-1$이고, $x=1$ 일 때 $t=2$이므로 정적분의 치환적분에 의하여

$$\begin{aligned}\int_0^1 (3x-1)^2\,dx &= \int_{-1}^2 t^2\left(\frac{1}{3}\,dt\right)\\ &= \frac{1}{3}\int_{-1}^2 t^2\,dt\\ &= \frac{1}{3}\cdot\frac{1}{3}t^3\Big|_{-1}^2\\ &= \frac{1}{9}(8-(-1))\\ &= 1\end{aligned}$$

이다.

(b) 치환적분에 의하여 $x^3+1=t$라 하면 $3x^2\,dx=dt$이므로 $x^2\,dx=\frac{1}{3}dt$이다. $x=0$일 때 $t=1$이고 $x=2$일 때 $t=9$이므로 정적분의 치환적분에 의하여

$$\begin{aligned}\int_0^2 \frac{x^2}{x^3+1}\,dx &= \int_1^9 \frac{1}{t}\left(\frac{1}{3}\,dt\right)\\ &= \frac{1}{3}\ln|t|\Big|_1^9\\ &= \frac{1}{3}(\ln 9-\ln 1)\\ &= \frac{1}{3}\ln 9\end{aligned}$$

이다.

치환적분뿐만 아니라 미분적분학의 기본 정리와 부분적분을 이용하면 정적분의 부분적분도 얻을 수 있다.

정리 7-11 정적분의 부분적분

구간 $[a,\ b]$에서 $f(x)$와 $g(x)$가 미분가능하면

$$\int_a^b f(x)g'(x)\,dx = f(x)\,g(x)\Big|_a^b - \int_a^b f'(x)\,g(x)\,dx$$

이다.

정적분의 부분적분을 쉽게 기억하기 위하여

$$\int_a^b u\,v' = u\,v\Big|_a^b - \int_a^b u'\,v$$

로 적고, 미분하면 식이 작아지는 함수를 u로, 남은 함수를 v'으로 선택한다.

예제 7-10

[정리 7-11]을 이용하여 다음 정적분을 구하라.

(a) $\int_0^1 x\,e^x\,dx$

(b) $\int_0^{\frac{\pi}{4}} x\sin x\,dx$

풀이

(a) 1차 다항함수 x는 미분하면 상수함수로 차수가 줄어들지만, e^x은 미분하면 e^x이 되어 변화가 없다. 따라서

$$u = x\,,\ \ v' = e^x$$

으로 놓는다. 그러면 $u' = 1$이고 $v = e^x$이므로 정적분의 부분적분에 의하여

$$\begin{aligned}\int_0^1 x\,e^x\,dx &= x\,e^x\Big|_0^1 - \int_0^1 1\cdot e^x\,dx\\ &= e - \int_0^1 e^x\,dx\\ &= e - e^x\Big|_0^1\\ &= e-(e^1-1)\\ &= 1\end{aligned}$$

이다.

(b) 1차 다항함수 x는 미분하면 상수함수로 차수가 줄어들지만, $\sin x$는 미분하면 $\cos x$가 되어 또 다른 주기함수가 된다. 따라서

$$u = x,\ \ v' = \sin x$$

로 놓는다. 그러면 $u' = 1$, $v = -\cos x$이므로 부분적분에 의하여

$$\begin{aligned}\int_0^{\frac{\pi}{4}} x\sin x\,dx &= -x\cos x\Big|_0^{\frac{\pi}{4}} + \int_0^{\frac{\pi}{4}}\cos x\,dx\\ &= -\frac{\pi}{4}\cdot\frac{\sqrt{2}}{2} + \sin x\Big|_0^{\frac{\pi}{4}}\\ &= -\frac{\sqrt{2}\,\pi}{8} + \left(\frac{\sqrt{2}}{2}-0\right)\\ &= -\frac{\sqrt{2}\,\pi}{8} + \frac{\sqrt{2}}{2}\end{aligned}$$

이다.

이 절에서는 미분적분학의 기본 정리를 이용하여 정적분을 쉽게 구하는 방법을 학습했다. 또한 미분적분학의 기본 정리와 부정적분에서 학습한 치환적분 및 부분적분을 연계하여 정적분을 구하는 방법도 살펴보았다.

Section 7.2 연습문제

1. 미분적분학의 기본 정리 I을 이용하여 다음 물음에 답하라.

(a) $F(x) = \int_2^x \left(t^3 + \frac{1}{t} + \tanh\sqrt{t}\right) dt$일 때 $F'(x)$를 구하라.

(b) $G(x) = \int_{-1}^x \left(\sqrt[3]{s} + \frac{1}{s^2} - \ln s\right) ds$ 일 때 $G'(x)$를 구하라.

2. 미분적분학의 기본 정리 I의 변형을 이용하여 다음 물음에 답하라.

(a) $F(x) = \int_0^{x^2} (t^3 + e^t - \sin t)\, dt$ 일 때 $F'(x)$를 구하라.

(b) $G(x) = \int_3^{3x-1} \left(s^3 e^s + \frac{1}{s}\right) ds$ 일 때 $G'(x)$를 구하라.

(c) $H(x) = \int_{6-5x}^3 ((2t-1)^6 + \sqrt{t})\, dt$ 일 때 $H'(x)$를 구하라.

(d) $I(x) = \int_{x^2-1}^{-4} (s^3\sqrt{s} + \pi)\, ds$ 일 때 $I'(x)$를 구하라.

3. 미분적분학의 기본 정리 I의 변형을 이용하여 다음 물음에 답하라.

(a) $F(x) = \int_{2x}^{3x+1} \ln(t-2)\, dt$ 일 때 $F'(x)$를 구하라.

(b) $G(x) = \int_{x^2}^{x^3} (s^3 + s^2)\, ds$ 일 때 $G'(x)$를 구하라.

(c) $H(x) = \int_{\sin x}^{\cos x} \tanh t\, dt$ 일 때 $H'(x)$를 구하라.

(d) $I(x) = \int_{-3x}^{5-2x} \frac{s+3}{s-2}\, ds$ 일 때 $I'(x)$를 구하라.

4. 미분적분학의 기본 정리 Ⅱ를 이용하여 다음 적분을 구하라.

(a) $\int_0^2 (x^2 + 5x)\,dx$ (b) $\int_{-1}^1 (x^3 - 2x - 3)\,dx$

(c) $\int_1^3 \left(\frac{1}{x} + \frac{1}{x^2}\right) dx$ (d) $\int_2^5 \left(x^2 - \frac{1}{x^2}\right) dx$

(e) $\int_3^6 \sqrt[3]{x}\,dx$ (f) $\int_2^5 \sqrt[5]{x^2}\,dx$

5. 치환적분을 이용하여 다음 적분을 구하라.

(a) $\int_1^2 2x(3x^2 - 1)^2\,dx$ (b) $\int_0^3 \frac{3x}{x^2+2}\,dx$

(c) $\int_1^4 \sqrt{4x+1}\,dx$ (d) $\int_0^2 x\sqrt{3x^2+2}\,dx$

(e) $\int_0^3 x e^{x^2}\,dx$ (f) $\int_4^6 \frac{\ln x}{x}\,dx$

6. 부분적분을 이용하여 다음 적분을 구하라.

(a) $\int_{-1}^1 x e^{-x}\,dx$ (b) $\int_0^1 x^2 e^x\,dx$

(c) $\int_0^{\frac{\pi}{3}} x \cos x\,dx$ (d) $\int_0^{\pi} x^2 \sin x\,dx$

(e) $\int_1^4 \ln x\,dx$ (f) $\int_1^4 x \ln x\,dx$

동영상 풀이

7.3 이상적분

7.2절에서 학습한 미분적분학의 기본 정리를 이용하여 정적분 $\int_a^b f(x)\,dx$를 구하려면 다음 두 가지 제한 조건이 필요하다.

❶ 적분구간 $[a,\ b]$는 유한구간이다.
❷ $f(x)$는 유한구간에서 연속이다.

이제 이러한 제한을 받지 않는 적분을 정의하고자 한다. 제한을 받지 않는 적분의 조건은 다음의 세 가지 경우로 설명된다.

❶ $f(x)$는 연속이지만 적분구간이 유한하지 않은 경우
❷ 적분구간은 유한하지만 함수 $f(x)$가 유한하지 않은 경우($f(x)$가 적분구간 내의 어떤 점에서 $+\infty$ 또는 $-\infty$를 갖는 경우)
❸ 적분구간과 함수 모두 유한하지 않은 경우(적분구간도 유한하지 않고, $f(x)$가 적분구간 내의 어떤 점에서 $+\infty$ 또는 $-\infty$를 갖는 경우)

위의 세 가지 경우에 대한 적분을 **이상적분**(improper integral)이라 한다. 이 절에서는 이상적분을 정의하고 이상적분을 구하는 방법을 살펴보고자 한다.

7.3.1 함수는 연속이지만 적분구간이 유한하지 않은 경우

적분구간이 유한하지 않은 경우는 $[a,\ \infty)$, $(-\infty,\ b]$, $(-\infty,\ \infty)$의 세 가지가 있다. 이 중 적분구간이 $[a,\ \infty)$, $(-\infty,\ b]$일 때의 이상적분은 다음과 같이 정의한다.

정의 7-2 이상적분 I

(1) a가 실수일 때 구간 $[a,\ \infty)$에서 연속인 함수 $f(x)$의 이상적분은

$$\int_a^{\infty} f(x)\,dx = \lim_{t\to\infty}\int_a^t f(x)\,dx$$

로 정의한다.

(2) b가 실수일 때 구간 $(-\infty,\ b]$에서 연속인 함수 $f(x)$의 이상적분은

$$\int_{-\infty}^{b} f(x)\,dx = \lim_{s\to-\infty}\int_s^b f(x)\,dx$$

로 정의한다.

[정의 7-2(1)]에서 구간 $[a, \infty)$에서 연속인 함수 $f(x)$의 이상적분은 우선 유한구간인 $[a, t]$에서 정적분을 이용하여 적분을 구한 후 극한을 계산한다. 같은 방법으로 [정의 7-2(2)]에서 구간 $(-\infty, b]$에서 연속인 함수 $f(x)$의 이상적분은 우선 유한구간인 $[s, b]$에서 정적분을 이용하여 적분을 구한 후 극한을 계산한다.

극한을 계산했을 때 그 극한값이 유한한 값이면 이상적분은 **수렴한다**(converge)고 판정하고, $+\infty$이거나 $-\infty$이거나 진동하면 이상적분은 **발산한다**(diverge)고 판정한다.

예제 7-11

이상적분 I을 이용하여 다음 이상적분이 수렴하는지 또는 발산하는지를 판정하라.

(a) $\displaystyle\int_1^\infty \frac{1}{x}\,dx$ (b) $\displaystyle\int_1^\infty \frac{1}{x^2}\,dx$

풀이

(a)

$$\begin{aligned}\int_1^\infty \frac{1}{x}\,dx &= \lim_{t\to\infty}\int_1^t \frac{1}{x}\,dx \\ &= \lim_{t\to\infty} \ln|x|\Big|_1^t \\ &= \lim_{t\to\infty}(\ln t - \ln 1) \\ &= \infty\end{aligned}$$

이므로 $\displaystyle\int_1^\infty \frac{1}{x}\,dx$는 발산한다.

(b)

$$\begin{aligned}\int_1^\infty \frac{1}{x^2}\,dx &= \lim_{t\to\infty}\int_1^t \frac{1}{x^2}\,dx \\ &= \lim_{t\to\infty} -\frac{1}{x}\Big|_1^t \\ &= \lim_{t\to\infty}\left(-\frac{1}{t}+1\right) \\ &= 1\end{aligned}$$

이므로 $\displaystyle\int_1^\infty \frac{1}{x^2}\,dx$는 수렴한다.

적분구간이 $(-\infty, \infty)$일 때의 이상적분은 다음과 같이 정의한다.

정의 7-3 이상적분 Ⅱ

구간 $(-\infty,\ \infty)$에서 연속인 함수 $f(x)$의 이상적분은 적당한 실수 c에 대하여

$$\int_{-\infty}^{\infty} f(x)\,dx = \int_{-\infty}^{c} f(x)\,dx + \int_{c}^{\infty} f(x)\,dx$$

로 정의한다.

이상적분 Ⅱ에 있는 우변의 두 개의 항 모두가 수렴하면 좌변의 이상적분은 수렴한다고 판정하고, 우변의 두 개의 항 중 어느 하나라도 발산하면 좌변의 이상적분은 발산한다고 판정한다.

예제 7-12

이상적분 Ⅱ를 이용하여 $\int_{-\infty}^{\infty} x\,dx$가 수렴하는지 또는 발산하는지를 판정하라.

풀이

c가 실수일 때

$$\begin{aligned}\int_{-\infty}^{c} x\,dx &= \lim_{s\to-\infty}\int_{s}^{c} x\,dx \\ &= \lim_{s\to-\infty} \frac{1}{2}x^2\Big|_{s}^{c} \\ &= \lim_{s\to-\infty}\left(\frac{1}{2}c^2 - \frac{1}{2}s^2\right) \\ &= -\infty\end{aligned}$$

이므로 $\int_{-\infty}^{\infty} x\,dx$는 발산한다.

만일 [예제 7-12]를

$$\begin{aligned}\int_{-\infty}^{\infty} x\,dx &= \lim_{s\to\infty}\int_{-s}^{s} x\,dx \\ &= \lim_{s\to\infty} \frac{1}{2}x^2\Big|_{-s}^{s} \\ &= \lim_{s\to\infty}\left(\frac{1}{2}s^2 - \frac{1}{2}s^2\right) \\ &= \lim_{s\to\infty} 0 = 0\end{aligned}$$

주의

$$\int_{-\infty}^{\infty} f(x)\,dx \neq \lim_{t\to\infty}\int_{-t}^{t} f(x)\,dx$$

으로 계산하면 수렴하는 것으로 판정할 수 있지만, 이는 이상적분 Ⅱ를 따르지 않았으므로 잘못된 계산이다.

7.3.2 적분구간은 유한하지만 함수가 유한하지 않은 경우

적분구간은 유한하지만 적분구간내의 어떤 점에서 함수가 ∞ 또는 $-\infty$로 발산하는 경우의 이상적분은 다음과 같이 정의한다.

정의 7-4 이상적분 Ⅲ

구간 $[a, b]$의 내부점 $x=c$에서 $f(x)=\infty$이거나 $f(x)=-\infty$일 때, 구간 $[a, b]$에서 $f(x)$의 이상적분은

$$\int_a^b f(x)\,dx = \lim_{s\to c^-}\int_a^s f(x)\,dx + \lim_{t\to c^+}\int_t^b f(x)\,dx$$

로 정의한다.

이상적분 Ⅲ에 있는 우변의 두 개의 항 모두가 수렴하면 좌변의 이상적분은 수렴한다고 판정하고, 우변의 두 개의 항 중 어느 하나라도 발산하면 좌변의 이상적분은 발산한다고 판정한다.

예제 7-13

이상적분 Ⅲ을 이용하여 $\int_{-1}^1 \frac{1}{x^2}\,dx$가 수렴하는지 또는 발산하는지를 판정하라.

풀이

$\lim_{x\to 0}\frac{1}{x^2}=\infty$이므로

$$\int_{-1}^1 \frac{1}{x^2}\,dx = \lim_{s\to 0^-}\int_{-1}^s \frac{1}{x^2}\,dx + \lim_{t\to 0^+}\int_t^1 \frac{1}{x^2}\,dx$$

이다. 이때

$$\begin{aligned}\lim_{s\to 0^-}\int_{-1}^s \frac{1}{x^2}\,dx &= \lim_{s\to 0^-} -\frac{1}{x}\Big|_{-1}^{s} \\ &= \lim_{s\to 0^-}\left(-\frac{1}{s}-1\right) \\ &= \infty\end{aligned}$$

이므로 $\lim_{s \to 0^-} \int_{-1}^{s} \frac{1}{x^2}\,dx$는 발산한다. 따라서 $\int_{-1}^{1} \frac{1}{x^2}\,dx$는 발산한다.

[예제 7-13]의 적분에 미분적분학의 기본 정리를 사용하여

$$\int_{-1}^{1} \frac{1}{x^2}\,dx = -\frac{1}{x}\bigg|_{-1}^{1} = -1-1 = -2$$

라 하면 결과는 오답이다. 그 이유는 미분적분학의 기본 정리는 피적분함수가 적분구간에서 연속일 때만 사용할 수 있는데, [예제 7-13]에서 $y = \frac{1}{x^2}$은 구간 $[-1,\ 1]$에서 연속이 아니기 때문에 사용할 수 없다.

[정의 7-4]의 특별한 경우로 구간 $[a,\ b]$에서 $f(x) = \infty$이거나 $f(x) = -\infty$인 내부점 $x = c$가 구간의 왼쪽 끝점 또는 오른쪽 끝점인 경우의 이상적분은 다음과 같이 정의한다.

정의 7-5 이상적분 Ⅳ

(1) $f(x)$가 구간 $(a,\ b]$에서 연속이고 $\lim_{x \to a^+} f(x) = \infty$ 또는 $\lim_{x \to a^+} f(x) = -\infty$이면, 구간 $(a,\ b]$에서 $f(x)$의 이상적분은

$$\int_{a}^{b} f(x)\,dx = \lim_{t \to a^+} \int_{t}^{b} f(x)\,dx$$

로 정의한다.

(2) $f(x)$가 구간 $[a,\ b)$에서 연속이고 $\lim_{x \to b^-} f(x) = \infty$ 또는 $\lim_{x \to b^-} f(x) = -\infty$이면, 구간 $[a,\ b)$에서 $f(x)$의 이상적분은

$$\int_{a}^{b} f(x)\,dx = \lim_{t \to b^-} \int_{a}^{t} f(x)\,dx$$

로 정의한다.

예제 7-14

이상적분 Ⅳ를 이용하여 $\int_{0}^{1} \frac{1}{\sqrt{x}}\,dx$가 수렴하는지 또는 발산하는지를 판정하라.

풀이

$\lim_{x \to 0^+} \frac{1}{\sqrt{x}} = \infty$이므로

$$\begin{aligned}\int_0^1 \frac{1}{\sqrt{x}}\,dx &= \lim_{t \to 0^+} \int_t^1 \frac{1}{\sqrt{x}}\,dx \\ &= \lim_{t \to 0^+} 2\sqrt{x}\,\Big|_t^1 \\ &= \lim_{t \to 0^+} (2 - 2\sqrt{t}) \\ &= 2\end{aligned}$$

이다. 따라서 $\int_0^1 \frac{1}{\sqrt{x}}\,dx$는 수렴한다.

7.3.3 적분구간과 함수 모두 유한하지 않은 경우

가장 일반적인 경우의 이상적분을 정의하면 다음과 같다.

정의 7-6 이상적분 V

(1) 구간 $[a, \infty)$의 내부점 $x = c$에서 $f(x) = \infty$이거나 $f(x) = -\infty$일 때, 구간 $[a, \infty)$에서 $f(x)$의 이상적분은

$$\int_a^\infty f(x)\,dx = \lim_{s \to c^-} \int_a^s f(x)\,dx + \lim_{t \to c^+,\, r \to \infty} \int_t^r f(x)\,dx$$

로 정의한다.

(2) 구간 $(-\infty, \infty)$의 내부점 $x = c$에서 $f(x) = \infty$이거나 $f(x) = -\infty$일 때, 구간 $(-\infty, \infty)$에서 $f(x)$의 이상적분은

$$\int_{-\infty}^\infty f(x)\,dx = \lim_{s \to c^-,\, q \to -\infty} \int_q^s f(x)\,dx + \lim_{t \to c^+,\, r \to \infty} \int_t^r f(x)\,dx$$

로 정의한다.

이상적분 V에 있는 우변의 두 개의 항 모두가 수렴하면 좌변의 이상적분은 수렴한다고 판정하고, 우변의 두 개의 항 중 어느 하나라도 발산하면 좌변의 이상적분은 발산한다고 판정한다.

예제 7-15

이상적분 V를 이용하여 다음 이상적분이 수렴하는지 또는 발산하는지를 판정하라.

(a) $\displaystyle\int_{0}^{\infty} \frac{1}{(x-2)^3}\,dx$ (b) $\displaystyle\int_{-\infty}^{\infty} \frac{1}{x^2}\,dx$

풀이

(a) $\displaystyle\lim_{x\to 2^+} \frac{1}{(x-2)^3} = \infty$ 이므로

$$\int_{0}^{\infty} \frac{1}{(x-2)^3}\,dx = \lim_{s\to 2^-}\int_{0}^{s} \frac{1}{(x-2)^3}\,dx + \lim_{t\to 2^+,\, r\to\infty}\int_{t}^{r} \frac{1}{(x-2)^3}\,dx$$

이다.

$$\begin{aligned}\lim_{s\to 2^-}\int_{0}^{s} \frac{1}{(x-2)^3}\,dx &= \lim_{s\to 2^-} -\frac{1}{2(x-2)^2}\bigg|_{0}^{s} \\ &= \lim_{s\to 2^-}\left(-\frac{1}{2(s-2)^2}+\frac{1}{8}\right) \\ &= -\infty\end{aligned}$$

이므로 $\displaystyle\lim_{s\to 2^-}\int_{0}^{s} \frac{1}{(x-2)^3}\,dx$ 는 발산한다. 따라서 $\displaystyle\int_{0}^{\infty} \frac{1}{(x-2)^3}\,dx$ 도 발산한다.

(b) $\displaystyle\lim_{x\to 0} \frac{1}{x^2} = \infty$ 이므로

$$\int_{-\infty}^{\infty} \frac{1}{x^2}\,dx = \lim_{s\to 0^-,\, q\to -\infty}\int_{q}^{s} \frac{1}{x^2}\,dx + \lim_{t\to 0^+,\, r\to\infty}\int_{t}^{r} \frac{1}{x^2}\,dx$$

이다.

$$\begin{aligned}\lim_{s\to 0^-,\, q\to -\infty}\int_{q}^{s} \frac{1}{x^2}\,dx &= \lim_{s\to 0^-,\, q\to -\infty} -\frac{1}{x}\bigg|_{q}^{s} \\ &= \lim_{s\to 0^-,\, q\to -\infty}\left(-\frac{1}{s}+\frac{1}{q}\right) \\ &= \infty\end{aligned}$$

이므로 $\displaystyle\lim_{s\to 0^-,\, q\to -\infty}\int_{q}^{s} \frac{1}{x^2}\,dx$ 는 발산한다. 따라서 $\displaystyle\int_{-\infty}^{\infty} \frac{1}{x^2}\,dx$ 도 발산한다.

7.3.4 이상적분의 비교판정

이상적분의 정의만을 사용하여 이상적분의 수렴 또는 발산을 모두 판정할 수 없다. 이런 경우 다음 정리를 이용하여 수렴성을 확인한다.

정리 7-12 이상적분의 비교판정법

구간 $[a, \infty)$에서 $f(x)$와 $g(x)$가 모두 연속함수이고, 임의의 $x \in [a, \infty)$에 대하여 $0 \le f(x) \le g(x)$라 하자.

(1) $\int_a^\infty f(x)\,dx$가 발산하면 $\int_a^\infty g(x)\,dx$도 발산한다.

(2) $\int_a^\infty g(x)\,dx$가 수렴하면 $\int_a^\infty f(x)\,dx$도 수렴한다.

예제 7-16

이상적분의 비교판정법을 이용하여 다음 이상적분이 수렴하는지 또는 발산하는지를 판정하라.

(a) $\int_1^\infty \frac{x^2}{x^4+5}\,dx$　　(b) $\int_4^\infty \frac{x}{x\sqrt{x}-3}\,dx$

풀이

(a) 구간 $[1, \infty)$에서 $\frac{x^2}{x^4+5} \le \frac{x^2}{x^4} = \frac{1}{x^2}$이고

$$\begin{aligned}\int_1^\infty \frac{1}{x^2}\,dx &= \lim_{t\to\infty}\int_1^t \frac{1}{x^2}\,dx \\ &= \lim_{t\to\infty} -\frac{1}{x}\Big|_1^t \\ &= \lim_{t\to\infty}\left(-\frac{1}{t}+1\right) \\ &= 1\end{aligned}$$

이므로 $\int_1^\infty \frac{1}{x^2}\,dx$는 수렴한다. 비교판정법에 의하여 $\int_1^\infty \frac{x^2}{x^4+5}\,dx$도 수렴한다.

(b) 구간 $[4, \infty)$에서 $\dfrac{x}{x\sqrt{x}-3} \geq \dfrac{x}{x\sqrt{x}} = \dfrac{1}{\sqrt{x}}$ 이고

$$\begin{aligned}\int_4^{\infty} \frac{1}{\sqrt{x}}\, dx &= \lim_{t\to\infty} \int_4^t \frac{1}{\sqrt{x}}\, dx \\ &= \lim_{t\to\infty} 2\sqrt{x}\,\Big|_4^t \\ &= \lim_{t\to\infty} (2\sqrt{t}-4) \\ &= \infty\end{aligned}$$

이므로 $\displaystyle\int_4^{\infty} \frac{1}{\sqrt{x}}\, dx$는 발산한다. 비교판정법에 의하여 $\displaystyle\int_4^{\infty} \frac{x}{x\sqrt{x}-3}\, dx$도 발산한다.

주의

비교판정법에서 $0 \leq f(x) \leq g(x)$일 때

① $\displaystyle\int_a^{\infty} f(x)\, dx$가 수렴하면 $\displaystyle\int_a^{\infty} g(x)\, dx$는 수렴하는지 또는 발산하는지를 판정할 수 없다.

② $\displaystyle\int_a^{\infty} g(x)\, dx$가 발산하면 $\displaystyle\int_a^{\infty} f(x)\, dx$는 수렴하는지 또는 발산하는지를 판정할 수 없다.

이 절에서는 미분적분학의 기본 정리를 사용할 수 없는 이상적분을 정의하고 이상적분을 구하는 방법에 대하여 살펴보았다. 이상적분의 유형을 분류하고, 적분 결과를 이용하여 수렴 또는 발산을 판정하는 방법을 학습하였다. 또한 이상적분을 직접 구하지 못할 때 비교판정법을 이용하여 수렴 또는 발산을 판정하는 방법도 학습하였다.

Section 7.3 연습문제

1. 이상적분 Ⅰ을 이용하여 다음 이상적분이 수렴하는지 또는 발산하는지를 판정하라.

(a) $\displaystyle\int_1^{\infty} \frac{1}{\sqrt{x+2}}\,dx$

(b) $\displaystyle\int_2^{\infty} \frac{1}{(x+3)^4}\,dx$

(c) $\displaystyle\int_{-\infty}^{-1} \frac{1}{(x-1)^2}\,dx$

(d) $\displaystyle\int_{-\infty}^{0} \frac{1}{\sqrt[3]{x-4}}\,dx$

2. 이상적분 Ⅱ를 이용하여 다음 이상적분이 수렴하는지 또는 발산하는지를 판정하라.

(a) $\displaystyle\int_{-\infty}^{\infty} x^2\,dx$

(b) $\displaystyle\int_{-\infty}^{\infty} \frac{1}{x^2}\,dx$

(c) $\displaystyle\int_{-\infty}^{\infty} \frac{x}{x^2+1}\,dx$

(d) $\displaystyle\int_{-\infty}^{\infty} \frac{2x}{(x^2+1)^2}\,dx$

3. 이상적분 Ⅲ을 이용하여 다음 이상적분이 수렴하는지 또는 발산하는지를 판정하라.

(a) $\displaystyle\int_{-1}^{1} \frac{1}{x}\,dx$

(b) $\displaystyle\int_{-1}^{1} \frac{1}{x^4}\,dx$

(c) $\displaystyle\int_{-2}^{2} \frac{1}{(x-1)^6}\,dx$

(d) $\displaystyle\int_{-2}^{2} \frac{1}{\sqrt[6]{x+1}}\,dx$

4. 이상적분 Ⅳ를 이용하여 다음 이상적분이 수렴하는지 또는 발산하는지를 판정하라.

(a) $\displaystyle\int_0^{4} \frac{1}{\sqrt{1-x}}\,dx$

(b) $\displaystyle\int_2^{3} \frac{1}{\sqrt[3]{3-x}}\,dx$

(c) $\displaystyle\int_{-1}^{0} \frac{1}{\sqrt{x+1}}\,dx$

(d) $\displaystyle\int_1^{3} \frac{1}{(x-1)^3}\,dx$

5. 이상적분 V를 이용하여 다음 이상적분이 수렴하는지 또는 발산하는지를 판정하라.

(a) $\displaystyle\int_0^{\infty} \frac{1}{(x-3)^2}\,dx$ (b) $\displaystyle\int_1^{\infty} \frac{1}{\sqrt[3]{x-2}}\,dx$

(c) $\displaystyle\int_{-\infty}^{-2} \frac{1}{(x+2)^2}\,dx$ (d) $\displaystyle\int_{-\infty}^{0} \frac{1}{\sqrt[5]{x}}\,dx$

(e) $\displaystyle\int_{-\infty}^{\infty} \frac{1}{x+3}\,dx$ (f) $\displaystyle\int_{-\infty}^{\infty} \frac{1}{\sqrt{x+2}}\,dx$

6. 이상적분의 비교판정법을 이용하여 다음 이상적분이 수렴하는지 또는 발산하는지를 판정하라.

(a) $\displaystyle\int_1^{\infty} \frac{x}{x^5+6}\,dx$ (b) $\displaystyle\int_4^{\infty} \frac{1}{\sqrt{x-2}}\,dx$

(c) $\displaystyle\int_1^{\infty} \frac{1}{e^x+x}\,dx$ (d) $\displaystyle\int_1^{\infty} e^{x^2+3x}\,dx$

(e) $\displaystyle\int_2^{\infty} \frac{3+\sin x}{x}\,dx$ (f) $\displaystyle\int_2^{\infty} \frac{|\sin x+\cos x|}{x^3}\,dx$

7. 다음을 증명하라.

(a) $p>1$일 때, 이상적분 $\displaystyle\int_1^{\infty} \frac{1}{x^p}\,dx$는 수렴한다.

(b) $0 \le p < 1$일 때, 이상적분 $\displaystyle\int_1^{\infty} \frac{1}{x^p}\,dx$는 발산한다.

동영상 풀이

Chapter

08

정적분의 활용

Applications of definite integrals

학습목표

- 정적분을 활용하여 함수와 x 축 사이의 영역의 넓이와 두 함수 사이의 영역의 넓이를 구하는 방법을 학습한다.
- 정적분을 활용하여 입체도형의 부피를 구하는 방법을 익힌다.
- 정적분을 활용하여 양함수와 매개변수함수로 표현된 곡선의 길이를 구하는 방법을 학습한다.

【미리보기】

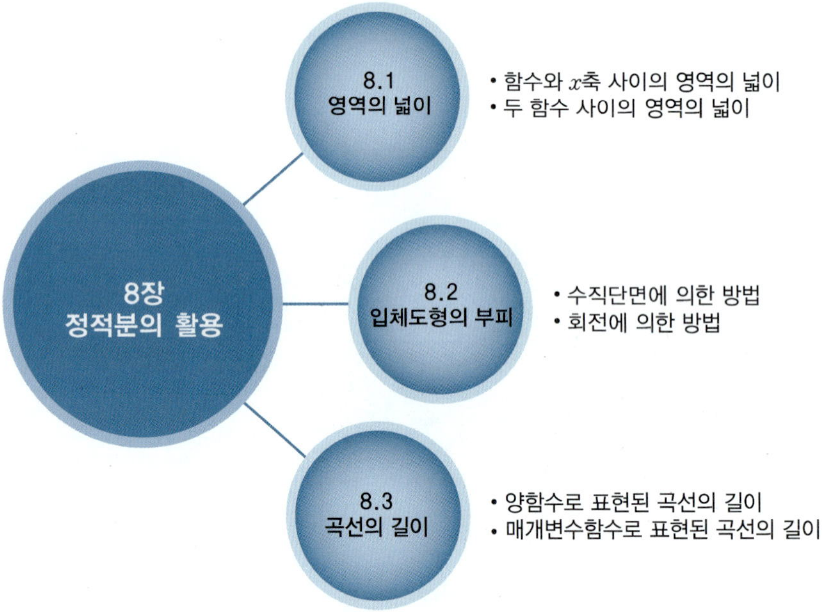

이 장에서는 정적분을 활용하여 넓이, 부피, 길이를 구하는 방법을 학습한다. 함수와 x축 사이의 영역과 두 함수 사이의 영역을 구분하여 각각의 경우에 대한 넓이를 구하는 방법을 익힌다. 수직단면 또는 회전에 의한 방법에 따른 부피를 구하는 방법도 익힌다. 또한 길이를 구할 때는 주어진 곡선을 설명하는 식이 양함수인지 또는 매개변수인지에 따라서 곡선의 길이를 구하는 방법을 알아본다.

【들어가기 전에】

3D 프린터와 정적분

3D 프린터는 입력한 도면을 바탕으로 3차원의 입체 물품을 만들어 내는 기계이다. 3D 프린터는 슈퍼카와 같이 거대한 제품뿐만 아니라 의족, 인공치아, 인공관절과 같이 섬세한 의료 보형물을 제작하는 등 다양한 분야에서 활용되고 있다.

3D 프린터로 입체를 제작하는 과정을 세 단계로 나눠보면 미분적분학과 깊은 관계가 있음을 알 수 있다. 첫 번째 단계에서는 3D 모델링 프로그램을 이용하여 제작할 대상을 디자인(모델링)한다. 두 번째 단계에서는 디자인된 3D 모델을 가로로 아주 잘게 잘라서 얇은 층으로 만드는데, 이 과정은 마치 식을 '미분'하는 것과 같다. 세 번째 단계에서는 프린터가 3D 모델의 얇은 층 모양에 맞게 프린터 재료를 밑바닥부터 꼭대기까지 차곡차곡 쌓아 올려서 입체를 완성하며, 이 과정은 마치 식을 '적분'하는 것과 같다.

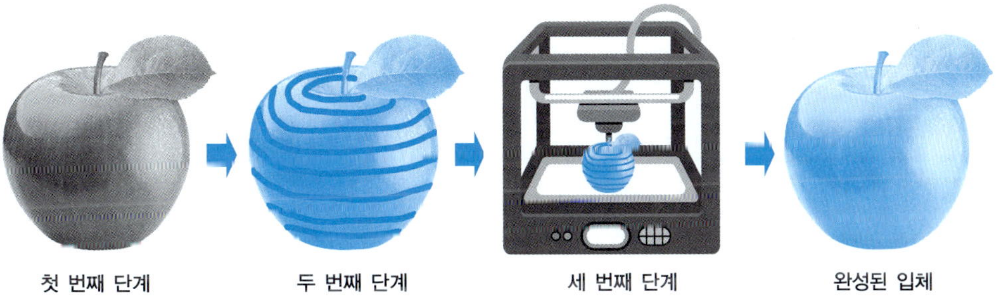

8.1 영역의 넓이

이 절에서는 정적분을 이용하여 함수에 의해 둘러싸인 영역의 넓이를 구하는 방법을 알아보고자 한다.

8.1.1 함수와 x축 사이의 영역의 넓이

$y=f(x)$가 구간 $[a,\ b]$에서 연속일 때, $y=f(x)$, $x=a$, $x=b$와 x축에 의해 둘러싸인 영역의 넓이는

$$A=\int_a^b |f(x)|\,dx$$

이다. 만일 구간 $[a,\ b]$에서 $f(x)$가 양의 값만 또는 음의 값만을 가질 때 위의 정적분은 절댓값 없이 표현할 수 있다.

How to 8-1 함수가 주어진 구간에서 양의 값만 또는 음의 값만을 가질 때 넓이를 구하는 방법

❶ $f(x)$가 구간 $[a,\ b]$에서 연속이고 임의의 $x\in[a,\ b]$에 대하여 $f(x)\geq 0$일 때, $y=f(x)$, $x=a$, $x=b$와 x축에 의해 둘러싸인 영역의 넓이는 다음과 같다.

$$A=\int_a^b f(x)\,dx$$

❷ $f(x)$가 구간 $[a,\ b]$에서 연속이고 임의의 $x\in[a,\ b]$에 대하여 $f(x)\leq 0$일 때, $y=f(x)$, $x=a$, $x=b$와 x축에 의해 둘러싸인 영역의 넓이는 다음과 같다.

$$A=-\int_a^b f(x)\,dx$$

[How to 8-1]에 해당하는 함수의 형태는 다음과 같다.

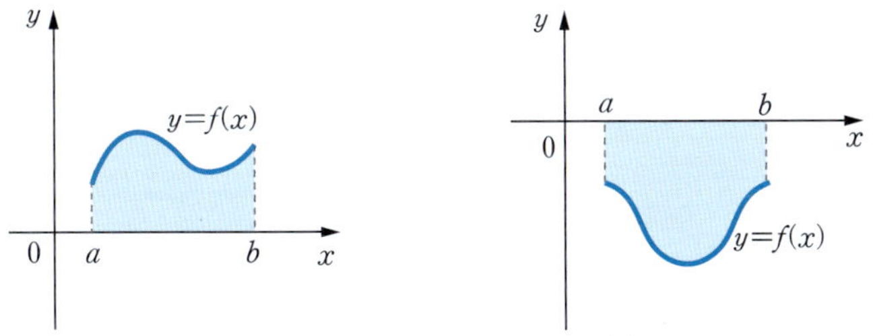

(a) $f(x)$가 항상 양인 경우 (b) $f(x)$가 항상 음인 경우

[그림 8-1] **구간 $[a,\ b]$에서 $f(x)$가 양의 값만 또는 음의 값만 가질 때의 그래프**

예제 8-1

[How to 8-1]을 이용하여 다음 식에 의해 둘러싸인 영역의 넓이를 구하라.

(a) $f(x) = x^3,\ x = 1,\ x = 2,\ x$축

(b) $g(x) = x^2 - 5,\ x = 0,\ x = 1,\ x$축

풀이

(a) $f(x) = x^3,\ x = 1,\ x = 2$와 x축에 의해 둘러싸인 영역은 오른쪽 그림과 같다.

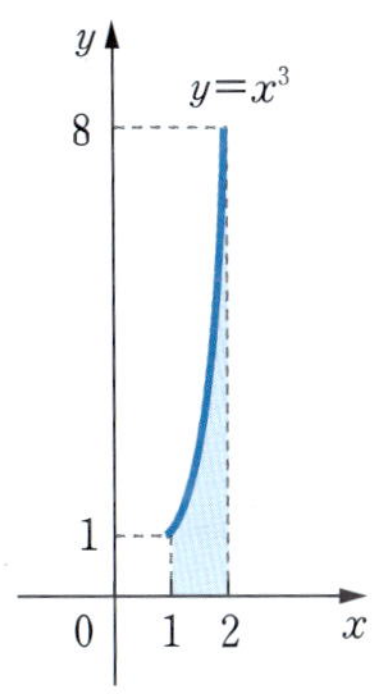

$f(x) = x^3$은 구간 $[1,\ 2]$에서 연속이고 임의의 $x \in [1,\ 2]$에 대하여 $f(x) \geq 0$ 이므로 영역의 넓이는

$$A = \int_1^2 x^3\,dx = \frac{1}{4}x^4\Big|_1^2$$

$$= \frac{16}{4} - \frac{1}{4} = \frac{15}{4}$$

이다.

(b) $g(x) = x^2 - 5,\ x = 0,\ x = 1$과 x축에 의해 둘러싸인 영역은 오른쪽 그림과 같다.

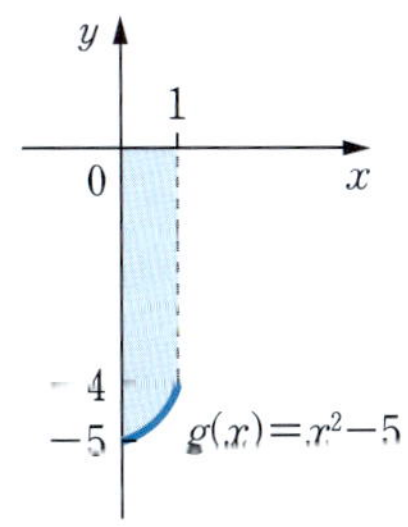

$g(x) = x^2 - 5$는 구간 $[0,\ 1]$에서 연속이고 임의의 $x \in [0,\ 1]$에 대하여 $g(x) \leq 0$이므로 영역의 넓이는

$$A = -\int_0^1 (x^2 - 5)\,dx = \int_0^1 (5 - x^2)\,dx$$

$$= \left(5x - \frac{1}{3}x^3\right)\Big|_0^1 = \left(5 - \frac{1}{3}\right) - 0 = \frac{14}{3}$$

이다.

구간 $[a,\ b]$에서 $y = f(x)$가 항상 양의 값만 또는 음의 값만을 갖는 것은 아니다. 구간 $[a,\ b]$에서 $y = f(x)$가 양의 값과 음의 값을 모두 갖는 경우, $y = f(x)$, $x = a$, $x = b$와 x축에 의해 둘러싸인 영역의 넓이

$$A = \int_a^b |f(x)|\, dx$$

를 구하는 방법은 다음과 같다.

How to 8-2 함수가 주어진 구간에서 양의 값과 음의 값을 모두 가질 때 넓이를 구하는 방법

$A = \int_a^b |f(x)|\, dx$를 구하는 방법은 다음과 같다.

❶ 구간 $[a,\ b]$에서 $f(x) = 0$인 점들을 모두 찾는다.

❷ 찾은 점들이 $x = c$, $x = d$이고 $c < d$이면 구간 $[a,\ c)$, $(c,\ d)$, $(d,\ b]$에서 $f(x)$가 양의 값을 갖는지 또는 음의 값을 갖는지를 판정한다. 이 판정을 하기 위해 각 소구간에서 하나의 점을 선택하여 $f(x)$의 부호를 판정한다.

❸ 양의 값을 갖는 영역에서는 $f(x)$를 적분하고, 음의 값을 갖는 영역에서는 $-f(x)$를 적분한다.

예제 8-2

[How to 8-2]를 이용하여 다음 식에 의해 둘러싸인 영역의 넓이를 구하라.

(a) $f(x) = x - 3$, $x = 0$, $x = 4$, x축

(b) $g(x) = x^2 - 2x$, $x = -1$, $x = 3$, x축

풀이

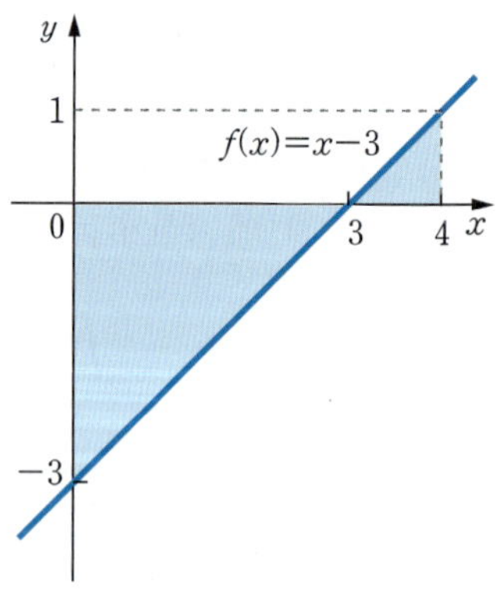

(a) $f(x) = x - 3$, $x = 0$, $x = 4$와 x축에 의해 둘러싸인 영역은 오른쪽 그림과 같다.

$f(x) = x - 3$은 구간 $[0,\ 4]$에서 양의 값과 음의 값을 모두 가지므로 영역의 넓이는

$$A = \int_0^4 |x - 3|\, dx$$

이며, $x = 3$에서 $f(x) = 0$이다.

$x = 1$에서 $f(x) < 0$이므로 구간 $[0,\ 3)$에서 $f(x) < 0$이다. $x = \frac{7}{2}$에서 $f(x) > 0$이므로 구간 $(3,\ 4]$에서 $f(x) > 0$이다.

따라서 $f(x)$의 부호표는 다음과 같다.

그러므로

$$
\begin{aligned}
A &= \int_0^4 |x-3|\,dx \\
&= -\int_0^3 (x-3)\,dx + \int_3^4 (x-3)\,dx \\
&= \left(-\frac{1}{2}x^2+3x\right)\bigg|_0^3 + \left(\frac{1}{2}x^2-3x\right)\bigg|_3^4 \\
&= \left[\left(-\frac{9}{2}+9\right)-0\right] + \left[(8-12)-\left(\frac{9}{2}-9\right)\right] \\
&= 5
\end{aligned}
$$

이다.

(b) $g(x)=x^2-2x$, $x=-1$, $x=3$과 x축에 의해 둘러싸인 영역은 오른쪽 그림과 같다.

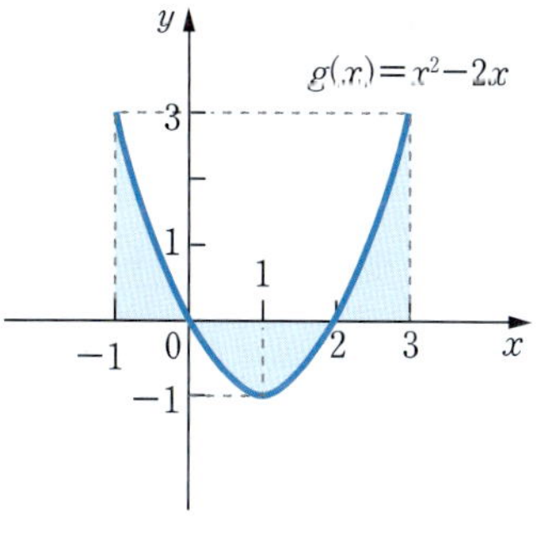

$g(x)=x^2-2x$는 구간 $[-1, 3]$에서 양의 값과 음의 값을 모두 가지므로 영역의 넓이는

$$
A = \int_{-1}^{3} |x^2-2x|\,dx
$$

이며, $x=0$과 $x=2$에서 $g(x)=0$이다.

$x=-\dfrac{1}{2}$일 때 $g(x)>0$이므로 구간 $[-1, 0)$에서 $g(x)>0$이다. $x=1$일 때 $g(x)<0$이므로 구간 $(0, 2)$에서 $g(x)<0$이다. $x=\dfrac{5}{2}$일 때 $g(x)>0$이므로 구간 $(2, 3]$에서 $g(x)>0$이다.

따라서 $g(x)$의 부호표는 다음과 같다.

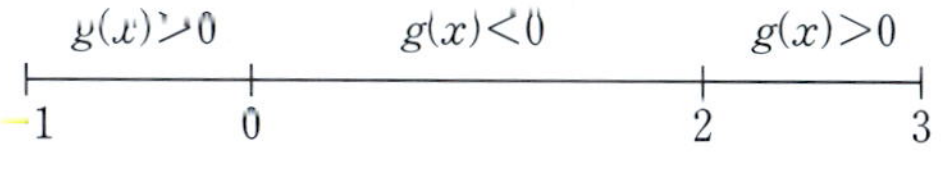

그러므로

$$
\begin{aligned}
A &= \int_{-1}^{3} |x^2-2x|\,dx \\
&= \int_{-1}^{0} (x^2-2x)\,dx - \int_0^2 (x^2-2x)\,dx + \int_2^3 (x^2-2x)\,dx \\
&= \left(\frac{1}{3}x^3-x^2\right)\bigg|_{-1}^{0} - \left(\frac{1}{3}x^3-x^2\right)\bigg|_0^2 + \left(\frac{1}{3}x^3-x^2\right)\bigg|_2^3
\end{aligned}
$$

$$= \left[0-\left(-\frac{4}{3}\right)\right]-\left[-\frac{4}{3}-0\right]+\left[0-\left(-\frac{4}{3}\right)\right]$$
$$= 4$$

이다.

8.1.2 두 함수 사이의 영역의 넓이

두 함수 $y = f(x)$와 $y = g(x)$에 의해 둘러싸인 영역의 넓이는

$$A = \int_{\alpha}^{\beta} |f(x) - g(x)|\, dx$$

이다. 이때 α는 두 함수가 만나는 x 값 중에서 가장 작은 값이고, β는 두 함수가 만나는 x 값 중에서 가장 큰 값이다. A를 구하는 방법은 다음과 같다.

How to 8-3 두 함수 사이의 영역의 넓이를 구하는 방법

$A = \int_{\alpha}^{\beta} |f(x) - g(x)|\, dx$를 구하는 방법은 다음과 같다.

❶ $f(x) - g(x) = 0$인 점들을 모두 찾는다.

❷ 찾은 점들이 $x = \alpha,\ \gamma,\ \beta$이고 $\alpha < \gamma < \beta$이면, 구간 $(\alpha,\ \gamma)$, $(\gamma,\ \beta)$에서 $f(x) - g(x)$가 양의 값을 갖는지 혹은 음의 값을 갖는지를 판정한다. 이를 판정하기 위해 각 소구간에서 하나의 점을 선택하여 $f(x) - g(x)$의 부호를 판정한다.

❸ 양의 값을 갖는 구간에서는 $f(x) - g(x)$를 적분하고, 음의 값을 갖는 구간에서는 $-(f(x) - g(x))$를 적분한다.

예제 8-3

[How to 8-3]을 이용하여 다음 두 함수에 의해 둘러싸인 영역의 넓이를 구하라.

(a) $f(x) = x^2 - 1$과 $g(x) = -x^2 + 1$

(b) $f(x) = x^3 - x$와 $g(x) = 3x$

풀이

(a) $f(x) = x^2 - 1$과 $g(x) = -x^2 + 1$에 의해 둘러싸인 영역은 다음과 같다.

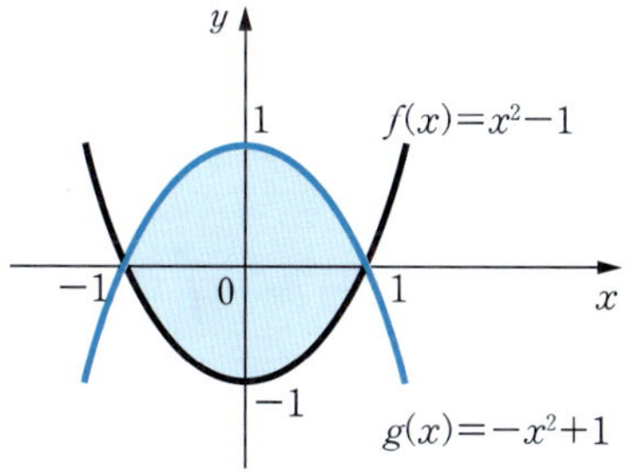

$f(x) = g(x)$라 하면 $x^2 - 1 = -x^2 + 1$이다. 이를 정리하면 $2x^2 = 2$이므로 $x = -1$, $x = 1$이다. 따라서 $x = -1$과 $x = 1$에서 $f(x) = g(x)$이다.
$x = 0$일 때 $f(x) < g(x)$이므로 구간 $(-1, 1)$에서 $f(x) < g(x)$이다.
따라서 $f(x) - g(x)$의 부호표는 다음과 같다.

-1	$f(x) < g(x)$	1

그러므로

$$\begin{aligned} A &= \int_{-1}^{1} |f(x) - g(x)|\, dx = -\int_{-1}^{1} ((x^2 - 1) - (-x^2 + 1))\, dx \\ &= \int_{-1}^{1} (-2x^2 + 2)\, dx = \left(-\frac{2}{3}x^3 + 2x\right)\Bigg|_{-1}^{1} \\ &= \left(-\frac{2}{3} + 2\right) - \left(\frac{2}{3} - 2\right) \\ &= \frac{8}{3} \end{aligned}$$

이다.

(b) $f(x) = x^3 - x$와 $g(x) = 3x$에 의해 둘러싸인 영역은 오른쪽 그림과 같다.
$f(x) = g(x)$라 하면 $x^3 - x = 3x$이다. 이를 정리하면 $x^3 - 4x = 0$이므로 $x = -2$, $x = 0$, $x = 2$이다. 따라서 $x = -2$, $x = 0$, $x = 2$에서 $f(x) = g(x)$이다.
$x = -1$일 때 $f(x) > g(x)$이므로 구간 $(-2, 0)$에서 $f(x) > g(x)$이다. $x = 1$일 때 $f(x) < g(x)$이므로 구간 $(0, 2)$에서 $f(x) < g(x)$이다.
따라서 $f(x) - g(x)$의 부호표는 다음과 같다.

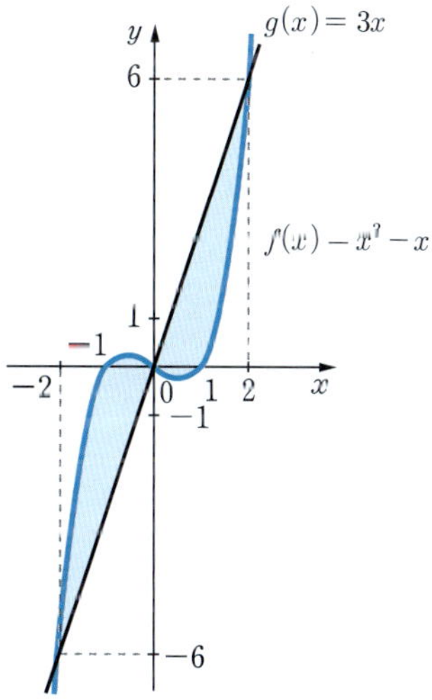

-2	$f(x) > g(x)$	0	$f(x) < g(x)$	2

그러므로

$$\begin{aligned} A &= \int_{-2}^{2} |f(x) - g(x)|\, dx \\ &= \int_{-2}^{0} (x^3 - x - 3x)\, dx - \int_{0}^{2} (x^3 - x - 3x)\, dx \\ &= \left(\frac{1}{4}x^4 - 2x^2\right)\Big|_{-2}^{0} - \left(\frac{1}{4}x^4 - 2x^2\right)\Big|_{0}^{2} \\ &= [0 - (4-8)] - [(4-8) - 0] \\ &= 8 \end{aligned}$$

이다.

α가 두 함수 $y = f(x)$와 $y = g(x)$가 만나는 x 값 중에서 가장 작은 값이고, β가 두 함수가 만나는 x 값 중에서 가장 큰 값일 때, 두 함수 $y = f(x)$와 $y = g(x)$에 의해 둘러싸인 영역의 넓이를 구하는 식은

$$A = \int_{\alpha}^{\beta} |f(x) - g(x)|\, dx$$

였다. 그런데 적분구간으로 $[a,\ b]$가 제시되었을 때, 이 구간에서 두 함수 $y = f(x)$ 와 $y = g(x)$ 에 의해 둘러싸인 영역의 넓이를 구해야 한다면 넓이를 구하는 식은

$$B = \int_{a}^{b} |f(x) - g(x)|\, dx$$

이다. B를 구하는 방법은 다음과 같으며 [How to 8-3]과 차이가 있음에 유의하여야 한다.

How to 8-4 주어진 구간에서 두 함수 사이의 영역의 넓이를 구하는 방법

$B = \int_{a}^{b} |f(x) - g(x)|\, dx$를 구하는 방법은 다음과 같다.

❶ 구간 $[a,\ b]$에서 $f(x) - g(x) = 0$인 점들을 모두 찾는다.

❷ 찾은 점들이 $x = \alpha$, β이고 $\alpha < \beta$이면, 구간 $[a,\ \alpha)$, $(\alpha,\ \beta)$, $(\beta,\ b]$에서 $f(x) - g(x)$가 양의 값을 갖는지 혹은 음의 값을 갖는지를 판정한다. 이를 판정하기 위해 각 소구간에서 하나의 점을 선택하여 $f(x) - g(x)$의 부호를 판정한다.

❸ 양의 값을 갖는 구간에서는 $f(x) - g(x)$를 적분하고, 음의 값을 갖는 구간에서는 $-(f(x) - g(x))$를 적분한다.

예제 8-4

구간 $[0, 2]$에서 $f(x) = x^2 - 1$과 $g(x) = 1 - x^2$에 의해 둘러싸인 영역의 넓이를 구하라.

풀이

구간 $[0, 2]$에서 $f(x) = x^2 - 1$과 $g(x) = 1 - x^2$에 의해 둘러싸인 영역은 오른쪽 그림과 같다.

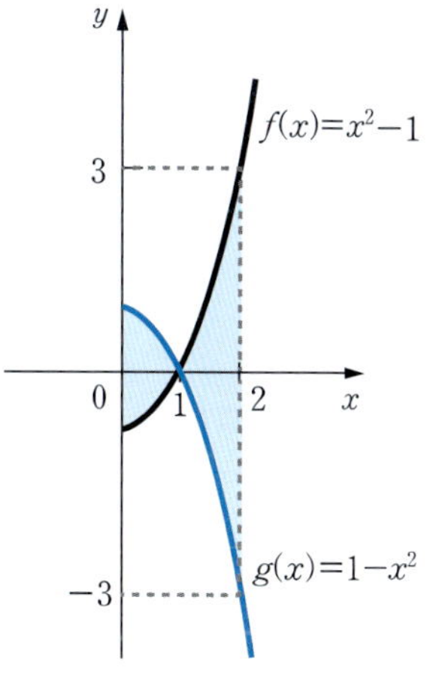

$f(x) = g(x)$라 하면 $x^2 - 1 = 1 - x^2$이다. 이를 정리하면 $x^2 - 1 = 0$이므로 $x = -1$, $x = 1$이다. 따라서 구간 $[0, 2]$에서 오직 $x = 1$에서만 $f(x) = g(x)$이다. $x = \frac{1}{2}$일 때 $f(x) < g(x)$이므로 구간 $[0, 1)$에서 $f(x) < g(x)$이다. $x = \frac{3}{2}$일 때 $f(x) > g(x)$이므로 구간 $(1, 2]$에서 $f(x) > g(x)$이다.

따라서 구간 $[0, 2]$에서 $f(x) - g(x)$의 부호표는 다음과 같다.

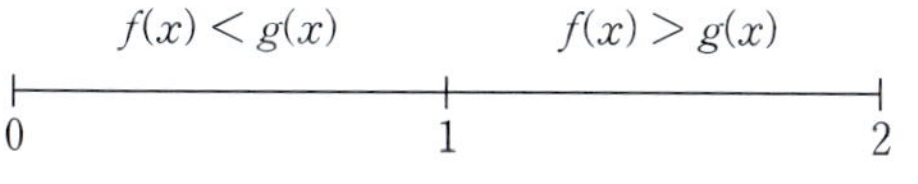

그러므로

$$\begin{aligned} A &= \int_0^2 |f(x) - g(x)|\,dx \\ &= -\int_0^1 ((x^2 - 1) - (1 - x^2))\,dx + \int_1^2 ((x^2 - 1) - (1 - x^2))\,dx \\ &= -\int_0^1 (2x^2 - 2)\,dx + \int_1^2 (2x^2 - 2)\,dx \\ &= -\left(\frac{2}{3}x^3 - 2x\right)\Bigg|_0^1 + \left(\frac{2}{3}x^3 - 2x\right)\Bigg|_1^2 \\ &= -\left[\left(\frac{2}{3} - 2\right) - 0\right] + \left[\left(\frac{16}{3} - 4\right) - \left(\frac{2}{3} - 2\right)\right] \\ &= 4 \end{aligned}$$

이다.

이 절에서는 함수에 의해 둘러싸인 영역의 넓이를 구하는 다양한 방법을 학습하였다. 기본적으로 함수가 양의 값을 갖는 영역과 음의 값을 갖는 영역을 찾아서 적절하게 정적분하여 넓이를 구하는 방법을 익혔다.

Section 8.1 연습문제

1. 다음 식에 의해 둘러싸인 영역의 넓이를 구하라.

(a) $y = x^2 + 3$, $x = -2$, $x = 3$, x축

(b) $y = -x^2 + 16$, $x = 1$, $x = 2$, x축

(c) $y = 3 - \sin x$, $x = 0$, $x = \pi$, x축

(d) $y = x^3 - 4x$, $x = -2$, $x = -1$, x축

(e) $y = x^2 - 6$, $x = 0$, $x = 1$, x축

(f) $y = -2x^2 + 3$, $x = 2$, $x = 5$, x축

(g) $y = \cos x - 4$, $x = 0$, $x = \dfrac{\pi}{6}$, x축

(h) $y = x^3 - 4x$, $x = 0$, $x = 1$, x축

2. 다음 식에 의해 둘러싸인 영역의 넓이를 구하라.

(a) $y = 5x - 2$, $x = -1$, $x = 3$, x축

(b) $y = -3x + 4$, $x = 1$, $x = 4$, x축

(c) $y = 3x^2 - 6$, $x = 1$, $x = 2$, x축

(d) $y = -2x^2 + 3$, $x = -2$, $x = -1$, x축

(e) $y = \sin x + \dfrac{1}{2}$, $x = \dfrac{1}{2}\pi$, $x = \dfrac{3}{2}\pi$, x축

(f) $y = \cos x - \dfrac{1}{\sqrt{2}}$, $x = -\dfrac{\pi}{2}$, $x = 0$, x축

(g) $y = x^3 - 6x^2 + 8x$, $x = 1$, $x = 5$, x축

(h) $y = x^3 + 4x^2 + x - 6$, $x = -3$, $x = 0$, x축

3. 두 함수에 의해 둘러싸인 영역의 넓이를 구하라.

(a) $f(x) = x^2 - 5$ 와 $g(x) = 3 - x^2$

(b) $f(x) = 2x^2 - 7$ 과 $g(x) = 2 - x^2$

(c) $f(x) = x^2 - 2$ 와 $g(x) = 2x + 1$

(d) $f(x) = -6x^2$ 과 $g(x) = 5x + 1$

(e) $f(x) = x^3 + x - 5$ 와 $g(x) = 2x - 5$

(f) $f(x) = x^3 - 5x^2 + 3$ 과 $g(x) = -4x + 3$

(g) $f(x) = x^3 - x^2 - 4x + 4$ 와 $g(x) = x^2 + x - 2$

(h) $f(x) = x^3 - x^2 + 1$ 과 $g(x) = x^2 + x - 1$

4. 주어진 구간에서 두 함수에 의해 둘러싸인 영역의 넓이를 구하라.

(a) $f(x) = x^2 + 4x$ 와 $g(x) = 5x$, $[0, 5]$

(b) $f(x) = x^2 + 4x$ 와 $g(x) = 5x$, $[-1, 2]$

(c) $f(x) = x^2 - 3$ 과 $g(x) = 3 - x^2$, $[-3, 3]$

(d) $f(x) = x^2 - 3$ 과 $g(x) = 3 - x^2$, $[0, 4]$

(e) $f(x) = x^3 - 2x^2 + 1$ 과 $g(x) = x^2 - 2x + 1$, $[-1, 3]$

(f) $f(x) = x^3 - 2x^2 + 1$ 과 $g(x) = x^2 - 2x + 1$, $\left[\frac{1}{2}, \frac{3}{2}\right]$

(g) $f(x) = -x^3 - 3x^2 + 2$ 와 $g(x) = 2x^2 + 6x + 2$, $[-4, 1]$

(h) $f(x) = -x^3 - 3x^2 + 2$ 와 $g(x) = 2x^2 + 6x + 2$, $[-3, 0]$

동영상 풀이

8.2 입체도형의 부피

입체도형의 부피는 어떻게 구할까? 입체도형을 x축에 수직이 되도록 잘랐을 때 나타나는 단면의 면적을 이용하거나 주어진 영역을 작은 직사각형들로 나눈 후 작은 직사각형을 x축 또는 y축을 기준으로 회전시켜 얻는 작은 원기둥의 부피를 이용하여 입체도형의 부피를 구할 수 있다. 이 절에서는 입체도형의 부피를 구하는 방법을 살펴보고자 한다.

8.2.1 수직단면에 의한 방법

두 직선 $x = a$와 $x = b$ 사이에 놓인 입체도형 S가 있다고 하자. 구간 $[a, b]$에 있는 임의의 점 $x = x_i$에서 입체도형 S를 x축에 수직이 되도록 잘랐을 때 절단면의 넓이를 $A(x_i)$라 하면 $A(x_i)\Delta x$는 두께가 Δx인 얇은 입체의 부피를 나타낸다. 이를 이용하면 S의 부피 V는

$$V = \lim_{n\to\infty} \sum_{i=1}^{n} A(x_i)\Delta x = \int_a^b A(x)\,dx$$

이다. 이와 같이 입체도형의 부피를 구하는 방법을 **수직단면에 의한 방법**이라 한다.

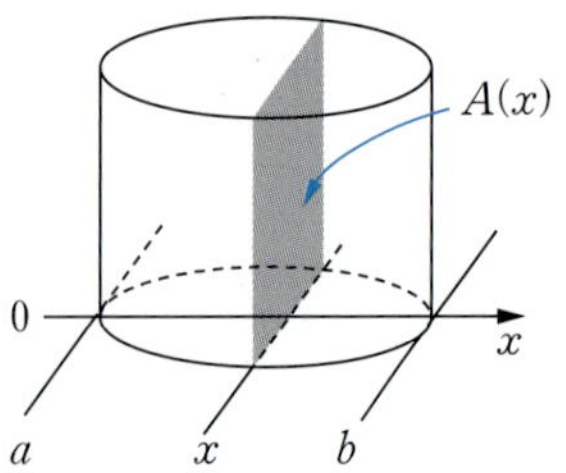

[그림 8-2] 수직단면에 의한 부피

반지름이 r인 구의 부피를 수직단면에 의한 방법으로 구하면 다음과 같다.

예제 8-5

반지름이 r인 구의 부피를 구하라.

풀이

반지름이 r인 구의 중심을 3차원 좌표평면의 원점에 놓이도록 하자. 반지름이 r인 구는 두 직선 $x = -r$과 $x = r$ 사이에 놓인다. 구간 $[-r, r]$의 임의의 점 x에서 구를 수직으로 절단하면 절단면은 원이 된다. 이 원의 반지름을 y라 하면 피타고라스 정리에 의해

$$y = \sqrt{r^2 - x^2}$$

이므로 절단면의 넓이는

$$A(x) = \pi y^2 = \pi(r^2 - x^2)$$

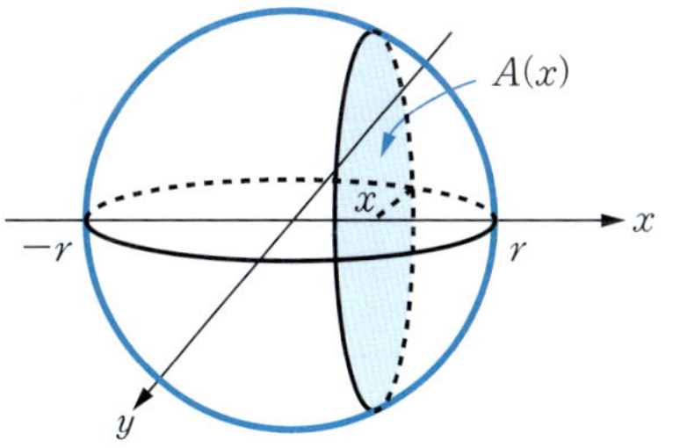

이다. 따라서 반지름이 r인 구의 부피는

$$\begin{aligned} V &= \int_{-r}^{r} \pi(r^2 - x^2)\,dx = \pi\left(r^2 x - \frac{1}{3}x^3\right)\Big|_{-r}^{r} \\ &= \pi\left(r^3 - \frac{1}{3}r^3\right) - \pi\left(-r^3 + \frac{1}{3}r^3\right) \\ &= \frac{4}{3}\pi r^3 \end{aligned}$$

이다.

8.2.2 회전에 의한 방법

회전에 의한 방법은 함수를 x축 또는 y축으로 회전하여 얻은 작은 원기둥들의 부피의 합을 이용하여 부피를 구하는 방법이다.

■ x축을 기준으로 회전하여 얻은 회전체의 부피

먼저 $y = f(x)$, $x = a$, $x = b$와 x축에 의해 둘러싸인 영역을 x축과 수직인 방향으로 폭이 Δx인 얇은 띠로 나눈다. 그런 다음 이 얇은 띠를 x축을 기준으로 회전하면, 각각의 띠는 높이가 Δx이고 반지름이 $|f(x)|$인 원기둥이 된다.

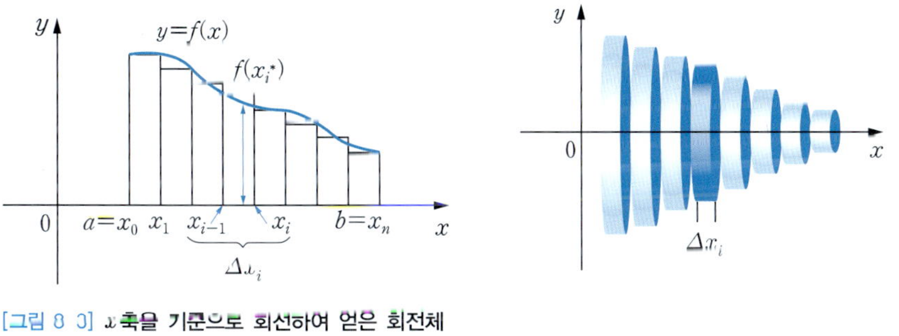

[그림 8.3] x축을 기준으로 회전하여 얻은 회전체

$y=f(x)$, $x=a$, $x=b$와 x축에 의해 둘러싸인 영역을 x축을 기준으로 회전하여 얻은 회전체의 부피는

$$V=\lim_{n\to\infty}\sum_{i=1}^{n}\pi\left(f(x_i^*)\right)^2\Delta x=\int_a^b \pi\left(f(x)\right)^2 dx$$

이다.

예제 8-6

$y=x^2+1$, $x=0$, $x=1$과 x축에 의해 둘러싸인 영역을 x축을 기준으로 회전하여 얻은 회전체의 부피를 구하라.

풀이

$y=x^2+1$, $x=0$, $x=1$과 x축에 의해 둘러싸인 영역은 다음과 같다.

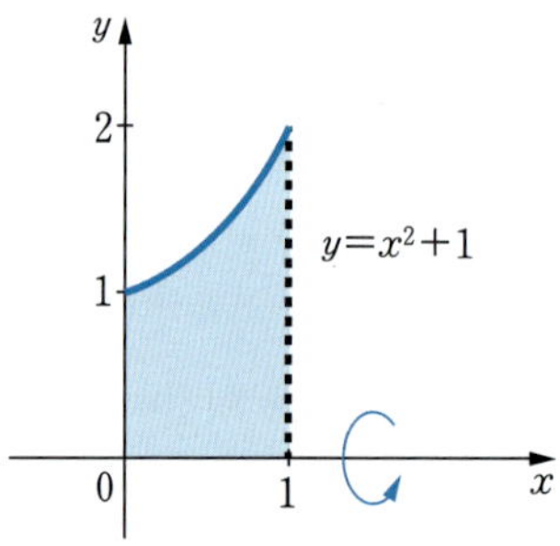

x축을 기준으로 회전하여 얻은 회전체의 부피는

$$\begin{aligned} V &= \pi\int_0^1 (x^2+1)^2\,dx \\ &= \pi\int_0^1 (x^4+2x^2+1)\,dx \\ &= \pi\left(\frac{1}{5}x^5+\frac{2}{3}x^3+x\right)\Big|_0^1 \\ &= \frac{28}{15}\pi \end{aligned}$$

이다.

■ 응용 : 두 함수 사이의 영역을 x축을 기준으로 회전하여 얻은 회전체의 부피

구간 $[a, b]$에서 $0\le f(x)\le g(x)$인 경우를 생각해 보자. 이 경우 $x=a$부터 $x=b$까지 $y=f(x)$와 $y=g(x)$ 사이의 영역을 x축을 기준으로 회전하여 얻은 회전체의 부피는

$x = a$부터 $x = b$까지 $y = g(x)$를 x축을 기준으로 회전하여 얻은 입체의 부피에서 $x = a$부터 $x = b$까지 $y = f(x)$를 x축을 기준으로 회전하여 얻은 입체의 부피를 빼서 구한다.

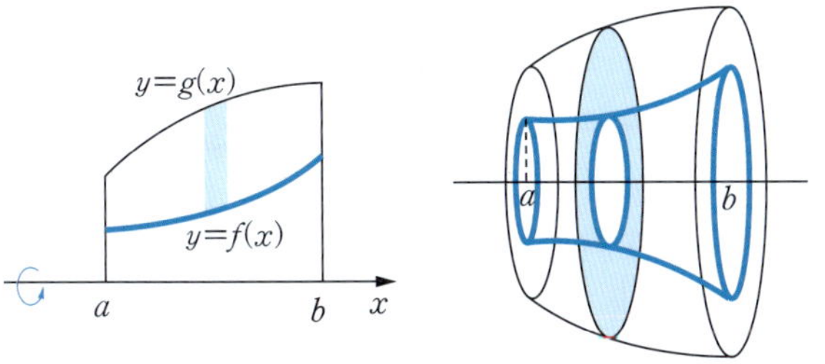

[그림 8-4] 두 함수 사이의 영역을 x축을 기준으로 회전하여 얻은 회전체

따라서

$$V = \pi\int_a^b (g(x))^2\,dx - \pi\int_a^b (f(x))^2\,dx$$
$$= \pi\int_a^b \left((g(x))^2 - (f(x))^2\right)dx$$

이다.

구간 $[a,\ b]$에서 $f(x) \le g(x) \le 0$인 경우를 생각해 보자.

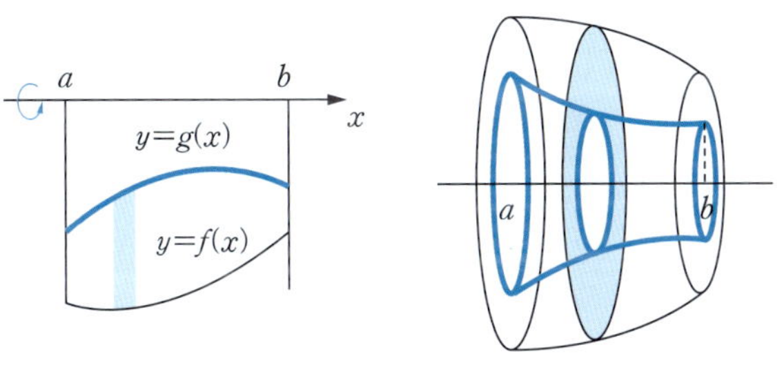

[그림 8-5] 두 함수 사이의 영역을 x축을 기준으로 회전하여 얻은 회전체

이 경우 $x = a$부터 $x = b$까지 $y = f(x)$와 $y = g(x)$ 사이의 영역을 x축을 기준으로 회전하여 얻은 회전체의 부피는

$$V = \pi\int_a^b (f(x))^2\,dx - \pi\int_a^b (g(x))^2\,dx$$
$$= \pi\int_a^b \left((f(x))^2 - (g(x))^2\right)dx$$

이다.

예제 8-7

$f(x) = x^2$과 $g(x) = x + 2$에 의해 둘러싸인 영역을 x축을 기준으로 회전하여 얻은 회전체의 부피를 구하라.

풀이

$f(x) = x^2$과 $g(x) = x + 2$에 의해 둘러싸인 영역은 오른쪽 그림과 같다. $f(x) = g(x)$라 하면 $x^2 = x + 2$이고, 이 방정식의 해는 $x = -1$과 $x = 2$이다. 구간 $[-1,\ 2]$에서 $0 \le f(x) \le g(x)$이므로 $f(x) = x^2$과 $g(x) = x + 2$에 의해 둘러싸인 영역을 x축을 기준으로 회전하여 얻은 회전체의 부피는

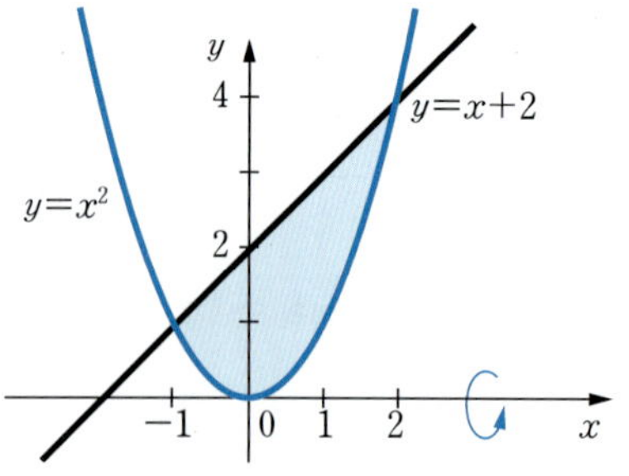

$$\begin{aligned} V &= \pi \int_{-1}^{2} \left((g(x))^2 - (f(x))^2 \right) dx = \pi \int_{-1}^{2} \left((x+2)^2 - x^4 \right) dx \\ &= \pi \int_{-1}^{2} (-x^4 + x^2 + 4x + 4)\, dx \\ &= \pi \left(-\frac{1}{5}x^5 + \frac{1}{3}x^3 + 2x^2 + 4x \right) \Bigg|_{-1}^{2} \\ &= \frac{72}{5}\pi \end{aligned}$$

이다.

■ y축을 기준으로 회전하여 얻은 회전체의 부피

$x = f(y)$, $y = c$, $y = d$와 y축에 의해 둘러싸인 영역을 y축과 수직인 방향으로 폭이 Δy인 얇은 띠로 나누어 y축을 기준으로 회전하면, 각각의 띠는 높이가 Δy이고 반지름이 $|f(y)|$인 원기둥이 된다.

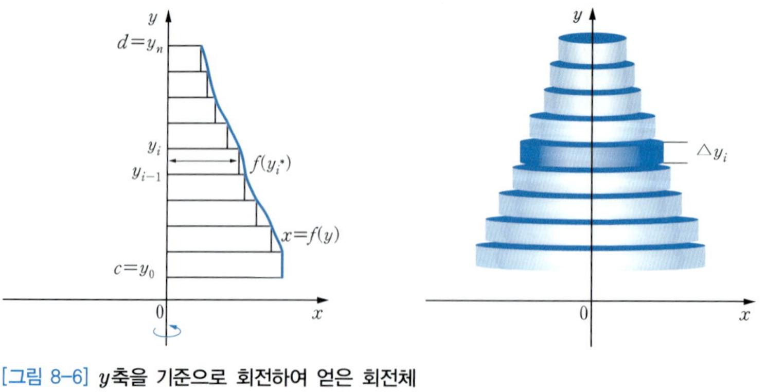

[그림 8-6] y축을 기준으로 회전하여 얻은 회전체

따라서 $x=f(y)$, $y=c$, $y=d$와 y축에 의해 둘러싸인 영역을 y축을 기준으로 회전하여 얻은 회전체의 부피는

$$V=\lim_{n\to\infty}\sum_{i=1}^{n}\pi\left(f(y_i^*)\right)^2\Delta y=\int_c^d \pi\left(f(y)\right)^2 dy$$

이다.

예제 8-8

$y=2x^2$, $y=0$, $y=2$와 y축에 의해 둘러싸인 영역을 y축을 기준으로 회전하여 얻은 회전체의 부피를 구하라.

풀이

$y=2x^2$, $y=0$, $y=2$와 y축에 의해 둘러싸인 영역은 오른쪽 그림과 같다.

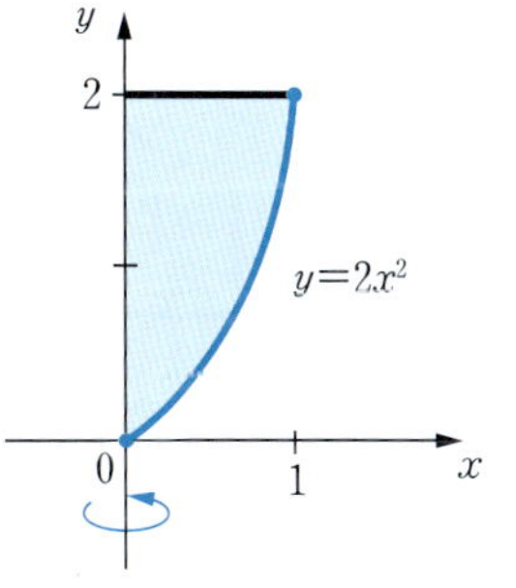

영역이 제1사분면에 있으므로 $2x^2=y$에서

$$x=f(y)=\sqrt{\frac{1}{2}y}$$

이다. 따라서 $y=2x^2$, $y=0$, $y=2$와 y축에 의해 둘러싸인 영역을 y축을 기준으로 회전하여 얻은 회전체의 부피는

$$\begin{aligned}V&=\pi\int_0^2 (f(y))^2\,dy=\pi\int_0^2\left(\sqrt{\frac{1}{2}y}\right)^2 dy\\&=\pi\int_0^2 \frac{1}{2}y\,dy=\pi\end{aligned}$$

이다.

■ 응용 : 두 함수 사이의 영역을 y축을 기준으로 회전하여 얻은 회전체의 부피

y축을 기준으로 회전하여 얻은 회전체의 부피를 구하는 방법은 x축을 기준으로 회전하여 얻은 회전체의 부피를 구하는 방법과 매우 유사하다.

구간 $[c, d]$에서 $0\le f(y)\le g(y)$인 경우를 생각해 보자. 이 경우 $y=c$부터 $y=d$까지 $x=f(y)$와 $x=g(y)$ 사이의 영역을 y축을 기준으로 회전하여 얻은 회전체의 부피는 $y=c$부터 $y=d$까지 $x=g(y)$를 y축을 기준으로 회전하여 얻은 회전체의 부피에서 $y=c$부터 $y=d$까지 $x=f(y)$를 y축을 기준으로 회전하여 얻은 회전체의 부피를 빼서 얻는다.

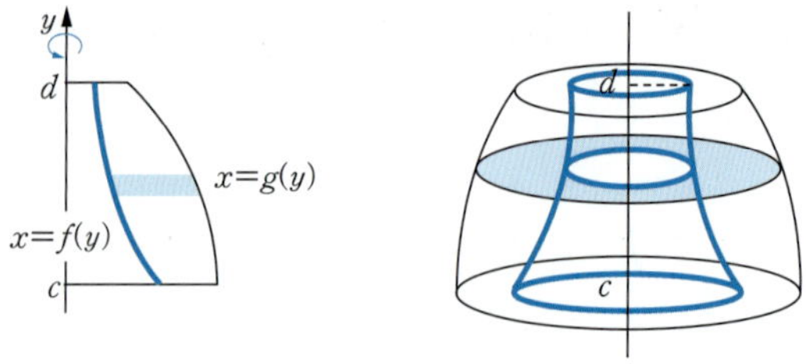

[그림 8-7] 두 함수 사이의 영역을 y축을 기준으로 회전하여 얻은 회전체

따라서

$$V = \pi \int_c^d (g(y))^2 \, dy - \pi \int_c^d (f(y))^2 \, dy$$
$$= \pi \int_c^d \left((g(y))^2 - (f(y))^2 \right) dy$$

이다.

예제 8-9

$y = \sqrt{x}$ 와 $y = x$에 의해 둘러싸인 영역을 y축을 기준으로 회전하여 얻은 회전체의 부피를 구하라.

풀이

$y = \sqrt{x}$ 와 $y = x$에 의해 둘러싸인 영역은 오른쪽 그림과 같다.

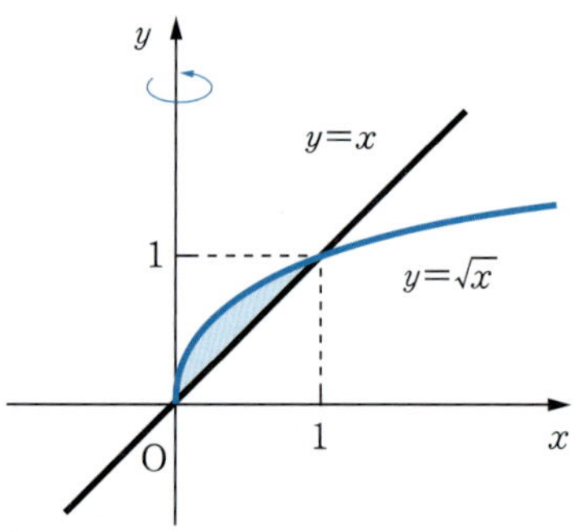

$y = \sqrt{x}$ 와 $y = x$는 두 점 $(0, 0)$과 $(1, 1)$에서 만난다. $y = \sqrt{x}$ 를 x에 관하여 정리하면 $x = f(y) = y^2$이고 $y = x$를 x에 관하여 정리하면 $x = g(y) = y$이다. 구간 $[0, 1]$에서 $0 \le f(y) \le g(y)$이므로 $f(y)$와 $g(y)$에 의해 둘러싸인 영역을 y축을 기준으로 회전하여 얻은 회전체의 부피는

$$V = \pi \int_0^1 \left((g(y))^2 - (f(y))^2 \right) dy$$
$$= \pi \int_0^1 (y^2 - y^4) \, dy$$
$$= \pi \left(\frac{1}{3} y^3 - \frac{1}{5} y^5 \right) \Big|_0^1$$
$$= \pi \left(\frac{1}{3} - \frac{1}{5} \right) = \frac{2}{15} \pi$$

이다.

[예제 8-9]에서 다룬 $y=\sqrt{x}$와 $y=x$에 의해 둘러싸인 영역을 y축 기준이 아니라 x축을 기준으로 회전하여 얻은 회전체의 부피는 다음과 같다.

$$\begin{aligned} V &= \pi \int_0^1 ((\sqrt{x})^2-(x)^2)\,dx \\ &= \pi \int_0^1 (x-x^2)\,dx \\ &= \pi\left(\frac{1}{2}x^2-\frac{1}{3}x^3\right)\Big|_0^1 \\ &= \pi\left(\frac{1}{2}-\frac{1}{3}\right) \\ &= \frac{1}{6}\pi \end{aligned}$$

따라서 일반적으로 함수에 의해 둘러싸인 영역을 x축을 기준으로 회전하여 얻은 회전체의 부피와 y축을 기준으로 회전하여 얻은 회전체의 부피는 다름을 알 수 있다.

구간 $[c,\ d]$에서 $f(y) \le g(y) \le 0$인 경우를 생각해 보자.

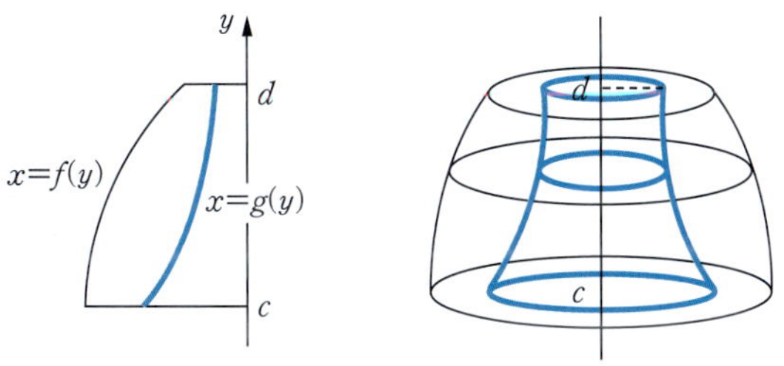

[그림 8-8] 두 함수 사이의 영역을 y축을 기준으로 회전하여 얻은 회전체

이 경우 $y=c$부터 $y=d$까지 $x=f(y)$와 $x=g(y)$ 사이의 영역을 y축을 기준으로 회전하여 얻은 회전체의 부피는

$$\begin{aligned} V &= \pi\int_c^d (f(y))^2\,dy - \pi\int_c^d (g(y))^2\,dy \\ &- \pi\int_c^d ((f(y))^2 \quad (g(y))^2)\,dy \end{aligned}$$

이다.

이 절에서 정적분을 이용하여 부피를 구하는 방법을 학습하였다. 첫 번째 방법은 입체를 수식으로 절단하여 단면의 넓이를 구하고, 이를 이용하여 부피를 구하는 방법이었다. 두 번째 방법은 함수를 x축 또는 y축을 기준으로 회전하여 얻어지는 얇은 두께의 원기둥의 부피를 구하고, 이 부피의 합을 이용하여 회전체의 부피를 구하는 방법이었다.

Section 8.2 연습문제

1. 수직단면에 의한 방법을 이용하여 다음 물음에 답하라.

(a) 밑면의 넓이가 10이고 높이가 h 인 삼각뿔의 부피를 구하라.

(b) 밑면이 $y = x\sqrt{x}$, $x = 2$, x축에 의해 둘러싸인 영역이고 밑면에 수직이 되도록 자른 단면이 반원인 입체의 부피를 구하라.

(c) 밑면이 $y = e^x$, $x = 3$, x축, y축에 의해 둘러싸인 영역이고 밑면에 수직이 되도록 자른 단면이 정사각형인 입체의 부피를 구하라.

(d) 밑면이 $x^2 + y^2 = 4$ 인 원이고 밑면에 수직이 되도록 자른 단면이 정삼각형인 입체의 부피를 구하라.

2. 다음 식에 의해 둘러싸인 영역을 x축을 기준으로 회전하여 얻은 회전체의 부피를 구하라.

(a) $y = 3x - 5$, x축, y축

(b) $y = -4x + 3$, x축, y축

(c) $y = x^2 - 2x$, x축

(d) $y = -x^2 - x + 2$, x축

(e) $y = x^3 + 1$, $x = 1$, x축

(f) $y = \sqrt[3]{x}$, $x = 1$, $x = 4$, x축

3. 다음 두 함수에 의해 둘러싸인 영역을 x축을 기준으로 회전하여 얻은 회전체의 부피를 구하라.

(a) $f(x) = x^2 + 3$ 과 $g(x) = x + 3$

(b) $f(x) = x^3 - 2$ 와 $g(x) = x^2 - 2$

(c) $f(x) = 2x$ 와 $g(x) = \sqrt{x}$

(d) $f(x) = \sqrt[3]{x}$ 와 $g(x) = \sqrt[4]{x}$

(e) $f(x) = x^2 - 3x + 4$ 와 $g(x) = 3x - 1$

(f) $f(x) = -x^2 - 2x + 5$ 와 $g(x) = -x + 3$

4. 다음 식에 의해 둘러싸인 영역을 y축을 기준으로 회전하여 얻은 회전체의 부피를 구하라.

(a) $y = 3x + 2$, x축, y축

(b) $y = -7x + 2$, x축, y축

(c) $y^2 = x + 5$, y축

(d) $y^2 = -3x + 4$, y축

(e) $x = \sqrt{y+3}$, $y = 1$, $y = 3$, y축

(f) $x = -\sqrt{y-2}$, $y = 4$, $y = 6$, y축

5. 다음 두 함수에 의해 둘러싸인 영역을 y축을 기준으로 회전하여 얻은 회전체의 부피를 구하라.

(a) $f(y) = y^2$과 $g(y) = 2 - y^2$

(b) $f(y) = 3y^2 + 1$과 $g(y) = 13 - 3y^2$

(c) $f(y) = y^2 + 1$과 $g(y) = 3y - 1$

(d) $f(y) = 2y^2 + 1$과 $g(y) = 3y$

(e) $p(x) = x^2 + 3$과 $q(x) = x + 3$

(f) $p(x) = x^3 - 2$와 $q(x) = x^2 - 2$

동영상 풀이

8.3 곡선의 길이

반듯하게 그어진 선분의 길이는 쉽게 구할 수 있다. 그렇다면 곡선의 길이는 어떻게 구할 수 있을까? 이 절에서는 정적분을 이용하여 곡선의 길이를 구하는 방법을 알아보고자 한다.

8.3.1 양함수로 표현된 곡선의 길이

$f(x)$가 구간 $[a, b]$에서 미분가능하고 $f'(x)$가 구간 $[a, b]$에서 연속일 때, 구간 $[a, b]$에서 곡선 $y = f(x)$의 길이를 구하려면 우선 구간 $[a, b]$를

$$a = x_0 < x_1 < x_2 < \cdots < x_n = b$$

로 분할한다. $i = 1, 2, \cdots, n$에 대해

$$\mathrm{P}_i = (x_i, f(x_i))$$

라 하고, 두 점 P_{i-1}과 P_i 사이의 곡선의 길이를 선분 $\overline{\mathrm{P}_{i-1}\mathrm{P}_i}$로 근사시킨다.

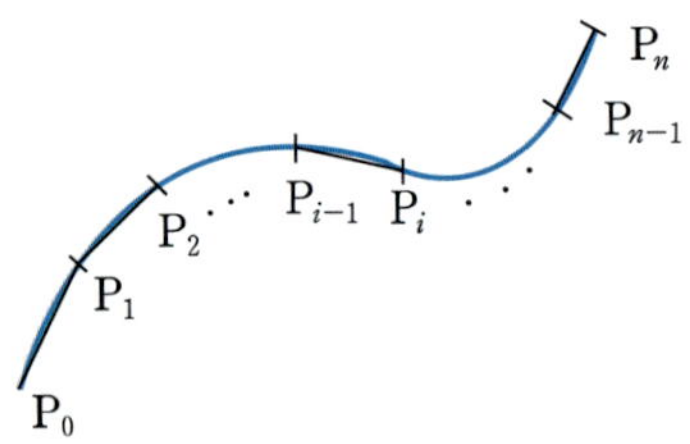

[그림 8-9] 곡선의 길이와 선분의 길이

선분 $\overline{\mathrm{P}_{i-1}\mathrm{P}_i}$의 길이를 ΔL_i라 하면 피타고라스 정리에 의해

$$\Delta L_i = \sqrt{(x_i - x_{i-1})^2 + (f(x_i) - f(x_{i-1}))^2}$$

이다. $f(x)$가 구간 $[a, b]$에서 미분가능하므로 평균값 정리에 의해

$$f(x_i) - f(x_{i-1}) = f'(x_i^*)(x_i - x_{i-1})$$

인 $x_i^* \in (x_{i-1}, x_i)$가 존재한다. 따라서

$$\begin{aligned}\Delta L_i &= \sqrt{(x_i - x_{i-1})^2 + (f(x_i) - f(x_{i-1}))^2} \\ &= \sqrt{1 + (f'(x_i^*))^2}\ \Delta x_i\end{aligned}$$

이다. 그러므로 곡선의 길이 L은

$$\begin{aligned}L &= \lim_{n\to\infty} \sum_{i=1}^{n} \sqrt{1 + (f'(x_i^*))^2}\ \Delta x_i \\ &= \int_a^b \sqrt{1 + (f'(x))^2}\ dx\end{aligned}$$

이다. 이 과정을 정리하면 다음과 같다.

How to 8-5 양함수로 표현된 곡선의 길이를 구하는 방법

$f : [a, b] \to \mathbb{R}$ 일 때, $f'(x)$가 $[a, b]$에서 연속이면 구간 $[a, b]$에서 $y = f(x)$의 곡선의 길이 L은

$$\begin{aligned}L &= \int_a^b \sqrt{1 + (f'(x))^2}\ dx \\ &= \int_a^b \sqrt{1 + \left(\frac{dy}{dx}\right)^2}\ dx\end{aligned}$$

이다.

음함수를 양함수로 표현할 수 있는 경우 음함수로 표현된 곡선의 길이도 [How to 8-5]를 이용하여 구할 수 있다.

예제 8-10

[How to 8-5]를 이용하여 다음 물음에 답하라.

(a) 점 $(0,\ 0)$에서 점 $(2,\ 2\sqrt{2})$까지 곡선 $y = x\sqrt{x}$의 길이를 구하라.

(b) 점 $(1,\ \sqrt{2})$에서 점 $(2,\ 4)$까지 곡선 $y^2 = 2x^3$의 길이를 구하라.

풀이

(a) $f(x) = x\sqrt{x} = x^{\frac{3}{2}}$ 이므로 $f'(x) = \frac{3}{2}x^{\frac{1}{2}} = \frac{3}{2}\sqrt{x}$ 이다. 따라서 구간은 $[0,\ 2]$에서 곡선의 길이 L은

$$L = \int_0^2 \sqrt{1 + (f'(x))^2}\ dx = \int_0^2 \sqrt{1 + \frac{9}{4}x}\ dx$$

이다. 치환적분에 의해 $1+\frac{9}{4}x=t$라 하면 $\frac{9}{4}dx=dt$이고, $x=0$일 때 $t=1$이고 $x=2$일 때 $t=\frac{11}{2}$이다. 따라서

$$L=\int_0^2\sqrt{1+\frac{9}{4}x}\ dx=\int_1^{\frac{11}{2}}\frac{4}{9}\sqrt{t}\ dt$$
$$=\frac{4}{9}\cdot\frac{2}{3}t\sqrt{t}\ \Big|_1^{\frac{11}{2}}$$
$$=\frac{8}{27}\left(\frac{11}{2}\sqrt{\frac{11}{2}}-1\right)$$

이다.

(b) 점 $(1,\ \sqrt{2})$에서 점 $(2,\ 4)$까지 $y^2=2x^3$은 양함수 $y=\sqrt{2}\,x^{\frac{3}{2}}$으로 표현된다. 따라서 $y'=\sqrt{2}\cdot\frac{3}{2}x^{\frac{1}{2}}=\frac{3}{\sqrt{2}}\sqrt{x}$ 이므로 구간 $[1,\ 2]$에서 곡선의 길이 L은

$$L=\int_1^2\sqrt{1+(f'(x))^2}\ dx=\int_1^2\sqrt{1+\frac{9}{2}x}\ dx$$

이다. 치환적분에 의해 $1+\frac{9}{2}x=t$라 하면 $\frac{9}{2}dx=dt$이고, $x=1$일 때 $t=\frac{11}{2}$이고 $x=2$일 때 $t=10$이다. 따라서

$$L=\int_1^2\sqrt{1+\frac{9}{2}x}\ dx=\int_{\frac{11}{2}}^{10}\frac{2}{9}\sqrt{t}\ dt$$
$$=\frac{2}{9}\left(\frac{2}{3}t\sqrt{t}\right)\Big|_{\frac{11}{2}}^{10}$$
$$=\frac{4}{27}\left(10\sqrt{10}-\frac{11}{2}\sqrt{\frac{11}{2}}\right)$$

이다.

8.3.2 매개변수함수로 표현된 곡선의 길이

곡선을 나타낼 때 양함수를 이용하기도 하지만, 양함수로 표현하기 어려운 경우 매개변수함수를 이용한다. 매개변수로 표현된 곡선의 길이는 다음과 같이 구한다.

How to 8-6 매개변수함수로 표현된 곡선의 길이를 구하는 방법

구간 $[a,\ b]$에서 매개변수함수 $\begin{cases} x=f(t) \\ y=g(t) \end{cases}$ 가 주어졌고 두 함수가 모두 임의의 $t\in[a,\ b]$에서 미분가 능하면, 구간 $[a,\ b]$에서 매개변수함수로 표현된 곡선의 길이 L은

$$\begin{aligned} L &= \int_a^b \sqrt{(f'(t))^2+(g'(t))^2}\, dt \\ &= \int_a^b \sqrt{\left(\frac{dx}{dt}\right)^2+\left(\frac{dy}{dt}\right)^2}\, dt \end{aligned}$$

이다.

예제 8-11

[How to 8-6]을 이용하여 다음 물음에 답하라.

(a) 반지름이 4인 원의 둘레의 길이를 구하라.

(b) 구간 $\left[0, \frac{\pi}{4}\right]$에서 매개변수함수 $\begin{cases} x=\cos^3 t \\ y=\sin^3 t \end{cases}$ 로 표현된 곡선의 길이를 구하라.

풀이

(a) 반지름이 4인 원을 매개변수함수로 나타내면 $t\in[0, 2\pi]$에 대하여

$$\begin{cases} x=4\cos t \\ y=4\sin t \end{cases}$$

이다. 따라서

$$\frac{dx}{dt}=-4\sin t,\ \frac{dy}{dt}=4\cos t$$

이므로 반지름이 4인 원의 둘레의 길이 L은

$$\begin{aligned} L &= \int_0^{2\pi} \sqrt{(-4\sin t)^2+(4\cos t)^2}\, dt \\ &= \int_0^{2\pi} \sqrt{16(\sin^2 t+\cos^2 t)}\, dt \\ &= \int_0^{2\pi} 4\, dt \\ &= 8\pi \end{aligned}$$

이다.

(b) $\begin{cases} x = \cos^3 t \\ y = \sin^3 t \end{cases}$ 이므로

$$\frac{dx}{dt} = -3\cos^2 t \sin t, \quad \frac{dy}{dt} = 3\sin^2 t \cos t$$

이다. 따라서

$$\begin{aligned}\left(\frac{dx}{dt}\right)^2 + \left(\frac{dy}{dt}\right)^2 &= (-3\cos^2 t \sin t)^2 + (3\sin^2 t \cos t)^2 \\ &= 9\sin^2 t \cos^2 t(\cos^2 t + \sin^2 t) \\ &= 9\sin^2 t \cos^2 t\end{aligned}$$

이다. $t \in \left[0, \frac{\pi}{4}\right]$ 일 때 $\sin t \geq 0$, $\cos t \geq 0$이므로 곡선의 길이 L은

$$\begin{aligned}L &= \int_0^{\frac{\pi}{4}} \sqrt{9\sin^2 t \cos^2 t}\, dt \\ &= \int_0^{\frac{\pi}{4}} 3\sin t \cos t\, dt \\ &= \int_0^{\frac{\pi}{4}} \frac{3}{2}\sin 2t\, dt \\ &= -\frac{3}{4}\cos 2t \Big|_0^{\frac{\pi}{4}} \\ &= \frac{3}{4}\end{aligned}$$

이다.

이 절에서는 정적분을 활용하여 함수에 따른 곡선의 길이를 구하는 방법을 학습하였다. 곡선의 길이 공식은 피타고라스 정리, 평균값 정리와 무한합을 적분으로 나타내는 방법을 사용하여 유도됨을 확인하였다.

Section 8.3 연습문제

1. 다음 곡선의 길이를 구하는 적분을 표현하라(단, 적분 계산은 하지 않음).

(a) $y = x^4, \quad [0, 3]$

(b) $y = x^3 + x^2, \quad [2, 4]$

(c) $y = \sin x, \quad [0, \pi]$

(d) $y = \tan x, \quad \left[\frac{\pi}{6}, \frac{\pi}{3}\right]$

(e) $y = x^2 + \cos x, \quad \left[0, \frac{\pi}{2}\right]$

(f) $y = \ln(\cos x), \quad [3, 4]$

(g) $y = e^{3x}, \quad [1, 5]$

(h) $y = x + \ln x, \quad [3, 6]$

2. 다음 곡선의 길이를 구하라.

(a) $y = x\sqrt{x} + 3, \quad [0, 3]$

(b) $y = (x-1)\sqrt{x-1}, \quad [2, 4]$

(c) $y = \frac{1}{6}x^3 + \frac{1}{2x}, \quad [1, 2]$

(d) $y = \sqrt{x}\left(\frac{2}{3}x - \frac{1}{2}\right), \quad [1, 4]$

(e) $y = \sqrt{9 - x^2}, \quad [-3, 3]$

(f) $y = \sqrt{16 - x^2}, \quad [-4, 0]$

3. 매개변수함수로 표현된 다음 곡선의 길이를 구하라.

(a) $\begin{cases} x = 2t^3 + 1 \\ y = 3t^2 + 2 \end{cases}, \quad [0, 1]$

(b) $\begin{cases} x = 2t + 1 \\ y = e^t + e^{-t} \end{cases}, \quad [0, 1]$

(c) $\begin{cases} x = e^t \sin t \\ y = e^t \cos t \end{cases}, \quad [0, \pi]$

(d) $\begin{cases} x = \cos^2 t \\ y = \sin^2 t \end{cases}, \quad \left[0, \frac{\pi}{2}\right]$

(c) $\begin{cases} x = 2\cos t + \cos 2t \\ y = 2\sin t + \sin 2t \end{cases}, \quad [0, \pi]$

(f) $\begin{cases} x = 2\sin t - \sin 2t \\ y = 2\cos t - \cos 2t \end{cases}, \quad \left[0, \frac{\pi}{3}\right]$

4. 구간 $[0, 2\pi]$ 에서 싸이클로이드 $\begin{cases} x = t - \sin t \\ y = 1 - \cos t \end{cases}$ 로 표현된 곡선의 길이를 구하라.

> **참고**
>
> **싸이클로이드**(cycloid) : 적당한 반지름을 갖는 원 위에 임의로 한 점을 찍고, 그 원을 한 직선 위에 굴렸을 때 그려지는 곡선을 의미한다. 이 싸이클로이드 곡선은 독수리가 사냥을 할 때 먹이에 접근하는 최단거리의 경로를 제시하는 등 다양한 분야에 사용된다(3.4.2절 참고).

5. $y = f(x)$로 표현된 곡선에서 시작점이 $\mathrm{P}(a, f(a))$일 때, 곡선상의 임의의 점 $\mathrm{Q}(x, f(x))$까지의 곡선의 길이의 함수 $L(x)$는

$$L(x) = \int_a^x \sqrt{1 + (f'(t))^2}\, dt$$

이다. $f(x) = \frac{1}{2}x^2 - \frac{1}{4}\ln x$ 이고 시작점이 $\mathrm{P}\left(1, \frac{1}{2}\right)$일 때, 곡선상의 임의의 점 $\mathrm{Q}(x, f(x))$ 까지의 곡선의 길이의 함수 $L(x)$를 구하라.

동영상 풀이

Chapter

09

극좌표와 곡률

Polar Coordinates and Curvature

학습목표

- 극좌표를 정의하고 직교좌표와 극좌표의 관계를 이해한다.
- 극좌표를 이용하여 직교좌표에서 설명하기 어려운 그래프를 그리는 방법을 학습한다.
- 평면상에서 곡선이 휜 정도를 수로 설명하는 방법인 곡률을 이해한다.

【미리보기】

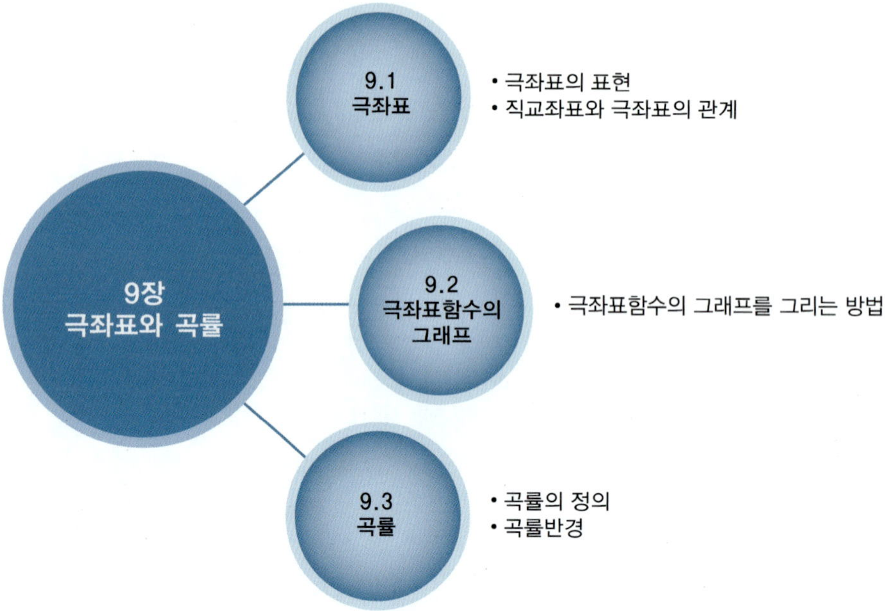

이 장에서는 직교좌표와 다른 극좌표를 도입한다. 극좌표는 직교좌표와 달리 하나의 점을 다양한 방법으로 표현할 수 있고, 이를 이용하여 심장형이나 사엽장미 같은 복잡한 식을 그래프로 표현할 수 있다. 또한 곡률을 도입하여 곡선이 휜 정도를 수로 나타내는 방법을 학습한다.

【들어가기 전에】

뷰러와 곡률

흔히 '뷰러'라고 부르는 속눈썹 컬링기(eyelash curler)는 속눈썹을 말아 올리는 데 사용되는 미용 도구이다. 화장품 회사에서는 소비자의 요구에 대응하기 위해 다양한 곡률(19R, 22R 등)을 갖는 뷰러를 출시하고 있다. 사람마다 눈의 굴곡이 다르므로 자신의 눈과 맞는 적절한 뷰러를 사용하려면 뷰러의 곡률을 알아야 한다.

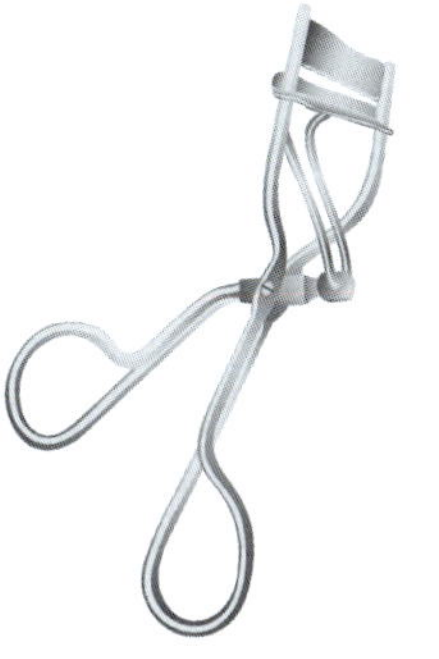

먼저 뷰러의 곡률을 계산해 보자. 기본적으로 다음 그림과 같이 뷰러의 가로 길이와 뷰러의 아치 높이를 측정하여 뷰러의 계산 공식에 대입한다.

뷰러의 곡률은 수가 클수록 눈이 더 편평함을 나타낸다. 그러나 함수의 곡률은 수가 클수록 더 많이 휘어져 있음을 나타낸다. 뷰러의 계산 공식은 이 장에서 본격적으로 다룰 함수의 곡률과는 계산 공식이 다르지만, 기본적으로 휘어진 정도를 수로 나타낸다는 점에서 동일한 특징을 가진다.

9.1 극좌표

고교과정에서는 평면상의 점과 그래프를 나타내기 위해 직교좌표를 사용하는데, 직교좌표는 두 개의 축이 직각으로 만나는 좌표이다. 이 절에서는 두 개의 축이 직각으로 만나지 않는 극좌표를 도입하고, 극좌표와 직교좌표의 관계를 알아보고자 한다.

9.1.1 극좌표의 표현

극좌표를 도입하기 위해 다음을 정의한다.

정의 9-1 극점, 극축, 극좌표

(1) 직교좌표에서의 원점을 극좌표에서는 **극점**(pole)이라 하며, 기호로는 O로 나타낸다.

(2) 극점에서부터 직교좌표의 양의 x축 방향으로 그은 반직선을 **극축**(polar axis)이라 한다.

(3) 극점에서 평면상의 한 점 P까지 선을 긋고 극점 O에서 점 P까지의 거리를 r, 극축과 반직선 OP 사이의 각을 θ라 할 때, 점 P는 순서쌍 (r, θ)로 나타내고 r과 θ를 점 P의 **극좌표**(polar coordinate)라 한다.

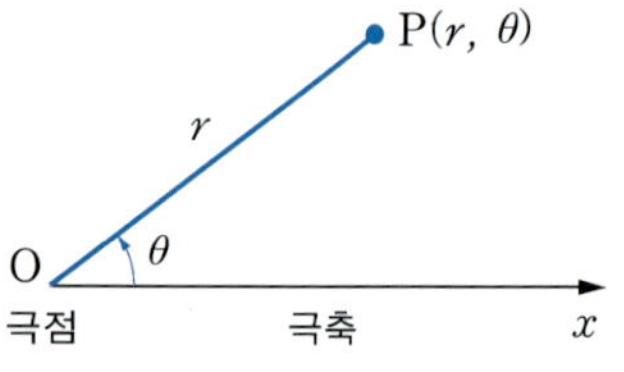

[그림 9-1] 극점, 극축, 극좌표

만일 P가 극점이면 $r=0$이고, θ의 값과 상관없이 점 $(0, \theta)$로 나타낸다. 이때 극축에서 OP 사이의 각을 반시계방향으로 측정하면 $\theta>0$이고, 시계방향으로 측정하면 $\theta<0$이다. 또한 일반적으로 길이는 양의 값만 갖지만 극좌표에서는 음의 길이도 가능하다.

다음 예를 통해 양의 길이와 음의 길이를 설명해 보자. 극좌표의 점 $\mathrm{P}\left(2, \frac{\pi}{3}\right)$는 극축에서 반시계방향으로 $\frac{\pi}{3}$만큼 회전한 반직선 위에 길이가 2가 되는 점을 의미한다.

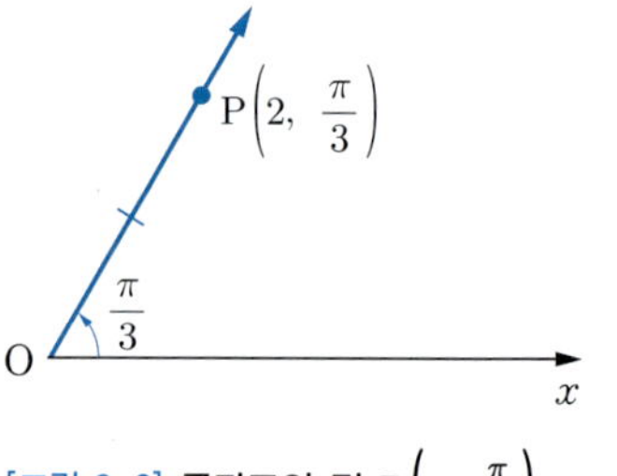

[그림 9-2] 극좌표의 점 $\mathrm{P}\left(2, \frac{\pi}{3}\right)$

극축에서 반시계방향으로 $\frac{\pi}{3}$만큼 회전한 반직선을 반대방향까지 확장하고, 이를 점선으로 나타내 보자.

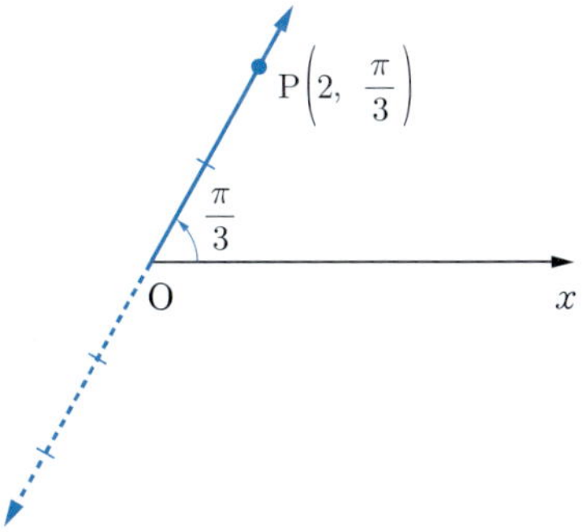

[그림 9-3] 반직선 $\frac{\pi}{3}$와 반대 반직선

확장한 직선에서 점선으로 나타난 부분에 있는 점들은 $\theta = \frac{\pi}{3}$에 대해 길이가 음의 값을 갖는 것으로 정의한다. 따라서 극축에서 회전한 각도가 반시계방향으로 $\frac{\pi}{3}$이면서 길이가 -2인 점은 [그림 9-4]의 점 Q이다.

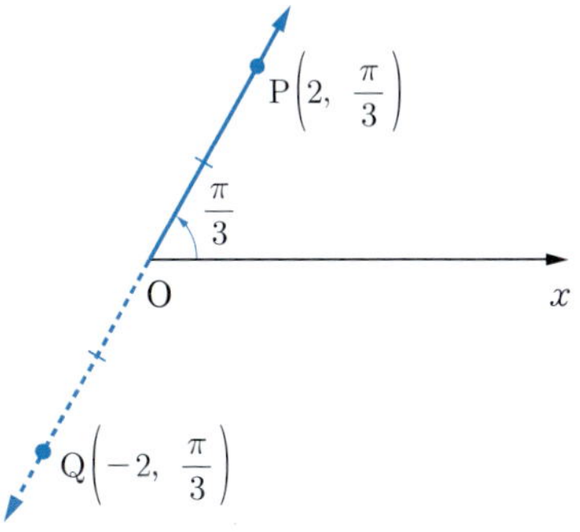

[그림 9-4] 극좌표의 점 $Q\left(-2, \frac{\pi}{3}\right)$

예제 9-1

다음 극좌표의 점을 평면에 나타내라.

(a) $\left(1, \frac{\pi}{3}\right)$ (b) $\left(-1, \frac{\pi}{3}\right)$

풀이

(a) 극좌표의 점 $\left(1, \frac{\pi}{3}\right)$를 나타내기 위해 극축에서 반시계방향으로 $\frac{\pi}{3}$만큼 회전한 반직선을 그린다. 그 반직선 위에 극점에서 거리가 1인 점을 표시하면 그 점이 $\left(1, \frac{\pi}{3}\right)$이다.

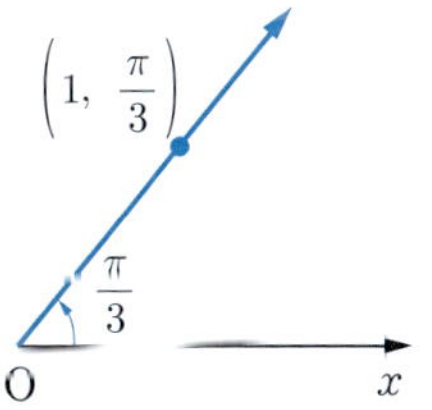

(b) 극좌표의 점 $\left(-1, \frac{\pi}{3}\right)$를 나타내기 위해 극축에서 반시계방향으로 $\frac{\pi}{3}$만큼 회전한 반직선을 그린다.

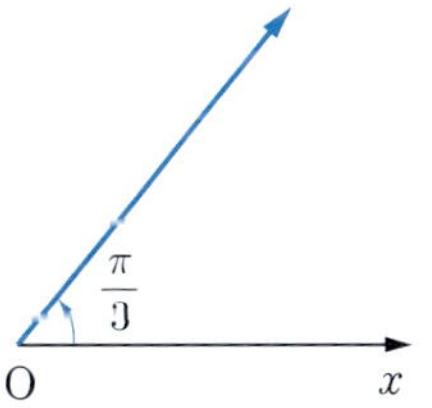

그 반직선을 반대방향까지 확장한다. 극점에서 확장한 반직선(점선) 위에 거리가 1인 점을 표시하면 그 점이 $\left(-1,\ \frac{\pi}{3}\right)$이다.

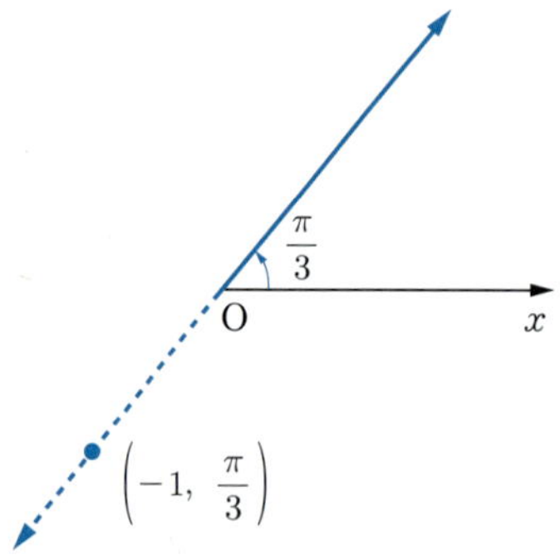

[예제 9-1]과 다른 극좌표의 점을 표현해 보자.

예제 9-2

다음 극좌표의 점을 평면에 나타내라.

(a) $\left(2,\ -\frac{\pi}{4}\right)$ (b) $\left(-2,\ -\frac{\pi}{4}\right)$

풀이

(a) 극좌표의 점 $\left(2,\ -\frac{\pi}{4}\right)$를 나타내기 위해 극축에서 시계방향으로 $\frac{\pi}{4}$만큼 회전한 반직선을 그린다. 그 반직선 위에 극점에서 거리가 2인 점을 표시하면 그 점이 $\left(2,\ -\frac{\pi}{4}\right)$ 이다.

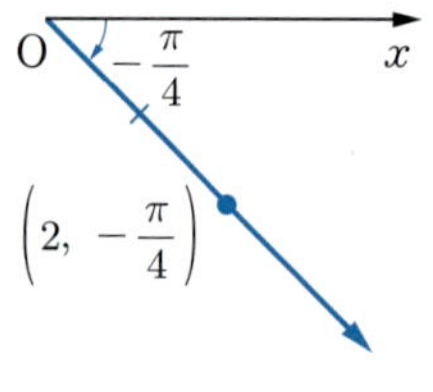

(b) 극좌표의 점 $\left(-2,\ -\frac{\pi}{4}\right)$를 나타내기 위해 극축에서 시계방향으로 $\frac{\pi}{4}$만큼 회전한 반직선을 그린다.

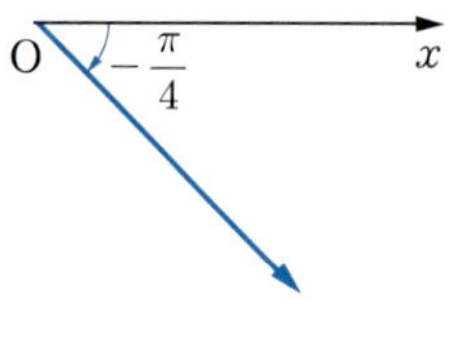

그 반직선을 반대방향까지 확장한다. 극점에서 확장한 반직선(점선) 위에 거리가 2인 점을 표시하면 그 점이 $\left(-2,\ -\frac{\pi}{4}\right)$이다.

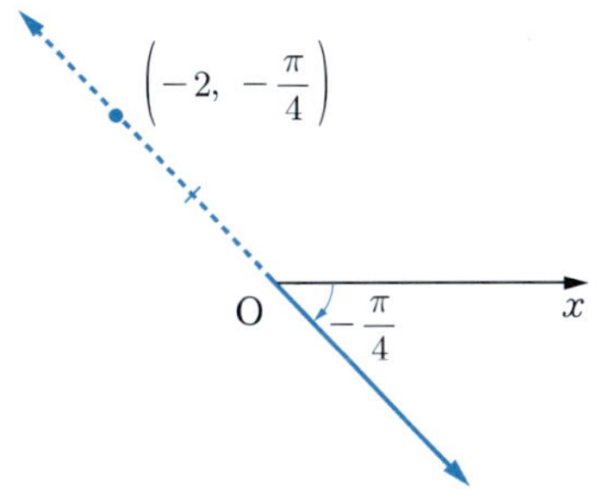

직교좌표에서는 하나의 점을 표현할 수 있는 방법이 단 한 가지뿐이지만, 극좌표에서는 하나의 점을 다양한 방법으로 표현할 수 있다.

예제 9-3

극좌표의 점 $\left(3,\ \frac{2}{7}\pi\right)$를 (양의 길이, 음의 각도), (음의 길이, 양의 각도), (음의 길이, 음의 각도)의 세 가지 방법으로 표현하라.

풀이

❶ **(양의 길이, 음의 각도)** : 극축에서 $\frac{2}{7}\pi$만큼 반시계방향으로 회전한 반직선은 극축에서 $\frac{12}{7}\pi$만큼 시계방향으로 회전한 반직선과 같으므로 $\left(3,\ \frac{2}{7}\pi\right)=\left(3,\ -\frac{12}{7}\pi\right)$이다.

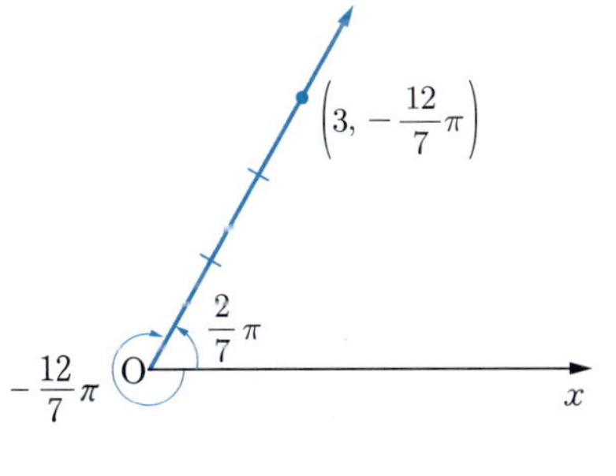

❷ **(음의 길이, 양의 각도)** : 극축에서 $\frac{2}{7}\pi$만큼 반시계방향으로 회전한 반직선이 반대방향에 있는 반직선은 극축에서 반시계방향으로 $\frac{9}{7}\pi$만큼 회전한 반직선과 같다.

따라서 $\left(3,\ \frac{2}{7}\pi\right)=\left(-3,\ \frac{9}{7}\pi\right)$이다.

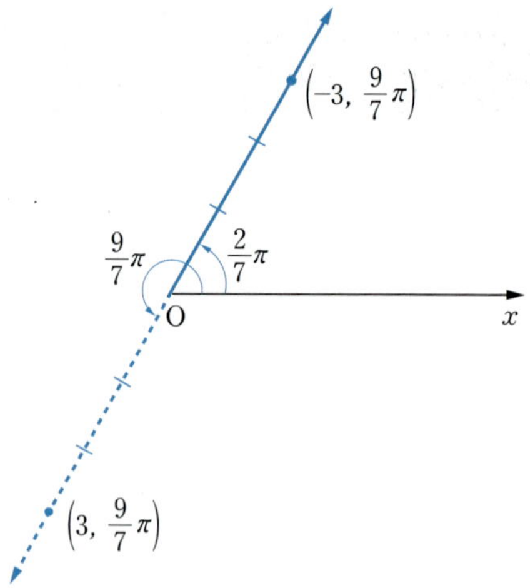

❸ **(음의 길이, 음의 각도)** : 극축에서 $\frac{9}{7}\pi$만큼 반시계방향으로 회전한 반직선을 극축에서 시계방향으로 측정하면 $\frac{5}{7}\pi$이다. 따라서 $\left(-3,\ \frac{9}{7}\pi\right)=\left(-3, -\frac{5}{7}\pi\right)$ 이므로 ❷에 의해 $\left(3,\ \frac{2}{7}\pi\right)=\left(-3, -\frac{5}{7}\pi\right)$ 이다.

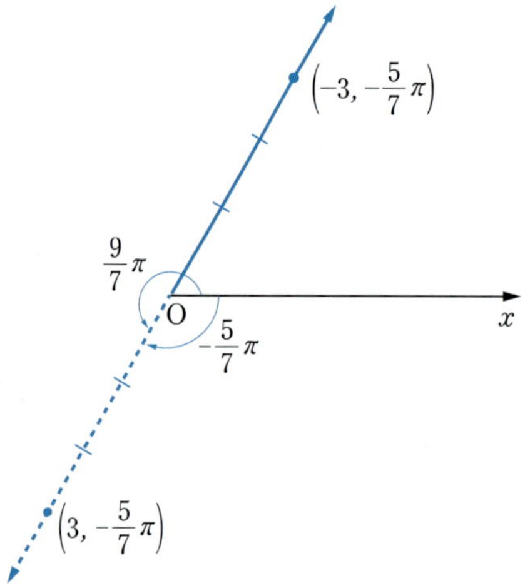

❶ ~ ❸에 의해 $\left(3,\ \frac{2}{7}\pi\right)$를 세 가지 다른 방법으로 표현하면 다음과 같다.

$$\left(3, -\frac{12}{7}\pi\right),\ \left(-3,\ \frac{9}{7}\pi\right),\ \left(-3, -\frac{5}{7}\pi\right)$$

[예제 9-3]에서 극좌표의 한 점을 서로 다른 세 가지 방법으로 다양하게 표현하였다.

9.1.2 직교좌표와 극좌표의 관계

평면상의 점은 직교좌표로 표현할 수 있을 뿐만 아니라 극좌표로도 표현할 수 있다. 이제 직교좌표로 설명한 점을 극좌표의 점으로 표현하는 방법과 극좌표로 설명한 점을 직교좌표의 점으로 표현하는 방법에 대해 알아보고자 한다.

■ 점의 좌표 변환

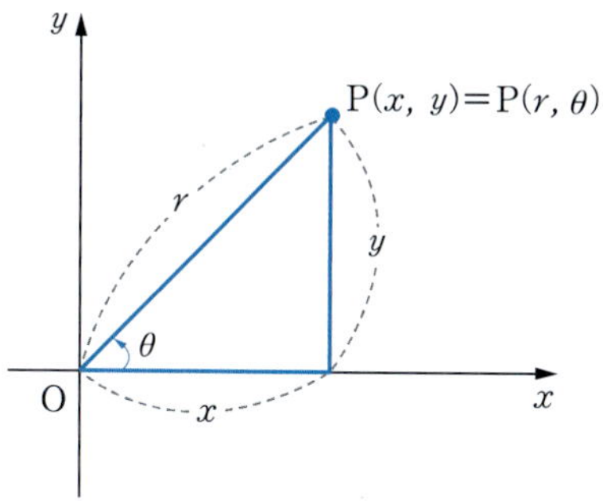

[그림 9-5] 직교좌표의 점과 극좌표의 점

[그림 9-5]에서 점 P를 직교좌표로 나타내면 $(x,\ y)$이고, 극좌표로 나타내면 $(r,\ \theta)$일 때, 직교좌표를 극좌표로 변환하려면 다음 관계식을 이용한다.

$$\begin{cases} r^2 = x^2 + y^2 \\ \tan\theta = \dfrac{y}{x} \qquad (\text{단, } x \neq 0) \end{cases}$$

$x = 0,\ y > 0$이면 $\theta = \dfrac{\pi}{2}$이고, $x = 0,\ y < 0$이면 $\theta = -\dfrac{\pi}{2}$이다.

또한 극좌표를 직교좌표로 변환하려면 다음 관계식을 이용한다.

$$\begin{cases} x = r\cos\theta \\ y = r\sin\theta \end{cases}$$

예제 9-4

직교좌표와 극좌표의 점들 사이의 관계를 이용하여 다음 물음에 답하라.

(a) 극좌표의 점 $\left(5,\ \dfrac{\pi}{6}\right)$를 직교좌표의 점으로 나타내라.

(b) 직교좌표의 점 $(5,\ 3)$을 극좌표의 점으로 나타내라.

풀이

(a) $r=5$, $\theta=-\frac{\pi}{6}$이므로

$$x=r\cos\theta=5\cos\left(-\frac{\pi}{6}\right)=\frac{5\sqrt{3}}{2},\ y=r\sin\theta=5\sin\left(-\frac{\pi}{6}\right)=-\frac{5}{2}$$

이다. 따라서 직교좌표의 점은 $\left(\frac{5\sqrt{3}}{2},\ -\frac{5}{2}\right)$이다.

(b) $x=5$, $y=3$이므로

$$r^2=x^2+y^2=25+9=34$$

에서 양의 길이를 선택하면 $r=\sqrt{34}$이다.

$$\tan\theta=\frac{y}{x}=\frac{3}{5}$$

이므로 $\theta=\tan^{-1}\frac{3}{5}$이다. 따라서 극좌표의 점은 $\left(\sqrt{34},\ \tan^{-1}\frac{3}{5}\right)$이다.

■ 방정식의 좌표 변환

직교좌표와 극좌표의 관계를 이용하여 직교좌표 방정식을 극좌표 방정식으로 표현할 수 있다.

예제 9-5

다음 직교좌표 방정식을 극좌표 방정식으로 나타내라.

(a) $y=x$　　　　(b) $x^2+y^2=9$

풀이

$\begin{cases} x=r\cos\theta \\ y=r\sin\theta \end{cases}$를 이용하여 극좌표 방정식으로 표현한다.

(a) $y=x$는

$$r\cos\theta=r\sin\theta$$

로 표현되고, 이 식을 간단히 하면 $\cos\theta=\sin\theta$이다. 양변을 $\cos\theta$로 나누면 $1=\tan\theta$이므로 $\theta=\frac{\pi}{4}$이다. 따라서 $y=x$의 극좌표 방정식은

$$\theta=\frac{\pi}{4}$$

이다.

(b) $x^2+y^2=9$는

$$r^2\cos^2\theta + r^2\sin^2\theta = 9$$

로 표현되고, 이 식을 간단히 하면 $r^2=9$이다. 따라서 $r=3$ 또는 $r=-3$이다. 따라서 $x^2+y^2=9$의 극좌표 방정식은

$$r=3 \text{ 또는 } r=-3$$

이다.

직교좌표와 극좌표의 관계를 이용하여 극좌표 방정식도 직교좌표 방정식으로 표현할 수 있다.

예제 9-6

다음 극좌표 방정식을 직교좌표 방정식으로 나타내라.

(a) $r\cos\theta = -4$

(b) $r = \cos\theta$

(c) $\theta = \frac{\pi}{6}$

(d) $r = 6$

풀이

$\begin{cases} x = r\cos\theta \\ y = r\sin\theta \end{cases}$ 와 $\begin{cases} r^2 = x^2+y^2 \\ \theta = \tan^{-1}\frac{y}{x} \end{cases}$ 를 이용하여 직교좌표 방정식으로 표현한다.

(a) $x = r\cos\theta$이므로 $r\cos\theta = -4$의 직교좌표 방정식은 $x=-4$이다.

(b) $r=\cos\theta$의 양변에 r을 곱하면 $r^2 = r\cos\theta$이므로 $r=\cos\theta$의 직교좌표 방정식은 $x^2+y^2=x$이다.

(c) $\frac{\pi}{6} = \theta = \tan^{-1}\frac{y}{x}$이므로 $\frac{1}{\sqrt{3}} = \tan\frac{\pi}{6} = \frac{y}{x}$이다. 따라서 $\theta = \frac{\pi}{6}$의 직교좌표 방정식은 $y = \frac{1}{\sqrt{3}}x$이다.

(d) $r^2 = x^2+y^2$이므로 $r=6$의 직교좌표 방정식은 $x^2+y^2=36$이다.

이 절에서는 직교좌표와 다른 극좌표를 도입하였다. 극좌표에서는 길이와 각도를 양의 값과 음의 값 모두로 나타낼 수 있음을 학습하였다. 또한 직교좌표의 점과 방정식은 극좌표의 점과 방정식으로 표현할 수 있고, 반대로 극좌표의 점과 방정식도 직교좌표의 점과 방정식으로 표현할 수 있음을 확인하였다.

Section 9.1 연습문제

1. 다음 극좌표의 점을 서로 다른 세 가지 방법으로 표현하라. 예를 들어, 점이 (+, −)로 주어진 경우 (+, +), (−, +), (−, −)인 점으로 나타내라.

(a) $\left(2,\ \frac{\pi}{8}\right)$　　(b) $\left(3,\ \frac{6}{7}\pi\right)$

(c) $\left(4,\ -\frac{2}{7}\pi\right)$　　(d) $\left(1,\ -\frac{11}{9}\pi\right)$

(e) $\left(-3,\ \frac{\pi}{6}\right)$　　(f) $\left(-4,\ \frac{6}{5}\pi\right)$

(g) $\left(-7,\ -\frac{3}{4}\pi\right)$　　(h) $\left(-6,\ -\frac{9}{11}\pi\right)$

2. 다음 극좌표의 점을 직교좌표의 점으로 나타내라.

(a) $\left(3,\ \frac{\pi}{4}\right)$　　(b) $\left(2,\ -\frac{4}{3}\pi\right)$

(c) $\left(-3,\ \frac{5}{4}\pi\right)$　　(d) $\left(-5,\ -\frac{11}{6}\pi\right)$

(e) $\left(1,\ -\frac{\pi}{2}\right)$　　(f) $\left(6,\ -\frac{\pi}{6}\right)$

(g) $\left(-4,\ -\frac{3}{4}\pi\right)$　　(h) $\left(-5,\ -\frac{7}{6}\pi\right)$

3. 다음 직교좌표의 점을 극좌표의 점으로 나타내라.

(a) $(1,\ 3)$　　(b) $(2,\ 5)$

(c) $(2,\ -3)$　　(d) $(1,\ -6)$

(e) $(-3,\ 4)$　　(f) $(-2,\ 7)$

(g) $(-2,\ -4)$　　(h) $(-4,\ -2)$

4. 다음 직교좌표 방정식을 극좌표 방정식으로 나타내라.

(a) $x = 3$

(b) $y = -2$

(c) $x^2 + y^2 = \sqrt{2}$

(d) $xy = 5$

(e) $x + y = -1$

(f) $2x - 3y = -3$

(g) $x^2 + xy = 2$

(h) $3xy - y^2 = 1$

5. 다음 극좌표 방정식을 직교좌표 방정식으로 나타내라.

(a) $r = 11$

(b) $r = -7$

(c) $\theta = -\dfrac{\pi}{4}$

(d) $\theta = \dfrac{\pi}{3}$

(e) $r = 3\sin\theta$

(f) $r = 4\cos\theta$

(g) $r^2 = \cos\theta$

(h) $r^2 = \sin 2\theta$

동영상 풀이

9.2 극좌표함수의 그래프

이 절에서는 극좌표함수의 그래프를 그리는 방법을 알아보고자 한다.

직교좌표에서는 일반적으로 함수를 $y = f(x)$로 표현하지만, 극좌표에서는 함수를

$$r = f(\theta)$$

로 표현한다. 극좌표함수의 그래프는 θ에 따른 r의 값을 구하고 점 (r, θ)를 평면상에 차례로 표시한 다음, 이를 연결하여 그래프를 그린다. 일반적으로 극좌표함수의 그래프는 구간 $[0, 2\pi]$에서 그리며 다음과 같은 과정을 거쳐서 완성한다.

How to 9-1 극좌표함수의 그래프를 그리는 방법

$r = f(\theta)$의 그래프는 다음과 같이 그린다.

❶ 제1사분면에서 $\theta = 0, \frac{\pi}{6}, \frac{\pi}{4}, \frac{\pi}{3}, \frac{\pi}{2}$일 때, r 값을 구하고 점을 표시한다.

❷ 제2사분면에서 $\theta = \frac{2}{3}\pi, \frac{3}{4}\pi, \frac{5}{6}\pi, \pi$일 때, r 값을 구하고 점을 표시한다.

❸ 제3사분면에서 $\theta = \frac{7}{6}\pi, \frac{5}{4}\pi, \frac{4}{3}\pi, \frac{3}{2}\pi$일 때, r 값을 구하고 점을 표시한다.

❹ 제4사분면에서 $\theta = \frac{5}{3}\pi, \frac{7}{4}\pi, \frac{11}{6}\pi, 2\pi$일 때, r 값을 구하고 점을 표시한다.

❺ 위에서 구한 모든 점을 평면에 나타내고, 이를 매끄럽게 연결한다.

극좌표함수의 그래프를 그릴 때는 [그림 9-6]을 평면에 그린 후, 이 그림 위에 길이와 각에 대응하는 점 (r, θ)를 표시하고, 이를 매끄럽게 연결하여 그래프를 그려야 한다.

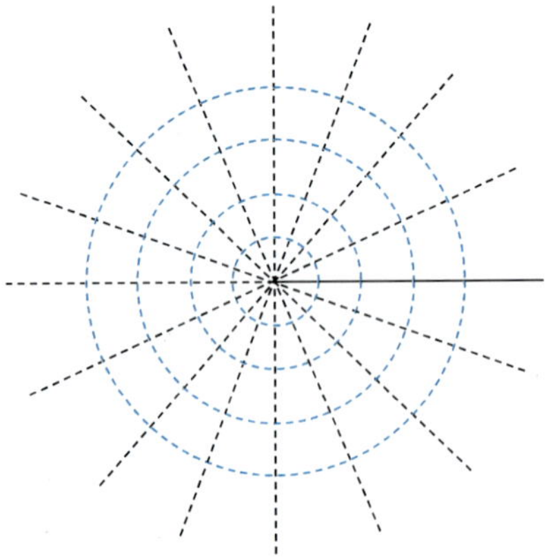

[그림 9-6] 극좌표함수를 그리기 위한 보조선

[예제 9-7]과 [예제 9-8]에서는 [How to 9-1]을 이용하여 함수의 그래프를 4개의 영역으로 나누어 그린 후, 이 그래프들을 모아 주어진 함수의 그래프를 완성한다.

예제 9-7

$0 \le \theta \le 2\pi$일 때, $r = f(\theta) = 1 - \sin\theta$의 그래프를 그려라.

풀이

① 제1사분면의 각인 $\theta = 0,\ \frac{\pi}{6},\ \frac{\pi}{4},\ \frac{\pi}{3},\ \frac{\pi}{2}$일 때, r 값을 구하면 다음 표와 같다. 평면에 이 점들을 표시하고 연결하여 그래프를 그리면 다음과 같다.

θ	r
0	$1-0=1$
$\frac{\pi}{6}$	$1-\frac{1}{2}=0.5$
$\frac{\pi}{4}$	$1-\frac{\sqrt{2}}{2}\approx 0.29$
$\frac{\pi}{3}$	$1-\frac{\sqrt{3}}{2}\approx 0.13$
$\frac{\pi}{2}$	$1-1=0$

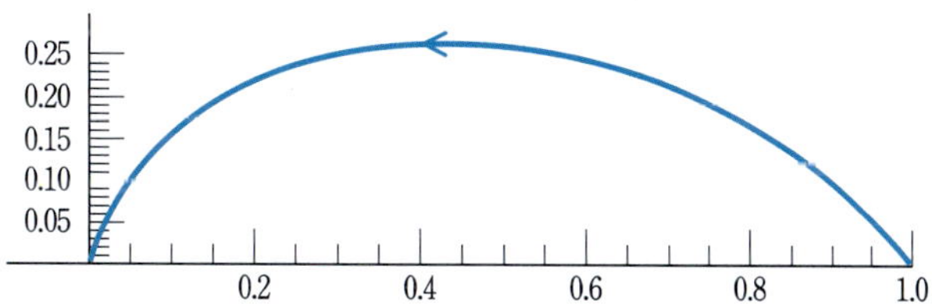

② 제2사분면의 각인 $\theta = \frac{2}{3}\pi,\ \frac{3}{4}\pi,\ \frac{5}{6}\pi,\ \pi$일 때, r 값을 구하면 다음 표와 같다. 평면에 이 점들을 표시하고 연결하여 그래프를 그리면 다음과 같다.

θ	r
$\frac{2}{3}\pi$	$1-\frac{\sqrt{3}}{2}\approx 0.13$
$\frac{3}{4}\pi$	$1-\frac{\sqrt{2}}{2}\approx 0.29$
$\frac{5}{6}\pi$	$1-\frac{1}{2}=0.5$
π	$1-0=1$

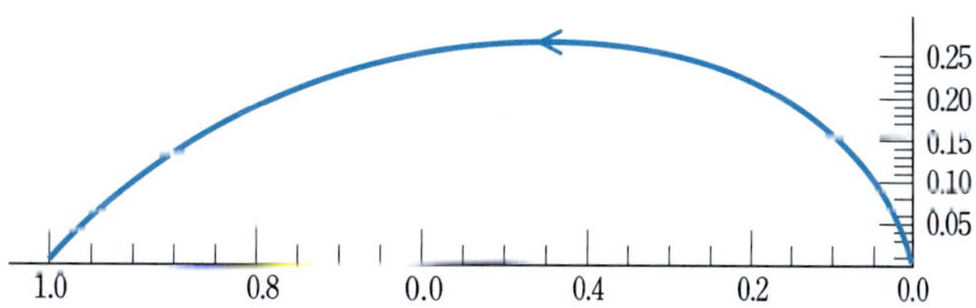

③ 제3사분면의 각인 $\theta = \frac{7}{6}\pi,\ \frac{5}{4}\pi,\ \frac{4}{3}\pi,\ \frac{3}{2}\pi$일 때, r 값을 구하면 다음 표와 같다. 평면에 이 점들을 표시하고 연결하여 그래프를 그리면 다음과 같으며, 변화 정도를 보기 위해 3배 축소하였다.

θ	r
$\frac{7}{6}\pi$	$1+\frac{1}{2}=1.5$
$\frac{5}{4}\pi$	$1+\frac{\sqrt{2}}{2}\approx 1.71$
$\frac{4}{3}\pi$	$1+\frac{\sqrt{3}}{2}\approx 1.87$
$\frac{3}{2}\pi$	$1+1=2$

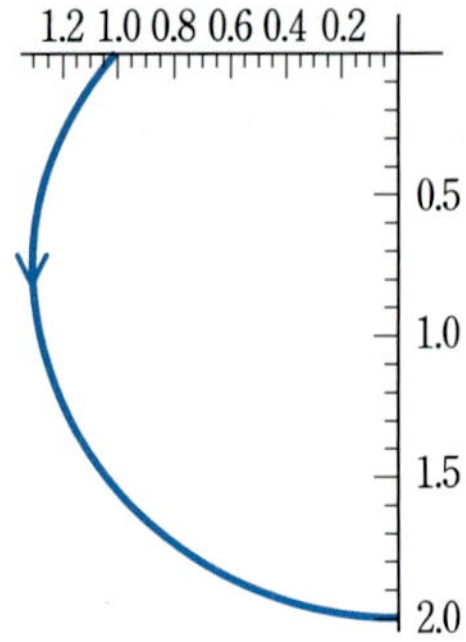

④ 제4사분면의 각인 $\theta=\frac{5}{3}\pi$, $\frac{7}{4}\pi$, $\frac{11}{6}\pi$, 2π일 때, r 값을 구하면 다음 표와 같다. 평면에 이 점들을 표시하고 연결하여 그래프를 그리면 다음과 같으며, 변화 정도를 보기 위해 3배 축소하였다.

θ	r
$\frac{5}{3}\pi$	$1+\frac{\sqrt{3}}{2}\approx 1.87$
$\frac{7}{4}\pi$	$1+\frac{\sqrt{2}}{2}\approx 1.71$
$\frac{11}{6}\pi$	$1+\frac{1}{2}=1.5$
2π	$1-0=1$

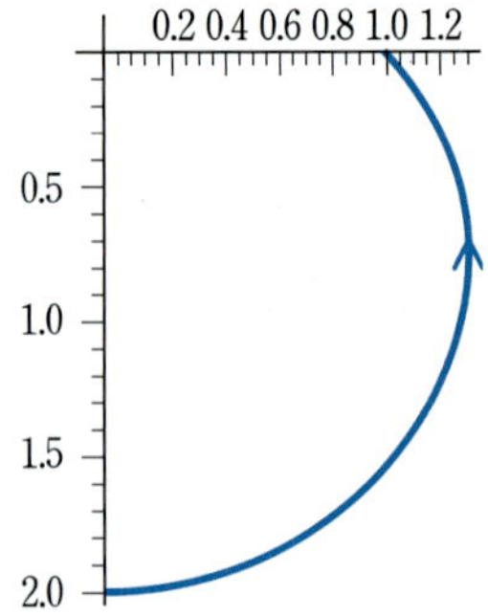

⑤ 위의 그림을 모두 모아서 연결하면 $0 \le \theta \le 2\pi$에서 $r=1-\sin\theta$의 그래프가 완성된다.
이와 같은 그래프를 **심장형**(cardioid)이라 한다.

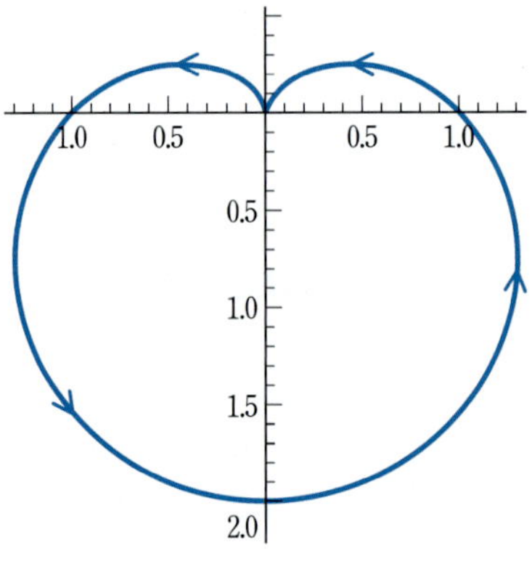

[예제 9-7]에서는 r 값이 음이 아니지만, 다음 예제에서는 r은 양의 값과 음의 값을 모두 갖는다.

예제 9-8

$0 \le \theta \le 2\pi$일 때, $r = \cos 2\theta$의 그래프를 그려라.

풀이

① 제1사분면의 각인 $\theta = 0,\ \frac{\pi}{6},\ \frac{\pi}{4},\ \frac{\pi}{3},\ \frac{\pi}{2}$일 때, r 값을 구하면 다음 표와 같다. 평면에 이 점들을 표시하고 연결하여 그래프를 그리면 다음과 같다.

θ	r
0	1
$\frac{\pi}{6}$	0.5
$\frac{\pi}{4}$	0
$\frac{\pi}{3}$	-0.5
$\frac{\pi}{2}$	-1

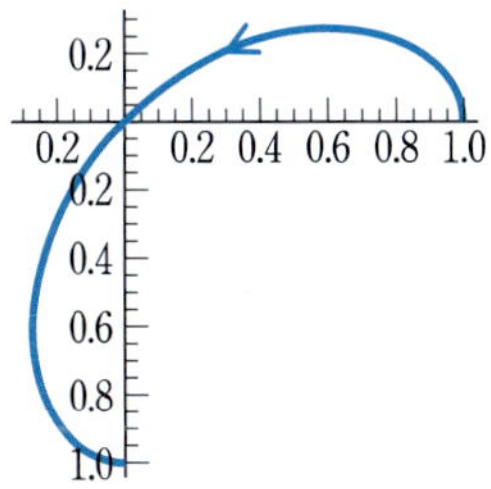

② 제2사분면의 각인 $\theta = \frac{2}{3}\pi,\ \frac{3}{4}\pi,\ \frac{5}{6}\pi,\ \pi$일 때, r 값을 구하면 다음 표와 같다. 평면에 이 점들을 표시하고 연결하여 그래프를 그리면 다음과 같다.

θ	r
$\frac{2}{3}\pi$	-0.5
$\frac{3}{4}\pi$	0
$\frac{5}{6}\pi$	0.5
π	1

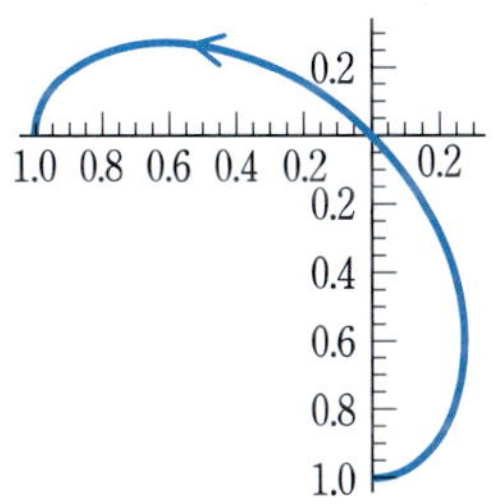

③ 제3사분면의 각인 $\theta = \frac{7}{6}\pi,\ \frac{5}{4}\pi,\ \frac{4}{3}\pi,\ \frac{3}{2}\pi$일 때, r 값을 구하면 다음 표와 같다. 평면에 이 점들을 표시하고 연결하여 그래프를 그리면 다음과 같다.

θ	r
$\frac{7}{6}\pi$	0.5
$\frac{5}{4}\pi$	0
$\frac{4}{3}\pi$	-0.5
$\frac{3}{2}\pi$	-1

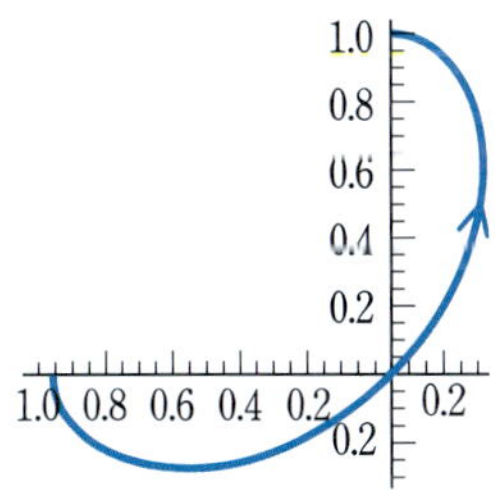

④ 제4사분면의 각인 $\theta = \frac{5}{3}\pi,\ \frac{7}{4}\pi,\ \frac{11}{6}\pi,\ 2\pi$일 때, r 값을 구하면 다음 표와 같다. 평면에 이 점들을 표시하고 연결하여 그래프를 그리면 다음과 같다.

θ	r
$\frac{5}{3}\pi$	-0.5
$\frac{7}{4}\pi$	0
$\frac{11}{6}\pi$	0.5
2π	1

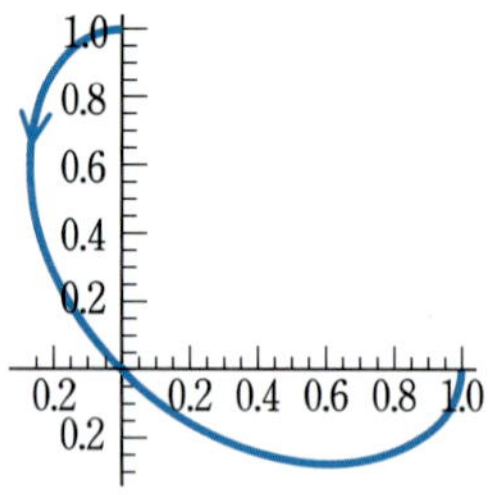

⑤ 위의 그림을 모두 모아서 연결하면 $0 \le \theta \le 2\pi$에서 $r = \cos 2\theta$의 그래프가 완성된다.

이와 같은 그래프를 **사엽장미선**(quadrifolium)이라 한다.

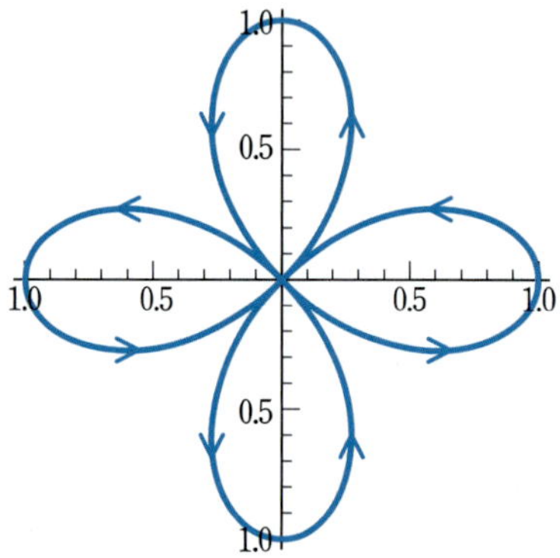

복잡한 극좌표함수의 그래프는 컴퓨터를 이용하여 그려볼 수 있다.

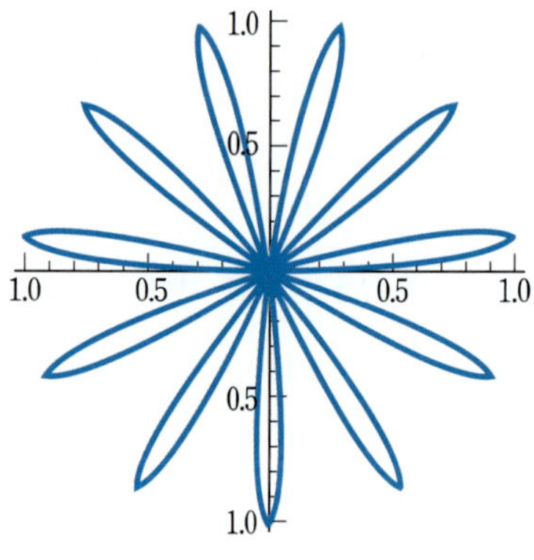

(a) $r = \sin 11\theta$의 그래프

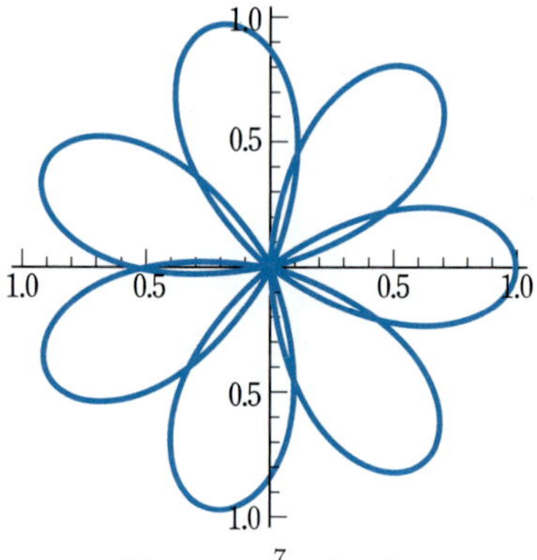

(b) $r = \cos \frac{7}{3}\theta$의 그래프

[그림 9-7] **복잡한 극좌표함수의 예**

이 절에서는 극좌표함수를 평면에서 그리는 방법을 학습하였다. 극좌표함수를 그리기 위해 평면을 4개의 소영역으로 나누고 각 영역에서 극좌표함수의 그래프를 그린 후, 이 그래프들을 모두 모아서 전체 그래프를 완성하였다.

Section 9.2 연습문제

1. $0 \le \theta \le \dfrac{\pi}{2}$일 때, 다음 극좌표함수의 그래프를 그려라.

(a) $r = 2$

(b) $r = -3$

(c) $r = 1 + 2\sin\theta$

(d) $r = 1 - 2\sin\theta$

(e) $r = 2 + \cos\theta$

(f) $r = \sin 2\theta$

2. $\dfrac{\pi}{2} \le \theta \le \pi$일 때, 다음 극좌표함수의 그래프를 그려라.

(a) $r = 2$

(b) $r = -3$

(c) $r = 1 + 2\sin\theta$

(d) $r = 1 - 2\sin\theta$

(e) $r = 2 + \cos\theta$

(f) $r = \sin 2\theta$

3. $\pi \le \theta \le \dfrac{3}{2}\pi$일 때, 다음 극좌표함수의 그래프를 그려라.

(a) $r = 2$

(b) $r = -3$

(c) $r = 1 + 2\sin\theta$

(d) $r = 1 - 2\sin\theta$

(e) $r = 2 + \cos\theta$

(f) $r = \sin 2\theta$

4. $\dfrac{3}{2}\pi \le \theta \le 2\pi$일 때, 다음 극좌표함수의 그래프를 그려라.

(a) $r = 2$

(b) $r = -3$

(c) $r = 1 + 2\sin\theta$

(d) $r = 1 - 2\sin\theta$

(e) $r = 2 + \cos\theta$

(f) $r = \sin 2\theta$

5. $0 \le \theta \le 2\pi$일 때, 다음 극좌표함수의 그래프를 그려라.

(a) $r = \sin\theta$

(b) $r = \cos\theta$

(c) $r = 1 + \sin\theta$

(d) $r = 1 + 2\cos\theta$

(e) $r = \sin 2\theta$

(f) $r = \cos 3\theta$

6. 다음 극좌표함수의 그래프를 그려라.

(a) $r = \theta, \quad 0 \le \theta \le 6\pi$

(b) $r = -\theta, \quad 0 \le \theta \le 4\pi$

참고

[연습문제 6]에서 다룬 극좌표함수를 **아르키메데스 소용돌이선**(spiral of Archimedes)이라 한다.

동영상 풀이

9.3 곡률

직선은 기울기를 이용하여 기울어진 정도를 수로 나타낼 수 있다. 그러나 곡선은 직선과 달리 휘어져 있다. 곡선상의 어느 부분에서 '더 휘어 있다' 또는 '덜 휘어 있다'라고 할 때, 이를 어떻게 표현할 수 있을까? 이 절에서는 곡선의 휜 정도를 수로 설명할 수 있는 방법을 알아보고자 한다.

9.3.1 곡률의 정의

곡선 위에 두 점 P와 Q가 있을 때, 두 점 사이의 호의 길이를 Δs, 점 P에서의 접선에서 점 Q에서의 접선까지 접선의 각이 변화한 양을 $\Delta\alpha$라 할 때, 곡률은 다음과 같이 정의한다.

정의 9-2 곡률

곡선 위의 한 점 P에서의 **곡률**(curvature) κ는

$$\kappa = \left| \lim_{\Delta s \to 0} \frac{\Delta\alpha}{\Delta s} \right| = \left| \frac{d\alpha}{ds} \right|$$

로 정의한다.

곡률의 정의를 직접 이용하면 계산이 매우 복잡하므로 다음 정리를 이용하여 곡률을 구한다.

정리 9-1 곡률의 계산 공식

극좌표함수 $r = f(\theta)$의 한 점 $P(r, \theta)$에서의 곡률 κ는

$$\kappa = \frac{|r^2 + 2(r')^2 - r \cdot r''|}{(r^2 + (r')^2)^{\frac{3}{2}}}$$

이다. 이때 $r' = \dfrac{dr}{d\theta}$이고 $r'' = \dfrac{d^2 r}{d\theta^2}$이다.

예제 9-9

극좌표함수 $r = a$에 있는 임의의 점에서의 곡률을 구하라(단, $a \neq 0$).

풀이

$r = f(\theta) = a$이므로 $r' = 0$이고 $r'' = 0$이다. 따라서

$$\kappa = \frac{|r^2 + 2(r')^2 - r \cdot r''|}{(r^2 + (r')^2)^{\frac{3}{2}}} = \frac{r^2}{r^3} = \frac{1}{r} = \frac{1}{a}$$

이다.

극좌표함수 $r = a$는 반지름이 a인 원이고, 원은 곡선 중에서 유일하게 원주(circumference) 위의 모든 점에서 일정하게 휜 정도를 갖고 있다. [예제 9-9]에 의하여 반지름이 a인 원의 곡률이 $\frac{1}{a}$이므로 곡률을 알면 그 점에서 휜 정도가 어떤 반지름을 갖는 원의 휜 정도와 같은지를 설명할 수 있다.

예제 9-10

극좌표함수 $r = 1 + \cos\theta$에 대하여 다음 물음에 답하라.

(a) 점 $(2, 0)$에서의 곡률을 구하라.

(b) 점 $\left(\frac{3}{2}, \frac{\pi}{3}\right)$에서의 곡률을 구하라.

풀이

$r'(\theta) = -\sin\theta$이고 $r''(\theta) = -\cos\theta$이다.

(a) $r(0) = 2$, $r'(0) = 0$, $r''(0) = -1$이므로

$$\kappa = \frac{|r^2 + 2(r')^2 - r \cdot r''|}{(r^2 + (r')^2)^{\frac{3}{2}}} = \frac{|2^2 + 2 \cdot 0^2 - 2(-1)|}{(2^2 + 0^2)^{\frac{3}{2}}} = \frac{3}{4}$$

이다.

(b) $r\left(\frac{\pi}{3}\right) = \frac{3}{2}$, $r'\left(\frac{\pi}{3}\right) = -\frac{\sqrt{3}}{2}$, $r''\left(\frac{\pi}{3}\right) = -\frac{1}{2}$이므로

$$\kappa = \frac{|r^2 + 2(r')^2 - r \cdot r''|}{(r^2 + (r')^2)^{\frac{3}{2}}} = \frac{\left|\left(\frac{3}{2}\right)^2 + 2 \cdot \left(\frac{\sqrt{3}}{2}\right)^2 - \frac{3}{2} \cdot \left(-\frac{1}{2}\right)\right|}{\left(\left(\frac{3}{2}\right)^2 + \left(\frac{\sqrt{3}}{2}\right)^2\right)^{\frac{3}{2}}} = \frac{\sqrt{3}}{2}$$

이다.

9.3.2 곡률반경

주어진 점에서 극좌표함수의 곡률이 κ이면, 이것은 그 점에서 반지름이 $\frac{1}{\kappa}$인 원이 접한다는 것을 의미한다. 이와 관련된 정의는 다음과 같다.

정의 9-3 곡률반경

κ가 곡률일 때, $\frac{1}{\kappa}$을 **곡률반경**(radius of curvature)이라 한다.

곡률반경의 정의에 의해 점 $(2, 0)$에서 $r = 1 + \cos\theta$의 곡률 κ가 $\frac{3}{4}$이므로 이 점에서의 곡률반경은 $\frac{4}{3}$이다. 이것은 점 $(2, 0)$에서 $r = 1 + \cos\theta$의 휜 정도가 반지름이 $\frac{4}{3}$인 원의 휜 정도와 같음을 의미한다.

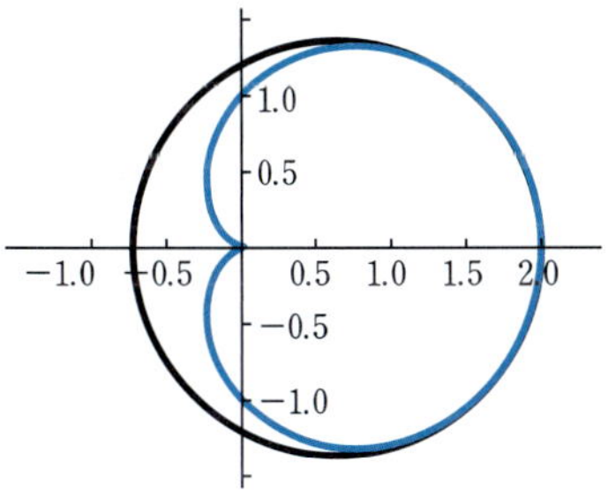

[그림 9-8] $r = 1 + \cos\theta$의 그래프

예제 9-11

극좌표함수 $r = 3 - \sin\theta$에 대하여 다음 물음에 답하라.

(a) 점 $(3, 0)$에서의 곡률반경을 구하라.

(b) 점 $\left(2, \frac{\pi}{2}\right)$에서의 곡률반경을 구하라.

풀이

$r'(\theta) = -\cos\theta$이고 $r''(\theta) = \sin\theta$이다.

(a) $r(0) = 3$, $r'(0) = -1$, $r''(0) = 0$이므로

$$\kappa = \frac{|r^2 + 2(r')^2 - r \cdot r''|}{(r^2 + (r')^2)^{\frac{3}{2}}} = \frac{|3^2 + 2 \cdot (-1)^2 - 3 \cdot 0|}{(3^2 + (-1)^2)^{\frac{3}{2}}} = \frac{11}{10\sqrt{10}}$$

이다. 따라서 곡률반경은 $\frac{10\sqrt{10}}{11}$이다.

(b) $r\left(\frac{\pi}{2}\right)=2$, $r'\left(\frac{\pi}{2}\right)=0$, $r''\left(\frac{\pi}{2}\right)=1$이므로

$$\kappa=\frac{|r^2+2(r')^2-r\cdot r''|}{(r^2+(r')^2)^{\frac{3}{2}}}=\frac{|2^2+2\cdot 0^2-2\cdot 1|}{(2^2+0^2)^{\frac{3}{2}}}=\frac{1}{4}$$

이다. 따라서 곡률반경은 4이다.

이 절에서는 곡선이 휜 정도를 수로 표현하고, 원과 비교하여 설명하는 방법을 학습하였다. 이를 수학적으로 명확하게 하기 위하여 곡률과 곡률반경에 대해 정의하였다.

Section 9.3 연습문제

1. 다음 극좌표함수에 있는 주어진 점에서의 곡률을 구하라.

(a) $r=2,\ \left(2,\ \dfrac{\pi}{12}\right)$

(b) $r=-3,\ \left(-3,\ \dfrac{5}{7}\pi\right)$

(c) $r=\theta,\ \left(\dfrac{1}{2},\ \dfrac{1}{2}\right)$

(d) $r=\theta,\ (1,\ 1)$

(e) $r=\sin 2\theta,\ \left(\dfrac{\sqrt{3}}{2},\ \dfrac{\pi}{6}\right)$

(f) $r=2\sin\theta,\ \left(\sqrt{3},\ \dfrac{\pi}{3}\right)$

(g) $r=\cos 2\theta,\ \left(-\dfrac{1}{2},\ \dfrac{\pi}{3}\right)$

(h) $r=2\cos\theta,\ \left(\sqrt{2},\ \dfrac{\pi}{4}\right)$

2. 다음 극좌표함수에 있는 주어진 점에서의 곡률반경을 구하라.

(a) $r=4,\ \left(4,\ \dfrac{\pi}{5}\right)$

(b) $r=\theta,\ (2,\ 2)$

(c) $r=2+\sin\theta,\ \left(\dfrac{5}{2},\ \dfrac{\pi}{6}\right)$

(d) $r=1+2\cos\theta,\ \left(2,\ \dfrac{\pi}{3}\right)$

(e) $r=1+2\sin\theta,\ \left(1+\sqrt{2},\ \dfrac{\pi}{4}\right)$

(f) $r=2+\cos\theta,\ \left(2+\dfrac{\sqrt{2}}{2},\ \dfrac{\pi}{4}\right)$

(g) $r=2-\sin\theta,\ \left(\dfrac{3}{2},\ \dfrac{\pi}{6}\right)$

(h) $r=2-\cos\theta,\ \left(\dfrac{3}{2},\ \dfrac{\pi}{3}\right)$

3. 주어진 극좌표함수 위의 두 점 P와 Q가 다음과 같을 때, 두 점 중 어느 점에서 더 많이 휘었는지를 설명하라.

(a) $r = 4 + \cos\theta$, $\mathrm{P}(5, 0)$, $\mathrm{Q}\left(4, \frac{\pi}{2}\right)$

(b) $r = 4 - \sin\theta$, $\mathrm{P}(4, 0)$, $\mathrm{Q}\left(3, \frac{\pi}{2}\right)$

(c) $r = 2 - 3\cos\theta$, $\mathrm{P}(-1, 0)$, $\mathrm{Q}(5, \pi)$

(d) $r = 3 + 2\sin\theta$, $\mathrm{P}\left(5, \frac{\pi}{2}\right)$, $\mathrm{Q}\left(1, -\frac{\pi}{2}\right)$

4. 다음 물음에 답하라.

(a) 곡선상의 모든 점에서 곡률이 0일 때, 곡선의 그래프가 어떤 모습일지를 설명하라.

(b) 곡선상의 모든 점에서 곡률이 ∞일 때, 곡선의 그래프가 어떤 모습일지를 설명하라.

동영상 풀이

Chapter

10

벡터

Vectors

학습목표

- 벡터와 관련된 다양한 정의를 학습한다.
- 벡터의 합과 차를 이해하고 내적과 외적을 구하는 방법을 학습한다.
- 외적을 이용하여 평행사변형과 삼각형의 넓이를 구하는 방법을 익힌다.

【미리보기】

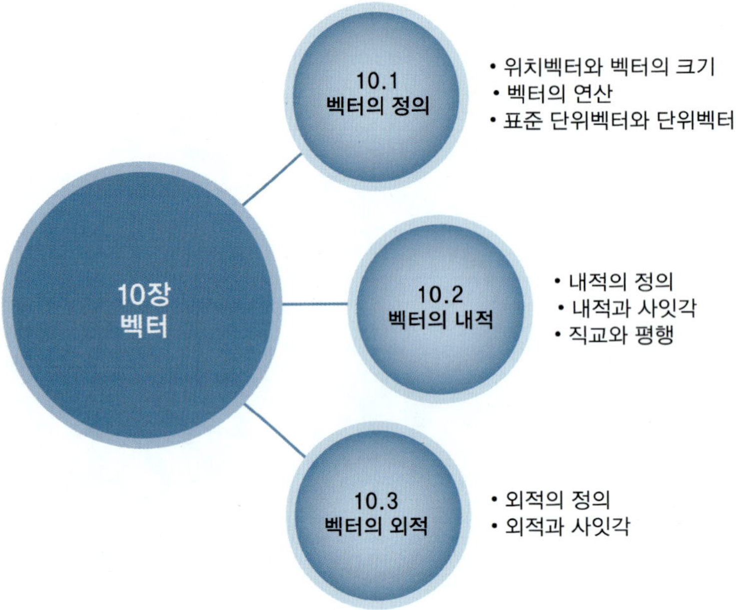

이 장에서는 크기와 방향을 갖는 대상에 대해 설명할 수 있는 벡터에 대하여 알아본다. 벡터와 관련된 다양한 정의를 살펴보고 벡터의 합과 차를 이해한다. 그리고 내적과 외적의 의미와 계산 방법을 학습한다.

【들어가기 전에】

기후변화와 벡터

변화하는 현상을 그래프로 어떻게 나타내면 좋을까? 아래의 그래프 중 좌측은 일반함수를 나타낸 그래프이고, 우측은 벡터를 이용하여 나타낸 그래프이다. 아래의 그래프에서 알 수 있듯이 크기와 방향을 갖는 벡터를 이용하여 그래프를 나타내면 특정 현상이 시시각각으로 어떻게 변화하는지를 쉽게 이해할 수 있다.

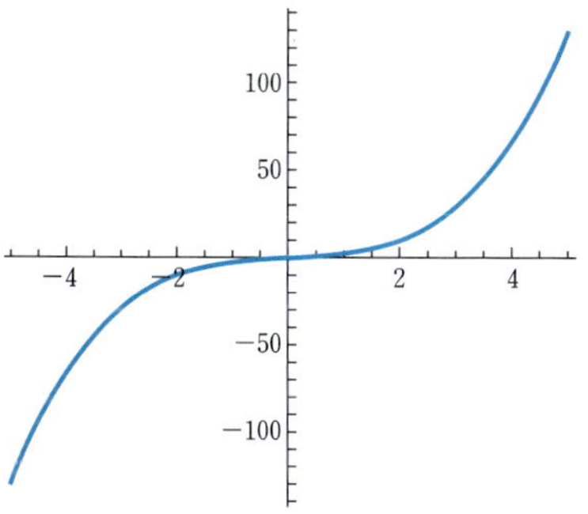

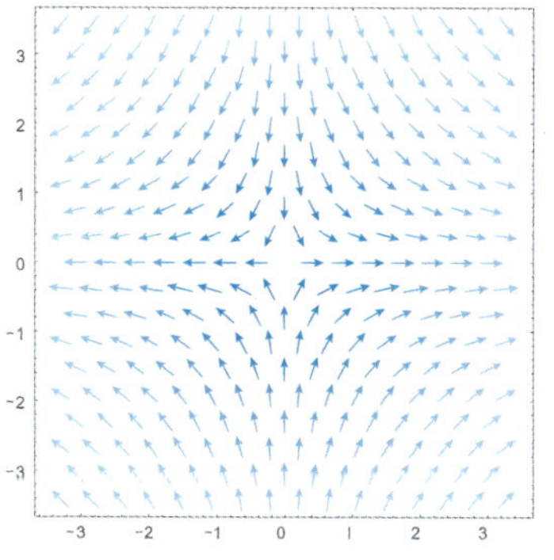

매 순간 변화하는 현상을 설명하는 대표적인 사례는 기상청에서 찾을 수 있다. 기상청은 날씨를 관측할 때 바람의 세기와 방향 데이터를 수집한다. 바람은 시시각각으로 세기와 방향이 바뀌므로 이를 시각적으로 나타내려면 벡터가 필수적이다.

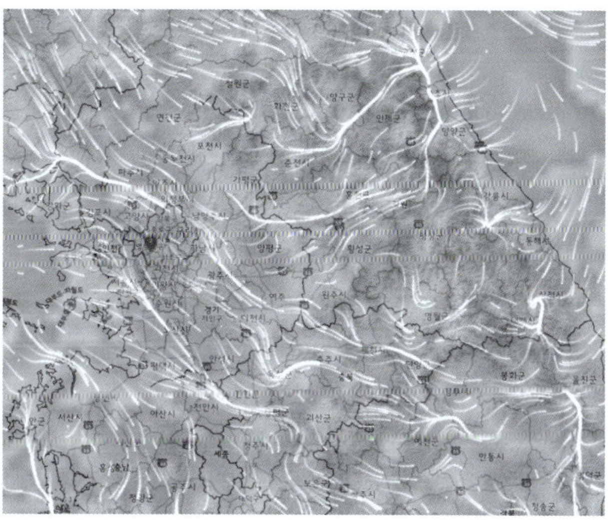

출처 : 기상청 홈페이지
(https://www.weather.go.kr)

10.1 벡터의 정의

우리는 일상생활에서 여러 가지 측정값을 사용한다. 압력, 속력, 부피 등은 주어진 양의 크기인 실수로 표시하는데, 이 실숫값을 **스칼라**(scalar)라 한다. 반면 속도, 각속도 등은 크기뿐만 아니라 방향을 이용하여 표시하는데, 이처럼 크기와 방향을 동시에 나타낼 수 있는 대상을 **벡터**(vector)라 한다. 이 절에서는 벡터의 기본적인 정의와 성질을 알아보기로 한다.

10.1.1 위치벡터와 벡터의 크기

이 책에서는 3차원 벡터를 기준으로 벡터의 성질을 설명한다. 3차원 벡터는 세 실수의 순서쌍

$$\vec{a} = < a_1,\ a_2,\ a_3 >$$

로 표현하는데, 이때 a_1, a_2, a_3를 $\vec{a}$의 **성분**(component)이라 한다.

점 $A(x,\ y,\ z)$에서 점 $B(x+a_1,\ y+a_2,\ z+a_3)$에 이르는 방향을 갖는 벡터를

$$\overrightarrow{AB} = < a_1,\ a_2,\ a_3 >$$

로 표현한다. 따라서 점 $C(x_1,\ y_1,\ z_1)$에서 점 $D(x_2,\ y_2,\ z_2)$에 이르는 방향을 갖는 벡터는

$$\overrightarrow{CD} = < x_2 - x_1,\ y_2 - y_1,\ z_2 - z_1 >$$

으로 표현한다.

정의 10-1 위치벡터

원점 $O(0,\ 0,\ 0)$에서 점 $P(a_1,\ a_2,\ a_3)$에 이르는 방향을 갖는 벡터는 $\overrightarrow{OP} = < a_1,\ a_2,\ a_3 >$로 나타내고, 이를 점 $P(a_1,\ a_2,\ a_3)$의 **위치벡터**(position vector)라 한다.

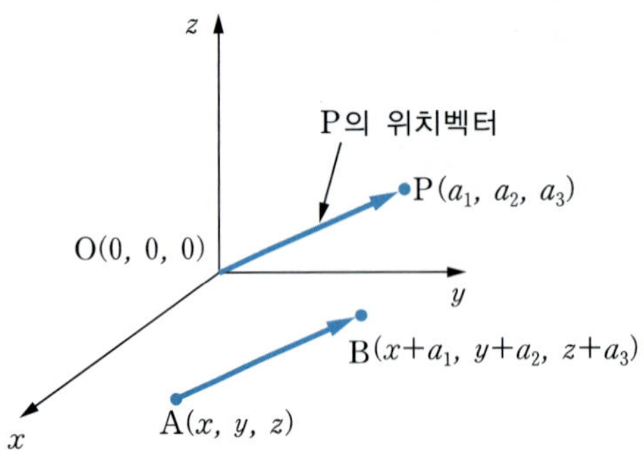

[그림 10-1] 두 점 사이의 벡터와 위치벡터

벡터의 크기는 다음과 같이 정의한다.

정의 10-2 벡터의 크기

3차원 벡터 $\vec{a} = < a_1,\ a_2,\ a_3 >$의 크기 또는 길이는

$$\| \vec{a} \| = \sqrt{a_1^2 + a_2^2 + a_3^2}$$

으로 정의한다. 이때, $\| \vec{a} \|$를 $\vec{a}$의 **노름**(norm)이라 한다.

예제 10-1

다음 벡터의 크기를 구하라.

(a) $\vec{a} = < 0,\ -4,\ 0 >$

(b) $\vec{b} = < 1,\ 0,\ -3 >$

(c) $\vec{c} = \left\langle 1,\ \frac{1}{2},\ \frac{1}{3} \right\rangle$

(d) $\vec{d} = < \sqrt{2},\ 1,\ -1 >$

풀이

(a) $\|\vec{a}\| = \sqrt{0^2 + (-4)^2 + 0^2} = 4$

(b) $\|\vec{b}\| = \sqrt{1^2 + 0^2 + (-3)^2} = \sqrt{10}$

(c) $\|\vec{c}\| = \sqrt{1^2 + \left(\frac{1}{2}\right)^2 + \left(\frac{1}{3}\right)^2} = \frac{7}{6}$

(d) $\|\vec{d}\| = \sqrt{(\sqrt{2})^2 + 1^2 + (-1)^2} = 2$

10.1.2 벡터의 연산

벡터의 기본 연산인 합과 차 그리고 스칼라 곱은 다음과 같이 정의한다.

정의 10-3 벡터의 합, 차, 스칼라 곱

$\vec{a} = < a_1,\ a_2,\ a_3 >$, $\vec{b} = < b_1,\ b_2,\ b_3 >$일 때, 두 벡터의 합과 차, 한 벡터의 스칼라 곱을 다음과 같이 정의한다.

(1) 두 벡터의 합 : $\vec{a} + \vec{b} = < a_1 + b_1,\ a_2 + b_2,\ a_3 + b_3 >$

(2) 두 벡터의 차 : $\vec{a} - \vec{b} = < a_1 - b_1,\ a_2 - b_2,\ a_3 - b_3 >$

(3) c가 실수일 때 c와 벡터의 스칼라 곱 : $c\vec{a} = < ca_1,\ ca_2,\ ca_3 >$

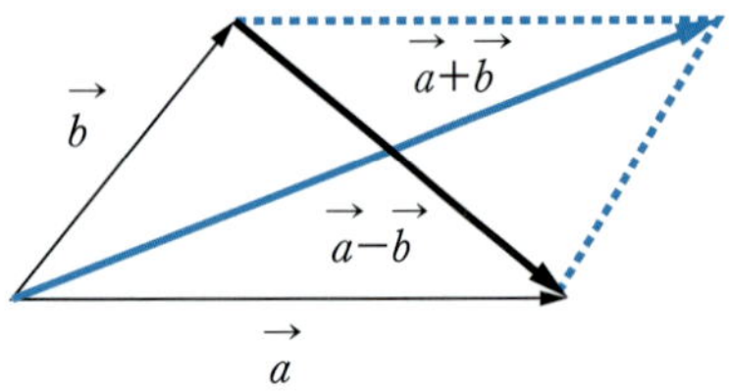

[그림 10-2] 두 벡터의 합과 차

예제 10-2

$\vec{a} = <2,\ 4,\ -1>$, $\vec{b} = <-3,\ 0,\ 4>$일 때, 다음을 구하라.

(a) $\vec{a} + \vec{b}$

(b) $\vec{a} - \vec{b}$

(c) $-2\vec{a}$

(d) $3\vec{a} - 2\vec{b}$

풀이

(a)
$$\begin{aligned}\vec{a} + \vec{b} &= <2,\ 4,\ -1> + <-3,\ 0,\ 4> \\ &= <2-3,\ 4+0,\ -1+4> \\ &= <-1,\ 4,\ 3>\end{aligned}$$

(b)
$$\begin{aligned}\vec{a} - \vec{b} &= <2,\ 4,\ -1> - <-3,\ 0,\ 4> \\ &= <2-(-3),\ 4-0,\ -1-4> \\ &= <5,\ 4,\ -5>\end{aligned}$$

(c) $-2\vec{a} = -2<2,\ 4,\ -1> = <-4,\ -8,\ 2>$

(d)
$$\begin{aligned}3\vec{a} - 2\vec{b} &= 3<2,\ 4,\ -1> - 2<-3,\ 0,\ 4> \\ &= <6,\ 12,\ -3> - <-6,\ 0,\ 8> \\ &= <12,\ 12,\ -11>\end{aligned}$$

3차원 벡터 $\vec{0}$는 $\vec{0} = <0, 0, 0>$으로 정의한다. 3차원 벡터의 합과 차에 대한 기본 성질을 정리하면 다음과 같다.

정리 10-1 벡터의 기본 연산

$\vec{a}$, $\vec{b}$, $\vec{c}$가 3차원 벡터이고 c, d가 실수일 때, 다음이 성립한다.

(1) $\vec{a} + \vec{b} = \vec{b} + \vec{a}$

(2) $(\vec{a} + \vec{b}) + \vec{c} = \vec{a} + (\vec{b} + \vec{c})$

(3) $\vec{a} + \vec{0} = \vec{0} + \vec{a} = \vec{a}$

(4) $\vec{a} + (-\vec{a}) = (-\vec{a}) + \vec{a} = \vec{0}$

(5) $(c + d)\vec{a} = c\vec{a} + d\vec{a}$

(6) $(cd)\vec{a} = c(d\vec{a})$

(7) $c(\vec{a} + \vec{b}) = c\vec{a} + c\vec{b}$

(8) $1\vec{a} = \vec{a}$

10.1.3 표준 단위벡터와 단위벡터

크기가 1인 3차원 벡터 중 벡터의 한 성분이 1이고 나머지 모든 성분이 0인 벡터는 다음과 같이 정의한다.

> **정의 10-4 표준 단위벡터**
>
> 3차원 벡터
>
> $$\vec{i} = <1,\ 0,\ 0>,\ \vec{j} = <0,\ 1,\ 0>,\ \vec{k} = <0,\ 0,\ 1>$$
>
> 을 **표준 단위벡터**(standard unit vector)라 한다.

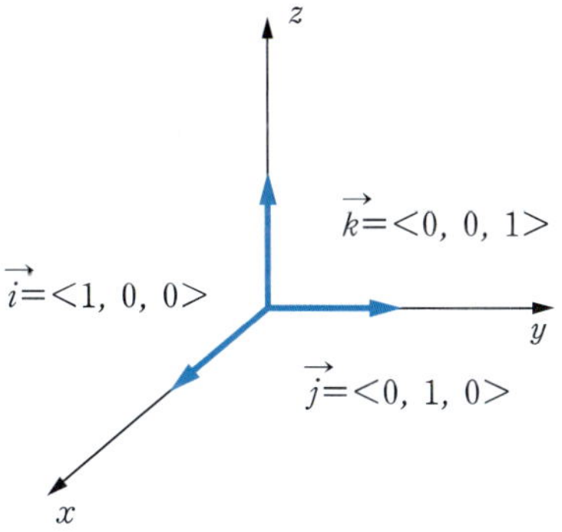

[그림 10-3] **표준 단위벡터**

$\vec{i}$, $\vec{j}$, $\vec{k}$는 모두 크기가 1이고, 각각 양의 x축, 양의 y축, 양의 z축 방향을 가리킨다.

만일 $\vec{a} = < a_1,\ a_2,\ a_3 >$이면 표준 단위벡터를 이용하여

$$\begin{aligned}\vec{a} &= < a_1,\ 0,\ 0 > + < 0,\ a_2,\ 0 > + < 0,\ 0,\ a_3 > \\ &= a_1 < 1,\ 0,\ 0 > + a_2 < 0,\ 1,\ 0 > + a_3 < 0,\ 0,\ 1 > \\ &= a_1 \vec{i} + a_2 \vec{j} + a_3 \vec{k}\end{aligned}$$

로 표현할 수 있다.

예제 10-3

다음 벡터를 $\vec{i}$, $\vec{j}$, $\vec{k}$로 나타내라.

(a) $\vec{a} = < 4,\ -1,\ -2 >$, $\vec{b} = < -3,\ 3,\ 1 >$일 때, $\vec{a} + 2\vec{b}$

(b) $\vec{c} = < 0,\ -1,\ 3 >$, $\vec{d} = < 1,\ -5,\ 4 >$일 때, $-3\vec{c} + \vec{d}$

풀이

(a) $\vec{a}+2\vec{b}=<4,\ -1,\ -2>+2<-3,\ 3,\ 1>$

$=<4,\ -1,\ -2>+<-6,\ 6,\ 2>$

$=<-2,\ 5,\ 0>$

$=-2<1,\ 0,\ 0>+5<0,\ 1,\ 0>+0<0,\ 0,\ 1>$

$=-2\vec{i}+5\vec{j}$

(b) $-3\vec{c}+\vec{d}=-3<0,\ -1,\ 3>+<1,\ -5,\ 4>$

$=<0,\ 3,\ -9>+<1,\ -5,\ 4>$

$=<1,\ -2,\ -5>$

$=<1,\ 0,\ 0>-2<0,\ 1,\ 0>-5<0,\ 0,\ 1>$

$=\vec{i}-2\vec{j}-5\vec{k}$

다양한 크기의 벡터 중 크기가 1인 벡터는 다음과 같이 정의한다.

정의 10-5 단위벡터

만일 $\|\vec{a}\|=1$이면, $\vec{a}$를 **단위벡터**(unit vector)라 한다.

단위벡터의 정의에 의하여 $\vec{a}\neq\vec{0}$일 때 $\vec{a}$와 같은 방향을 갖는 단위벡터는

$$\frac{\vec{a}}{\|\vec{a}\|}$$

이고 $\vec{a}$와 반대 방향을 갖는 단위벡터는

$$-\frac{\vec{a}}{\|\vec{a}\|}$$

이다.

예제 10-4

다음 방향을 갖는 단위벡터를 구하라.

(a) $\vec{a} = < 2,\ 2,\ -3 >$일 때, $\vec{a}$와 같은 방향

(b) $\vec{b} = < -1,\ 3,\ 0 >$일 때, $\vec{b}$와 반대 방향

풀이

(a) $\|\vec{a}\| = \sqrt{2^2 + 2^2 + (-3)^2} = \sqrt{17}$ 이므로 $\vec{a}$와 같은 방향을 갖는 단위벡터는

$$\frac{1}{\sqrt{17}} < 2,\ 2,\ -3 > = \left\langle \frac{2}{\sqrt{17}},\ \frac{2}{\sqrt{17}},\ -\frac{3}{\sqrt{17}} \right\rangle$$

이다.

(b) $\|\vec{b}\| = \sqrt{(-1)^2 + 3^2 + 0^2} = \sqrt{10}$ 이므로 $\vec{b}$와 반대 방향을 갖는 단위벡터는

$$-\frac{1}{\sqrt{10}} < -1,\ 3,\ 0 > = \left\langle \frac{1}{\sqrt{10}},\ -\frac{3}{\sqrt{10}},\ 0 \right\rangle$$

이다.

이 절에서는 벡터의 정의와 기본 성질에 대하여 알아보았다. 또한 표준 단위벡터와 주어진 벡터 방향 또는 반대 방향으로의 단위벡터를 구하는 방법도 학습하였다.

Section 10.1 연습문제

1. 다음 벡터의 크기를 구하라.

(a) $\vec{a} = <3, 0, 0>$

(b) $\vec{b} = <0, -2, 0>$

(c) $\vec{c} = \left\langle 0, 0, -\frac{1}{7} \right\rangle$

(d) $\vec{d} = <1, \sqrt{2}, \sqrt{3}>$

(e) $\vec{e} = <2, -3, 4>$

(f) $\vec{f} = <-3, -2, -1>$

(g) $\vec{g} = <\pi, \pi, 0>$

(h) $\vec{h} = <\pi^2, 0, \pi^2>$

2. $\vec{a} = <-1, 3, 4>$, $\vec{b} = <3, 0, -2>$일 때, 다음을 구하라.

(a) $3\vec{a}$

(b) $-2\vec{b}$

(c) $\vec{a} + \vec{b}$

(d) $\vec{a} - \vec{b}$

(e) $3\vec{a} + 2\vec{b}$

(f) $2\vec{a} - 3\vec{b}$

(g) $-4\vec{a} + 2\vec{b}$

(h) $-2\vec{a} - 4\vec{b}$

3. 다음 벡터를 $\vec{i}$, $\vec{j}$, $\vec{k}$로 나타내라.

(a) $\vec{a} = <7, 3, -1>$, $\vec{b} = <2, -4, 3>$일 때, $4\vec{a} + 3\vec{b}$

(b) $\vec{c} = <-1, -2, 5>$, $\vec{d} = <-2, -1, 3>$일 때, $3\vec{c} - 2\vec{d}$

(c) $\vec{p} = <3, 0, -5>$, $\vec{q} = <0, 2, 3>$일 때, $-4\vec{p} + 5\vec{q}$

(d) $\vec{r} = <-2, 1, 1>$, $\vec{s} = <3, 1, -4>$일 때, $-2\vec{r} - 3\vec{s}$

4. 다음 주어진 벡터와 같은 방향을 갖는 단위벡터를 구하라.

(a) $\vec{a} = < 2, 0, 0 >$ (b) $\vec{b} = < 0, -3, 0 >$

(c) $\vec{c} = \left\langle 0, 0, -\frac{1}{7} \right\rangle$ (d) $\vec{d} = < 1, 0, -2 >$

(e) $\vec{e} = < 3, -1, 0 >$ (f) $\vec{f} = < -3, -2, -1 >$

(g) $\vec{g} = \left\langle 2, -1, \frac{1}{3} \right\rangle$ (h) $\vec{h} = \left\langle 1, -\frac{1}{2}, 1 \right\rangle$

5. 다음 주어진 벡터와 반대 방향을 갖는 단위벡터를 구하라.

(a) $\vec{a} = < 3, 0, 0 >$ (b) $\vec{b} = < 0, 4, 0 >$

(c) $\vec{c} = < 0, 0, -7 >$ (d) $\vec{d} = < 2, 0, -1 >$

(e) $\vec{e} = < 2, -1, 1 >$ (f) $\vec{f} = < 3, 2, -1 >$

(g) $\vec{g} = \left\langle 3, 0, \frac{1}{3} \right\rangle$ (h) $\vec{h} = \left\langle 2, -\frac{1}{2}, 0 \right\rangle$

동영상 풀이

10.2 벡터의 내적

두 벡터의 합과 달리 두 벡터를 곱하는 방법은 내적과 외적의 두 가지 방법이 있다. 이 절에서는 내적에 대해 알아보고자 한다.

10.2.1 내적의 정의

한 쌍의 벡터를 스칼라에 대응시키는 규칙인 벡터의 내적은 다음과 같이 정의한다.

정의 10-6 내적

$\vec{a} = < a_1,\ a_2,\ a_3 >$, $\vec{b} = < b_1,\ b_2,\ b_3 >$일 때, $\vec{a}$와 $\vec{b}$의 **내적**(inner product)은 다음과 같이 정의한다.

$$\vec{a} \cdot \vec{b} = a_1 b_1 + a_2 b_2 + a_3 b_3$$

두 벡터의 내적은 **점 곱**(dot product)이라 하기도 한다.

예제 10-5

다음 물음에 답하라.

(a) $\vec{a} = < 2,\ 0,\ -5 >$, $\vec{b} = < -1,\ 4,\ 3 >$일 때, $\vec{a} \cdot \vec{b}$를 구하라.

(b) $\vec{c} = < 0,\ 3,\ -4 >$, $\vec{d} = < 4,\ 1,\ -2 >$일 때, $\vec{c} \cdot \vec{d}$를 구하라.

풀이

(a) $\vec{a} \cdot \vec{b} = (2)(-1) + (0)(4) + (-5)(3) = -17$

(b) $\vec{c} \cdot \vec{d} = (0)(4) + (3)(1) + (-4)(-2) = 11$

내적에 관련된 기본적인 성질은 다음과 같다.

정리 10-2 내적의 기본 정리

k가 실수이고 $\vec{a} = < a_1, a_2, a_3 >$, $\vec{b} = < b_1, b_2, b_3 >$, $\vec{c} = < c_1, c_2, c_3 >$일 때, 다음이 성립한다.

(1) $\vec{a} \cdot \vec{a} = \|\vec{a}\|^2$ (2) $\vec{a} \cdot \vec{b} = \vec{b} \cdot \vec{a}$

(3) $\vec{a} \cdot (\vec{b} + \vec{c}) = \vec{a} \cdot \vec{b} + \vec{a} \cdot \vec{c}$ (4) $(k\vec{a}) \cdot \vec{b} = k(\vec{a} \cdot \vec{b})$

증명

(1)
$$\begin{aligned}\vec{a} \cdot \vec{a} &= < a_1, a_2, a_3 > \cdot < a_1, a_2, a_3 > \\ &= a_1^2 + a_2^2 + a_3^2 \\ &= \|\vec{a}\|^2\end{aligned}$$

(2)
$$\begin{aligned}\vec{a} \cdot \vec{b} &= < a_1, a_2, a_3 > \cdot < b_1, b_2, b_3 > \\ &= a_1 b_1 + a_2 b_2 + a_3 b_3 \\ &= b_1 a_1 + b_2 a_2 + b_3 a_3 \\ &= < b_1, b_2, b_3 > \cdot < a_1, a_2, a_3 > \\ &= \vec{b} \cdot \vec{a}\end{aligned}$$

(3)
$$\begin{aligned}\vec{a} \cdot (\vec{b} + \vec{c}) &= < a_1, a_2, a_3 > \cdot (< b_1, b_2, b_3 > + < c_1, c_2, c_3 >) \\ &= < a_1, a_2, a_3 > \cdot < b_1 + c_1, b_2 + c_2, b_3 + c_3 > \\ &= a_1(b_1 + c_1) + a_2(b_2 + c_2) + a_3(b_3 + c_3) \\ &= (a_1 b_1 + a_1 c_1) + (a_2 b_2 + a_2 c_2) + (a_3 b_3 + a_3 c_3) \\ &= (a_1 b_1 + a_2 b_2 + a_3 b_3) + (a_1 c_1 + a_2 c_2 + a_3 c_3) \\ &= < a_1, a_2, a_3 > \cdot < b_1, b_2, b_3 > + < a_1, a_2, a_3 > \cdot < c_1, c_2, c_3 > \\ &= \vec{a} \cdot \vec{b} + \vec{a} \cdot \vec{c}\end{aligned}$$

(4) $k\vec{a} = k < a_1, a_2, a_3 > = < ka_1, ka_2, ka_3 >$이므로

$$\begin{aligned}(k\vec{a}) \cdot \vec{b} &= < ka_1, ka_2, ka_3 > \cdot < b_1, b_2, b_3 > \\ &= ka_1 b_1 + ka_2 b_2 + ka_3 b_3 \\ &= k(a_1 b_1 + a_2 b_2 + a_3 b_3) \\ &= k(< a_1, a_2, a_3 > \cdot < b_1, b_2, b_3 >) \\ &= k(\vec{a} \cdot \vec{b})\end{aligned}$$

이다. ■

10.2.2 내적과 사잇각

$\vec{a} \cdot \vec{b}$의 결과를 $\vec{a}$와 $\vec{b}$의 사잇각 θ를 이용하여 설명할 수 있다. 두 벡터의 사잇각 θ는 $0 \leq \theta \leq \pi$이다.

정리 10-3 θ를 이용한 내적 계산

$\vec{a}$와 $\vec{b}$의 사잇각이 θ일 때,

$$\vec{a} \cdot \vec{b} = \|\vec{a}\|\|\vec{b}\| \cos \theta$$

이다.

증명

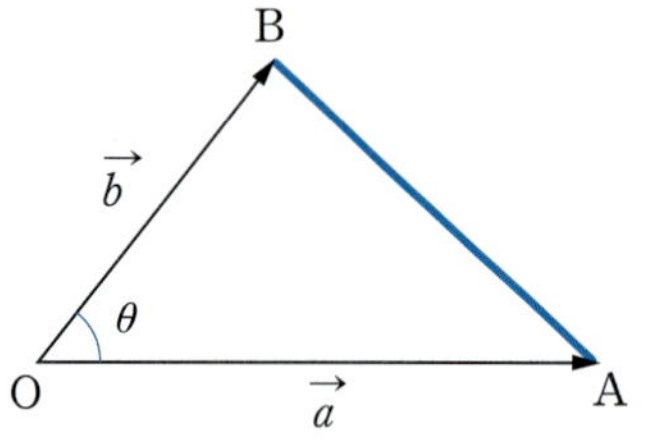

[그림 10-4] 내적과 사잇각

[그림 10-4]에서 삼각형 OAB에 코사인 법칙을 적용하면

$$\|\vec{a} - \vec{b}\|^2 = \|\vec{a}\|^2 + \|\vec{b}\|^2 - 2\|\vec{a}\|\|\vec{b}\| \cos \theta \quad \cdots\cdots\cdots \text{①}$$

이다. [정리 10-2 (1)]에 의하여

$$\begin{aligned} \|\vec{a} - \vec{b}\|^2 &= (\vec{a} - \vec{b}) \cdot (\vec{a} - \vec{b}) \\ &= \vec{a} \cdot \vec{a} - \vec{a} \cdot \vec{b} - \vec{b} \cdot \vec{a} + \vec{b} \cdot \vec{b} \\ &= \|\vec{a}\|^2 - 2\vec{a} \cdot \vec{b} + \|\vec{b}\|^2 \end{aligned}$$

이므로 식 ①은

$$\|\vec{a}\|^2 - 2\vec{a} \cdot \vec{b} + \|\vec{b}\|^2 = \|\vec{a}\|^2 + \|\vec{b}\|^2 - 2\|\vec{a}\|\|\vec{b}\| \cos \theta$$

이다. 이를 정리하면

$$-2\vec{a} \cdot \vec{b} = -2\|\vec{a}\|\|\vec{b}\| \cos \theta$$

이므로

$$\vec{a} \cdot \vec{b} - \|\vec{a}\|\|\vec{b}\| \cos\theta$$

이다. ■

예제 10-6

$\vec{a}$와 $\vec{b}$의 크기가 각각 2와 5이고 사잇각이 $\frac{\pi}{6}$일 때, $\vec{a} \cdot \vec{b}$를 구하라.

풀이

[정리 10-3]에 의하여

$$\vec{a} \cdot \vec{b} = \|\vec{a}\|\|\vec{b}\| \cos\frac{\pi}{6} = (2)(5)\left(\frac{\sqrt{3}}{2}\right) = 5\sqrt{3}$$

이다.

[정리 10-3]에 의하여 다음 정리를 얻을 수 있다.

정리 10-4 사잇각 θ의 계산

$\vec{a} \neq \vec{0}$, $\vec{b} \neq \vec{0}$ 일 때, $\vec{a}$와 $\vec{b}$의 사잇각을 θ라 하면

$$\cos\theta = \frac{\vec{a} \cdot \vec{b}}{\|\vec{a}\| \, \|\vec{b}\|}$$

이다.

[정리 10-4]를 이용하여 $\cos\theta$를 구한 후 코사인 함수의 역함수를 이용하면 두 벡터의 사잇각 θ를 구할 수 있다.

예제 10-7

$\vec{a} = < 1, -2, 0 >$, $\vec{b} = < 0, -1, 1 >$일 때, $\vec{a}$와 $\vec{b}$의 사잇각 θ를 구하라.

풀이

두 벡터 $\vec{a}$와 $\vec{b}$의 내적은

$$\vec{a} \cdot \vec{b} = (1)(0) + (-2)(-1) + (0)(1) = 2$$

이고

$$\|\vec{a}\| = \sqrt{1^2 + (-2)^2 + 0^2} = \sqrt{5}, \quad \|\vec{b}\| = \sqrt{0^2 + (-1)^2 + 1^2} = \sqrt{2}$$

이다. [정리 10-4]에 의하여

$$\cos\theta = \frac{\vec{a} \cdot \vec{b}}{\|\vec{a}\| \ \|\vec{b}\|} = \frac{2}{\sqrt{5}\ \sqrt{2}} = \frac{\sqrt{10}}{5}$$

이므로

$$\theta = \cos^{-1}\left(\frac{\sqrt{10}}{5}\right)$$

이다.

10.2.3 직교와 평행

직교와 평행은 두 벡터 사이의 대표적인 위치 관계이다. 이 위치 관계는 다음과 같이 정의한다.

정의 10-7 직교와 평행

$\vec{a} \neq \vec{0}$, $\vec{b} \neq \vec{0}$라 하자.

(1) $\vec{a}$와 $\vec{b}$의 사잇각이 $\frac{\pi}{2}$일 때, $\vec{a}$와 $\vec{b}$는 **직교한다**(orthogonal)고 한다.

(2) $\vec{a}$와 $\vec{b}$의 사잇각이 0 또는 π일 때, $\vec{a}$와 $\vec{b}$는 **평행하다**(parallel)고 한다.

두 벡터가 직교하거나 평행하다는 것은 다음 정리를 이용하여 설명할 수 있다.

정리 10-5 두 벡터의 직교 조건과 평행 조건

$\vec{a} \neq \vec{0}$, $\vec{b} \neq \vec{0}$라 하자.

(1) $\vec{a}$와 $\vec{b}$가 직교하기 위한 필요충분조건은 $\vec{a} \cdot \vec{b} = 0$이다.

(2) $\vec{a}$와 $\vec{b}$가 평행하기 위한 필요충분조건은 $\vec{a} \cdot \vec{b} = \pm \|\vec{a}\|\|\vec{b}\|$이다.

증명

(1) 만일 $\vec{a}$와 $\vec{b}$가 직교하면, $\vec{a}$와 $\vec{b}$의 사잇각은 $\frac{\pi}{2}$이다. [정리 10-3]에 의하여

$$\vec{a} \cdot \vec{b} = \|\vec{a}\|\|\vec{b}\| \cos\frac{\pi}{2} = 0$$

이다. 만일 $\vec{a} \cdot \vec{b} = 0$이면 [정리 10-3]에 의하여

$$\|\vec{a}\|\|\vec{b}\|\cos\theta = \vec{a}\cdot\vec{b} = 0$$

이다. $\vec{a}$와 $\vec{b}$가 모두 $\vec{0}$가 아니므로 $\cos\theta = 0$이어야 한다. 따라서 $\theta = \frac{\pi}{2}$이므로 $\vec{a}$와 $\vec{b}$는 직교한다.

(2) 만일 $\vec{a}$와 $\vec{b}$가 평행하다면, $\vec{a}$와 $\vec{b}$의 사잇각은 0 또는 π이다. 두 벡터의 사잇각이 0이면 [정리 10-3]에 의하여

$$\vec{a}\cdot\vec{b} = \|\vec{a}\|\|\vec{b}\|\cos 0 = \|\vec{a}\|\|\vec{b}\|$$

이고, 두 벡터의 사잇각이 π이면 [정리 10-3]에 의하여

$$\vec{a}\cdot\vec{b} = \|\vec{a}\|\|\vec{b}\|\cos\pi = -\|\vec{a}\|\|\vec{b}\|$$

이다. 따라서 $\vec{a}\cdot\vec{b} = \pm\|\vec{a}\|\|\vec{b}\|$이다.

만일 $\vec{a}\cdot\vec{b} = +\|\vec{a}\|\|\vec{b}\|$이면, [정리 10-3]에 의하여

$$\|\vec{a}\|\|\vec{b}\|\cos\theta = \vec{a}\cdot\vec{b} = \|\vec{a}\|\|\vec{b}\|$$

이므로 $\cos\theta = 1$이어야 한다. 따라서 $\theta = 0$이다.

만일 $\vec{a}\cdot\vec{b} = -\|\vec{a}\|\|\vec{b}\|$이면, [정리 10-3]에 의하여

$$\|\vec{a}\|\|\vec{b}\|\cos\theta = \vec{a}\cdot\vec{b} = -\|\vec{a}\|\|\vec{b}\|$$

이므로 $\cos\theta = -1$이어야 한다. 따라서 $\theta = \pi$이다. $\vec{a}$와 $\vec{b}$의 사잇각이 0 또는 π이므로 두 벡터는 평행하다. ■

예제 10-8

다음 두 벡터가 직교함을 증명하라.

(a) $\vec{i} = <1,\ 0,\ 0>$, $\vec{j} = <0,\ 1,\ 0>$

(b) $\vec{a} = <2,\ 3,\ -1>$, $\vec{b} = <1,\ -3,\ -7>$

풀이

(a) $\vec{i}\cdot\vec{j} = 0+0+0 = 0$이므로 $\vec{i}$와 $\vec{j}$는 직교한다.

(b) $\vec{a}\cdot\vec{b} = 2-9+7 = 0$이므로 $\vec{a}$와 $\vec{b}$는 직교한다.

예제 10-9

다음 두 벡터가 평행함을 증명하라.

(a) $\vec{i} = < 1, 0, 0 >$, $\vec{a} = < 2, 0, 0 >$

(b) $\vec{b} = < 1, 2, -1 >$, $\vec{c} = < -2, -4, 2 >$

풀이

(a) $\vec{i} \cdot \vec{a} = 2+0+0 = 2$ 이고 $\|\vec{i}\|\|\vec{a}\| = 1 \cdot 2 = 2$ 이므로 $\vec{i} \cdot \vec{a} = \|\vec{i}\|\|\vec{a}\|$ 이다. 따라서 $\vec{i}$ 와 $\vec{a}$ 는 평행하다.

(b) $\vec{b} \cdot \vec{c} = -2+(-8)+(-2) = -12$ 이고 $\|\vec{b}\|\|\vec{c}\| = \sqrt{6}\ \sqrt{24} = 12$ 이므로 $\vec{b} \cdot \vec{c} = -\|\vec{b}\|\|\vec{c}\|$ 이다. 따라서 $\vec{b}$ 와 $\vec{c}$ 는 평행하다.

이 절에서는 벡터의 내적을 정의하고 정의를 이용하여 내적과 노름의 관계를 알아보았다. 또한 두 벡터의 직교 관계와 평행 관계를 정의하고, 두 벡터가 직교할 조건과 평행할 조건을 살펴보았다.

Section 10.2 연습문제

1. 다음 두 벡터의 내적을 구하라.

(a) $\vec{a} = < 3,\ 0,\ -5 >$, $\vec{b} = < 2,\ -1,\ 3 >$

(b) $\vec{c} = < 0,\ 4,\ -\sqrt{3} >$, $\vec{d} = < -5,\ 2\sqrt{3},\ 1 >$

(c) $\vec{e} = 4\vec{i} - 3\vec{j} - \vec{k}$, $\vec{f} = 3\vec{j} - 5\vec{k}$

(d) $\vec{g} = \frac{1}{2}\vec{i} - \pi^2\vec{j} + \sqrt{5}\vec{k}$, $\vec{h} = \frac{1}{3}\vec{i} - 2\vec{j} + \sqrt{3}\vec{k}$

2. 다음 물음에 답하라.

(a) $\vec{a}$와 $\vec{b}$의 크기가 각각 5와 3이고 사잇각이 $\frac{\pi}{3}$일 때, $\vec{a} \cdot \vec{b}$를 구하라.

(b) $\vec{c}$와 $\vec{d}$의 크기가 각각 $\frac{4}{3}$와 $\frac{3}{5}$이고 사잇각이 π일 때, $\vec{c} \cdot \vec{d}$를 구하라.

3. 다음 두 벡터의 사잇각 θ를 구하라.

(a) $\vec{a} = < 4,\ 3,\ -1 >$, $\vec{b} = < 0,\ 4,\ -1 >$

(b) $\vec{c} = < 2,\ -3,\ -5 >$, $\vec{d} = < 1,\ 3,\ 0 >$

(c) $\vec{e} = \vec{i} + 2\vec{j} - 3\vec{k}$, $\vec{f} = 3\vec{i} - 2\vec{k}$

(d) $\vec{g} = \vec{i} + \vec{j} + \sqrt{2}\vec{k}$, $\vec{h} = \vec{i} + 4\vec{j} + \sqrt{2}\vec{k}$

4. 다음 두 벡터가 직교함을 증명하라.

(a) $\vec{j} = < 0,\ 1,\ 0 >$, $\vec{k} = < 0,\ 0,\ 1 >$

(b) $\vec{a} = < 1,\ -3,\ 2 >$, $\vec{b} = \left\langle 2,\ 1,\ \frac{1}{2} \right\rangle$

5. 다음 두 벡터가 직교하게 되는 실수 x, y, z의 값을 구하라.

(a) $\vec{a} = <3,\ 3,\ -1>$, $\vec{b} = <x,\ 3,\ x-3>$

(b) $\vec{c} = <y,\ 1,\ -2>$, $\vec{d} = <3,\ -4,\ y+4>$

(c) $\vec{e} = <z,\ z-2,\ 5>$, $\vec{f} = <4,\ z,\ 0>$

6. 다음 두 벡터가 평행함을 증명하라.

(a) $\vec{a} = <2,\ 1,\ 0>$, $\vec{b} = <-4,\ -2,\ 0>$

(b) $\vec{c} = <2,\ 0,\ 1>$, $\vec{d} = \left\langle 1,\ 0,\ \frac{1}{2} \right\rangle$

7. 다음 두 벡터가 평행하게 되는 실수 x, y의 값을 구하라.

(a) $\vec{a} = <1,\ 4,\ -1>$, $\vec{b} = <x-1,\ 2,\ x-2>$

(b) $\vec{c} = <4,\ y+2,\ 3>$, $\vec{d} = <y-5,\ 2,\ -6>$

8. $\vec{a}$와 $\vec{b}$에 대하여 다음이 성립함을 증명하라.

(a) $\|\vec{a}+\vec{b}\|^2 = \|\vec{a}\|^2 + 2\vec{a}\cdot\vec{b} + \|\vec{b}\|^2$

(b) $\|\vec{a}+\vec{b}\|^2 + \|\vec{a}-\vec{b}\|^2 = 2(\|\vec{a}\|^2 + \|\vec{b}\|^2)$

(c) $|\vec{a}\cdot\vec{b}| \leq \|\vec{a}\|\|\vec{b}\|$

동영상 풀이

10.3 벡터의 외적

앞에서 설명한 바와 같이 두 벡터를 곱하는 방법은 내적과 외적의 두 가지 방법이 있다. 10.2절에서는 내적을 학습했고, 이 절에서는 외적에 대해 알아보고자 한다.

10.3.1 외적의 정의

한 쌍의 벡터를 하나의 벡터에 대응시키는 규칙인 벡터의 외적은 다음과 같이 정의한다.

정의 10-8 외적

$\vec{a} = < a_1, a_2, a_3 >$, $\vec{b} = < b_1, b_2, b_3 >$일 때, $\vec{a}$와 $\vec{b}$의 **외적**(cross product)은 다음과 같이 정의한다.

$$\begin{aligned}\vec{a} \times \vec{b} &= \begin{vmatrix} \vec{i} & \vec{j} & \vec{k} \\ a_1 & a_2 & a_3 \\ b_1 & b_2 & b_3 \end{vmatrix} \\ &= \begin{vmatrix} a_2 & a_3 \\ b_2 & b_3 \end{vmatrix} \vec{i} - \begin{vmatrix} a_1 & a_3 \\ b_1 & b_3 \end{vmatrix} \vec{j} + \begin{vmatrix} a_1 & a_2 \\ b_1 & b_2 \end{vmatrix} \vec{k} \\ &= (a_2 b_3 - a_3 b_2)\vec{i} - (a_1 b_3 - a_3 b_1)\vec{j} + (a_1 b_2 - a_2 b_1)\vec{k}\end{aligned}$$

3차원 벡터 $\vec{a}$와 $\vec{b}$에 대하여 $\vec{a} \cdot \vec{b}$를 구하면 그 결과는 실수가 되지만, $\vec{a} \times \vec{b}$를 구하면 그 결과는 벡터가 된다. 벡터 $\vec{a}$와 $\vec{b}$의 외적을 그림으로 나타내면 [그림 10-5]와 같다.

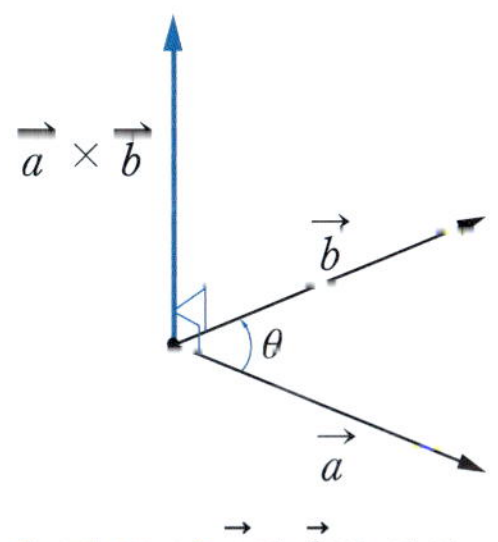

[그림 10-5] $\vec{a}$와 $\vec{b}$의 외적

예제 10-10

$\vec{a} = <1,\ 2,\ -3>$, $\vec{b} = <2,\ 0,\ 1>$일 때, 다음을 구하라.

(a) $\vec{a} \times \vec{b}$

(b) $\vec{b} \times \vec{a}$

풀이

(a) $$\begin{aligned}\vec{a}\times\vec{b} &= \begin{vmatrix} 2 & -3 \\ 0 & 1 \end{vmatrix}\vec{i} - \begin{vmatrix} 1 & -3 \\ 2 & 1 \end{vmatrix}\vec{j} + \begin{vmatrix} 1 & 2 \\ 2 & 0 \end{vmatrix}\vec{k} \\ &= (2-0)\vec{i} - (1-(-6))\vec{j} + (0-4)\vec{k} \\ &= 2\vec{i} - 7\vec{j} - 4\vec{k} \\ &= <2,\ -7,\ -4>\end{aligned}$$

(b) $$\begin{aligned}\vec{b}\times\vec{a} &= \begin{vmatrix} 0 & 1 \\ 2 & -3 \end{vmatrix}\vec{i} - \begin{vmatrix} 2 & 1 \\ 1 & -3 \end{vmatrix}\vec{j} + \begin{vmatrix} 2 & 0 \\ 1 & 2 \end{vmatrix}\vec{k} \\ &= (0-2)\vec{i} - (-6-1)\vec{j} + (4-0)\vec{k} \\ &= -2\vec{i} + 7\vec{j} + 4\vec{k} \\ &= <-2,\ 7,\ 4>\end{aligned}$$

외적에 관련된 기본적인 성질은 다음과 같다.

정리 10-6 외적의 기본 정리

p가 실수이고 $\vec{a} = <a_1,\ a_2,\ a_3>$, $\vec{b} = <b_1,\ b_2,\ b_3>$, $\vec{c} = <c_1,\ c_2,\ c_3>$일 때, 다음이 성립한다.

(1) $\vec{a}\times\vec{0} = \vec{0}\times\vec{a} = \vec{0}$

(2) $\vec{a}\times\vec{b} = -(\vec{b}\times\vec{a})$

(3) $(p\vec{a})\times\vec{b} = p(\vec{a}\times\vec{b})$

(4) $(\vec{a}+\vec{b})\times\vec{c} = \vec{a}\times\vec{c} + \vec{b}\times\vec{c}$

증명

(1) 자명하게 성립한다.

(2) $$\begin{aligned}\vec{a}\times\vec{b} &= \begin{vmatrix} a_2 & a_3 \\ b_2 & b_3 \end{vmatrix}\vec{i} - \begin{vmatrix} a_1 & a_3 \\ b_1 & b_3 \end{vmatrix}\vec{j} + \begin{vmatrix} a_1 & a_2 \\ b_1 & b_2 \end{vmatrix}\vec{k} \\ &= (a_2b_3 - a_3b_2)\vec{i} - (a_1b_3 - a_3b_1)\vec{j} + (a_1b_2 - a_2b_1)\vec{k} \\ &= -[(a_3b_2 - a_2b_3)\vec{i} - (a_3b_1 - a_1b_3)\vec{j} + (a_2b_1 - a_1b_2)\vec{k}] \\ &= -\left(\begin{vmatrix} b_2 & b_3 \\ a_2 & a_3 \end{vmatrix}\vec{i} - \begin{vmatrix} b_1 & b_3 \\ a_1 & a_3 \end{vmatrix}\vec{j} + \begin{vmatrix} b_1 & b_2 \\ a_1 & a_2 \end{vmatrix}\vec{k}\right) = -(\vec{b}\times\vec{a})\end{aligned}$$

(3) $(p\vec{a})\times\vec{b} = \begin{vmatrix} pa_2 & pa_3 \\ b_2 & b_3 \end{vmatrix}\vec{i} - \begin{vmatrix} pa_1 & pa_3 \\ b_1 & b_3 \end{vmatrix}\vec{j} + \begin{vmatrix} pa_1 & pa_2 \\ b_1 & b_2 \end{vmatrix}\vec{k}$

$= (pa_2b_3 - pa_3b_2)\vec{i} - (pa_1b_3 - pa_3b_1)\vec{j} + (pa_1b_2 - pa_2b_1)\vec{k}$

$= p\left[(a_2b_3 - a_3b_2)\vec{i} - (a_1b_3 - a_3b_1)\vec{j} + (a_1b_2 - a_2b_1)\vec{k}\right]$

$= p(\vec{a}\times\vec{b})$

(4) [연습문제 7]에서 증명한다. ■

예제 10-11

3차원 벡터 $\vec{a}$에 대하여 $\vec{a}\times\vec{a} = \vec{0}$임을 증명하라.

풀이

[정리 10-6 (2)]에 의하여

$$\vec{a}\times\vec{a} = -(\vec{a}\times\vec{a})$$

이다. 따라서 우변의 항을 이항하면

$$\vec{a}\times\vec{a} = \vec{0}$$

이다.

벡터의 외적은 다음과 같은 직교성을 갖는다.

정리 10-7 외적의 직교성

3차원 벡터 $\vec{a}$와 $\vec{b}$는 모두 $\vec{a}\times\vec{b}$와 직교한다.

증명

$\vec{a}\times\vec{b}$가 $\vec{a}$와 직교하는 것을 보이려면

$$(\vec{a}\times\vec{b})\cdot\vec{a} = 0$$

임을 보여야 한다. $\vec{a} = < a_1, a_2, a_3 >$, $\vec{b} = < b_1, b_2, b_3 >$라 하면

$$\vec{a}\times\vec{b} = <(a_2b_3 - a_3b_2), -(a_1b_3 - a_3b_1), (a_1b_2 - a_2b_1)>$$

이므로

$$
\begin{aligned}
(\vec{a} \times \vec{b}) \cdot \vec{a} &= a_1(a_2b_3 - a_3b_2) - a_2(a_1b_3 - a_3b_1) + a_3(a_1b_2 - a_2b_1) \\
&= a_1a_2b_3 - a_1a_3b_2 - a_1a_2b_3 + a_2a_3b_1 + a_1a_3b_2 - a_2a_3b_1 \\
&= 0
\end{aligned}
$$

이다. 따라서 $\vec{a} \times \vec{b}$는 $\vec{a}$와 직교한다.

$\vec{a} \times \vec{b}$가 $\vec{b}$와 직교하는 것은 [연습문제 4]에서 증명한다. ■

10.3.2 외적과 사잇각

외적의 크기도 내적의 경우와 같이 두 벡터의 사잇각을 이용하여 설명할 수 있다.

정리 10-8 두 벡터의 사잇각을 이용한 외적의 크기 계산

$\vec{a} = < a_1, a_2, a_3 >$, $\vec{b} = < b_1, b_2, b_3 >$이고 θ가 $\vec{a}$와 $\vec{b}$의 사잇각일 때

$$\|\vec{a} \times \vec{b}\| = \|\vec{a}\|\|\vec{b}\| \sin\theta$$

이다.

증명

외적과 노름의 정의로부터

$$
\begin{aligned}
\|\vec{a} \times \vec{b}\|^2 &= (a_2b_3 - a_3b_2)^2 + (a_1b_3 - a_3b_1)^2 + (a_1b_2 - a_2b_1)^2 \\
&= a_2^2b_3^2 - 2a_2b_3a_3b_2 + a_3^2b_2^2 + a_1^2b_3^2 - 2a_1b_3a_3b_1 + a_3^2b_1^2 \\
&\quad + a_1^2b_2^2 - 2a_1b_2a_2b_1 + a_2^2b_1^2 \\
&= (a_1^2 + a_2^2 + a_3^2)(b_1^2 + b_2^2 + b_3^2) - (a_1b_1 + a_2b_2 + a_3b_3)^2 \\
&= \|\vec{a}\|^2\|\vec{b}\|^2 - (\vec{a} \cdot \vec{b})^2 \\
&= \|\vec{a}\|^2\|\vec{b}\|^2 - \|\vec{a}\|^2\|\vec{b}\|^2\cos^2\theta \\
&= \|\vec{a}\|^2\|\vec{b}\|^2(1 - \cos^2\theta) \\
&= \|\vec{a}\|^2\|\vec{b}\|^2\sin^2\theta
\end{aligned}
$$

이다. $\vec{a}$와 $\vec{b}$의 사잇각 θ는 $0 \le \theta \le \pi$이므로 $\sqrt{\sin^2\theta} = \sin\theta$이다. 따라서

$$\|\vec{a} \times \vec{b}\| = \|\vec{a}\|\|\vec{b}\| \sin\theta$$

이다. ■

[정리 10-8]의 결과를 살펴보자.

$\|\vec{a}\|\|\vec{b}\|\sin\theta = \|\vec{a}\|(\|\vec{b}\|\sin\theta)$에서 $\|\vec{a}\|$는 $\vec{a}$와 $\vec{b}$로 만들어진 평행사변형의 밑변의 길이이고, $\|\vec{b}\|\sin\theta$는 평행사변형의 높이이다. 따라서 $\|\vec{a}\|\|\vec{b}\|\sin\theta$는 $\vec{a}$와 $\vec{b}$로 만들어진 평행사변형의 넓이가 된다. 그러므로 [정리 10-8]에 의해 $\vec{a}$와 $\vec{b}$의 외적의 크기인 $\|\vec{a}\times\vec{b}\|$는 $\vec{a}$와 $\vec{b}$로 만들어진 평행사변형의 넓이를 설명한다.

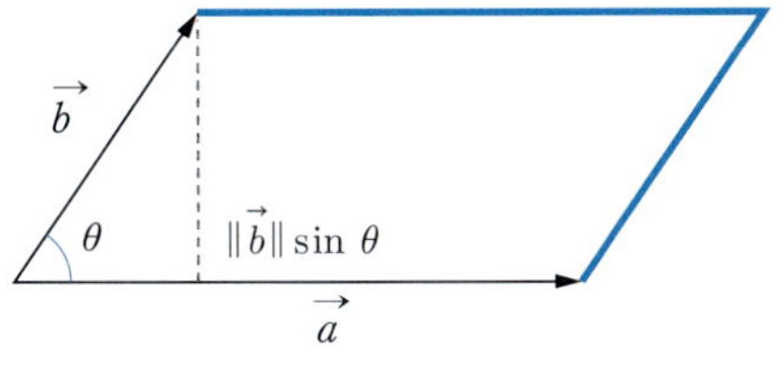

[그림 10-6] **벡터 $\vec{a}$와 $\vec{b}$의 외적과 사잇각**

예제 10-12

다음 도형의 넓이를 구하라.

(a) 꼭짓점이 A(2, 1, 0), B(0, 1, 4), C(2, −1, 3)이고 선분 AB와 선분 AC를 이웃하는 두 변으로 갖는 평행사변형

(b) 꼭짓점이 D(2, 1, 2), E(2, 0, 3), F(1, 3, 1)인 삼각형

풀이

(a) $\overrightarrow{AB} = < -2,\ 0,\ 4 >$이고 $\overrightarrow{AC} = < 0,\ -2,\ 3 >$이다. 따라서

$$\begin{aligned}\overrightarrow{AB}\times\overrightarrow{AC} &= \begin{vmatrix} 0 & 4 \\ -2 & 3 \end{vmatrix}\vec{i} - \begin{vmatrix} -2 & 4 \\ 0 & 3 \end{vmatrix}\vec{j} + \begin{vmatrix} -2 & 0 \\ 0 & -2 \end{vmatrix}\vec{k} \\ &= 8\,\vec{i} + 6\,\vec{j} + 4\,\vec{k}\end{aligned}$$

이므로

$$\|\overrightarrow{AB}\times\overrightarrow{AC}\| = \sqrt{8^2+6^2+4^2} = \sqrt{116} = 2\sqrt{29}$$

이다. 따라서 평행사변형의 넓이는 $2\sqrt{29}$이다.

(b) 꼭짓점이 $D(2, 1, 2)$, $E(2, 0, 3)$, $F(1, 3, 1)$인 삼각형의 넓이는 D, E, F를 꼭짓점으로 하고 선분 DE와 선분 DF를 이웃하는 두 변으로 갖는 평행사변형 넓이의 $\frac{1}{2}$이다.

$\overrightarrow{DE} = <0, -1, 1>$, $\overrightarrow{DF} = <-1, 2, -1>$이므로

$$\begin{aligned}\overrightarrow{DE} \times \overrightarrow{DF} &= \begin{vmatrix} -1 & 1 \\ 2 & -1 \end{vmatrix} \vec{i} - \begin{vmatrix} 0 & 1 \\ -1 & -1 \end{vmatrix} \vec{j} + \begin{vmatrix} 0 & -1 \\ -1 & 2 \end{vmatrix} \vec{k} \\ &= -\vec{i} - \vec{j} - \vec{k}\end{aligned}$$

이다. 따라서

$$\| \overrightarrow{DE} \times \overrightarrow{DF} \| = \sqrt{(-1)^2 + (-1)^2 + (-1)^2} = \sqrt{3}$$

이고, 이 값은 평행사변형의 넓이이다. 그러므로 삼각형 DEF의 넓이는 $\frac{\sqrt{3}}{2}$이다.

이 절에서는 3차원 벡터의 외적을 정의하고, 외적의 크기를 두 벡터의 사잇각을 이용하여 설명하는 방법에 대해 학습하였다. 또한 외적을 활용하여 두 개의 3차원 벡터로 만들 수 있는 평행사변형 또는 삼각형의 넓이를 구하는 방법도 살펴보았다.

Section 10.3 연습문제

1. $\vec{a} = < 1, 0, -2 >$, $\vec{b} = < 3, 1, -2 >$, $\vec{c} = < 2, 3, 0 >$일 때, 다음을 구하라.

(a) $\vec{a} \times \vec{b}$

(b) $\vec{b} \times \vec{a}$

(c) $\vec{b} \times \vec{c}$

(d) $\vec{c} \times \vec{c}$

(e) $\vec{a} \times (\vec{b} + \vec{c})$

(f) $(\vec{a} - \vec{b}) \times \vec{c}$

(g) $\vec{a} \cdot (\vec{b} \times \vec{c})$

(h) $(\vec{a} \times \vec{b}) \cdot \vec{c}$

2. $\vec{a}$, $\vec{b}$, $\vec{c}$가 3차원 벡터일 때, 다음 물음에 답하라.

(a) $\vec{a} \times (\vec{b} \cdot \vec{c})$를 구할 수 없는 이유를 설명하라.

(b) $(\vec{a} \cdot \vec{b}) \cdot \vec{c}$를 구할 수 없는 이유를 설명하라.

3. 다음 도형의 넓이를 구하라.

(a) 꼭짓점이 A(0, 1, 2), B(2, −1, 1), C(3, 0, −1)이고 선분 AB와 선분 AC를 이웃하는 두 변으로 갖는 평행사변형

(b) 꼭짓점이 A(0, 1, 2), B(2, −1, 1), C(3, 0, −1)이고 선분 AB와 선분 BC를 이웃하는 두 변으로 갖는 평행사변형

(c) 꼭짓점이 D(1, 2, 3), E(4, 5, 6), F(3, 0, 1)인 삼각형

4. $\vec{a}$와 $\vec{b}$가 3차원 벡터일 때, $\vec{a} \times \vec{b}$와 $\vec{b}$가 직교함을 증명하라.

5. $\vec{i}$, $\vec{j}$, $\vec{k}$가 표준 단위벡터일 때, 다음을 구하라.

(a) $(\vec{i} \times \vec{j}) \times \vec{k}$

(b) $\vec{i} \times (\vec{j} \times \vec{k})$

(c) $(\vec{i} \times \vec{k}) \times \vec{j}$

(d) $\vec{j} \times (\vec{i} \times \vec{k})$

(e) $\vec{i} \times (\vec{i} \times \vec{k})$

(f) $\vec{j} \times (\vec{j} \times \vec{k})$

6. 다음 두 벡터에 동시에 직교하는 두 개의 단위벡터를 구하라.

(a) $\vec{a} = < 2, -1, -2 >$, $\vec{b} = < -1, 3, 0 >$

(b) $\vec{c} = < 0, 1, 3 >$, $\vec{d} = < -3, -2, 1 >$

(c) $\vec{e} = < 3, 0, 0 >$, $\vec{f} = < 0, -2, 0 >$

(d) $\vec{g} = < 0, -1, 0 >$, $\vec{h} = < 0, 0, 4 >$

7. $\vec{a}$, $\vec{b}$, $\vec{c}$가 3차원 벡터일 때 $(\vec{a} + \vec{b}) \times \vec{c} = \vec{a} \times \vec{c} + \vec{b} \times \vec{c}$가 성립함을 증명하라.

동영상 풀이

Chapter

11

행렬

Matrices

학습목표

- 다양한 행렬의 정의와 성질을 이해한다.
- 행렬의 곱을 이해하고, 연립 선형방정식을 행렬을 이용하여 표현하는 방법을 학습한다.
- 정사각행렬에 대한 행렬식과 역행렬을 구하는 방법을 익힌다.

【미리보기】

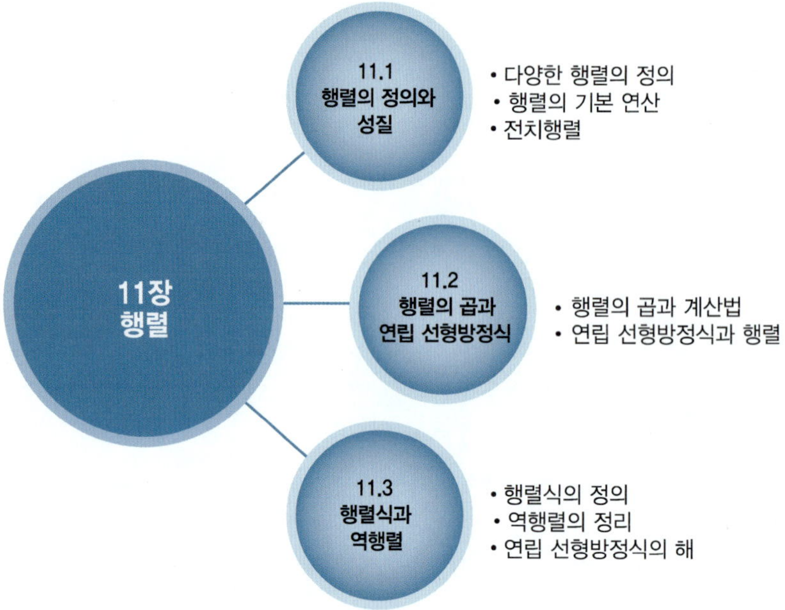

이 장에서는 다양한 행렬의 정의와 행렬의 곱의 정의를 이해한다. 또한, 행렬의 곱을 구하는 방법과 연립 선형방정식을 행렬을 이용하여 표현하는 방법을 익힌다. 정사각행렬의 개념과 역행렬의 존재성 및 역행렬을 구하는 방법에 대해 학습한다.

【들어가기 전에】

비밀번호와 행렬

정보화의 시대에는 정보의 보호가 중요한 과제 중 하나이다. 비밀번호(password)는 정보의 보호를 위해 만들어졌다. 이 장에서 배우게 될 행렬을 이용하면, 쉽게 풀 수 없는 비밀번호를 만들 수 있다.

현금 인출이 가능한 철수의 은행카드 비밀번호가 2, 1, 1, 5라 할 때 이를 2×2 행렬로 나타내면 $\begin{bmatrix} 2 & 1 \\ 1 & 5 \end{bmatrix}$이다. 철수가 비밀번호를 카드에 적어 두었다가 분실하게 되는 경우 철수는 아주 곤란한 상황을 겪을 수 있다. 그렇다면 이 문제를 어떻게 해결할 수 있을까?

철수는 우선 $\begin{bmatrix} 2 & 1 \\ 1 & 5 \end{bmatrix}$와는 아무 상관이 없고 본인이 기억하기 쉬운 2×2 행렬을 하나 선택한다.[1] 예를 들어 철수가 선택한 암호행렬이 $\begin{bmatrix} 1 & 1 \\ 2 & 1 \end{bmatrix}$이라 하자. 암호행렬과 은행카드 비밀번호 행렬을 곱하면 $\begin{bmatrix} 1 & 1 \\ 2 & 1 \end{bmatrix}\begin{bmatrix} 2 & 1 \\ 1 & 5 \end{bmatrix} = \begin{bmatrix} 3 & 6 \\ 5 & 7 \end{bmatrix}$이다. 철수가 은행카드 비밀번호인 2, 1, 1, 5 대신에 행렬 곱의 결과인 $\begin{bmatrix} 3 & 6 \\ 5 & 7 \end{bmatrix}$을 이용하여 3, 6, 5, 7을 적어 두면 어떻게 될까? 만일 철수의 은행카드를 습득한 사람이 은행카드에 적어 둔 3, 6, 5, 7을 알게 되어도 암호행렬인 $\begin{bmatrix} 1 & 1 \\ 2 & 1 \end{bmatrix}$을 모르기 때문에 3, 6, 5, 7로부터 철수의 은행카드 비밀번호인 2, 1, 1, 5를 알아내기 어렵다. 반면, 철수는 역행렬을 이용하여 $\begin{bmatrix} 1 & 1 \\ 2 & 1 \end{bmatrix}^{-1}\begin{bmatrix} 3 & 6 \\ 5 & 7 \end{bmatrix} = \begin{bmatrix} 2 & 1 \\ 1 & 5 \end{bmatrix}$를 계산하면, 비밀번호가 2, 1, 1, 5임을 쉽게 알 수 있다.

---

1 철수가 선정한 행렬은 아무 행렬이나 되는 것은 아니고 선정한 행렬의 행렬식이 0이 아닐 때만 가능하다.

11.1 행렬의 정의와 성질

행렬은 인공지능 연구에 기초가 되는 중요한 개념이다. 이 절에서는 행렬을 정의하고, 기본적인 성질에 대해 알아보고자 한다.

11.1.1 행렬

행렬은 인공지능뿐만 아니라 자연과학, 공학, 경제학의 기초가 되는 선형대수학(linear algebra)에서 핵심적인 역할을 한다. 행렬의 정의는 다음과 같다.

정의 11-1 행렬
수 또는 문자들을 직사각형 형태로 나타낸 것을 **행렬**(matrix)이라 한다.

행렬에서 **행**(row)은 가로줄을, **열**(column)은 세로줄을 의미한다. 행의 개수가 m개, 열의 개수가 n개인 행렬은 $m \times n$ 행렬이라 한다. 예를 들어, $A=\begin{bmatrix} 3 & 0 & 4 \\ 1 & 5 & 2 \end{bmatrix}$는 행이 2개, 열이 3개이므로 2×3 행렬이고, $B=\begin{bmatrix} -1 & 9 \\ 4 & 3 \\ 0 & 5 \end{bmatrix}$는 행이 3개, 열이 2개이므로 3×2 행렬이다.

예제 11-1

다음 행렬이 $m \times n$ 행렬일 때, m과 n의 값을 구하라.

(a) $A = \begin{bmatrix} 3 & 1 \\ 0 & 5 \end{bmatrix}$

(b) $B = \begin{bmatrix} 2 & 2 & 3 & 0 \\ 1 & 3 & 1 & 0 \end{bmatrix}$

(c) $C = \begin{bmatrix} 4 \\ 9 \\ 0 \\ -1 \end{bmatrix}$

(d) $D = \begin{bmatrix} 1 & 2 & 3 \end{bmatrix}$

풀이

(a) A가 2×2 행렬이므로 $m=2$, $n=2$이다.
(b) B가 2×4 행렬이므로 $m=2$, $n=4$이다.
(c) C가 4×1 행렬이므로 $m=4$, $n=1$이다.
(d) D가 1×3 행렬이므로 $m=1$, $n=3$이다.

A가 $m \times n$ 행렬일 때, A는 다음과 같이 표현한다.

$$A = \begin{bmatrix} a_{11} & a_{12} & a_{13} & \cdots & a_{1n} \\ a_{21} & a_{22} & a_{23} & \cdots & a_{2n} \\ \vdots & \vdots & \vdots & \ddots & \vdots \\ a_{m1} & a_{m2} & a_{m3} & \cdots & a_{mn} \end{bmatrix} = [a_{ij}]_{m \times n}$$

이때, 행렬 A를 나타내는 데 사용된 a_{11}, a_{12}, $\cdots$, a_{mn}을 행렬 A의 **성분**(component) 또는 **항**(entry)이라 한다. 그리고 a_{ij}는 행렬의 i번째 행과 j번째 열이 만나는 곳에 있는 성분을 의미한다. A가 $m \times n$ 행렬이고 $m = n$이면, A를 **정사각행렬**(square matrix) 또는 **정방행렬**이라 한다.

정의 11-2 주대각 성분과 대각합

$A = [a_{ij}]_{n \times n}$이 정사각행렬이라 하자.

$$A = \begin{bmatrix} a_{11} & a_{12} & \cdots & a_{1n} \\ a_{21} & a_{22} & \cdots & a_{2n} \\ \vdots & \vdots & \ddots & \vdots \\ a_{n1} & a_{n2} & \cdots & a_{nn} \end{bmatrix}$$

(1) a_{11}, a_{22}, $\cdots$, a_{nn}을 행렬 A의 **주대각 성분**(main diagonal component)이라 한다.

(2) $a_{11} + a_{22} + \cdots + a_{nn}$을 행렬 A의 **대각합**(trace)이라 하고 간단히 $\mathrm{tr}(A)$로 나타낸다.

예를 들어, $A = \begin{bmatrix} 2 & 7 \\ -1 & 5 \end{bmatrix}$에서 2와 5가 행렬 A의 주대각 성분이고 $B = \begin{bmatrix} 0 & -2 \\ 3 & 0 \end{bmatrix}$에서 0과 0이 행렬 B의 주대각 성분이다. 그리고 대각합은 $\mathrm{tr}(A) = 2 + 5 = 7$, $\mathrm{tr}(B) = 0 + 0 = 0$이다.

예제 11 2

다음 행렬의 주대각 성분과 대각합을 구하라.

(a) $A = \begin{bmatrix} 0 & 7 \\ 6 & 2 \end{bmatrix}$ (b) $B = \begin{bmatrix} 3 & 0 & 1 \\ -2 & -3 & 0 \\ 1 & 4 & 7 \end{bmatrix}$

풀이

(a) 행렬 A의 주대각 성분은 0, 2이다. 그리고 대각합은 $\mathrm{tr}(A) = 0 + 2 = 2$이다.

(b) 행렬 B의 주대각 성분은 3, -3, 7이다. 그리고 대각합은 $\mathrm{tr}(B) = 3 + (-3) + 7 = 7$이다.

11.1.2 행렬의 기본 연산

두 행렬의 크기가 같을 때, 행렬의 합과 차, 한 행렬의 실수배에 대한 정의는 다음과 같다.

정의 11-3 행렬의 합, 차, 실수배

k가 실수이고 $A=[a_{ij}]_{m\times n}$, $B=[b_{ij}]_{m\times n}$일 때, 두 행렬의 합과 차, 한 행렬의 실수배는 다음과 같이 정의한다.

(1) $A+B=[a_{ij}+b_{ij}]_{m\times n}$

(2) $A-B=[a_{ij}-b_{ij}]_{m\times n}$

(3) $kA=[ka_{ij}]_{m\times n}$

[정의 11-3]에서 알 수 있듯이 두 행렬의 합과 차는 두 행렬에서 같은 위치에 있는 성분의 합과 차를 이용하여 구한다. 그리고 한 행렬의 실수배는 행렬의 모든 성분에 실수를 곱하여 구한다. 그러나 두 행렬의 크기가 다를 때는 합과 차를 정의할 수 없다.

예제 11-3

$A=\begin{bmatrix}1 & 2 & 3\\ 0 & -1 & -4\end{bmatrix}$, $B=\begin{bmatrix}0 & -4 & -1\\ 2 & -1 & 0\end{bmatrix}$일 때, 다음을 구하라.

(a) $A+B$

(b) $A-B$

(c) $3A$

(d) $-4B$

풀이

(a) $A+B=\begin{bmatrix}1+0 & 2+(-4) & 3+(-1)\\ 0+2 & (-1)+(-1) & (-4)+0\end{bmatrix}=\begin{bmatrix}1 & -2 & 2\\ 2 & -2 & -4\end{bmatrix}$

(b) $A-B=\begin{bmatrix}1-0 & 2-(-4) & 3-(-1)\\ 0-2 & (-1)-(-1) & (-4)-0\end{bmatrix}=\begin{bmatrix}1 & 6 & 4\\ -2 & 0 & -4\end{bmatrix}$

(c) $3A=\begin{bmatrix}3\cdot 1 & 3\cdot 2 & 3\cdot 3\\ 3\cdot 0 & 3\cdot(-1) & 3\cdot(-4)\end{bmatrix}=\begin{bmatrix}3 & 6 & 9\\ 0 & -3 & -12\end{bmatrix}$

(d) $-4B=\begin{bmatrix}(-4)\cdot 0 & (-4)\cdot(-4) & (-4)\cdot(-1)\\ (-4)\cdot 2 & (-4)\cdot(-1) & (-4)\cdot 0\end{bmatrix}=\begin{bmatrix}0 & 16 & 4\\ -8 & 4 & 0\end{bmatrix}$

11.1.3 전치행렬

기존 행렬에서 행과 열을 바꾼 행렬은 전치행렬이라 하며, 정의는 다음과 같다.

정의 11-4 전치행렬

$A=[a_{ij}]_{m\times n}$일 때 $A^T=[a_{ji}]_{n\times m}$을 A의 **전치행렬**(transpose matrix)이라 한다.

행렬 A의 전치행렬을 쉽게 구하려면, 행렬 A의 i번째 행에 있는 성분을 A^T의 i번째 열의 성분으로 적는다. 예를 들어, $A=\begin{bmatrix}1&3\\2&4\end{bmatrix}$일 때 A의 첫 번째 행의 성분인 1, 3을 A^T의 첫 번째 열에 적고, A의 두 번째 행의 성분인 2, 4를 A^T의 두 번째 열에 적어서 $A^T=\begin{bmatrix}1&2\\3&4\end{bmatrix}$를 얻는다.

정리 11-1 전치행렬의 기본 성질

k가 실수이고 A와 B가 모두 $m\times n$ 행렬일 때, 다음이 성립한다.

(1) $(A+B)^T=A^T+B^T$

(2) $(A-B)^T=A^T-B^T$

(3) $(kA)^T=kA^T$

증명

(1) $A=[a_{ij}]_{m\times n}$, $B=[b_{ij}]_{m\times n}$이라 하면 $A+B=[a_{ij}+b_{ij}]_{m\times n}$이다. 따라서

$$(A+B)^T=[a_{ji}+b_{ji}]_{n\times m}=[a_{ji}]_{n\times m}+[b_{ji}]_{n\times m}=A^T+B^T$$

이다.

(2)는 [연습문제 5]에서 증명한다.

(3) $A=[a_{ij}]_{m\times n}$이라 하면 $kA=[ka_{ij}]_{m\times n}$이다. 따라서

$$(kA)^T=[ka_{ji}]_{n\times m}=k[a_{ji}]_{n\times m}=kA^T$$

이다. ■

예제 11-4

다음 행렬의 전치행렬을 구하라.

(a) $A = \begin{bmatrix} -1 & 5 \\ -2 & 9 \end{bmatrix}$

(b) $B = \begin{bmatrix} 2 & 3 & 7 \\ 0 & 1 & 8 \\ 3 & 2 & 5 \end{bmatrix}$

(c) $C = [2 \ \ -2 \ \ 6]$

(d) $D = \begin{bmatrix} 2 & 5 \\ 1 & 0 \\ 7 & 4 \end{bmatrix}$

풀이

(a) $A^T = \begin{bmatrix} -1 & -2 \\ 5 & 9 \end{bmatrix}$

(b) $B^T = \begin{bmatrix} 2 & 0 & 3 \\ 3 & 1 & 2 \\ 7 & 8 & 5 \end{bmatrix}$

(c) $C^T = \begin{bmatrix} 2 \\ -2 \\ 6 \end{bmatrix}$

(d) $D^T = \begin{bmatrix} 2 & 1 & 7 \\ 5 & 0 & 4 \end{bmatrix}$

예제 11-5

$A = \begin{bmatrix} 2 & 3 & -4 \\ 0 & 5 & 2 \end{bmatrix}$, $B = \begin{bmatrix} -1 & -4 & 3 \\ 3 & -2 & -1 \end{bmatrix}$일 때, 다음을 구하라.

(a) $(A+B)^T$

(b) $(4A)^T$

풀이

(a) $A^T = \begin{bmatrix} 2 & 0 \\ 3 & 5 \\ -4 & 2 \end{bmatrix}$, $B^T = \begin{bmatrix} -1 & 3 \\ -4 & -2 \\ 3 & -1 \end{bmatrix}$이므로 $(A+B)^T = A^T + B^T = \begin{bmatrix} 1 & 3 \\ -1 & 3 \\ -1 & 1 \end{bmatrix}$이다.

(b) $4A = 4\begin{bmatrix} 2 & 3 & -4 \\ 0 & 5 & 2 \end{bmatrix} = \begin{bmatrix} 8 & 12 & -16 \\ 0 & 20 & 8 \end{bmatrix}$이므로 $(4A)^T = \begin{bmatrix} 8 & 0 \\ 12 & 20 \\ -16 & 8 \end{bmatrix}$이다.

A가 행렬일 때, [예제 11-4]에서 알 수 있듯이 일반적으로 A^T는 A와 다르다. 하지만 특별한 행렬의 경우 A^T와 A는 같을 수 있고 이 경우에는 다음과 같이 정의한다.

정의 11-5 대칭행렬

A가 $n \times n$ 행렬일 때, $A^T = A$이면 A를 **대칭행렬**(symmetric matrix)이라 한다.

$A = \begin{bmatrix} 1 & 3 \\ 3 & 4 \end{bmatrix}$이면 $A^T = A$이므로 A는 대칭행렬이지만, $B = \begin{bmatrix} 1 & 4 \\ 3 & 3 \end{bmatrix}$이면 $B^T \neq B$이므로 B는 대칭행렬이 아니다.

예제 11-6

다음 행렬이 대칭행렬인지를 판정하라.

(a) $A = \begin{bmatrix} 1 & -4 \\ -4 & 2 \end{bmatrix}$　　(b) $B = \begin{bmatrix} 1 & 3 & 0 \\ 3 & 0 & 4 \\ 1 & 4 & 1 \end{bmatrix}$

풀이

(a) $A^T = \begin{bmatrix} 1 & -4 \\ -4 & 2 \end{bmatrix}$이므로 $A^T = A$이다. 따라서 A는 대칭행렬이다.

(b) $B^T = \begin{bmatrix} 1 & 3 & 1 \\ 3 & 0 & 4 \\ 0 & 4 & 1 \end{bmatrix}$이므로 $B^T \neq B$이다. 따라서 B는 대칭행렬이 아니다.

주어진 두 행렬이 같은지는 다음 정의를 이용하여 판정한다.

정의 11-6 행렬의 상등

$A = [a_{ij}]_{m \times n}$, $B = [b_{ij}]_{m \times n}$일 때 두 행렬의 대응하는 위치에 있는 모든 성분이 같으면 행렬 A와 행렬 B는 **상등**(equal)이라 한다.

[정의 11-6]에 의하여 두 행렬 A와 B의 크기가 다르거나 두 행렬의 대응하는 위치에 있는 성분 중 하나라도 다르면 두 행렬은 상등이 아니다. 행렬의 상등은 행렬과 관련된 연립방정식의 해를 구할 때 중요하게 사용된다.

예제 11-7

다음 두 행렬이 상등일 때 실수 x, y, z의 값을 구하라.

(a) $A=\begin{bmatrix} x & 2y \\ 3z & 4 \end{bmatrix}$, $B=\begin{bmatrix} 3 & -2 \\ -1 & 4 \end{bmatrix}$

(b) $C=\begin{bmatrix} 1 & 2 & 3 \\ x & y-1 & 4 \\ z+2 & -2 & -3 \end{bmatrix}$, $D=\begin{bmatrix} 1 & 2 & 3 \\ 1-2x & 2y & 4 \\ 2-z & -2 & -3 \end{bmatrix}$

풀이

(a) [정의 11-6]에 의하여 $x=3$, $2y=-2$, $3z=-1$이다. 따라서 $x=3$, $y=-1$, $z=-\frac{1}{3}$ 이다.

(b) [정의 11-6]에 의하여 $x=1-2x$, $y-1=2y$, $z+2=2-z$이다. 따라서 $x=\frac{1}{3}$, $y=-1$, $z=0$이다.

이 절에서는 행렬의 정의와 기본 성질에 대하여 학습하고, 행렬의 성분, 주대각 성분, 상등의 개념을 이해하였다. 또한 두 행렬 사이의 합과 차, 행렬의 실수배를 구하는 방법을 알아보았다.

Section 11.1 연습문제

1. 다음 행렬이 $m \times n$ 행렬일 때, m과 n의 값을 구하라.

(a) $A = \begin{bmatrix} 2 & 3 \\ 0 & 0 \end{bmatrix}$ (b) $B = \begin{bmatrix} 4 & 0 & 1 & 0 & 7 \\ 3 & 3 & 0 & 0 & 2 \end{bmatrix}$ (c) $C = \begin{bmatrix} -4 \\ 8 \end{bmatrix}$

(d) $D = \begin{bmatrix} 6 & 4 & 2 & 1 & 0 & -1 \end{bmatrix}$ (e) $E = \begin{bmatrix} 1 & 3 \\ 4 & -1 \\ -2 & -1 \\ 2 & 3 \end{bmatrix}$ (f) $F = \begin{bmatrix} 1 & 2 & 1 & 4 \\ 3 & 3 & 0 & 0 \\ 2 & 1 & 5 & 2 \end{bmatrix}$

2. 다음 행렬의 주대각 성분과 대각합을 구하라.

(a) $A = \begin{bmatrix} -2 & 5 \\ 0 & 9 \end{bmatrix}$ (b) $B = \begin{bmatrix} e & \pi \\ e^2 & \pi^3 \end{bmatrix}$

(c) $C = \begin{bmatrix} 5 & 2 & 1 \\ -1 & -8 & 4 \\ 2 & 5 & 3 \end{bmatrix}$ (d) $D = \begin{bmatrix} d & f & f \\ a & c & a \\ d & b & k \end{bmatrix}$

(e) $E = \begin{bmatrix} 3 & 3 & 1 & 4 \\ \sqrt{2} & \sqrt{5} & \sqrt{2} & \sqrt{3} \\ 0 & 1 & 1 & 0 \\ 0.2 & 0.3 & 0.1 & 0.5 \end{bmatrix}$ (f) $F = \begin{bmatrix} x & y & z & w \\ y & z & w & x \\ z^2 & w^2 & x^2 & y^2 \\ w^3 & x^3 & y^3 & z^3 \end{bmatrix}$

3. $A = \begin{bmatrix} 1 & 3 \\ 7 & -2 \\ 3 & -5 \end{bmatrix}$, $B = \begin{bmatrix} 0 & -4 \\ -2 & 3 \\ 4 & 5 \end{bmatrix}$ 일 때, 다음을 구하라.

(a) $A + B$ (b) $A - B$ (c) $5A$ (d) $-3B$

4. 다음 행렬의 전치행렬을 구하라.

(a) $A = \begin{bmatrix} 0 & 5 \\ 4 & 1 \end{bmatrix}$ (b) $B = \begin{bmatrix} 1 & 3 & -2 & 5 \end{bmatrix}$ (c) $C = \begin{bmatrix} 4 & -3 & 1 \\ 1 & 4 & 2 \\ 0 & 3 & 6 \end{bmatrix}$

(d) $D = \begin{bmatrix} 2 & 4 & -1 & 2 \\ 3 & 1 & 1 & 3 \end{bmatrix}$ (e) $E = \begin{bmatrix} 3 \\ 3 \\ -2 \end{bmatrix}$ (f) $F = \begin{bmatrix} 2 & 3 \\ -1 & -3 \\ 11 & 10 \end{bmatrix}$

5. A와 B가 모두 $m \times n$행렬일 때 $(A-B)^T = A^T - B^T$임을 증명하라.

6. $A = \begin{bmatrix} 2 & 7 \\ 0 & -2 \\ 3 & -1 \\ 5 & 2 \end{bmatrix}$, $B = \begin{bmatrix} 6 & -2 \\ 1 & 0 \\ 5 & 0 \\ 4 & -3 \end{bmatrix}$일 때, 다음을 구하라.

(a) $(A+B)^T$ (b) $(A-B)^T$ (c) $(4A)^T$ (d) $(-2B)^T$

7. 다음 행렬이 대칭행렬인지를 판정하라.

(a) $\begin{bmatrix} 2 & 3 \\ 4 & 2 \end{bmatrix}$ (b) $\begin{bmatrix} 1 & 1 & 1 \\ 1 & 1 & 1 \end{bmatrix}$ (c) $\begin{bmatrix} 1 & 2 & 3 \\ 2 & 3 & 7 \\ 3 & 7 & 4 \end{bmatrix}$ (d) $\begin{bmatrix} 3 & 4 & 1 \\ 4 & 3 & 1 \\ 1 & 2 & 1 \end{bmatrix}$

8. 다음 두 행렬이 상등일 때, 실수 a, b, c의 값을 구하라.

(a) $A = \begin{bmatrix} a & 3 \\ b+1 & c-11 \end{bmatrix}$, $B = \begin{bmatrix} 4 & 3 \\ -1 & 2 \end{bmatrix}$

(b) $C = \begin{bmatrix} 2 & 4 \\ 4 & 3 \end{bmatrix}$, $D = \begin{bmatrix} 2 & a+2 \\ 2b+1 & 3c-1 \end{bmatrix}$

(c) $E = \begin{bmatrix} a-1 & b+1 \\ c-1 & a-1 \end{bmatrix}$, $F = \begin{bmatrix} b & 3 \\ 4 & b \end{bmatrix}$

(d) $G = \begin{bmatrix} a+b & a+c \\ b+c & 0 \end{bmatrix}$, $H = \begin{bmatrix} 2 & 4 \\ a+c & a-b \end{bmatrix}$

동영상 풀이

11.2 행렬의 곱과 연립 선형방정식

이 절에서는 행렬의 곱이 어떻게 정의되는지 살펴보고 연립 선형방정식을 행렬의 곱을 이용하여 표현하는 방법을 알아보고자 한다.

11.2.1 행렬의 곱과 계산법

행렬의 합, 차를 구하는 방법과 달리 행렬의 곱을 구하는 방법은 다소 복잡하다. 행렬 A와 행렬 B의 곱은 행렬 A의 열의 개수와 행렬 B의 행의 개수가 같을 때만 정의할 수 있다. 아래와 같이 A가 $m\times r$ 행렬이고 B가 $r\times n$ 행렬이면 두 행렬의 곱인 AB는 정의되고, 곱한 결과는 $m\times n$ 행렬이 된다.

$$\begin{array}{ccc} A & B & AB \\ m\times r & r\times n & m\times n \end{array}$$

예제 11-8

두 행렬 A와 B의 곱 AB가 정의되는지를 판정하고 정의되는 경우 행렬 AB의 크기를 구하라.

(a) $A=[a_{ij}]_{3\times 4}$, $B=[b_{ij}]_{4\times 5}$
(b) $A=[a_{ij}]_{1\times 2}$, $B=[b_{ij}]_{1\times 3}$
(c) $A=[a_{ij}]_{5\times 3}$, $B=[b_{ij}]_{3\times 5}$
(d) $A=[a_{ij}]_{3\times 5}$, $B=[b_{ij}]_{5\times 3}$

풀이

(a) 행렬 A의 열의 개수가 4개이고 행렬 B의 행의 개수도 4개이므로 행렬의 곱이 정의되고, AB의 크기는 3×5이다.

(b) 행렬 A의 열의 개수가 2개이고 행렬 B의 행의 개수는 1개이므로 행렬의 곱이 정의되지 않는다.

(c) 행렬 A의 열의 개수가 3개이고 행렬 B의 행의 개수도 3개이므로 행렬의 곱이 정의되고, AB의 크기는 5×5이다.

(d) 행렬 A의 열의 개수가 5개이고 행렬 B의 행의 개수도 5개이므로 행렬의 곱이 정의되고, AB의 크기는 3×3이다.

몇 가지 예시를 통하여 행렬의 곱을 구하는 방법을 알아 보자.

❶ $A=\begin{bmatrix}1&0\\2&3\end{bmatrix}$, $B=\begin{bmatrix}4&2\\2&3\end{bmatrix}$이라 하자.

A가 2×2 행렬이고 B도 2×2 행렬이므로 행렬의 곱의 정의에 의하여 AB도 2×2 행렬이다. 이제

$$\begin{bmatrix}1&0\\2&3\end{bmatrix}\begin{bmatrix}4&2\\2&3\end{bmatrix}=\begin{bmatrix}a&b\\c&d\end{bmatrix}$$

라 하면, a, b, c, d는 다음과 같이 좌측 행렬의 가로줄에 있는 성분들과 우측 행렬의 세로줄에 있는 성분들을 곱하고, 이들을 더한 값으로 구한다.

$$\begin{bmatrix}1&0\\2&3\end{bmatrix}\begin{bmatrix}4&2\\2&3\end{bmatrix} \Rightarrow a=1\times 4+0\times 2=4$$

$$\begin{bmatrix}1&0\\2&3\end{bmatrix}\begin{bmatrix}4&2\\2&3\end{bmatrix} \Rightarrow b=1\times 2+0\times 3=2$$

$$\begin{bmatrix}1&0\\2&3\end{bmatrix}\begin{bmatrix}4&2\\2&3\end{bmatrix} \Rightarrow c=2\times 4+3\times 2=14$$

$$\begin{bmatrix}1&0\\2&3\end{bmatrix}\begin{bmatrix}4&2\\2&3\end{bmatrix} \Rightarrow d=2\times 2+3\times 3=13$$

따라서

$$AB=\begin{bmatrix}1&0\\2&3\end{bmatrix}\begin{bmatrix}4&2\\2&3\end{bmatrix}=\begin{bmatrix}4&2\\14&13\end{bmatrix}$$

이다.

❷ $A=\begin{bmatrix}1&0\\2&3\end{bmatrix}$, $C=\begin{bmatrix}1&3&2\\2&0&5\end{bmatrix}$라 하자.

A가 2×2 행렬이고 C는 2×3 행렬이므로 행렬의 곱의 정의에 의하여 AC는 2×3 행렬이다. 이제

$$\begin{bmatrix}1&0\\2&3\end{bmatrix}\begin{bmatrix}1&3&2\\2&0&5\end{bmatrix}=\begin{bmatrix}a&b&c\\d&e&f\end{bmatrix}$$

라 하면, a, b, c, d, e, f는 다음과 같이 좌측 행렬의 가로줄에 있는 성분들과 우측 행렬의 세로줄에 있는 성분들을 곱하고, 이들을 더한 값으로 구한다.

$$\begin{bmatrix} 1 & 0 \\ 2 & 3 \end{bmatrix}\begin{bmatrix} 1 & 3 & 2 \\ 2 & 0 & 5 \end{bmatrix} \Rightarrow a = 1\times 1 + 0\times 2 = 1$$

$$\begin{bmatrix} 1 & 0 \\ 2 & 3 \end{bmatrix}\begin{bmatrix} 1 & 3 & 2 \\ 2 & 0 & 5 \end{bmatrix} \Rightarrow b = 1\times 3 + 0\times 0 = 3$$

$$\begin{bmatrix} 1 & 0 \\ 2 & 3 \end{bmatrix}\begin{bmatrix} 1 & 3 & 2 \\ 2 & 0 & 5 \end{bmatrix} \Rightarrow c = 1\times 2 + 0\times 5 = 2$$

$$\begin{bmatrix} 1 & 0 \\ 2 & 3 \end{bmatrix}\begin{bmatrix} 1 & 3 & 2 \\ 2 & 0 & 5 \end{bmatrix} \Rightarrow d = 2\times 1 + 3\times 2 = 8$$

$$\begin{bmatrix} 1 & 0 \\ 2 & 3 \end{bmatrix}\begin{bmatrix} 1 & 3 & 2 \\ 2 & 0 & 5 \end{bmatrix} \Rightarrow e = 2\times 3 + 3\times 0 = 6$$

$$\begin{bmatrix} 1 & 0 \\ 2 & 3 \end{bmatrix}\begin{bmatrix} 1 & 3 & 2 \\ 2 & 0 & 5 \end{bmatrix} \Rightarrow f = 2\times 2 + 3\times 5 = 19$$

따라서

$$AC = \begin{bmatrix} 1 & 0 \\ 2 & 3 \end{bmatrix}\begin{bmatrix} 1 & 3 & 2 \\ 2 & 0 & 5 \end{bmatrix} = \begin{bmatrix} 1 & 3 & 2 \\ 8 & 6 & 19 \end{bmatrix}$$

이다.

❸ $A = \begin{bmatrix} 1 & 0 \\ 2 & 3 \end{bmatrix}$, $D = \begin{bmatrix} 3 \\ 5 \end{bmatrix}$라 하자.

A가 2×2 행렬이고 D는 2×1 행렬이므로 행렬의 곱의 정의에 의하여 AD는 2×1 행렬이다. 이제

$$\begin{bmatrix} 1 & 0 \\ 2 & 3 \end{bmatrix}\begin{bmatrix} 3 \\ 5 \end{bmatrix} = \begin{bmatrix} a \\ b \end{bmatrix}$$

라 하면, a, b는 다음과 같이 좌측 행렬의 가로줄에 있는 성분들과 우측 행렬의 세로줄에 있는 성분들을 곱하고, 이들을 더한 값으로 구한다.

$$\begin{bmatrix} 1 & 0 \\ 2 & 3 \end{bmatrix}\begin{bmatrix} 3 \\ 5 \end{bmatrix} \Rightarrow a = 1\times 3 + 0\times 5 = 3$$

$$\begin{bmatrix} 1 & 0 \\ 2 & 3 \end{bmatrix}\begin{bmatrix} 3 \\ 5 \end{bmatrix} \Rightarrow b = 2\times 3 + 3\times 5 = 21$$

따라서

$$AD = \begin{bmatrix} 1 & 0 \\ 2 & 3 \end{bmatrix}\begin{bmatrix} 3 \\ 5 \end{bmatrix} = \begin{bmatrix} 3 \\ 21 \end{bmatrix}$$

이다.

예제 11-9

$A=\begin{bmatrix}1 & 2\\2 & 0\end{bmatrix}$, $B=\begin{bmatrix}-1 & 3\\2 & 1\end{bmatrix}$, $C=\begin{bmatrix}3 & 2 & 1\\3 & -2 & -3\end{bmatrix}$일 때, 다음을 구하라.

(a) AB

(b) BA

(c) AC

(d) BC

풀이

(a) $AB=\begin{bmatrix}1 & 2\\2 & 0\end{bmatrix}\begin{bmatrix}-1 & 3\\2 & 1\end{bmatrix}=\begin{bmatrix}3 & 5\\-2 & 6\end{bmatrix}$

(b) $BA=\begin{bmatrix}-1 & 3\\2 & 1\end{bmatrix}\begin{bmatrix}1 & 2\\2 & 0\end{bmatrix}=\begin{bmatrix}5 & -2\\4 & 4\end{bmatrix}$

(c) $AC=\begin{bmatrix}1 & 2\\2 & 0\end{bmatrix}\begin{bmatrix}3 & 2 & 1\\3 & -2 & -3\end{bmatrix}=\begin{bmatrix}9 & -2 & -5\\6 & 4 & 2\end{bmatrix}$

(d) $BC=\begin{bmatrix}-1 & 3\\2 & 1\end{bmatrix}\begin{bmatrix}3 & 2 & 1\\3 & -2 & -3\end{bmatrix}=\begin{bmatrix}6 & -8 & -10\\9 & 2 & -1\end{bmatrix}$

실수와 행렬은 곱셈의 차이로 인해 몇 가지 다른 성질을 갖는다. a와 b가 실수일 때 곱에 대한 교환법칙 $ab=ba$가 항상 성립한다. 하지만 [예제 11-9(a)]와 [예제 11-9(b)]에 의하면

$$AB=\begin{bmatrix}3 & 5\\-2 & 6\end{bmatrix}\neq\begin{bmatrix}5 & -2\\4 & 4\end{bmatrix}=BA$$

이다. 이것은 행렬에 대하여 곱에 대한 교환법칙은 성립하지 않을 수 있음을 설명한다.

또한 a가 실수일 때 $a\neq 0$이면 $a^2\neq 0$이다. 2×2 행렬 중 $O=\begin{bmatrix}0 & 0\\0 & 0\end{bmatrix}$을 **영행렬**(zero matrix)이라 한다.[2] $A=\begin{bmatrix}0 & 0\\1 & 0\end{bmatrix}$이라 하면 $A\neq O$이지만

$$A^2=AA=\begin{bmatrix}0 & 0\\1 & 0\end{bmatrix}\begin{bmatrix}0 & 0\\1 & 0\end{bmatrix}=O$$

이다.

2 행렬의 모든 성분이 0이면 그 행렬은 행렬의 크기와 관계없이 영행렬이다.
따라서 $\begin{bmatrix}0 & 0 & 0\\0 & 0 & 0\end{bmatrix}$, $\begin{bmatrix}0\\0\end{bmatrix}$, $\begin{bmatrix}0 & 0 & 0 & 0\end{bmatrix}$ 등은 모두 영행렬이다.

11.2.2 연립 선형방정식

어떤 함수와 그 함수의 도함수로 이루어진 미분방정식은 공학에서 중요하게 사용된다. 미분방정식을 풀기 어려운 경우 이를 연립 선형방정식으로 나타내어 근사해를 구한다. 이때 이 연립 선형방정식을 행렬로 나타내면 근사해를 쉽게 구할 수 있다.

정의 11-7 선형방정식

$x_1, x_2, \cdots, x_n$이 미지수일 때

$$a_1 x_1 + a_2 x_2 + \cdots + a_n x_n = b$$

의 형태로 표현된 방정식을 **선형방정식**(linear equation)이라 한다.
이때, a_1, a_2, $\cdots$, a_n과 b는 상수이다.

예를 들어, $3x + 5y = -1$, $3x_1 - x_2 - 3x_3 = 5$, $\sqrt{2}\,x + \sqrt{3}\,z = \sqrt{5}$는 선형방정식이지만 $xy + 2z - 1$, $\dfrac{1}{x_1} + x_2 = 3$, $\sin x_1 + x_2 - x_3 = 1$은 선형방정식이 아니다.

정의 11-8 연립 선형방정식

같은 미지수를 갖는 유한개의 선형방정식의 집합을 **연립 선형방정식**(system of linear equations)이라 한다.

연립 선형방정식은 다음 예제와 같이 행렬을 이용하여 나타내면 쉽게 풀 수 있다.

예제 11-10

다음 연립 선형방정식을 행렬을 이용하여 나타내라.

(a) $\begin{cases} 2x + 3y = 4 \\ 4x - y = -2 \end{cases}$

(b) $\begin{cases} 2x - y - 2z = 8 \\ 3x + 5z = 7 \\ 2y - z = 9 \end{cases}$

풀이

(a) $\begin{bmatrix} 2x + 3y \\ 4x - y \end{bmatrix} = \begin{bmatrix} 2 & 3 \\ 4 & -1 \end{bmatrix}\begin{bmatrix} x \\ y \end{bmatrix}$이므로 연립 선형방정식을 행렬을 이용하여 나타내면

$$\begin{bmatrix} 2 & 3 \\ 4 & -1 \end{bmatrix}\begin{bmatrix} x \\ y \end{bmatrix} = \begin{bmatrix} 4 \\ -2 \end{bmatrix}$$

이다.

(b) $\begin{bmatrix} 2x - y - 2z \\ 3x + 5z \\ 2y - z \end{bmatrix} = \begin{bmatrix} 2 & -1 & -2 \\ 3 & 0 & 5 \\ 0 & 2 & -1 \end{bmatrix}\begin{bmatrix} x \\ y \\ z \end{bmatrix}$이므로 연립 선형방정식을 행렬을 이용하여 나타내면

$$\begin{bmatrix} 2 & -1 & -2 \\ 3 & 0 & 5 \\ 0 & 2 & -1 \end{bmatrix}\begin{bmatrix} x \\ y \\ z \end{bmatrix} = \begin{bmatrix} 8 \\ 7 \\ 9 \end{bmatrix}$$

이다.

이 절에서는 행렬의 곱을 정의하는 방법과 성질에 대하여 알아보았다. 또한 연립 선형방정식을 행렬을 이용하여 표현하는 방법에 대해서도 학습하였다.

Section 11.2 연습문제

1. 두 행렬 A와 B의 곱 AB가 정의되는지를 판정하고 정의되는 경우 행렬 AB의 크기를 구하라.

(a) $A=[a_{ij}]_{2\times 4}$, $B=[b_{ij}]_{4\times 6}$ (b) $A=[a_{ij}]_{2\times 3}$, $B=[b_{ij}]_{1\times 2}$

(c) $A=[a_{ij}]_{6\times 3}$, $B=[b_{ij}]_{6\times 3}$ (d) $A=[a_{ij}]_{3\times 7}$, $B=[b_{ij}]_{7\times 3}$

(e) $A=[a_{ij}]_{8\times 5}$, $B=[b_{ij}]_{5\times 5}$ (f) $A=[a_{ij}]_{2\times 6}$, $B=[b_{ij}]_{6\times 4}$

2. 두 행렬 A와 B의 곱 BA가 정의되는지를 판정하고 정의되는 경우 행렬 BA의 크기를 구하라.

(a) $A=[a_{ij}]_{2\times 4}$, $B=[b_{ij}]_{4\times 6}$ (b) $A=[a_{ij}]_{2\times 3}$, $B=[b_{ij}]_{1\times 2}$

(c) $A=[a_{ij}]_{6\times 3}$, $B=[b_{ij}]_{6\times 3}$ (d) $A=[a_{ij}]_{3\times 7}$, $B=[b_{ij}]_{7\times 3}$

(e) $A=[a_{ij}]_{8\times 5}$, $B=[b_{ij}]_{5\times 5}$ (f) $A=[a_{ij}]_{2\times 6}$, $B=[b_{ij}]_{6\times 4}$

3. $A=\begin{bmatrix} 3 & 1 \\ -2 & 2 \end{bmatrix}$, $B=\begin{bmatrix} 3 \\ 4 \end{bmatrix}$, $C=\begin{bmatrix} 2 & 3 & 7 & 1 \\ 4 & 1 & 0 & -4 \end{bmatrix}$, $D=\begin{bmatrix} 5 & 6 \\ 1 & 3 \end{bmatrix}$,

$E=[4 \;\; 2 \;\; -3]$일 때, 다음을 구하라.

(a) AB (b) AC

(c) AD (d) DA

(e) BE (f) B^TA

(g) C^TA (h) E^TB^T

4. $P = \begin{bmatrix} 2 \\ 3 \\ 9 \end{bmatrix}$, $Q = \begin{bmatrix} 2 \\ 3 \\ 1 \end{bmatrix}$일 때, 다음을 구하라.

(a) PQ

(b) QP

(c) P^TQ

(d) PQ^T

(e) Q^TP

(f) QP^T

5. A와 B가 모두 2×2 행렬일 때 $(A+B)^2 \neq A^2+2AB+B^2$인 예를 들어라.

6. A, B, C가 모두 2×2 행렬일 때 $AB = AC$이지만 $B \neq C$인 예를 들어라.

7. 다음 선형 연립방정식을 행렬을 이용하여 나타내라.

(a) $\begin{cases} 3x+4y=-1 \\ 2x-y=9 \end{cases}$

(b) $\begin{cases} 9x+3y=5 \\ -3x+5y=11 \end{cases}$

(c) $\begin{cases} 2x+3y-4z=11 \\ 3x-z=7 \\ 3y+2z=-6 \end{cases}$

(d) $\begin{cases} -2y-z=7 \\ 3x+3y-z=2 \\ -2x+10z=5 \end{cases}$

(e) $\begin{cases} x_1+x_2+2x_3+3x_4=11 \\ 2x_1-x_2-x_3+5x_4=8 \\ 3x_1-2x_4=-3 \end{cases}$

(f) $\begin{cases} 3x_2+4x_4-x_5=2 \\ 2x_1+3x_3+4x_5=-1 \\ 2x_2+7x_4=-3 \end{cases}$

동영상 풀이

11.3 행렬식과 역행렬

이 절에서는 정사각행렬을 실수에 대응시키는 함수인 행렬식과 연립 선형방정식의 해를 쉽게 구하는 데 도움이 되는 역행렬에 대하여 알아보고자 한다.

11.3.1 행렬식

행렬식은 정사각행렬을 하나의 실수에 대응시키는 함수이다. 이 절에서는 2×2와 3×3 행렬의 행렬식만을 정의한다.

정의 11-9 행렬식

(1) $A=\begin{bmatrix} a_{11} & a_{12} \\ a_{21} & a_{22} \end{bmatrix}$일 때, A의 **행렬식**(determinant)은

$$\det(A)=a_{11}a_{22}-a_{12}a_{21}$$

으로 정의한다.

(2) $A=\begin{bmatrix} a_{11} & a_{12} & a_{13} \\ a_{21} & a_{22} & a_{23} \\ a_{31} & a_{32} & a_{33} \end{bmatrix}$일 때, A의 행렬식은

$$\det(A)=a_{11}a_{22}a_{33}+a_{12}a_{23}a_{31}+a_{13}a_{21}a_{32}-a_{13}a_{22}a_{31}-a_{11}a_{23}a_{32}-a_{12}a_{21}a_{33}$$

로 정의한다.

2×2 행렬의 행렬식은 [정의 11-9(1)]을 이용해도 되고, $A=\begin{bmatrix} a & b \\ c & d \end{bmatrix}$일 때 $\det(A)=ad-bc$인 공식을 사용해도 좋다.

예제 11-11

다음 행렬의 행렬식을 구하라.

(a) $A=\begin{bmatrix} 2 & 3 \\ 1 & 4 \end{bmatrix}$ (b) $B=\begin{bmatrix} -1 & 8 \\ 2 & -5 \end{bmatrix}$ (c) $C=\begin{bmatrix} 3 & 0 \\ 0 & 4 \end{bmatrix}$ (d) $D=\begin{bmatrix} 0 & 3 \\ 4 & 0 \end{bmatrix}$

풀이

(a) $\det(A)=2\cdot 4-3\cdot 1=8-3=5$

(b) $\det(B)=(-1)\cdot(-5)-8\cdot 2=5-16=-11$

(c) $\det(C)=3\cdot 4-0\cdot 0=12-0=12$

(d) $\det(D)=0\cdot 0-3\cdot 4=0-12=-12$

2×2 행렬의 행렬식과는 달리 3×3행렬의 행렬식은 암기하기 쉽지 않다. 따라서 3×3 행렬의 행렬식을 구할 때는 다음의 계산 방법을 사용하는 것이 편리하다.

How to 11-1 **3× 3 행렬의 행렬식 계산 방법**

❶ 1단계 : 3×3 행렬에서 [그림 11-1(a)]와 같이 왼쪽 위에서 오른쪽 아래로 향하는 선을 그어 그 선에 있는 3개의 원소들을 곱한다. 그러면 각각 $a_{11}a_{22}a_{33}$, $a_{12}a_{23}a_{31}$, $a_{13}a_{21}a_{32}$이고, 이 값들을 더한다.

❷ 2단계 : 3×3 행렬에서 [그림 11-1(b)]와 같이 오른쪽 위에서 왼쪽 아래로 향하는 선을 그어 그 선에 있는 3개의 원소들을 곱한다. 그러면 각각 $a_{13}a_{22}a_{31}$, $a_{11}a_{23}a_{32}$, $a_{12}a_{21}a_{33}$이고, 이 값들을 더한다.

❸ 3단계 : ❶의 값에서 ❷의 값을 뺀 값이 $\det(A)$이다.

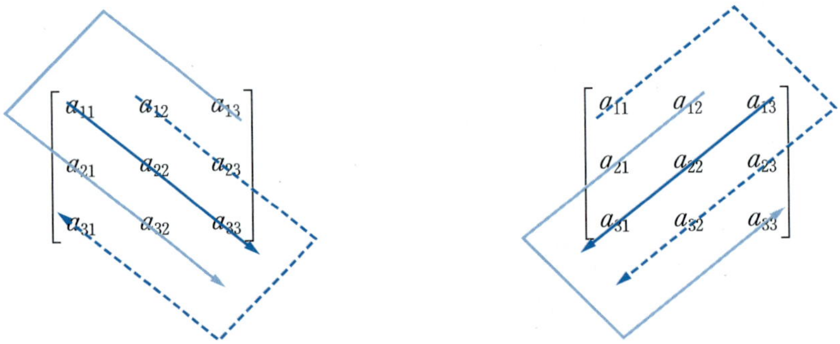

(a) 1단계 (b) 2단계

[그림 11-1] 3× 3 행렬의 행렬식 계산 방법

예제 11-12

다음 행렬의 행렬식을 구하라.

(a) $A=\begin{bmatrix} 2 & 0 & 3 \\ 3 & 4 & 0 \\ 5 & 3 & 6 \end{bmatrix}$ (b) $B=\begin{bmatrix} -3 & 1 & 0 \\ 5 & 2 & 3 \\ 0 & 1 & -1 \end{bmatrix}$

풀이

(a) $\det(A)=2\cdot 4\cdot 6+0\cdot 0\cdot 5+3\cdot 3\cdot 3-3\cdot 4\cdot 5-0\cdot 3\cdot 6-2\cdot 0\cdot 3=15$

(b) $\det(B)=(-3)\cdot 2\cdot (-1)+1\cdot 3\cdot 0+0\cdot 5\cdot 1-0\cdot 2\cdot 0-1\cdot 5\cdot (-1)-(-3)\cdot 3\cdot 1$
$=20$

11.3.2 역행렬

$4x=3$을 만족하는 x를 구하려면 식의 양변에 4의 곱셈에 대한 역수인 $4^{-1}=\dfrac{1}{4}$을 곱하여 $x=4^{-1}\cdot 3=\dfrac{3}{4}$을 얻는다. 이 절에서는 실수의 역수와 비슷한 성질을 가진 역행렬에 대하여 알아보고자 한다. 먼저 실수에서 1과 비슷한 성질을 가진 단위행렬을 알아 보자.

정의 11-10 단위행렬

주대각 성분이 1이고, 그 외의 성분이 모두 0인 정사각행렬을 **단위행렬**(identity matrix)이라 하며, 크기가 $n\times n$인 단위행렬은 I_n으로 나타낸다.

다음 행렬은 단위행렬의 대표적인 예이다.

$$I_2=\begin{bmatrix}1&0\\0&1\end{bmatrix},\quad I_3=\begin{bmatrix}1&0&0\\0&1&0\\0&0&1\end{bmatrix},\quad I_4=\begin{bmatrix}1&0&0&0\\0&1&0&0\\0&0&1&0\\0&0&0&1\end{bmatrix}$$

단위행렬은 행렬의 곱에 있어서 실수의 1과 같은 역할을 한다. [예제 11-13]에서 이를 확인할 수 있다.

예제 11-13

$A=\begin{bmatrix}3&-7\\-3&4\end{bmatrix}$, $B=\begin{bmatrix}1&3&2\\2&-3&1\\4&0&5\end{bmatrix}$일 때, 다음을 구하라.

(a) AI_2 (b) I_2A

(c) BI_3 (d) I_3B

풀이

(a) $AI_2=\begin{bmatrix}3&-7\\-3&4\end{bmatrix}\begin{bmatrix}1&0\\0&1\end{bmatrix}=\begin{bmatrix}3&7\\-3&4\end{bmatrix}=A$

(b) $I_2A=\begin{bmatrix}1&0\\0&1\end{bmatrix}\begin{bmatrix}3&-7\\-3&4\end{bmatrix}=\begin{bmatrix}3&-7\\-3&4\end{bmatrix}=A$

(c) $BI_3=\begin{bmatrix}1&3&2\\2&-3&1\\4&0&5\end{bmatrix}\begin{bmatrix}1&0&0\\0&1&0\\0&0&1\end{bmatrix}=\begin{bmatrix}1&3&2\\2&-3&1\\4&0&5\end{bmatrix}=B$

(d) $I_3B=\begin{bmatrix}1&0&0\\0&1&0\\0&0&1\end{bmatrix}\begin{bmatrix}1&3&2\\2&-3&1\\4&0&5\end{bmatrix}=\begin{bmatrix}1&3&2\\2&-3&1\\4&0&5\end{bmatrix}=B$

역행렬은 단위행렬을 이용하여 다음과 같이 정의한다.

정의 11-11 역행렬

$A = [a_{ij}]_{n\times n}$, $B = [b_{ij}]_{n\times n}$ 일 때,

$$AB = BA = I_n$$

이 성립하면 B를 A의 **역행렬**(inverse matrix)이라 하고, 또한 A를 B의 **역행렬**이라고도 한다.

행렬 B가 행렬 A의 역행렬일 때 $B = A^{-1}$로 표현하고, A는 역행렬을 갖는다고 한다. 역행렬의 정의에 의하여 $AB \neq I_n$이거나 $BA \neq I_n$이면 A와 B는 역행렬 관계가 아니다.

예제 11-14

다음 두 행렬이 역행렬 관계인지를 판정하라.

(a) $A = \begin{bmatrix} 1 & -1 \\ -1 & 2 \end{bmatrix}$, $B = \begin{bmatrix} 2 & 1 \\ 1 & 0 \end{bmatrix}$

(b) $C = \begin{bmatrix} 1 & 1 & 1 \\ 3 & 0 & 2 \\ -1 & 1 & 0 \end{bmatrix}$, $D = \begin{bmatrix} 2 & -1 & -2 \\ 2 & -1 & -1 \\ -3 & 2 & 3 \end{bmatrix}$

풀이

(a) $AB = \begin{bmatrix} 1 & 1 \\ 0 & -1 \end{bmatrix} \neq I_2$이므로 A와 B는 역행렬 관계가 아니다.

(b) $CD = DC = \begin{bmatrix} 1 & 0 & 0 \\ 0 & 1 & 0 \\ 0 & 0 & 1 \end{bmatrix} = I_3$이므로 C와 D는 역행렬 관계이다.

$n\times n$ 행렬은 역행렬을 가질 수도 있고 갖지 않을 수도 있다. 다음은 2×2 행렬이 역행렬을 가질 조건이다.

정리 11-2 2×2 행렬이 역행렬을 가질 조건

$A = \begin{bmatrix} a & b \\ c & d \end{bmatrix}$일 때 $\det(A) = ad - bc \neq 0$이면 A는 역행렬을 가지며 A^{-1}는 다음과 같다.

$$A^{-1} = \frac{1}{ad-bc}\begin{bmatrix} d & -b \\ -c & a \end{bmatrix}$$

역행렬을 구하려면 주어진 행렬이 역행렬을 갖는지 먼저 확인하여야 한다.

예제 11-15

다음 행렬의 역행렬을 구하라.

(a) $A = \begin{bmatrix} 2 & 3 \\ 4 & 5 \end{bmatrix}$　　(b) $B = \begin{bmatrix} 3 & 0 \\ 0 & -2 \end{bmatrix}$

(c) $C = \begin{bmatrix} 3 & -2 \\ -6 & 4 \end{bmatrix}$　　(d) $D = \begin{bmatrix} 1 & 4 \\ 4 & 1 \end{bmatrix}$

풀이

(a) $ad - bc = 2 \cdot 5 - 3 \cdot 4 = -2 \neq 0$이므로 A는 역행렬을 갖는다. 따라서

$$A^{-1} = \frac{1}{10-12}\begin{bmatrix} 5 & -3 \\ -4 & 2 \end{bmatrix} = -\frac{1}{2}\begin{bmatrix} 5 & -3 \\ -4 & 2 \end{bmatrix}$$

이다.

(b) $ad - bc = 3 \cdot (-2) - 0 \cdot 0 = -6 \neq 0$이므로 B는 역행렬을 갖는다. 따라서

$$B^{-1} = \frac{1}{-6-0}\begin{bmatrix} 2 & 0 \\ 0 & 3 \end{bmatrix} = -\frac{1}{6}\begin{bmatrix} -2 & 0 \\ 0 & 3 \end{bmatrix}$$

이다.

(c) $ad - bc = 3 \cdot 4 - (-6) \cdot (-2) = 12 - 12 = 0$이므로 C는 역행렬을 갖지 않는다.

(d) $ad - bc = 1 \cdot 1 - 4 \cdot 4 = -15 \neq 0$이므로 D는 역행렬을 갖는다. 따라서

$$D^{-1} = \frac{1}{1-16}\begin{bmatrix} 1 & -4 \\ -4 & 1 \end{bmatrix} = -\frac{1}{15}\begin{bmatrix} 1 & -4 \\ -4 & 1 \end{bmatrix}$$

이다.

[정리 11-2]는 $n \geq 3$일 때로 확장하여 $n \times n$ 행렬에 대한 역행렬의 존재성을 판정할 때도 적용할 수 있으므로 일반화할 수 있다. 즉 $n > 2$일 때, $n \times n$ 행렬 A는 $\det(A) \neq 0$이면 역행렬을 갖고, $\det(A) = 0$이면 행렬 A는 역행렬을 갖지 않는다.

예제 11-16

다음 행렬이 역행렬을 갖는지를 판정하라.

(a) $A=\begin{bmatrix}1 & 2 & 3\\0 & 4 & 5\\0 & 0 & 6\end{bmatrix}$　　(b) $B=\begin{bmatrix}2 & 1 & 3\\-1 & 0 & -2\\1 & 1 & 1\end{bmatrix}$

풀이

(a) $\det(A)=24+0+0-0-0-0=24\neq 0$ 이므로 A는 역행렬을 갖는다.

(b) $\det(B)=0+(-2)+(-3)-0-(-1)-(-4)=0$ 이므로 B는 역행렬을 갖지 않는다.

$n\geq 4$ 일 때 $n\times n$ 행렬이 역행렬을 갖는지를 판정하는 것은 복잡하므로 선형대수학에서 별도로 다룬다.

11.3.3 연립 선형방정식의 해

역행렬은 연립 선형방정식의 해를 구할 때 유용하게 사용된다. 예를 들어, 어떤 연립 선형방정식이 역행렬을 갖는 2×2 행렬 A를 이용하여 $A\begin{bmatrix}x\\y\end{bmatrix}=\begin{bmatrix}3\\2\end{bmatrix}$로 표현된다고 하자. 이 등식의 양변 왼편에 A^{-1}를 곱하면

$$A^{-1}A\begin{bmatrix}x\\y\end{bmatrix}=A^{-1}\begin{bmatrix}3\\2\end{bmatrix}$$

이고, 역행렬의 정의를 이용하면

$$\begin{bmatrix}x\\y\end{bmatrix}=I_2\begin{bmatrix}x\\y\end{bmatrix}=A^{-1}\begin{bmatrix}3\\2\end{bmatrix}$$

이므로 이를 이용하여 x와 y의 값을 구할 수 있다.

예제 11-17

역행렬을 이용하여 다음 연립 선형방정식을 풀어라.

(a) $\begin{cases}x+3y=-1\\2x+4y=0\end{cases}$　　(b) $\begin{cases}-x+2y=9\\3x-2y=-11\end{cases}$

풀이

(a) 연립 선형방정식을 행렬을 이용하여 나타내면 다음과 같다.

$$\begin{bmatrix}1 & 3\\2 & 4\end{bmatrix}\begin{bmatrix}x\\y\end{bmatrix}=\begin{bmatrix}-1\\0\end{bmatrix}$$

$A=\begin{bmatrix}1 & 3\\ 2 & 4\end{bmatrix}$라 하면

$$A^{-1}=\frac{1}{4-6}\begin{bmatrix}4 & -3\\ -2 & 1\end{bmatrix}=-\frac{1}{2}\begin{bmatrix}4 & -3\\ -2 & 1\end{bmatrix}=\begin{bmatrix}-2 & \frac{3}{2}\\ 1 & -\frac{1}{2}\end{bmatrix}$$

이므로

$$\begin{bmatrix}x\\ y\end{bmatrix}=A^{-1}\begin{bmatrix}-1\\ 0\end{bmatrix}=\begin{bmatrix}-2 & \frac{3}{2}\\ 1 & -\frac{1}{2}\end{bmatrix}\begin{bmatrix}-1\\ 0\end{bmatrix}=\begin{bmatrix}2\\ -1\end{bmatrix}$$

이다. 따라서 $x=2, y=-1$이다.

(b) 연립 선형방정식을 행렬을 이용하여 나타내면 다음과 같다.

$$\begin{bmatrix}-1 & 2\\ 3 & -2\end{bmatrix}\begin{bmatrix}x\\ y\end{bmatrix}=\begin{bmatrix}9\\ -11\end{bmatrix}$$

$B=\begin{bmatrix}-1 & 2\\ 3 & -2\end{bmatrix}$라 하면

$$B^{-1}=\frac{1}{2-6}\begin{bmatrix}-2 & -2\\ -3 & -1\end{bmatrix}=-\frac{1}{4}\begin{bmatrix}-2 & -2\\ -3 & -1\end{bmatrix}=\begin{bmatrix}\frac{1}{2} & \frac{1}{2}\\ \frac{3}{4} & \frac{1}{4}\end{bmatrix}$$

이므로

$$\begin{bmatrix}x\\ y\end{bmatrix}=B^{-1}\begin{bmatrix}9\\ -11\end{bmatrix}=\begin{bmatrix}\frac{1}{2} & \frac{1}{2}\\ \frac{3}{4} & \frac{1}{4}\end{bmatrix}\begin{bmatrix}9\\ -11\end{bmatrix}=\begin{bmatrix}-1\\ 4\end{bmatrix}$$

이다. 따라서 $x=-1$, $y=4$이다.

이 절에서는 단위행렬과 행렬의 핵심이 되는 행렬식과 역행렬을 정의하였다. 그리고 행렬식과 역행렬을 구하는 방법도 학습하였다. 또한 역행렬을 이용하여 연립 선형방정식의 풀이를 구하는 방법도 알아보았다.

Section 11.3 연습문제

1. 다음 행렬의 행렬식을 구하라.

(a) $A = \begin{bmatrix} 2 & 2 \\ 3 & 4 \end{bmatrix}$ (b) $B = \begin{bmatrix} -1 & 9 \\ 1 & 4 \end{bmatrix}$

(c) $C = \begin{bmatrix} 3 & 2 \\ 0 & -6 \end{bmatrix}$ (d) $D = \begin{bmatrix} 7 & 0 \\ -2 & -3 \end{bmatrix}$

(e) $E = \begin{bmatrix} 3 & -2 \\ 6 & -4 \end{bmatrix}$ (f) $F = \begin{bmatrix} -1 & 8 \\ 2 & -16 \end{bmatrix}$

2. 다음 행렬의 행렬식을 구하라.

(a) $A = \begin{bmatrix} 6 & 7 & 1 \\ 0 & 2 & 1 \\ 3 & 3 & 0 \end{bmatrix}$ (b) $B = \begin{bmatrix} 2 & -1 & -1 \\ 8 & 8 & 2 \\ 3 & 1 & 5 \end{bmatrix}$

(c) $C = \begin{bmatrix} 0 & 2 & -1 \\ 0 & -3 & 0 \\ 4 & 9 & 5 \end{bmatrix}$ (d) $D = \begin{bmatrix} 3 & 1 & -2 \\ -2 & 3 & 5 \\ 0 & 0 & 0 \end{bmatrix}$

(e) $E = \begin{bmatrix} 9 & -2 & -1 \\ 0 & -4 & -3 \\ 0 & 0 & -2 \end{bmatrix}$ (f) $F = \begin{bmatrix} 9 & -2 & -1 \\ -4 & -3 & 0 \\ -2 & 0 & 0 \end{bmatrix}$

3. 다음 행렬이 역행렬을 갖는지를 판정하라.

(a) $\begin{bmatrix} 3 & -4 \\ 6 & 8 \end{bmatrix}$ (b) $\begin{bmatrix} -2 & -5 \\ 4 & 10 \end{bmatrix}$

(c) $\begin{bmatrix} 3 & 0 \\ -1 & 0 \end{bmatrix}$ (d) $\begin{bmatrix} 0 & -1 \\ 3 & 0 \end{bmatrix}$

(e) $\begin{bmatrix} 2 & 0 & -1 \\ 0 & -3 & 0 \\ 0 & 0 & -2 \end{bmatrix}$ (f) $\begin{bmatrix} 3 & -1 & 1 \\ 2 & 0 & 0 \\ -1 & 0 & 0 \end{bmatrix}$

(g) $\begin{bmatrix} 2 & 3 & -1 \\ -3 & 1 & 3 \\ -1 & 4 & 2 \end{bmatrix}$ (h) $\begin{bmatrix} 1 & 1 & -1 \\ 0 & -2 & 0 \\ 1 & 1 & -2 \end{bmatrix}$

4. 다음 행렬이 역행렬을 갖지 않도록 하는 실수 x, y, z의 값을 구하라.

(a) $A = \begin{bmatrix} 1 & -2 \\ 3 & x \end{bmatrix}$ (b) $B = \begin{bmatrix} -1 & y \\ 1 & y+1 \end{bmatrix}$

(c) $C = \begin{bmatrix} 1+z & 2 \\ 0 & z \end{bmatrix}$ (d) $D = \begin{bmatrix} 3 & x-2 \\ x & 1 \end{bmatrix}$

(e) $E = \begin{bmatrix} 1 & -1 & -1 \\ 0 & -2 & -3 \\ y & 0 & 3 \end{bmatrix}$ (f) $F = \begin{bmatrix} 4 & -2 & 3 \\ -1 & -3 & 0 \\ -1 & 0 & z+1 \end{bmatrix}$

5. 다음 행렬의 역행렬을 구하라.

(a) $\begin{bmatrix} 3 & -4 \\ 3 & 4 \end{bmatrix}$ (b) $\begin{bmatrix} -2 & -5 \\ 5 & 2 \end{bmatrix}$

(c) $\begin{bmatrix} 5 & 0 \\ 0 & 2 \end{bmatrix}$ (d) $\begin{bmatrix} 0 & 2 \\ 5 & 0 \end{bmatrix}$

(e) $\begin{bmatrix} 4 & -1 \\ 1 & 7 \end{bmatrix}$ (f) $\begin{bmatrix} 11 & 10 \\ 9 & 8 \end{bmatrix}$

6. 역행렬을 이용하여 다음 연립 선형방정식을 풀어라.

(a) $\begin{cases} x + 3y = -2 \\ 2x - y = 5 \end{cases}$ (b) $\begin{cases} 5x - 2y = 11 \\ 3x - y = -1 \end{cases}$

(c) $\begin{cases} -2x + 3y = -5 \\ x + y = 8 \end{cases}$ (d) $\begin{cases} 3x + 5y = 8 \\ -x - 2y = 5 \end{cases}$

(e) $\begin{cases} 4x - y = 0 \\ x + 7y = 2 \end{cases}$ (f) $\begin{cases} 11x + 9y = 0 \\ 9x + 8y = 0 \end{cases}$

동영상 풀이

찾아보기 Index

사

아

자

차

카~파

하

C~H

I

L~N

O~R

S~V